필답형 실기수험서 베스트 셀러

답이 보이는
정보통신기사
필답형 (실기)

김기남공학원 정보통신 연구회

2010년 ~ 2024년 정보통신기사 기출문제

출제영역별 핵심문제 정리

≫ 자격 취득시
› KBS 방송기술직 기사 10점 산업기사 5점   가산점 부여
› 각종 공기업(공사) 통신직
  - 자격증 필수   주택공사, 인천국제공항공사, 수자원
  - 최대 10점 가산점   한국공항공사, 도로공사, 서울지하철공사, 도시철도공사, 한수원
› 한전 통신직 10점 서류전형   가산점부여
› 공무원/군무원 방송통신직 및 지방 통신직 (기사 : 7급/9급 5%, 산업기사 : 7급 3%/9급 5%)

답이 보이는 정보통신기사 필답형(실기)

인 쇄	초 판	2020년 03월 11일
	2 판	2020년 08월 01일
	3 판	2022년 3월 18일
	4 판	2025년 3월 5일

저　　자　김기남공학원 정보통신 연구회

발 행 인　이재선
발 행 처　도서출판 nt media
주　　소　서울 영등포구 영신로 17길 3, 경산빌딩
대 표 전 화　02) 836-3543~5
팩　　스　02) 835-8928
홈 페 이 지　www.ucampus.ac

값 25,000원
ISBN 979-11-87180-33-3

이 책의 저작권은 도서출판 NT미디어에 있으며, 무단복제 할 수 없습니다.

상담전화 02) 836-3543~5
홈페이지 www.ucampus.ac

Preface

　최근의 어려운 취업난속에서 보람과 긍지를 가지고 일할 수 있는 안정된 직장으로서 기술직 공무원과 공기업 입사에 대한 인기가 급증하고 있다.

　공무원은 물론 공기업 입사 시 정보통신(산업)기사 자격은 공채 필기시험에 있어 주요한 가산점으로 반영되고 있다.

　본서는 정보통신(산업)기사 수험생들이 짧은 시간에 효율적으로 실기시험 대비를 할 수 있도록 편집한 실기 수험서이다.

　본서의 특징

1. 본서는 정보통신(산업)기사를 준비하는 수험생들이 효율적으로 실기출제경향을 파악하여 실기시험에 대비할 수 있도록 15년간 시행되었던 기출문제를 영역별로 분석하여 수록하였다.
2. 최근에 출제되었던 정보통신(산업)기사 기출문제들은 간단한 명료한 해설을 추가하여 연도별로 수록하여, 수험생들이 변경된 출제경향의 흐름을 파악할 수 있도록 하였다.
3. 실기시험에 응시하는 수험생들이 짧은 기간에 자격을 취득할 수 있도록 부록에 핵심요약 내용과 분야별 모의고사 문제를 수록하였다.

　부디 본서로 공부하는 정보통신(산업)기사 수험생 여러분들이 보다 쉽게 자격증을 취득할 수 있기를 기원드립니다.

김기남공학원 정보통신 연구회

정보통신(산업)기사 국가기술자격검정 시행 변경사항

☐ 개정 개요 (2013년 1회부터 적용)

- (종 목) 정보통신기사, 정보통신산업기사

- (개정사유) 현행 출제기준의 적용기간이 2012.12.31로 만료됨에 따라 국가기술자격법 시행규칙 제38조에 의해 새로운 출제기준을 마련하고 고용노동부로부터 확정 승인

- (적용기간) 2013. 1. 1 ~ 2015.12.31

☐ 개정주요 내용 (2013년 1회부터 적용)

- (필기시험) 산업현장성 강화를 위해 최신 정보통신기술 추세를 출제기준에 반영하고 무선설비 종목과의 중복성이 있는 무선분야의 출제기준 축소

- (실기시험) 현행 복합형(필답형+작업형) 실기시험을 주관식 필답형으로 개정하여 작업형 시험을 폐지하고 출제기준을 실무현장에 맞도록 현실화

☐ 개정주요 내용 (2014년도 1회부터 적용)

- 정보통신(산업)기사 필답형 실기문항수 15문항 → 20문항 조정

정보통신 필답형 실기시험 학습자료(출제유형)

2013. 1월부터 정보통신기사·산업기사 종목의 개정된 출제기준이 적용됨에 따라 실기시험의 형식이 복합형에서 필답형으로 전환되어 시행됩니다.
이에, 필답형 실기시험 시행에 따른 응시자 여러분의 학습준비를 위해 아래와 같이 출제방향을 안내하오니 수험준비에 참고하시어 좋은 성과 이루시기 바랍니다.

☐ 문항 수 및 유형

- 시험문제 수는 10~15문제, 시험시간은 총 2시간 30분 및 문제 당 배점은 최대 10점 내외로 함
  ※ 소문제로 파생되는 문제나, 종류의 작성을 요구하는 문제는 대부분의 경우 부분배점 적용예정

- 필답형 문제의 세부유형은 "단답형, 계산형, 서술형, 현장형"으로 구분
  ※ "단답형, 계산형, 서술형" 문제는 과거 필답형 시험과 동일한 형태이며 작업형 시험 폐지에 따라 정보통신 실무에 관한 문제를 다룰 "현장형"유형 신설

☐ 필답형 시험문제 세부유형별 출제형태(sample)

가. 단답형

- 문제내용 중 괄호 넣기, 한 개 단어로 구성된 짧은 답을 쓰는 유형

(예)	○○○ 기술의 3가지 계층은 ( ), ( ), ( )이며 2가지 구성요소는 ( ), ( ) 이다. 괄호 안에 알맞은 답을 쓰시오.
(예)	○○○ 전송 기술의 종류 3가지를 쓰시오.

나. 계산형
- 문제에 제시된 내용에 따라 답을 구하기 위해 계산(전자계산기 이용 포함)을 하여 답을 구하는 유형

(예)	펄스폭이 OO[μS]이고 주기가 OOO[μS]인 주기 파형이 있다. 주파수와 duty cycle을 구하시오.
	• 계산과정 :　　　　　　　　　　　　　• 답 :　　　[단위]
(예)	대역폭이 OOO[kHz] 이고 신호대 잡음비가 OO[dB]인 채널을 통하여 전송할 수 있는 통신용량(Mbps)을 구하시오.
	• 계산과정 :　　　　　　　　　　　　　• 답 :　　　[단위]

다. 서술형
- 정보통신 이론에 관하여 기본원리 및 특징을 구술하는 식의 문제, 용어설명, 괄호넣기 + 기본개념을 2~3줄 내외로 간략히 작성하는 유형

(예)	OO 통신방식에서 발생하는 대표적인 잡음의 원인 3종류와 각각의 개선 방법을 쓰시오. 가. • 원인 : • 대책 : 나. • 원인 : • 대책 : 다. • 원인 : • 대책 :
(예)	불요파의 종류 3가지를 쓰고 설명하시오.
(예)	OOOO 법에·서 규정하는 OO에 대한 용어의 정의를 쓰시오.

라. 현장형
- 정보통신 산업현장에서 운용되는 실무지식에 대한 문제로서 회로이해, 설계도면 이해, 정보통신 관련 네트워크 구성, 측정기 사용법 및 측정결과 화면 분석 등에 대한 실무지식을 묻는 문제(단답, 논술 + 계산)

  ※ 현장형 문제 출제형태 예시

  > ▸ 회로도를 보고 회로 구성 이해하기
  > ▸ 정보통신 회로에서 틀린 부분 찾아내기
  > ▸ OO 작업시 적정한 계측기를 사용하여 유지보수 하는 방법
  > ▸ 접지 저항 측정 하기
  > ▸ 간단한 네트워크 망 구성하기 : 보기란에 기자재를 제시하고 네트워크 구성도의 공란 채우기
  > ▸ 기본 측정장비 사용법 : 계측기 작동 흐름도, 순서도 배열하기, 측정결과 파형 분석
  > ▸ 공사설계의 방법
  > ▸ 프로토콜을 이용하여 송수신하는 과정 작성하기
  > ▸ 설계도에서 틀린 부분을 찾고 정정하기
  > ▸ 설계도 상의 구성품 표시기호 맞추기

□ 기 타
- 위, 예시는 응시생의 참고를 위해 대표적인 형태와 범위 등을 제시한 것이며 실제 시험에서는 제시된 이외의 형식, 범위, 내용으로 출제 될 수 있음을 알려드립니다.

정보통신기사 실기 출제기준

직무분야	정보통신 (통신)	종목	정보통신기사	적용기간	2022.1.1~

- **직무내용** : 정보통신 기술과 제반지식을 바탕으로 정보통신설비와 이에 기반한 정보시스템의 설계, 시공, 감리, 운용 및 유지보수 등의 업무를 수행하고, 융·복합 통신서비스를 제공하는 직무이다.
- **수행준거** : 정보통신 시스템에 대한 전문적 지식과 기술을 바탕으로
  - 정보통신 설비 유지를 위한 설비분석 및 시험, 측정을 할 수 있을 것
  - 통신망을 이해하고 다양한 정보통신 시스템을 설계할 수 있을 것
  - 정보통신설비 및 통신망을 적절하게 시공, 감리, 유지보수할 수 있을 것

실기검정방법	필답형 주관식 필기 15 ~ 20문제		시험시간	2시간
실기과목명	주요항목	세부항목	세세항목	
정보통신 실무	1. 교환시스템 기본설계 (2002010102_14v2)	1. 교환설비 기본 설계 (2002010102_14v2.1)	1. 통신 시스템 구성하기 - 유선·무선·광 설비 구성하기 - 전송 시스템 구성하기 2. 전원회로 구성하기 - 정류회로, 평활회로, 전원 안정화회로	
		2. 망 관리 (2002030206_13v1.3)	1. 가입자망 구성하기 2. 교환망(라우팅) 구성하기 3. 전송망 구성하기 4. 구내통신망 구성하기	
	2. 네트워크구축공사 (2002010305_14v2)	1. 네트워크 설치 (2002010305_14v2.4)	1. 근거리통신망(LAN) 구축하기 2. 라우팅프로토콜 활용하기 3. 네트워크 주소 부여하기 4. ACL/VLAN/VPN 설정하기	
		2. 망관리시스템 운용 (2002030206_13v1.5)	1. 망관리시스템 운용하기 2. 망관리 프로토콜 활용하기	
		3. 보안 환경 구성 (2002030207_13v1.2)	1. 방화벽 설치 및 설정하기 2. 방화벽 등 보안시스템 운 용하	
	3. 구내통신구축	1. 설계보고서 작성	1. 공사계획서 작성하기	

	공사 관리
	(2002010204_16v3)
		(2002010202_14v2.2)	2. 설계도서 작성하기
			- 도면, 원가내역서,
			  용량산출,
			  시방서 등 작성하기
			3. 인증제도 적용하기
			- 초고속정보통신건물
			- 지능형 홈네트워크

		2. 설계단계의 감리
		업무 수행
		(2002010208_14v2.1)
			1. 정보통신공사 시공, 감리,
			   감독하기
			2. 정보통신공사 시공관리,
			   공정 관리, 품질관리,
			   안전관리하기

	4. 구내통신 공사품질 관리 (2002010207_14v2)	1. 단위시험 (2002020107_14v2.3)	1. 성능 측정 및 시험방법 2. 측정결과 분석하기
		2. 유지보수 (2002010309_14v2.2)	1. 유지보수하기 2. 접지공사의 시공 및 접지저항 측정하기

정보통신산업기사 실기 출제기준

직무분야	정보통신(통신)	자격종목	정보통신산업기사	적용기간	2022.1.1~2024.12.31

- **직무내용** : 정보통신 기술과 제반지식을 바탕으로 정보통신설비와 이에 기반한 정보시스템의 설계, 시공, 감리, 운용 및 유지보수 등의 업무를 수행하고, 융·복합 통신서비스를 제공하는 직무이다.
- **수행준거** : 정보통신 시스템에 대한 전문적 지식과 기술을 바탕으로
  - 정보통신 설비 유지를 위한 설비분석 및 시험, 측정을 할 수 있을 것
  - 정보통신설비 및 통신망을 적절하게 시공, 감리, 유지보수 할 수 있을 것

검정방법	필답형 : 주관식 필기 15-20문제	시험시간	2시간

실기과목명	주요항목	세부항목	세세항목
정보통신 실무	1. 교환시스템 기본설계 (2002010102_14v2)	1. 교환설비 기본설계 (2002010102_14v2.1)	1. 통신 시스템 구성하기 - 유선·무선·광 설비 구성하기 - 전송 시스템 구성하기 2. 전원회로 구성하기 - 정류회로, 평활회로, 전원 안정화회로
		2. 망 관리 (2002030206_13v1.3)	1. 가입자망 구성하기 2. 교환망(라우팅) 구성하기 3. 전송망 구성하기 4. 구내통신망 구성하
	2. 네트워크구축공사 (2002010305_14v2)	1. 네트워크 설치 (2002010305_14v2.4)	1. 근거리통신망(LAN) 구축하기 2. 라우팅프로토콜 활용하기 3. 네트워크 주소 부여하기 4. ACL/VLAN/VPN 설정하기
		2. 망관리시스템 운용 (2002030206_13v1.5)	1. 망관리시스템 운용하기 2. 망관리 프로토콜 활용하기
		3. 보안 환경 구성 (2002030207_13v1.2)	1. 방화벽 설치 및 설정 하기 2. 방화벽 등 보안시스템 운용하기
	3. 구내통신	1. 설계보고서 작성	1. 공사계획서 작성하기

	구축설계 (2002010202_14v2)	(2002010202_14v2.2)	2. 설계도서 작성하기 - 도면, 원가내역서, 용량산출, 시방서 등 작성하기 3. 인증제도 적용하기 - 초고속정보통신건물 - 지능형 홈네트워크

		2. 설계단계의 감리
		업무 수행
		(2002010208_14v2.1)
			1. 정보통신공사 시공, 감리,
			   감독하기
			2. 정보통신공사 시공관리, 공정
			   관리, 품질관리, 안전관리하기

4. 구내통신 공사품질 관리 (2002010207_14v2)	1. 단위시험 (2002020107_14v2.3)	1. 성능 측정 및 시험방법
		2. 측정결과 분석하기
	2. 유지보수 (2002010309_14v2.2)	1. 유지보수하기
		2. 접지공사의 시공 및 접지저항 측정하기

Information Communication

Chapter 01 정보통신기사 영역별 출제예상문제

01. 정보전송		16
02. 전송제어		41
03. 정보통신망		50
04. 광통신, 유선통신		68
05. 위성통신, 이동통신, 방송		81
06. TCP/IP		89
07. 정보통신시스템 설계,감리,관리1		106
08. 정보통신시스템 설계,감리,관리2		113

Chapter 02 정보통신기사 필답형 과년도 기출문제 (2010년 - 2024년)

01. 정보통신기사 2010년 1회, 2회, 4회	124/128/132
02. 정보통신기사 2011년 1회, 2회, 4회	138/144/151
03. 정보통신기사 2012년 1회, 2회, 4회	156/161/166
04. 정보통신기사 2013년 1회, 2회, 4회	172/182/188
05. 정보통신기사 2014년 1회, 2회, 4회	194/203/213
06. 정보통신기사 2015년 1회, 2회, 4회	221/230/239
07. 정보통신기사 2016년 1회, 2회, 4회	246/256/266
08. 정보통신기사 2017년 1회, 2회, 4회	274/283/293
09. 정보통신기사 2018년 1회, 2회, 4회	301/310/317
10. 정보통신기사 2019년 1회, 2회, 4회	323/332/340
11. 정보통신기사 2020년 1회, 2회, 4회	346/354/360
12. 정보통신기사 2021년 1회, 2회, 4회	371/380/388

Contents

13. 정보통신기사	2022년 1회, 2회, 4회	396/405/414
14. 정보통신기사	2023년 1회, 2회, 4회	423/432/438
15. 정보통신기사	2024년 1회, 2회, 4회	446/454/463

Chapter 01

정보통신기사
영역별 출제예상문제

1 정보전송

01 데이터 통신 시스템의 기본 구성요소 3가지를 쓰시오

- 단말장치, 신호변환장치, 전송회선
- 데이터 통신 시스템의 기본 구성
  1) 데이터 전송계
     ① 단말장치
     ② 데이터전송회선 : 신호변환장치, 통신회선
     ③ 통신제어장치
  2) 데이터 처리계 : 컴퓨터(하드웨어, 소프트웨어)

02 데이터 단말장치 (DTE)기능 4가지를 서술 하시오.

① 데이터를 코드로 변환하여 송신하는 기능
② 수신 코드를 문자 부호로 복호하여 디스플레이 표시하는 기능
③ 상대와의 통신 절차를 정한 전송 제어 절차 기능
④ 잡음 신호에 의한 착오를 검출하고, 회복하기 위한 착오 제어 기능

03 DCE의 설치위치와 기능 및 장비를 설명하시오.

(가) 설치위치
(나) 기능
(다) 장비:

(가) 설치위치 : 회선종단
(나) 기능 : 신호변환
(다) 장비 : 모뎀, DSU

04 물리계층 인터페이스 장비중 DCE(Data Communication Equipment)의 기능을 서술하시오. (8점)

① 신호 변환기능
② 부호화를 통한 데이터 전송기능
③ 회선접속 기능
④ 클럭신호 제공

05 중앙처리장치와 다수의 통신회선 사이에 위치해서 전송되는 데이터의 송수신제어와 에러제어 및 흐름제어를 수행하는 장치는 무엇인가?

- CCU(Communication Control Unit)

06 통신제어장치의 기능 5가지를 쓰시오.

통신 제어의 종류	제어내용
회선 제어	모뎀 등을 제어함
동기 제어	비트, 문자 등의 동기를 제어함
전송 제어	단말마다 정해져 있는 프로토콜을 실행함
에러 제어	통신 회선상에서 발생하는 에러의 검출/정정 등을 함
버퍼 제어	데이터를 일시 보관하여 다음단으로 전송함
흐름 제어	단말장치, 중계 장치 버퍼에서 데이터 폭주를 방지함
다중 처리 제어	많은 통신 회선과 단말장치를 동시 병행 처리함

07 컴퓨터 데이터 통신에서 데이터 처리형태 3가지를 쓰시오.

① 일괄처리 시스템
② 시분할처리 시스템
③ 분산처리 시스템

08 다음 정보통신방식을 간단히 설명하고 응용되는 예를 쓰시오.
가. 단방향 전송
나. 반이중 통신방식
다. 전이중 통신방식

가. 단방향(Simplex) 전송
① 한쪽 방향으로만 데이터의 전송이 이루어지는 방식
② 송수신측이 고정되어 있으므로 송신측은 송신만 수신측은 수신만 가능
③ 응용 예) Radio, TV

나. 양방향(Duplex) 전송
1) 반이중 전송 방식(Half-duplex)
① 양쪽의 교신자가 모두 전송할 수 있으나, 어떤 시점에서 한 방향으로만 전송
② 데이터 전송 방향을 바꾸기 위한 전송 반전 시간(turn-around time)이 필요
③ 응용 예) 무전기

다. 전이중(Full-duplex) 전송
① 양측 교신자가 동시에 데이터 전송을 행할 수 있는 방식, 전송효율 가장 우수
② 회선의 용량이 크거나 전송 데이터양이 많을 때 사용
③ 응용 예) 전화

09 데이터통신에서 사용하는 통신속도 4가지를 적으시오.

가. 신호 속도
1초 동안 전송할 수 있는 비트수로 표시되며, 단위는 [bps]가 사용된다.
나. 변조 속도
1초 동안 심볼 변화 횟수로 표시되며, 단위는 [baud]가 사용된다.
다. 전송 속도
단위시간에 전송되는 데이터량으로 표시되며, 단위는 [character/minute]등이 많이 사용된다.
라. 베어러 속도
데이터 신호 이외의 동기신호, 상태신호 등을 포함한 데이터
전송속도 베어러 속도 = 데이터 신호 속도 $\times \frac{8}{6}$

10 LAN에서 이용되는 데이터 전송 방식은 baseband 방식과 broadband 방식으로 구분한다. 이 두 방식의 다른 점 5가지만 열거하시오.

	baseband 방식	broadband 방식
전송신호	디지털 신호 형태로 전송	아날로그 신호 형태로 전송
주요장비	DSU	Modem
신호형태	AMI, CMI, 맨체스터	FSK, PSK, QAM 등
채널 공유방식	CSMA/CD나 token-passing의 채널공유방식	FDMA, TDMA, CDMA 방식같은 채널 점유방식
전송거리	단거리 전송에 적합	장거리 전송에 적합
적용분야	유선전송로	무선통신, 케이블TV

11 컴퓨터나 단말 장치의 직렬 단극성 형태의 디지털 데이터를 양극성 신호로 변환하는 전송장비는?

DSU(Digital Serviece Unit)

12 DSU의 기능 3가지를 쓰시오.

① 디지털 데이터를 디지털 신호로 변환
② 동기 클럭 발생
③ 채널 등화 기능

13 DSU를 이용한 베이스밴드전송방식(선로부호전송)의 고려사항 3가지를 쓰시오.

① 선로 부호는 직류 성분이 없어야 한다.
② 주파수 대역이 좁아야 한다.
③ 수신측에서 동기를 위한 동기 클럭 신호의 재생이 용이해야 한다.
④ 전송 과정에서 발생하는 에러 검출이 용이해야 한다.

14. 모뎀과 DSU에 대해서 설명하시오.

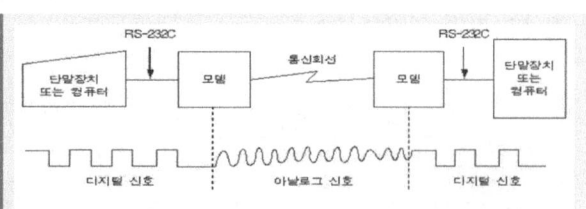

구분	모뎀(Modem)	디지털 서비스 유닛(DSU)
정의	디지털데이터를 아날로그회선에 전송하기 위한 장치	디지털데이터를 디지털회선에 전송하기 위한 장치
사용회선	전송 회선이 아날로그 회선일 때	전송 회선이 디지털 회선일 때
전송거리	장거리	단거리
전송용량	대용량	소용량
적용분야	무선통신, 케이블TV	유선전송로

15. 모뎀에서 주기적인 신호를 없애기 위해 사용하는 장치는 무엇인가?

- 스크램블러

※ 모뎀의 송신부 구성도

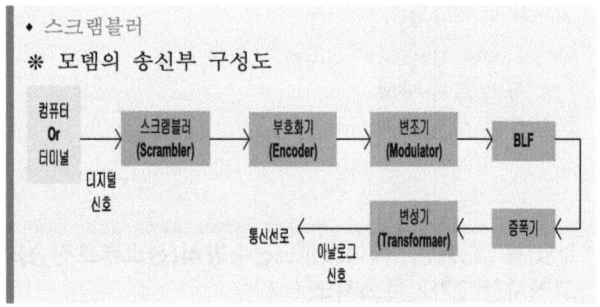

16. 변복조기(MODEM)의 송신부에서 스크램블의 역할에 대해 설명하시오. (4점)

① 데이터 패턴(Data Pattern)을 랜덤하게 섞어주는 기능
② 수신측에서 동기(Clock Recovery)를 잃지 않도록 하는 기능
③ 수신측 등화기가 최적의 상태유지 지원

17. FDM, TDM을 간단하게 서술하시오.

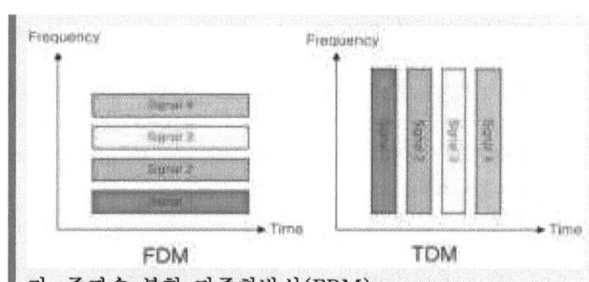

가. 주파수 분할 다중화방식(FDM)
   전송로의 주파수 대역을 몇 개의 작은 대역폭으로 분할하여 다수의 통화로를 구성하는 방식
나. 시분할 다중화방식(TDM)
   여러 개의 서로 다른 신호가 전송로를 점유하는 시간을 분할해 줌으로써 한 개의 전송로에 다수의 통화로를 구성하는 방식

18 대역폭이 4[kHz]를 사용하는 10개의 채널을 다중화해서 전송할 때, 보호대역이 500[Hz]일 경우 최소 필요대역폭은 얼마인가?

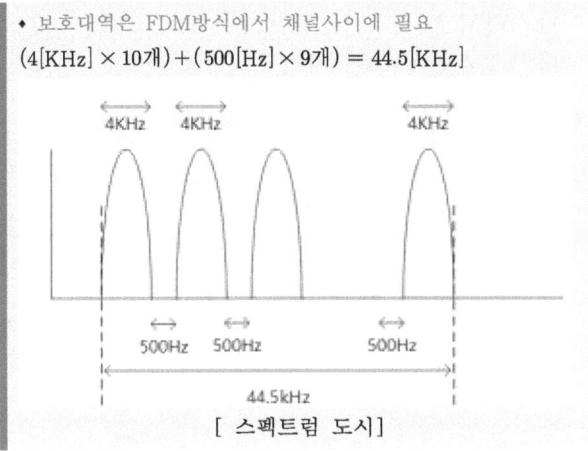

- 보호대역은 FDM방식에서 채널사이에 필요
$(4[KHz] \times 10개) + (500[Hz] \times 9개) = 44.5[KHz]$

[스펙트럼 도시]

19 아래 FDM과 TDM 비교표를 보기에서 골라 완성하시오.

	FDM	TDM
완충대역	①	②
용이성	③	④
망 구성방식	멀티 포인트	P2P
다중화기 내부속도	느림	빠름
누화영향	⑤	⑥
다중화방식	⑦	⑧
신호형태	⑨	⑩

<보기>

보호대역, 시간대역, 아날로그형태, 디지털형태, 간편하다, 복잡하다, 작다, 크다, 비동기방식, 동기/비동기 방식

	FDM	TDM
완충대역	①(보호대역)	②(보호시간)
용이성	③(간편)	④(복잡)
망 구성방식	멀티 포인트	P2P
다중화기 내부속도	느림	빠름
누화영향	⑤(크다)	⑥(작다)
다중화방식	⑦(비동기)	⑧(동기/비동기)
신호형태	⑨(아날로그)	⑩(디지털)

20 시그널 다중화 장비 TDM의 두가지 유형의 동기 시분할 방식과 통계적 시분할방식의 상호 비교한 것이다. A-E를 채우시오?

구 분	동기식 시분할	통계적 시분할
Time Slot	(A)	(B)
장 점	(C)	(D)
단 점	동기식분할 방식에서(대역폭)의 낭비가 심하다	(E)

A. 모든 단말에게 동일하게 할당
B. 전송할 데이터가 있는 단말에게 할당
C. 버퍼가 없어 비용이 저렴
D. 대역폭효율이 우수함
E. 동기방식보다 복잡하고, 버퍼 등의 사용으로 가격이 고가격임

21 다중화기와 집중화기에 대해서 다음 등호를 = , < , >를 이용하여 아래표를 완성하시오.

가. 다중화기 : 입력채널속도의 합 = 출력채널속도의 합
나. 집중화기 : 입력채널속도의 합 ≥ 출력채널속도의 합

22. 다중화와 집중화 장비에 대해서 설명하고 그 차이점을 적으시오.

가. 다중화장비(Multiplexer)
① 다수의 저속채널을 하나의 고속채널로 묶어서 전송하는 장비임
② 다중화장비 종류에는 주파수분할다중화, 시분할다중화, 파장분할다중화방식이 있음
③ 입력측과 출력측의 대역폭이 같음

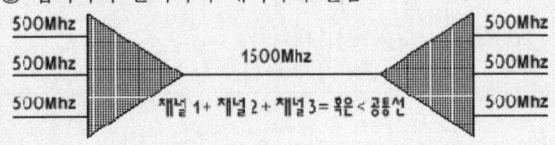

나. 집중화장비(Concentrator)
① 다수의 저속채널을 소수의 고속회선으로 묶어서 전송하는 장비임
② 입력측과 출력측의 전체대역폭이 다름
③ 동적으로 채널을 할당함

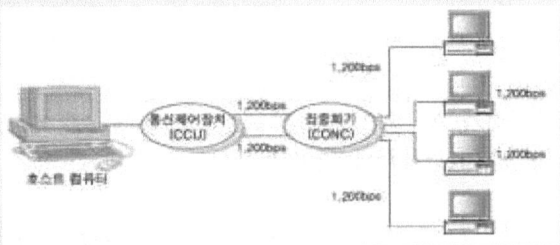

다. 다중화기와 집중화기 비교

비교	다중화기	집중화기
특징	하나의 고속채널 사용	소수의 고속채널 사용
대역폭	입력채널의 전체 합 = 출력	입력채널의 전체 합 ≥ 출력
종류	FDM(WDM), TDM, CDM	집중화기(교환기 기능)
기억장치	없음	있음
버퍼	없음	있음
지연시간	발생 거의 없음	지연발생
가격	저가격	고가격

23. STM(synchronous transfer mode)과 ATM(asynchronous transfer mode)에 대해서 설명하고 차이점을 간단히 기술하시오. (3점)

가. STM
나. ATM
다. STM과 ATM의 차이점

가. STM
동기식디지털계위(SDH)에서 프레임 단위로 전송되며 전송 프레임이 채널에 고정적으로 할당됨

나. ATM : 비동기식 전송방식으로 셀 단위로 전송되며 전송되는 셀이 고정적이지 않고 정보 트래픽에 따라 가변적으로 할당되어 다양한 트래픽을 수용 가능함

다. STM과 ATM의 차이점 : 전송단위(프레임/셀)에서의 차이가 있으며, STM방식은 입출력 전송속도가 같으나 ATM방식은 입출력 전송속도가 다름 (입력≥출력)

24. STM과 ATM의 비교표를 작성하시오.

구분	STM	ATM
개념	전송 프레임이 채널에 고정적으로 할당됨	전송되는 셀이 고정적이지 않고 정보 트래픽에 따라 가변적으로 할당
다중화 방식	동기식 시분할 다중화	비동기식 시분할 다중화
전송단위	프레임	셀
입출력 전송속도	입력=출력	입력≥출력

25 변조의 필요성을 3가지만 쓰시오.

① 자유공간 복사용이(송수신 안테나 설계 가능)
무선통신 시 변조과정을 거치지 않고 낮은 주파수의 기저대역 신호를 직접 보낼 경우 송·수신 측의 안테나 길이는 수 km에 달해 설계가 곤란하게 된다.
② 주파수 할당(상호 간섭 배제)
다른 통신시스템에서 사용하는 주파수대역과는 다른 주파수대역을 할당해 통신시스템 간 간섭 방지를 위하여 변조가 필요하다.
③ 다중화
변조를 통해 하나의 전송로에 복수의 신호 전송 회선 구성 가능
FDM (주파수 분할 다중) : 반송파가 정현파인 경우

26 진폭이 2V, 주파수 1000[Hz], 위상이 π/4일 때 이를 수식으로 표현하시오.

$f(t) = 2\sin\left(2{,}000\pi t + \dfrac{\pi}{4}\right)$

27 진폭 변조파 $v_{AM} = (100 + 40\cos 2\pi 400 t)\cos 2\pi 10^5 t$ 로 표시될 때 다음 질문에 답하시오.

가. 피변조파는 어떤 주파수로 구성되며, 그 때의 진폭은?
나. 변조도는 몇 [%]인가?
다. 각 전력 성분의 비는?

가. 시간영역에서 AM의 일반식 표현
$v_{AM} = (A_c + A_m \cos 2\pi f_m)\cos 2\pi f_c t$
$= 100\cos 2\pi 10^5 t + 40\cos 2\pi 400 t \cdot \cos 2\pi 10^5 t$
$= 100\cos 2\pi 10^5 t + \dfrac{40}{2}\cos 2\pi(10^5 + 400)t + \dfrac{40}{2}\cos 2\pi(10^5 - 400)t$
위의 식으로부터 반송파 진폭(A_c)과 주파수(f_c) 는 각각 100[V]와 10^5[Hz] 이다. 또한 상측파대의 진폭과 주파수는 20[V]와 100,400[Hz]이고 하측파대의 진폭과 주파수는 20[V]와 99,600[Hz]이다.
나. 변조도 $m[\%] = \dfrac{A_m}{A_c} \times 100 = \dfrac{40}{100} \times 100 = 40[\%]$
다. 전력성분의 비는 캐리어전력: 상측파 전력: 하측파전력 이므로,
$P_c : \dfrac{m^2}{4}P_c : \dfrac{m^2}{4}P_c$이므로 $1 : 0.04 : 0.04$ 이다.

28 그림과 같은 피변조파의 파형에서 변조도와 변조효율을 구하시오.

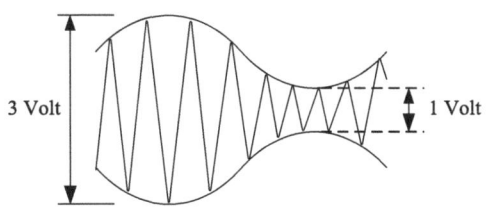

가. 변조도 $m = \dfrac{V_{\max} - V_{\min}}{V_{\max} + V_{\min}} = \dfrac{3-1}{3+1} = 0.5$이다.

나. 변조 효율 $\eta = \dfrac{m^2}{m^2 + 2} \times 100 = \dfrac{0.5^2}{0.5^2 + 2} \times 100 = 11.1[\%]$이다.

29 FM 피변조파의 전압이

$v = 10\cos(7\times 10^8 \pi t + 3\sin 1500\pi t)\,[V]$일 때 다음 사항을 구하시오.

반송파의 주파수, 신호파의 주파수, 변조지수, 최대주파수 편이

FM 일반식 $v_{FM} = A_c \cos(2\pi f_c t + m_f \sin 2\pi f_m t)\,[V]$
① 반송파의 주파수
: $f_c = \dfrac{7\times 10^8 \pi}{2\pi} = 350{,}000{,}000[Hz] = 350[MHz]$
② 신호파의 주파수 : $f_s = \dfrac{1500\pi}{2\pi} = 750[Hz]$
③ 변조지수 : 3
④ 최대 주파수 편이 : $m_f = \dfrac{\Delta f}{f_m}$이므로
$\Delta f = m_f \times f_m = 3 \times 750 = 2{,}250 Hz$

30
FM신호 $v(t) = 10\cos(2\times 10^7\pi t + 20\sin 1000\pi t)$ 의 전송에 필요한 주파수 대역폭을 구하시오.

> FM 일반식 $v_{FM} = A_c\cos(2\pi f_c t + m_f \sin 2\pi f_m t)\,[V]$
> ① 신호파의 주파수
> $f_s = \dfrac{1000\pi}{2\pi} = 500[Hz]$
> ② 최대 주파수 편이(Δf)
> $\Delta f = m_f \times f_s = 20 \times 500[Hz] = 10,000[Hz]$
> ③ FM대역폭(Carson's Rule)
> $B = 2(\Delta f + f_s) = 2(10^4 + 500) = 21[kHz]$

31
다음에 표현된 디지털 변조방식은?

$1 : A\sin(2\pi f t)$
$0 : A\sin(2\pi f t + \theta)$
A = 진폭, f = 주파수, θ = 위상

- BPSK 변조방식

32
QPSK 신호의 진폭이 A_v, 주파수가 f_c, 시간이 t라고 할 때, 데이터가 00, 01, 10, 11 순서대로 입력되었을 때의 신호를 작성하시오.

> ① QPSK : 위상 변화를 $\dfrac{\pi}{2}(90°)$씩 변화를 주어 4개 종류의 디지털 심볼로 전송하는 4진 PSK 방식
> ② 4개 심볼의 위상은 $45°, 135°, 225°, 315°$로 각 위상에 한 쌍의 비트 (11, 01, 00, 10)을 대응시킨다.
> ③ 신호 작성
> $00 : A_v \sin(2\pi f_c t + 225°)$
> $01 : A_v \sin(2\pi f_c t + 135°)$
> $10 : A_v \sin(2\pi f_c t + 315°)$
> $11 : A_v \sin(2\pi f_c t + 45°)$

33
다음의 파형은 어떤 디지털 변조방식인가?

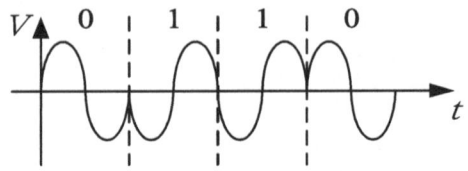

- BPSK(Binary Phase shift keying)
디지털 데이터에 따라 반송파의 위상을 변화시켜 전송하는 변조방식이다.

34
반송파의 진폭과 위상을 이용한 변조 방식을 무엇이라 하는가?

- QAM방식

35
어떤 주기신호가 주파수 100Hz, 300Hz, 500Hz, 900Hz, 1100Hz, 1300[Hz]를 갖는 6개의 정현파로 분해된다고 할 때 그 대역폭은 얼마인가?
(단, 모든 구성요소가 10V의 최대 진폭을 갖는다.)

> 복합신호의 대역폭 = 최대주파수 - 최소주파수
> = 1300[Hz] - 100[Hz] = 1200[Hz]

36
대역폭 12[KHz]이고 두반송파 사이간격이 최소 2[KHz]가 되어야 할 때, FSK신호의 최대 비트율은 얼마인가?(전이중방식임)

> ① 각 방향(송신,수신)으로 6[kHz]가 할당되고, Baud율 = Bit율 임.
> ② B(대역폭) = 6[kHz] - 2[kHz] = 4[kHz] = 4[kbps]

37 1초에 신호변화가 몇 개 있었는지 의미하는 신호 속도 측정단위는 무엇이라 하는가?

- 보오(Baud)

38 4800baud, 16위상 시 bps 는 얼마인가?

$R = \log_2 M \times B = \log_2 16 \times 4,800 = 4 \times 4800 = 19,200[bps]$

39 변조속도가 20[baud] 일 때 최단 전송시간은?

변조속도 $B[baud] = \frac{1}{T}$ (T : 최단 펄스시간)

$T = \frac{1}{B} = \frac{1}{20} = 0.05s = 50[ms]$

40 QPSK 변조방식을 사용하는 시스템의 전송속도가 4800bps일 때, 변조속도[Baud]를 구하시오.

$R = n \times B$ (R: 전송속도, n: 전송비트수, B: 변조속도)
Q위상 PSK의 경우 n=2
따라서 $B = \frac{R}{n} = \frac{4800}{2} = 2400[baud]$

41 변조방식 8PSK에서 전송속도가 9600bps일때, 신호속도[Baud]를 구하라.

$R = n \times B$ (R: 전송속도, n: 전송비트수, B: 변조속도)
8PSK의 경우 n=3 따라서 $B = \frac{R}{n} = \frac{9600}{3} = 3200[baud]$

42 4위상 변조기 데이터의 baud rate가 2,400[Baud/sec]인 경우 bit rate는 얼마인가?

$R = n \times B$
$= \log_2 M \times B = \log_2 4 \times 2,400 = 4,800[bps]$

43 통신에서 단위 보오(Baud)가 쿼드비트(Quad)이고 Baud속도가 4800[Baud]일 경우 이 전송 선로상의 속도[bps]는 얼마인가?

1symbol = 4bit, 4800baud 이므로,
$R = n \times B = 4 \times 4,800 = 19,200[bps]$

44 데이터 변조속도가 1200[baud]이고, 각 전압펄스 레벨이 0, 1, 2, 3, 4, 5, 6, 7의 값일 경우 Data 전송속도는?

가. 계산식
나. 답

가. 계산식 : $R = \log_2 M \times B = \log_2 8 \times 1,200 = 3600$
나. 답 : 3600[bps]

45 16진 PSK와 QPSK의 baud rate는?

$R = n \times B$ (R: 전송속도, n: 전송비트수, B: Baud)
$B = \frac{R}{n}$

① 16PSK의 $n = \log_2 M = \log_2 16 = 4$, $B = \frac{R}{n} = \frac{R}{4}$

② QPSK의 $n = \log_2 M = \log_2 4 = 2$, $B = \frac{R}{n} = \frac{R}{2}$

46
정보통신에서 단위 부호가 Quad Bit이고 변조속도는 2400[Baud]인 경우 전송속도는 얼마인가?

심볼당 4bit 이고, 변조속도는 2400baud 이므로.
$R = n \times B = 4 \times 2,400 = 9,600 [bps]$

47
4800baud, 16위상 변조방식을 사용 시 전송속도[bps]는 얼마인가?

$R = n \times B = \log_2 M \times B = \log_2 16 \times 4,800 = 19,200 [bps]$

48
8위상, 2진폭을 가진 모뎀의 변조속도가 4800 Baud일 때 전송속도[bps]를 계산하시오

8위상 2진폭일 때, symbol 수 M=16의 값을 가진다.
비트 수 n=$\log_2 M$=4bit
변조속도 B=4800[baud]이므로
$R = n \times B = 4 \times 4800 = 19,200 [bps]$

49
128 QAM변조방식을 가진 모뎀의 변조속도가 4800 Baud일 때 전송속도[bps]를 계산하시오.

QAM변조방식은 1symbol 당 7bit를 전송하는 변조방식이므로 4800[baud]의
변조속도일 때 전송속도는 다음과 같다.
$R = n \times B = \log_2 M \times B = \log_2 128 \times 4,800 = 7 \times 4,800$
$= 33,600 [bps]$

50
변조속도 2400[baud], 256QAM 모뎀 데이터 신호속도를 구하라.

$R = n \times B = \log_2 M \times B = \log_2 256 \times 2,400 = 19,200 [bps]$

51
다음 물음에 답하시오.

가. 디지털 신호를 변조하기 위한 방식으로서 디지털 데이터를 전화회선 등을 통해 전송하기 위한 방식 중 반송파로 사용하는 정현파의 주파수에 정보를 싣는 변조 방식을 무엇이라 하는가?

나. T=5/6[ms]인 QPSK 방식에서의 변조 속도와 전송 속도는 각각 얼마인가?

가. 주파수 편이 변조 방식(FSK ; frequency shift keying)
나. T = 5/6[ms] = 0.000834[sec]이므로
① 펄스속도 B = 1/T = 1/0.000834 = 1200[Baud]
② 전송 속도 $R = n \times B = 2 \times 1,200 = 2,400 [bps]$

52
8위상 변조를 하여 전송하는 속도가 2,400[baud]일 때 데이터 신호 속도는 몇 [bps]인지 구하고, 또한 비트율(bps)과 보오(baud) 관계를 설명하시오.

① 신호속도 : $R[bps] = \log_2 M \times B = \log_2 8 \times 2,400$
$= 3 \times 2,400 = 7200 [bps]$
② bps와 baud 관계 : 신호속도[bps]는 매 초당 전송 bit수이고, 보오(baud)는 매 초당 전송 symbol수를 의미한다.

53
200,000 bit를 전송하였을 때 10bit 에러가 발생되었다. 비트오류(BER)를 구하시오.

$BER = \dfrac{\text{에러 비트수}}{\text{총 전송비트수}}$
$= \dfrac{10}{200,000} = 5 \times 10^{-5}$

54 PCM회선에서 1200[baud]의 전송속도로 1분간 데이터를 전송하였는데 72bit오류가 났다. 회선 비트에러율(BER)은 얼마인가?

$$BER = \frac{에러비트수}{총전송비트수}$$
$$= \frac{72[bit]}{1200[\frac{bit}{sec}] \times 60[sec]} = 1 \times 10^{-3}$$

55 0.16초 동안 256개의 순차적인 12bit-Data워드블록을 전송하고자 할 때 아래 질문에 답하시오.
(가) 1개의 워드 지속시간
(나) 1bit 지속시간
(다) 전송속도

(가) 0.16s / 256 = 625[us]
(나) 총 12bit 이므로, (0.16/256) / 12 = 52[us]
(다) 1 / 52[us] = 19,200bps

56 비트에러율(BER) 5×10^{-5}인 전송회선에 2,400[bps] 전송속도로 10분 동안 데이터를 전송하는 경우 최대 블록 에러율을 구하시오. (단, 한 블록의 크기는 511비트로 구성)

블록 에러율= (에러 발생 블록수 / 총 전송 블록수)
① 총 전송 비트수 =전송속도×시간 = 2400[bps] x 600[s] = 1,440,000[bit]
② 총 에러 비트수=에러율×총비트수 = $5 \times 10^{-5} \times 1,440,000[bit]$ = 72개
③ 총 블록수 = 1440000/511 = 2,818 블록
③ 최대 블록에러율 = 72 / 2818 = 2.56×10^{-2}, 블럭당 1개 error bit 씩 분산된 경우
④ 최소 블록에러율 = 1 / 2818 = 3.54×10^{-4}, 하나의 블록에 72개 error bit가 모두 있는 경우.

57 7비트의 정보비트와 1비트의 패리티비트로 구성된 8비트 코드를 각각 1개의 스타트 비트와 1개의 스톱비트를 추가하여 전송하는 시스템이 있다. 이 시스템의 전송효율을 계산하시오.

$$전송효율 = \frac{정보비트}{전체전송비트} \times 100[\%]$$
$$= \frac{8}{10} \times 100 = 80\%$$

58 7비트의 정보 비트와 1비트의 패리티 비트로 구성된 8비트 코드를 각각 1개의 스타트 비트와 1개의 스톱 비트를 추가하여 전송하는 시스템이 있다. 2400bps 비동기 전송 시스템의 다음에 주어진 효율(%)을 계산하시오.
가. 코드 효율 E_c
나. 전송 효율 E_r
다. 유효 속도 E_s

가. 코드효율 E_c = 정보비트 / 총정보비트 = 7/8 = 0.875
나. 전송효율 E_r = 총정보비트 / 전체전송비트 = 8/10 = 0.8
다. 시스템 효율 = 코드효율 × 전송효율 = 0.875 × 0.8 = 0.7
∴ 유효속도 E_s = 시스템효율 × 비트속도
= 0.875 × 0.8 × 2400 = 1,680[bps]

59 송신하고자 하는 데이터가 3200bit이고, 동기비트 32bit 인 경우, 코드효율은 얼마인가?

◆ 코드효율
$$= \frac{순수 데이터 비트}{데이터 비트} = \frac{3200-32}{3200} = \frac{3168}{3200} \times 100\% = 99\%$$

60 사용하고 있는 BPSK 비동기식 단말장치가 300[bps]라 하면 ASCII CODE로 Start:1bit, Stop:1bit Error bit:1 bit를 사용할 때 다음을 구하시오.

가. 초당 캐릭터 수 [c/s]
나. 1분간 전송할 수 있는 최대 캐릭터 수 [c/m]

ASCII code = 7bit, Parity =1bit, Start =1bit, Stop=1bit 인 경우 총 10bit 임.
가. 초당 캐릭터 수 = Baud/총 bit = 300/10=30[자/초]
나. 1분간 캐릭터 수 = 30 × 60 = 1,800[자/분]

61 정보 통신에서 전송속도의 표시 방법으로 데이터 신호속도, 변조 속도, 전송 속도 및 베어러 속도 등이 있다. 다음을 계산하시오.

가. 8위상의 변조기에서 9,600[bps]의 데이터 신호속도는 변조속도로 몇 보오(baud)인가?
나. 데이터 전송의 표준속도가 45[baud]인 인쇄 전신기에서 1자가 15단위인 경우 1분간에 몇 자를 전송할 수 있는가?

가. $B = \dfrac{R}{\log_2 M} = \dfrac{9,600}{\log_2 8} = 3,200[baud]$

나. 15단위가 1문자를 구성하므로
1분간 문자수 =
$\dfrac{B}{1character\ 단위} \times 60 = \dfrac{45}{15} \times 60 = 180[자/분]$

62 300[bps]의 속도로 문자를 전송한다. 초 당 문자의 수를 구하시오(단, stop bit : 1 bit, start bit : 1 bit, parity bit : 1 bit, 문자는 ASCII 코드)

1 character = 10[bits] 그리고 1초에 300개의 비트가 전송되므로 결국 문자로는 30개가 전송된다.
$\dfrac{bps}{1character\ bits} \times time = \dfrac{300}{10} \times 1 = 30$

63 300bps인 경우, 다음과 같은 조건에서 1분간 최대로 보낼 수 있는 문자수를 구하시오. (단, stop bit : 1 bit, start bit : 1 bit, parity bit : 1 bit, 문자는 ASCII 코드)

$\dfrac{bps}{1character\ bits} \times time = \dfrac{300}{10} \times 60 = 1,800$

64 통신채널의 신호전력 100[W], S/N이 30[dB]일 때 잡음전력[W]은 얼마인가?

$SNR(dB) = 10\log_{10}\dfrac{S}{N}$

$30[dB] = 10\log_{10}\dfrac{100}{N}$ 이므로 잡음전력 $= 0.1[W]$

65 다음은 신호 대 잡음비 (SNR)에 관한 문제이다. 아래 질문에 답하시오.

1) 신호전력이 100[mW] 이고, 잡음전력이 1[uW]일 때 잡음비를 데시벨로 표시 하시오.
2) 잡음이 없는 이상적 채널의 경우 신호대 잡음비를 데시벨로 표시하시오.

1) 신호전력이 100[mW] 이고, 잡음전력이 1[uW]일 때 잡음비를 데시벨로 표시 하시오.
$SNR = 10\log\dfrac{신호전력}{잡음전력} = 10\log\dfrac{100 \times 10^{-3}}{10^{-6}} = 50[dB]$

2) 잡음이 없는 이상적 채널의 경우 신호대 잡음비를 데시벨로 표시하시오.

잡음이 없는 이상적인 채널의 경우,
$SNR = 10\log\dfrac{신호전력}{잡음전력} = 10\log\dfrac{100 \times 10^{-3}}{0} = \infty[dB]$로, 무한대로 수렴함

66 샤논의 공식에 의한 디지털 전송에서 채널의 대역폭이 W, 신호전력 S, 잡음전력 N인 경우 채널용량 C는 얼마인가?

- 샤논의 채널용량식
$C = W\log_2(1 + \frac{S}{N})$
(C: 채널용량, W: 대역폭, S: 신호전력, N: 잡음 전력)

67 통신용량의 결정요소 3가지는 무엇인가?

샤논의 채널용량식 $C = W\log_2(1 + \frac{S}{N})$ 에서
① 대역폭, W
② 신호전력, S
③ 잡음전력, N

68 아래 질문에 답하시오.

가. 잡음이 없는 20KHz의 대역폭을 사용하여 280Kbps의 속도로 데이터를 전송할 경우 필요한 신호 준위 계수 M을 계산하시오.
나. 2MHz의 대역폭을 갖는 채널이 있다. 이 채널의 신호대 잡음비 SNR=63이라고 할 때 채널용량 C를 계산하시오.

무잡음채널에서의 채널용량	잡음채널에서의 채널용량
$C = 2W\log_2 M$	$C = W\log_2(1 + \frac{S}{N})$

가. 잡음이 없는 채널의 채널용량은 나이키스트 채널용량계산식을 이용함.
$C = 2W\log_2 M$
$280\text{ Kbps} = 2 \times 20 \times 2 \times 20 \times 10^3 \times \log_2 M$ 에서 M을 구하면 ∴ M=128
나. 2MHz의 대역폭을 갖는 채널이 있다. 이 채널의 신호대 잡음비 SNR=63이라고 할 때 채널용량 C를 계산하시오.
잡음이 있는 채널의 용량은 샤논의 채널용량 계산식을 사용함.
$C = W\log_2(1 + \frac{S}{N})$ (W 대역폭, $\frac{S}{N}$ 신호대 잡음비)
$C = 2M \times \log_2(1 + 63) = 2MHz \times 6 = 12[Mbps]$

69 잡음이 있는 음성채널에서 사용 가능한 주파수 대역이 3[KHz]일 때 S/N비는 20[dB] 정도이다. 샤논의 공식에 의해 이론적인 채널용량의 한계를 계산하시오.

- 샤논의 채널용량
$C = W\log_2(1 + \frac{S}{N})[\text{bps}]$ (B:대역폭, $\frac{s}{n}$: 전력비),
여기서 S/N 이 20dB 이므로, $20[dB] = 10\log_{10}100$,
따라서 $C = 3000\log_2(1 + 100)[\text{bps}] = 19.974\text{Kbps}$

70 전송속도 C가 $9600 bps$인 전송로에서 양자화 레벨 L이 8이라 할 때의 대역폭을 구하시오.

$C = 2W\log_2 L$ 식을 활용하여 대역폭을 구하면
$W = \frac{C}{2\log_2 L} = \frac{9600}{2\log_2 8} = \frac{9600}{6} = 1600[Hz]$

71 채널 전송대역폭이 4KHz이고, 신호대 잡음비가 511일 경우 채널용량을 계산하시오.

- 샤논의 채널용량
$C = W\log_2(1 + \frac{S}{N})$
$= 4000\log_2(1 + 511) = 4000 \times 9 = 36 Kbps$

72 대역폭 $200[KHz]$, S/N비가 31인 채널의 통신용량(Mbps)를 구하시오. (4점)
가. 계산식
나. 답

가. $C = W\log_2(1 + \frac{S}{N}) = 200KHz \times \log_2(1+31)[\text{bps}]$
$= 200,000 \times 5 = 1,000,000[bps]$
나. 답 : 1[Mbps]

73 채널 전송대역폭이 3KHz이고, 신호대 잡음비가 31일 경우 채널용량을 계산하시오.

- 샤논의 채널용량
$C = W\log_2(1+\frac{S}{N})$ 이므로,
$C = 3000\log_2(1+31) = 3000 \times 5 = 15 Kbps$

74 잡음이 있는 통신채널에서 신호대잡음비(S/N)가 20[dB]이고 대역폭이 6000[Hz]일 때, 주어진 조건을 이용하여 채널의 통신용량을 구하는 식을 적으시오

- 샤논의 채널용량
$C = W\log_2(1+\frac{S}{N})$ [bps] (B:대역폭, $\frac{S}{N}$:전력비),
여기서 S/N 이 20dB 이므로, $20[dB] = 10\log_{10}100$,
따라서 $C = 6000\log_2(1+100)$ [bps] = 39.949Kbps

75 신호 대 잡음비가 30[dB]일 때 대역폭이 3400[Hz]라고 한다면 채널의 전송용량을 구하는 식을 적으시오.

샤논의 채널용량으로부터,
$C = W\log_2(1+\frac{S}{N}) = 3400 \times \log_2(1+10^3)$
$= 3400 \times \log_2(1001) = 33.888\ Kbps$
(C:채널용량, W:대역폭, S:신호전력, N:잡음 전력)

76 3개의 symbol A, B, C 중 하나를 보내는 정보원이 있다. 각 문자의 확률이 각각 $\frac{1}{2}, \frac{1}{4}, \frac{1}{4}$인 경우 한 symbol에 대한 평균정보량을 구하라.

$H(X) = \frac{1}{2}\log_2(2) + \frac{1}{4}\log_2(4) + \frac{1}{4}\log_2(4) = 1.5\ [bits/symbol]$

77 디지털 신호를 선로 상에 전송할 때 선로 특성에 적합하도록 부호화를 하여야 한다. 여기서 선로 부호가 갖춰야 할 조건을 5가지만 열거하시오.

가. timing 정보가 충분히 포함되어야 한다(Self clocking)
나. 전송 대역폭이 좁아야 한다.(Band compression)
다. 누화, ISI, 왜곡, timing jitter 등과 같은 각종 방해에 강한 특성을 가져야 한다.
라. 전송 도중에 발생하는 에러의 검출이 가능해야 한다.(Error detection)
마. DC 성분이 포함되지 않도록 제거해야 한다

78 디지털 부호화 전송 부호 형식의 복류 NRZ방식과 RZ방식을 비교 설명하시오.

가. NRZ (Non-Return to Zero)방식
  인코딩이나 디코딩을 요구치 않으므로 회로구성이 간단해 저속 통신에 널리 사용된다. 잡음에 대한 강인성은 우수하나 동기화 문제가 있다.
나. RZ (Return to Zero)방식
  동기화 문제를 해결하지만 상대적으로 많은 대역폭 요구되며 잡음에 대한 강인성은 NRZ방식보다 떨어진다.

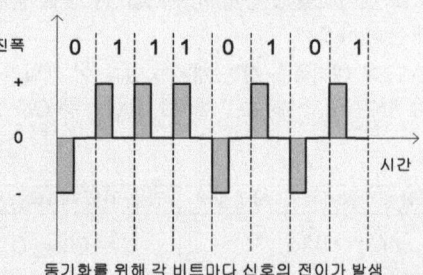

동기화를 위해 각 비트마다 신호의 전이가 발생

다. NRZ와 RZ방식 비교

	NRZ방식	RZ방식
1. 잡음의 인성	강하다	약하다
2. 동기화	어렵다	용이하다
3. 전송 대역폭	좁다	넓다
4. 회로 구성	간단	복잡
5. 전력 소모	많다	적다

79
110001의 극형 NRZ 파형을 그리시오.

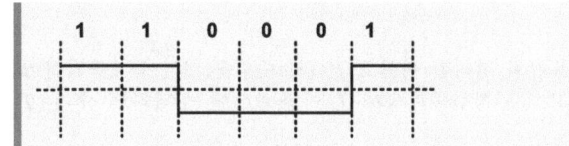

80
NRZ, RZ, MANCHESTER 부호화 신호방식 중에서 수신측에서 송신측의 클럭 정보를 추출하는데 가장 용이한 방식?

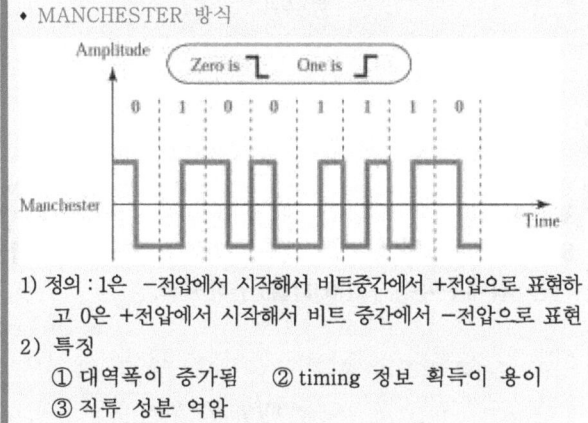

* MANCHESTER 방식

1) 정의 : 1은 −전압에서 시작해서 비트중간에서 +전압으로 표현하고 0은 +전압에서 시작해서 비트 중간에서 −전압으로 표현
2) 특징
 ① 대역폭이 증가됨 ② timing 정보 획득이 용이
 ③ 직류 성분 억압

81
디지털 전송부화 방식에서 양극성 "1" 대하여 교대로 극성 반전시키는 방식의 코드 명칭은?

* AMI
AMI는 위의 바이폴라의 예에 나타낸 펄스 파형으로 파형의 평균값은 0이며 저주파차단특성(직류성분이 없음)이 적으며 부호의 오류검출이 용이하며 연속 영부호에 대한 대책이 없으므로 타이밍 추출이 힘들다는 단점이 있음.

82
코덱(Codec)이란 무엇인지 설명하시오.

코덱은 영상이나 음성 등의 신호를 펄스 부호 변조(PCM)를 사용하여 전송에 적합한 디지털 방식으로 변환하거나 수신된 디지털 신호를 아날로그 신호로 변환하는 기기나 장치

83
다음 아날로그 펄스 변조 방식의 종류에 대하여 간단히 설명하시오.
 가. PAM   나. PWM
 다. PPM   라. PFM

변조방식	내용
PAM	펄스 진폭 변조(PAM : pulse amplitude modulation) : 아날로그 신호파의 진폭에 비례해 반송파인 펄스파의 진폭을 변환시키는 방식
PWM	펄스 폭 변조(PWM : pulse position modulation) : 아날로그 신호파의 진폭에 비례해 반송파인 펄스파의 폭을 변환시키는 방식
PPM	펄스 위치 변조(PPM : pulse width modulation) : 아날로그 신호파의 진폭에 비례해 반송파인 펄스파의 위치를 변환시키는 방식
PFM	펄스 주파수 변조(PFM : pulse frequency modulation) : 아날로그 신호파의 진폭에 비례해 반송펄스파의 반복주파수를 변환시키는 방식

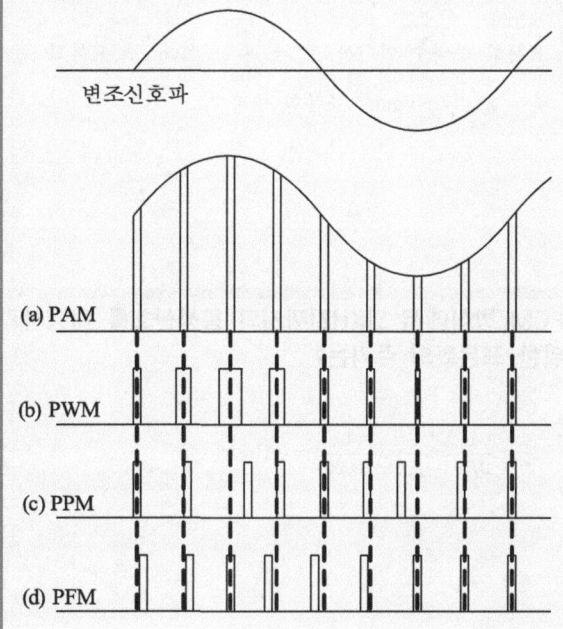

84. 샘플링 이론에 의거 신호를 충실히 복원하기 위해서는 원신호 $S(t)$의 최고주파수 성분이 f_m, 최저주파수 성분이 f_l 이라고 할 경우, 샘플링주파수(표본화 주파수) fs는 얼마로 선택해야 하는지 쓰시오.

$f_s \geq 2f_m$

85. 나이키스트 샘플링 이론에 대하여 설명 하여라

표본화 정리란 원 신호 $f(t)$의 주파수 대역이 제한되어 있고 그 상한주파수가 f_m이면 $2f_m$에 상당하는 주기 T_s ($T_s = \frac{1}{2f_m}$: Nyquist rate)보다 짧은 주기로 표본화하면 아날로그 원 신호를 완전히 디지털 신호로 치환하여 전송하여도 수신측에서 원 신호 $f(t)$를 정확히 재생시킬 수 있다는 것이다.
따라서 나이키스트 샘플링은 앨리어싱을 방지하기 위한 최소한의 샘플링 주기이다.
$\therefore T_s \leq \frac{1}{2f_m}$ [sec] : 표본화 간격, $\therefore f_s \geq 2f_m [Hz]$: 표본화 주파수 여기서, $T_s = \frac{1}{2f_m}$: Nyquist 표본화 주기, $f_s = 2f_m$: Nyquist 표본화 주파수

86. PCM 방식에서 5[KHZ]까지의 음성신호를 재생시키기 위한 표본화의 주기는?

$T_s = \frac{1}{2f_m} = \frac{1}{f_s} = \frac{1}{10000} = 0.1[ms]$

87. PCM 통신에서 음성 최고주파수 4KHz인 경우, 샘플링 주파수와 샘플링 주기를 구하시오.

표본화 정리란 원신호 $f(t)$의 주파수 대역이 제한되어 있고, 그 상한주파수가 f_m이면 $2f_m$에 상당하는 주기 T_s ($T_s = \frac{1}{2f_m}$: Nyquist rate)보다 짧은 주기로 표본화하면 아날로그 원신호를 완전히 디지털 신호로 치환하여 전송하여도 수신측에서 원신호 $f(t)$를 정확히 재생시킬 수 있다.

① 샘플링 주파수 $f_s = 2 \times 4[kHz] = 8[kHz]$
② 샘플링 주기 $T_s = \frac{1}{8[kHz]} = 125[\mu sec]$

88. 표본화주파수가 48KHz, PCM펄스에서 신호주파수가 8KHz일 때, 표본화펄스 수 N[개/주기]를 구하고, 재생 가능 최대주파수 f_m[kHz]를 구하시오.

가. 표본화 펄스 수 N

$\frac{f_s}{f} = \frac{48kHz}{8kHz} = 6[\frac{개}{주기}]$

나. 재생가능 최대 주파수
나이퀴스트 샘플링주파수 $fs \geq 2fm$ 이므로, $48KHz \geq 2fm$
따라서, 재생가능 최대주파수는 $24KHz$ 임

89 PCM-24CH 시스템에 관한 다음 물음에 답하시오(단, 신호 대역폭이 4[kHz]인 음성 신호 $v(t)$를 그림과 같이 나타낼 때 화살표는 표본화를, 횡선은 양자화 레벨을 나타낸다).

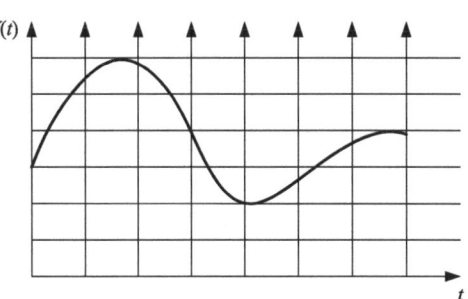

가. 2초 동안 화살표의 개수는?
나. 단위 시간 당 화살표가 많을수록 장점은?
다. 단위 시간 당 화살표가 많을수록 단점은?
라. 횡선은 몇 레벨로 나누는가?
마. 레벨수가 많을수록 장점은?
바. 레벨수가 많을수록 단점은?

가. 샘플링주파수 8KHz 란, 1초에 8,000 번을 읽는 것을 말한다. 2초 동안이면, 16,000 번을 읽는 것이다.
나. 수신측에서 원 음성 신호를 정확히 복원할 수 있다.
다. 단위 시간 당 전송해야 할 정보량이 많아지므로 필요 대역폭이 증가한다.
라. PCM-24CH 시스템은 부호화 과정에서 7비트를 사용하므로 $2^7 = 128$ 레벨 이 된다.
마. 양자화 잡음이 줄어들어 수신측에서 송신측과 동일한 원신호를 얻을 수 있다.
바. 정보전송량[bps] 이 높아지므로 광대역 전송로가 요구된다.

90 최대 변조 주파수가 15kHz, 부호화 비트가 8 bit일 때, 전송속도[bps]를 계산하시오.

$$r = f_s \times n = (2 \times f_m) \times n$$
$$= 2 \times 15k \times 8 = 240[kbps]$$

91 전화의 음성을 표본화 주파수 8[kHz]로 8[bit] 부호화하였다. 펄스의 전송속도는 얼마인가?

$$r[bps] = \frac{n}{T_s} = f_s \times n = 8[kHz] \times 8[bit] = 64[kbps]$$

92 PCM기록장치에서 최고주파수 10[kHz]까지 녹음을 하기 위해서는 1초에 몇비트의 정보량을 기록해야 하는가? (단, 1샘플을 8비트로 기록한다고 한다)

① 표본화 주파수
$f_s = 10[kHz] \times 2 = 20[kHz]$
② 부호화 비트수 8 비트
③ 전송되는 정보량
$r[bps] = f_s \times n = 20[kHz] \times 8 = 160[kbps]$

93 음성신호 4[KHz]를 저역 여파기를 통과한 후, 양자화 수가 256일 때, PCM전송속도를 구하려한다. 다음에 질문에 답하시오.

가. 표본화 주파수는?
나. 몇 [bit]로 부호화 시켜야 하는가?
다. 채널당 전송속도는?

가. 표본화 주파수 $= 2f_s = 2 \times 4[KHz] = 8[KHz]$
나. 부호화 비트수 $= \log_2 M = \log_2 256 = 8[Bit]$
다. 채널당전송속도 $=$ 표본화주파수 $\times$ 부호화Bit수
$= 8[KHz] \times 8 = 64[Kbps]$

94
24명의 가입자를 위한 T1 반송 시스템을 통하여 음성신호를 PCM으로 전송하고자 할 때 다음 각 항에 대하여 설명하시오.

가. 표본화 나. 양자화
다. 부호화 라. 다중화

24명의 가입자를 위한 T1 반송 시스템은 PCM-24ch을 말하며, 8KHz 샘플링주파수와 8bit 양자화, 1bit의 Stuufing bit를 사용한 시스템이다.

가. 표본화 (Sampling)	아날로그 입력신호를 일정주기의 펄스진폭신호로 만들기 위해 입력신호 최고주파수(f_m)의 2배 이상의 주파수로 샘플링 하여 PAM 신호를 얻는 과정이다.
나. 양자화 (Quantization)	표본화된 PAM 진폭을 가장 가까운 이산적인 양자화 레벨(2^n)에 근사시키는 과정이다.
다. 부호화 (Coding)	양자화된 레벨값을 1과 0의 펄스열로 변환하는 과정이다.
라. 다중화 (Multiplexing)	PCM신호를 시분할 다중화하여 하나의 전송로에 보내는 방법이다.

95
PCM 양자화 단계에서 발생하는 양자화 잡음에 대해 설명하고 이를 개선하기 위해 시행하는 비선형 양자화에 대해 설명하시오.

가. 양자화 잡음 : 표본화 과정에서 얻어진 PAM 원래의 진폭과 양자화 레벨 사이의 오차로 인한 잡음
나. 비선형 양자화 : 신호레벨이 낮은 쪽은 양자화 간격을 좁게 하고 신호레벨이 큰 쪽은 양자화 간격을 크게 양자화 하는 방식

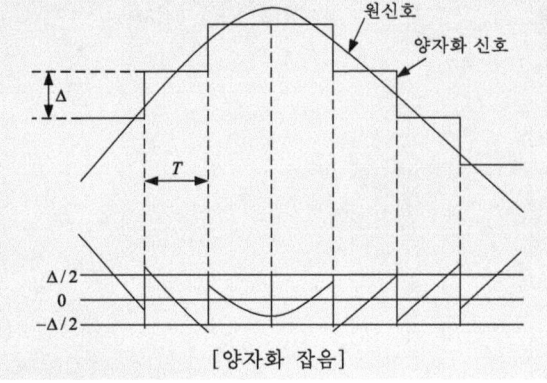

[양자화 잡음]

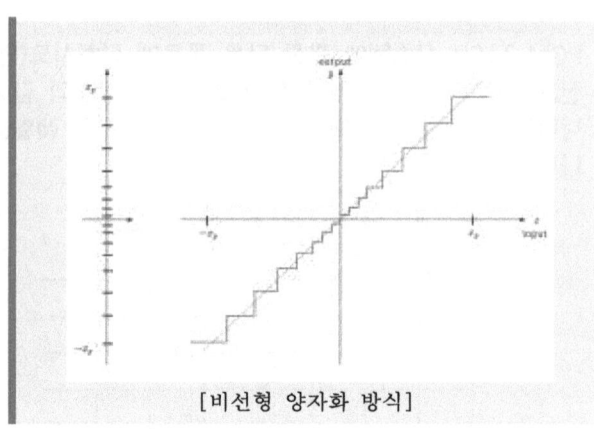

[비선형 양자화 방식]

96
PCM 통신에서 양자화 잡음 줄이는 방법 3가지를 서술하시오.

① 양자화 스텝수를 증가 시킨다.
② 비선형 양자화를 수행한다.
③ 압신기를 사용한다.

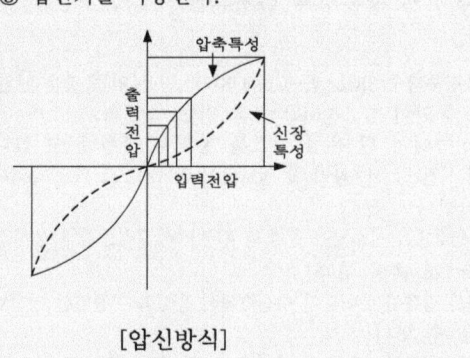

[압신방식]

97
PCM에서 스텝간격이 Δ일 때, 양자화 잡음전력을 구하는 식은?

PCM에서 잡음은 삼각파로 표현하므로, 잡음 실효전압 N_Q는,

$N_Q = (\dfrac{\dfrac{\Delta}{2}}{\sqrt{3}})^2 = (\dfrac{\Delta^2}{12})$, (단, 저항은 1 ohm 으로 정규화)

98. $u(t)=4\cos2t\,(V)$인 신호를 PCM 신호 3bits로 전송하고자 할 때 양자화 간격의 크기 S는 몇 [V]인가?

① peak to peak 전압 $=8[V]$
② PCM 신호가 3bit 이므로, 양자화 레벨 수는 $2^3=8$
③ 양자화 간격의 크기 Δ는
$$\Delta=\frac{8[V]}{8[Step]}=1[V]$$

99. PCM변환을 위한 양자화 과정에서 6[dB]법칙에 대하여 설명하시오. (5점)

양자화 레벨의 비트 수를 n비트로 하면 $S/N_Q\,[dB]$ 다음과 같다.
$$\therefore \frac{S}{N_Q}=6n+1.8\,[dB]$$
이 식은 양자화를 위한 bit수를 1bit 증가 시킬 때마다 S/N_Q가 6[dB]씩 증가함으로 "6[dB] 법칙"이라 함.
n=3bit 일 때 양자화 잡음과 n=4bit 일 때 양자화 잡음의 차이는 6dB 차이임.

100. $v(t)=A\sin\omega t$ 인 정현파를 양자화 레벨이 8인 양자화기에 입력 했을 때 출력의 신호대 잡음비를 구하시오.(5점)

양자화레벨이 8, 즉 8단계로 양자화 한다는 것임.
양자화에 필요한 Bit수, $2^3=8$ 이므로, 3bit 필요.
$$\therefore \frac{S}{N}=6n+1.8=(6\times3)+1.8[dB]=19.8[dB]$$

101. PCM양자화 잡음의 원인과 개선방법 3가지를 서술하시오.

가. 양자화잡음 원인
① 양자화잡음 = (원신호) - (양자화 신호)
② 양자화에서 생기는 오차로 인해 양자화 잡음이 존재함
나. 양자화잡음 개선방법
① 양자화 스텝수를 증가 시킨다.
② 비선형 양자화를 수행한다.
③ 압신기를 사용한다.

102. PCM 과정에서 사용되는 적응형 양자화기에 대해 설명하고, 적응형 양자화기를 사용하는 대표적인 PCM 방식 2가지를 쓰시오.

① 적응형 양자화
입력신호 레벨에 따라 양자화계단의 최대, 최소값이 적응적으로 변화하는 방식
② 적응형 양자화기 사용하는 방식
ADM, ADPCM

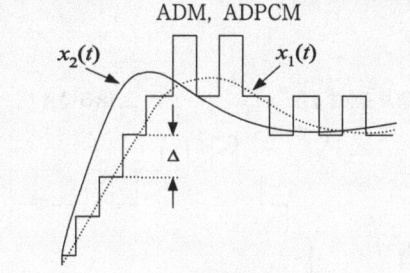

(a) DM 방식

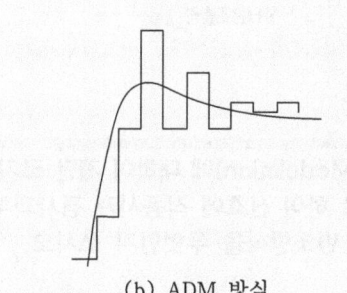

(b) ADM 방식

103. 양자화 잡음 중 다음의 잡음에 대하여 설명하시오.

가. SLOPE OVERLOAD NOISE (경사과부하 잡음)
나. GRANULAR NOISE (입상잡음)

경사과부하 잡음, 그래뉴어 잡음은 DM(Delta modulation)방식에서 발생하는 잡음임.
DM: DPCM과 동일구조이며, 입력값과 예측값과의 차이만을 1bit로 양자화하여 정보전송량을 크게 줄인 것임.
가. 경사과부하 잡음: 아날로그 파형이 급격하게 변하는 경우 DM 방식이 그 변화를 추적 할 수 없을 때 경사 과부하 잡음이 발생됨
나. 그래뉴어 잡음: 아날로그 파형이 완만한 신호가 입력되면 DM 방식에서 발생하는 잡음

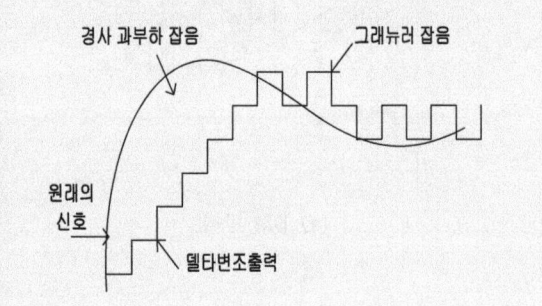

104. DM(delta Modulation)에 대하여 계단 크기(step size)를 가변으로 하여 신호에 적응시켜 경사과부하 왜곡을 경감시키는 변조방식을 무엇인지 쓰시오.

• ADM
DM에 적응형 예측기를 사용하여 경사 과부하잡음 및 입상잡음을 개선한 방식임.

105. DPCM(Differential Pulse Code Modulation)에 대하여 계단크기(Step Size)를 기반으로 하여 신호에 적응시켜 경사 과부하 잡음을 경감시키는 변조방식을 무엇이라고 하는 지 작성하시오?

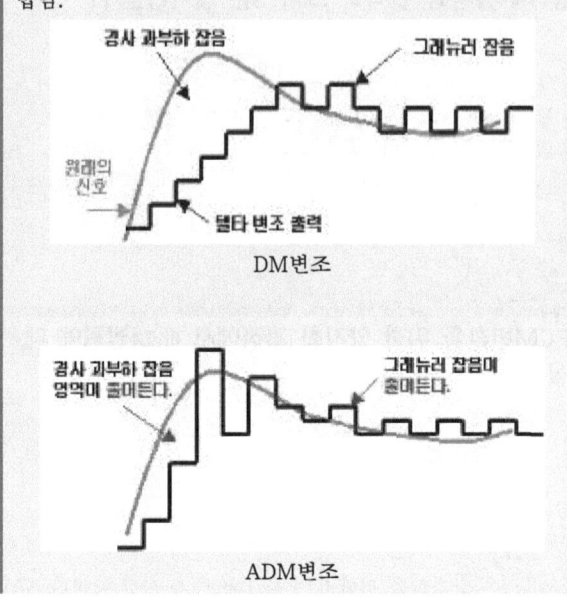

ADM (Adaptive Differential Pulse Code Modulation) 양자화의 스텝크기를 적응적으로 변화시켜 잡음을 감소시키는 방법임.

106. 시분할 방식의 스위치 회로망을 사용하는 디지털 교환기가 24Ch PCM신호를 처리하는 경우 다음의 물음에 대해 답하시오.

가. 전송속도   나. 샘플링 주파수
다. 표본화 주기

시분할방식 24Ch 디지털 교환기는 T1을 말하며,
가. 전송속도 : r = (24ch *8bit +1) * 8KHz = 1.544[Mbps]
나. 샘플링 주파수 : 8000[Hz]
다. 표본화 주기 : 125[μs]

107 아래 PCM에 대한 질문에 답하시오.

가. 양자화 방식 중 입력에 따라 양자화 스텝의 크기가 변화되는 방식
나. 압신기를 사용하는 이유
다. 표본화주파수가 낮을 때 발생되는 현상
라. 나이퀴스트 샘플링 주파수

① 비선형 양자화
② 양자화 잡음을 줄이기 위함
③ 엘리어싱이 발생됨
④ $f_s \geq 2f_m$

108 다음 물음에 답하시오.

가) PAM파를 만든 후 Slice회로와 지연회로를 사용하여 펄스의 폭을 조절하는 변조방식
나) 디지털 변조 방식에서 ASK, FSK, PSK의 오류 확률이 높은 순서대로 나열하시오
다) PCM 부호가 10101일 경우 양자화된 표본화 펄스의 단계 수

(가) PWM회로
(나) ASK, FSK, PSK
(다) $2^5 = 32$

109 디지털 재생 중계기의 기본기능 3가지를 쓰시오.

등화증폭(Reshaping)
리타이밍(Retiming)
식별재생(Regenerating)

110 T1 방식과 E1 방식의 속도는 각각 얼마인가?

가. NAS 전송속도(T1).
① 1frame 비트수 = 24[ch]×8[bit]+1[bit] (동기비트)
= 193[bit]
② 전송속도 = 193[bit]×8[kHz] = 1.544[Mbps]

나. CEPT 전송속도(E1)
① 1frame 비트수 = 32[ch]×8[bit] = 256[bit]
② 전송속도 = 256×8[kHz] = 2.048[Mbps]

111 PCM 전송 최고주파수가 4KHz, 양자화비트수가 8bit일 때 1채널당 정보전송량과 24채널로 TDM펄스 전송할 때 전송속도는 얼마인가?

① 1채널 정보전송량 : 8KHz x 8Bit = 64kbps
② [(24ch x 8bit) + 1bit(동기)] x 8000[Hz] = 1.544Mbps
(T1 전송속도임)

112 PCM에서 T1전송에 대해서 답하시오.

(가) 1 frame 주기   (나) 1 bit 시간폭
(다) 펄스 전송속도   (라) 1 Ch 시간폭

(가) 125[us] (1/8000Hz = 125[us])
(나) 0.6477us (125[us] / 193[bit] = 0.6477[us])
(다) 1.544Mbps (24[Ch] x 8[bit] + 1[bit])
            x 8000[Hz] = 1.544[Mbps]
(라) 5.18[us] (0.6477[us] x 8[bit] = 5.18[us])

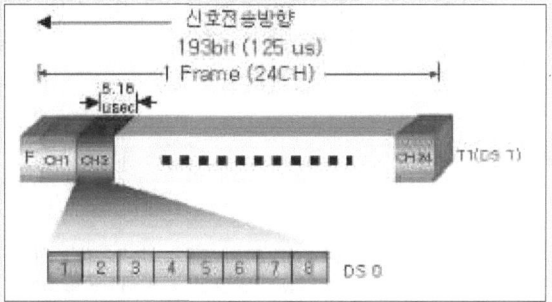

113
다음은 PCM/TDM의 북미 방식과 유럽 방식을 비교한 것이다. (가),(나),(다),(라)에 알맞은 답을 쓰시오

비교 \ 구분	북미 방식	유럽 방식
한 채널의 압신 기법	μ법칙	A법칙
표본화 주파수	8,000[Hz]	8,000[Hz]
프레임 당 비트 수	(가)	(나)
타임슬롯의 길이	5.2[μsec]	3.9[μsec]
전송 속도	1.544[Mbps]	2.048[Mbps]
멀티프레임 수/주기	(다)	(라)

비교 \ 구분	북미 방식	유럽 방식
한 채널의 압신 기법	μ법칙	A법칙
표본화 주파수	8,000[Hz]	8,000[Hz]
프레임 당 비트 수	(가) 193[bits]	(나) 256[bits]
타임슬롯의 길이	5.2[μsec]	3.9[μsec]
전송 속도	1.544[Mbps]	2.048[Mbps]
멀티프레임 수/주기	(다) 12개/1.5[msec]	(라) 16개/2.0[msec]

114
주파수 분할 다중화(FDM), 시분할 다중화(TDM)의 정의를 기술하여라.

가. 주파수 분할 다중화방식(FDM)
전송로의 주파수 대역을 몇 개의 작은 대역폭으로 분할하여 다수의 통화로를 구성하는 방식
나. 시분할 다중화방식(TDM)
여러 개의 서로 다른 신호가 전송로를 점유하는 시간을 분할해 줌으로써 한 개의 전송로에 다수의 통화로를 구성하는 방식

115
통계적 시분할 다중화기 설명에 대하여 설명하시오.

실제 보낼 데이터가 있는 단말기에만 시간 폭을 할당하여 시간 폭의 낭비를 막는 다중화방식

116
FDM에 대한 PCM방식의 장점 4가지 단점 2가지를 서술하시오.

PCM의 장점	PCM의 단점
1. 잡음과 왜곡에 강함 2. 누화나 혼신에 강함 3. 단국장치의 경제화 4. 장거리 고품질 통신이 가능	1. 특유오차(양자화 잡음) 발생 2. 점유 대역폭이 넓어 광대역 전송로가 필요

117
PDH와 SDH 특징을 비교한 도표이다. 빈칸에 적합한 내용을 쓰시오

구분	PDH	SDH
주기	(가)	(나)
다중화	(다)	(라)
구조	복잡	단순
동기화	Bit stuffing	Byte stuffing(Pointer)
오버헤드	매 단계마다 새로운 O/H추가	체계적
통신망 구성	(마)	(바)
서비스	음성에 적합	모든 신호 수용 가능

PDH와 SDH 비교표

구분	PDH	SDH
주기	125 μs	125 μs
다중화	단계별 다중화	일단계 다중화
구조	복잡	단순
동기화	Bit stuffing	Byte stuffing(Pointer)
오버헤드	매 단계마다 새로운 O/H추가	체계적
통신망 구성	point to point	point to multi point
서비스	음성에 적합	모든 신호 수용 가능

118
SONET의 STS에 나타나는 오버헤더의 종류 3가지는?

POH(Path Overhead) : 경로 오버헤드
SOH(Section Overhead) : 구간 오버헤드
LOH(Line Overhead) : 회선 오버헤드

119
PCM 시스템에서는 ISI(Inter Symbol Interference)를 오실로스코프로 측정하기 위해 패턴을 이용하는데 눈을 뜬 상하의 높이는 무엇을 나타내는지 설명하시오.

잡음 여유도 : 눈이 열린 높이만큼 잡음에 대한 여유로 볼 수 있다.

120
음성급 회선의 아날로그 전송 특성을 설명하는데 사용되는 위상의 지터(jitter) 현상과 히트(hit) 현상을 설명하시오.

가. 지터 현상
이상적인 디지털 전송로에서의 디지털 신호는 신호주기의 정수배마다 펄스가 나타난다. 그러나 실제 전송시스템에서의 디지털 신호는 이상적인 정수배의 위치로부터 벗어난 형태로 나타나며 이러한 원하지 않는 디지털 신호의 위상변이를 지터(jitter)라 함.

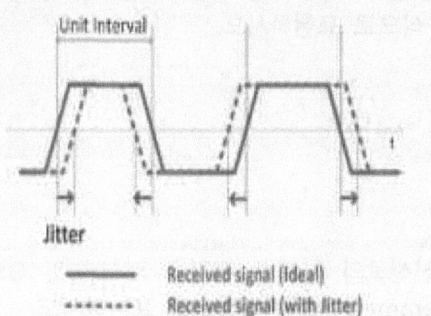

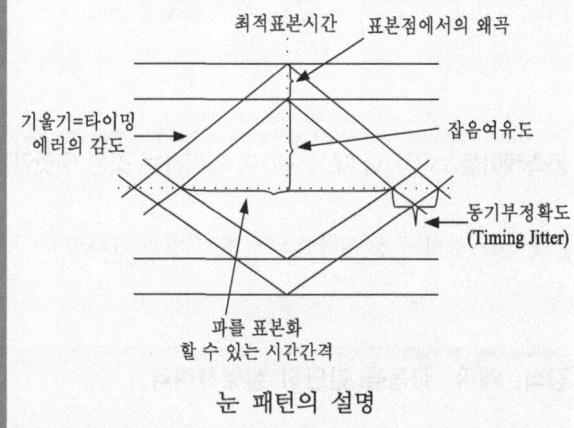

눈 패턴의 설명

나. 히트 현상
전송신호의 위상이 갑자기 단절되는 현상으로 불연속적인 위상변화를 말한다.

121. 아이패턴에 대한 해석을 신호 및 잡음세기와 연관 지어 적으시오.

신호의 세기가 좋으면 눈(eye opening)이 커지고, 잡음 세기가 크면 눈(eye opening)이 작아진다.

122. 전송선로 2차정수 중 특성임피던스를 R, L, C, G가 포함된 식으로 표현하시오.

$Z_0 = \sqrt{\dfrac{R+j\omega L}{G+j\omega C}}$

123. 통신선로의 무왜곡 조건을 R, L, C, G의 파라미터(Parameter)를 관계식으로 표현하시오.

RC = LG, 또는 $\dfrac{G}{C} = \dfrac{R}{L}$ 일 때 무왜곡 조건임.

124. 동축케이블 75[Ω] 일 때, 75[Ω]이 의미하는 것은 무엇인가?

동축케이블의 특성 임피던스가 75[Ω]임을 나타냄.

125. 감쇠, 왜곡, 잡음을 간단히 설명하여라.

가. 감쇠 : 전송매체(유선 또는 무선)의 통과거리에 따라 전송신호가 약해지는 현상
나. 왜곡 : 전송매체를 통과하면서 신호를 구성하는 주파수 성분이나 위상차(지연시간)가 변하여 발생하는 찌그러짐
다. 잡음 : 신호 처리나 전송 도중 발생하는 원치 않는 신호 성분. 열 잡음(Thermal Noise) 등의 내부잡음과 인공잡음(Man-made Noise)등의 외부잡음으로 분류할 수 있다.

126. 서로 다른 방향으로 신호를 전송하는 두 개의 회선 사이에서 유도회선의 신호가 피유도회선의 측에 유도되는 누화를 무엇이라 하는지 쓰시오.

- 근단누화
* 참고
① 누화란 두 쌍의 전선 사이에서 CrossTalk이 일어나는 정도를 말함
② 신호 전류와 반대 방향으로 송단에 전해지는 근단누화
③ 원단누화는 신호 전류와 같은 방향으로 전해지는 누화를 말함
④ 질문에서 서로 다른방향이므로 근단누화

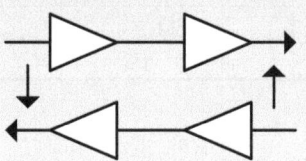

127. 75[Ω]의 동축 케이블과 200[Ω]의 동축 케이블을 연결하면 연결지점에 도달된 신호는 어떤 현상이 발생되는가?

임피던스의 매칭이 맞지 않으면 감쇠가 심해지고 반사파가 발생해서 정재파가 발생한다. TV 신호인 경우 고스트 현상이 발생한다.
[참고] 반사계수와 반사 손실은 다음과 같이 계산할 수 있다.

$\Gamma = \left|\dfrac{V_r}{V_f}\right| = \dfrac{Z_L - Z_o}{Z_L + Z_o} = \dfrac{200-75}{200+75} = 0.455$

$\Gamma[dB] = 10\log|0.455|^2 = -6.84dB$

즉, 2개의 케이블 연결지점에 반사손실이 -6.84dB가 발생된다.

128. 공통접지와 독립접지방식에 대해서 간단하게 쓰시오.

가. 공통접지
- 하나의 접지극에 모든 장비와 설비를 접지하는 방식

나. 독립접지
- 각각의 장비와 설비가 개개의 접지극으로 접지하는 방식

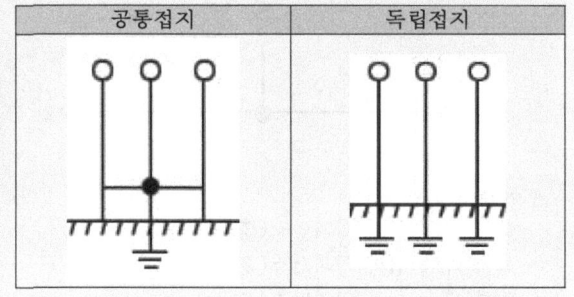

공통접지	독립접지

129. 통신시스템에서 노이즈를 제거하기 위한 부품에 대해서 쓰시오.

통신시스템에서 노이즈를 제거위한 주요부품은 다음과 같음.
① 필터: LPF, BPF 등 대역통과 필터부품
② 실드캔(Shield): 전원회로, 발진회로 등의 고조파, 불요파 방사를 방지하기 위한 금속 캔
③ 바리스터, 서지 프로텍터, 어레스터: 충격성 잡음유입 방지
④ L 또는 C : 직류전원상에 노이즈 제거하기 위한 L(인덕터)을 직결로 연결, 또는 C(캐패시터)를 병렬로 연결

130. 반송파가 누설되는 원인 3가지에 대하여 쓰시오

① 전원전압의 변화
② 발진기의 온도변화
③ 발진기의 부하변동

131
정보통신 시스템에서 사용되는 PLL(Phase Lock Loop) 회로의 기본구성 3가지를 적으시오.

- 위상검출기(Phase Detector), 저역통과필터(Low Pass Filter), 전압제어발진기(VCO)

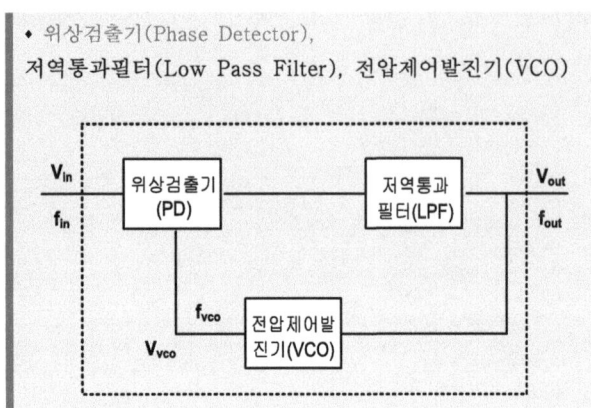

132
첨두전력 200[KW], 평균전력 120[W]인 측정장비에서 펄스 반복 주파수가 1[kHz]일 때 펄스폭을 구하시오.

1KHz 의 주기는 1mS 이고, 이때 펄스의 폭(width)는,

$$펄스폭 = \frac{펄스반복주기 \times 평균전력}{첨두전력}$$

$$= \frac{1[ms] \times 120[W]}{200[KW]} = 0.6[\mu sec]$$

따라서 디지털 구형파는 0.6uS + 999.4uS = 1mS 로 구성됨을 알 수 있다.

133
다음 그림과 같은 T형 패드가 200[Ω], 200[Ω], 800[Ω]일 때 특성임피던스를 구하시오.

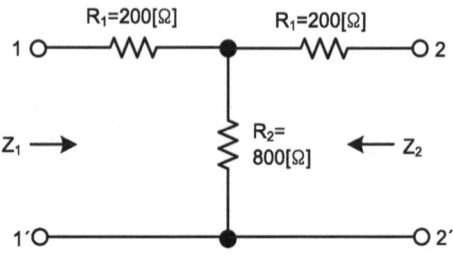

주어진 회로의
- 출력 단락 입력 임피던스(Z_{s1})
- 출력 개방 입력 임피던스(Z_{o1})
- 입력 단락 출력 임피던스(Z_{s2})
- 입력 개방 출력 임피던스(Z_{o2})는 각각

따라서, 입력 임피던스($Z_{11'}$), 출력 임피던스($Z_{22'}$)는 각각

$$Z_{s1} = R_1 + (\frac{R_1 R_2}{R_1 + R_2})$$
$$Z_{o1} = R_1 + R_2$$
$$Z_{s2} = R_1 + (\frac{R_1 R_2}{R_1 + R_2})$$
$$Z_{o2} = R_1 + R_2$$

입력임피던스 $Z_{11'}$와 출력 임피던스 $Z_{22'}$는 각각

$$Z_{11'} = \sqrt{Z_{o1} Z_{s1}} = \sqrt{(R_1 + R_2)(R_1 + \frac{R_1 R_2}{R_1 + R_2})} = \sqrt{R_1^2 + 2R_1 R_2}$$

$$Z_{22'} = \sqrt{Z_{o2} Z_{s2}} = \sqrt{R_1^2 + 2R_1 R_2}$$

따라서 특성 임피던스 Z_0는 다음과 같다.

$$Z_{11'} = Z_{22'} = Z_0 = \sqrt{R_1^2 + 2R_1 R_2}$$

$$= \sqrt{200^2 + 2 \times 200 \times 800} = 600[\Omega]$$

2 전송제어

01 프로토콜의 3가지 전송 제어 방식에 대하여 간단히 설명하시오.

가. 문자방식(Character)방식
① 특수한 10개의 제어문자를 사용하여 프레임과 프레임을 구분하는 문자방식 프로토콜이다.
② BSC 프로토콜은 다음과 같은(기본) 프레임구조를 가진다.

| SYN | SOH | HEADING | STX | TEXT | ETX | BCC |

③ 데이터 링크구성은 point-to-point와 multipoint만 가능하다.
④ 에러제어 방식으로는 정지조회 ARQ(Stop-and-wait) 방식.
⑤ 반이중 방식의 프로토콜으로 비효율적이다.

나. 비트(Bit) 방식
① 플래그(Flag)라는 특수한 비트열을 사용하여 프레임과 프레임을 구분하는 비트방식 프로토콜이다.
② HDLC 프로토콜은 다음과 같은(기본) 프레임 구조를 갖는다.

시작 플래그	주소부	제어부	정보부	FCS	종료 플래그
01111110	8 비트	8 비트	임의 비트	16 비트	01111110

③ 데이터 링크구성은 point-to-point, multipoint, loop 모두 가능.
④ 에러제어 방식으로는 반송 N블록(go-back-N)ARQ 방식.
⑤ 전송 데이터는 임의의 비트 패턴도 가능하다. 이것을 데이터가 transparent 한 특성을 가졌다고 한다.
⑥ 통신에 사용되는 모든 명령과 응답정보에 대해 에러검출을 수행해 신뢰성 높음
⑦ 전이중 방식으로 효율적이다.

다. 바이트(Byte) 방식
전송 데이터의 헤더 부분에 제어 정보를 포함시켜 전송하는 방식으로 DDCMP(Digital's Data Communication message Protocol)이 대표적인 바이트 방식의 프로토콜이다. 반이중, 전이중 통신을 지원하고 point-to-point, multipoint 데이터 링크에서 사용가능한 방식이다.

02 다음의 전송 제어 문자를 원어로 쓰시오. (5점)

가. ENQ 나. DLE
다. SYN 라. ACK
마. NAK

가. Enquiry
나. Data Link Escape
다. Synchronous Idle
라. Acknowledge
마. Negative Acknowledge

문자	기능
SYN(SYNchronous idle)	문자 동기
SOH(Start Of Heading)	헤딩의 시작
STX(Start of TeXt)	본문의 시작 및 헤딩의 종료
ETX(End of TeXt)	본문의 종료
ETB(End of Transmission Block)	블록의 종료
EOT(End of Transmission)	전송 종료 및 데이터 링크의 해제
ENQ(ENQuiry)	상대편에 데이터 링크 설정 및 응답을 요구
DLE(Data Link Escape)	전송 제어 문자 앞에 삽입하여 의미 확장에 사용
ACK(ACKnowledge)	수신된 메시지에 대한 긍정 응답
NAK(Negative AcKnowledge)	수신된 메시지에 대한 부정 응답

03. 아래 표에서 가,나,다,라,마에 해당하는 전송제어문자의 기능을 설명하시오.

기호	명칭	내용
SOH	(가)	(가)의 기능
STX	start of text	본문(텍스트)의 시작 및 헤딩의 종료를 표시
ETX	(나)	(나)의 기능
ETB	end of transmission block	전송 블록의 종료를 표시
EOT	(다)	(다)의 기능
ENQ	enquiry	상대국에 데이터 링크의 설정 및 응답을 요구
DLE	(라)	(라)의 기능
SYN	synchronous idle	문자 동기의 유지
ACK	(마)	(마)의 기능
NAK	negative acknowledge	수신된 정보 메시지에 대한 부정 응답

가. SOH(Start Of Heading) - 정보 메시지 헤딩의 시작을 표시
나. ETX(End Of TeXt) - Text 종료를 표시
다. EOT(End Of Transmission) - 전송의 종료 및 데이터 링크의 초기화(해제)
라. DLE(Data Link Escape) - 다른 전송 제어 문자와 조합하여 의미를 다양화
마. ACK(ACKnowledge) - 수신된 정보 메시지에 대한 긍정응답

04. BSC전송제어절차에서 사용하는 문자의 의미를 쓰시오.

가. SOH : 　　나. ETX :
다. EOT : 　　라. DLE :
마. ACK :

SOH - 헤딩의 시작
ETX - 텍스트 종료
EOT - 전송종료 및 데이터링크 초기화
DLE - 문자 의미를 바꾸거나 추가적인 제어를 제공
ACK - 긍정응답

05. BSC 및 HDLC 전송제어 절차의 프레임 구조를 도시하고, 주요 특징을 쓰시오.

BSC
① 특수한 10개의 제어문자를 사용하여 프레임과 프레임을 구분하는 문자방식 프로토콜이다.
② BSC 프로토콜은 다음과 같은(기본) 프레임구조를 가진다.

| SYN | SOH | HEADING | STX | TEXT | ETX | BCC |

③ 데이터 링크구성은 point-to-point와 multipoint만 가능하다.
④ 에러제어 방식으로는 정지조회 ARQ(Stop-and-wait) 방식.
⑤ 반이중 방식의 프로토콜으로 비효율적이다.

HDLC
① 플래그(Flag)라는 특수한 비트열을 사용하여 프레임과 프레임을 구분하는 비트방식 프로토콜이다.
② HDLC 프로토콜은 다음과 같은(기본) 프레임 구조를 갖는다.

시작 플래그	주소부	제어부	정보부	FCS	종료 플래그
01111110	8 비트	8 비트	임의 비트	16 비트	01111110

③ 데이터 링크구성은 point-to-point, multipoint, loop 모두가능.
④ 에러제어 방식으로는 반송 N블록(go-back-N)ARQ 방식.
⑤ 전송 데이터는 임의의 비트 패턴도 가능하다. 이것을 데이터가 transparent 한 특성을 가졌다고 한다.
⑥ 통신에 사용되는 모든 명령과 응답정보에 대해 에러검출을 수행해 신뢰성 높음
⑦ 전이중 방식으로 효율적이다.

06. 아래는 HDLC Frame구조 이다. 가,나,다에 해당하는 답을 쓰시오.(6점)

시작 플래그	주소부	제어부	정보부	(가)	종료 플래그
01111110	(나)	8 비트	임의의 비트	(다)	01111110

가. FCS　　나. 8Bit　　다. 16Bit

07
아래는 HDLC(High-Level Data Link Control) Frame의 구성도이다. 각 빈칸에 맞는 비트수를 쓰시오. (6점)

| 01111110 (시작 flag) | 주소 (1) 비트 | 제어 (2) 비트 | 정보 임의의 비트 | FCS (3) 비트 | 01111110 (종료 flag) |

프레임 구조

Flag	Address	Control	Information (packet)	FCS (frame check sequence)	Flag
플래그	주소	제어	정보		플래그
01111110	8비트	8비트	임의 길이	16비트	01111110

프레임

08
HDLC 프로토콜 프레임 구조에서 Flag 필드 기능에 대해 설명하여라. (5점)

가. 프레임 구조

Flag	Address	Control	Information (packet)	FCS (frame check sequence)	Flag
플래그	주소	제어	정보		플래그
01111110	8비트	8비트	임의 길이	16비트	01111110

나. Flag 필드의 기능
flag는 프레임의 시작과 끝을 지시하는 용도로 사용되며 "01111110"의 값을 갖는다.

09
HDLC에서 Data에 Flag(011111110)와 동일한 "1"의 연속이 발생되는 것을 방지하기 위하여, "0"을 삽입하는 기법을 쓰시오.(5점)

● 비트 스터핑 (bit stuffing 기법)
flag는 프레임의 시작과 끝을 지시하는 용도로 사용되며 "01111110"의 값을 갖는다. 이 경우 information field 내에 "01111110"의 정보가 발생되면 프레임의 경계 식별에 문제가 발생하는데 이를 해결하는 방법이다.

10
데이터 전송에서 "데이터 투명성"에 대하여 기술하고, '0'bit 삽입법을 설명하시오? (8점)

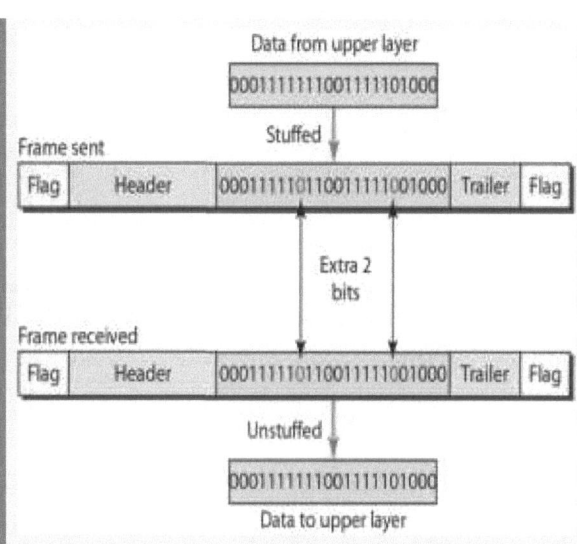

송신 프레임 내의 정보부에 1이 연속해서 5개가 나타나면 그 다음에 무조건 0을 하나 삽입해서 보내고 수신측에서는 5개의 1 다음에 있는 0을 제거하는 기법

11
HDLC 프레임의 구성도를 완성하시오. (4점)

● HDLC의 Frame 구성도

Flag	Address	Control	Information (packet)	FCS (frame check sequence)	Flag
플래그	주소	제어	정보		플래그
01111110	8비트	8비트	임의 길이	16비트	01111110

① 플래그 : 프레임 동기를 맞춤 (프레임 시작과 끝)
② 주소부
  * 명령프레임: 명령을 수신할 2차국과 상대 복합국의 주소
  * 응답프레임: 응답을 송신하는 2차국과 복합국의 주소
  * 11111111 : 모든국에 명령용 벙송용 주소(Global Address)
  * 00000000 : 시험용 no station
③ 제어부 : 동작을 명령하거나 응답할 때 사용 , 정보부 : 전송할 정보
④ FCS : Frame Check Sum 으로 CRC-CCITT 다항식 사용
$P(x) = X^{16} + X^{12} + X^5 + 1$

12. HDLC에 대한 아래 질문에 답하시오. (10점)

1) 플래그의 비트수(16진수로 표기)표시 하시오.
2) 주소부의 비트수는 몇 bit 인가?
3) 제어부의 프레임 종류를 쓰시오.

1) 7E (0111 1110)
2) 8bit
3) S Frame, I Frame, U Frame

13. HDLC 프레임의 구조 중 address 구성에 대해 설명하시오.

1 byte	1 byte	1 byte	1-2 bytes	Variable	2-4 bytes	1 byte
Flag 01111110	Address 11111111	Control 00000011	Protocol	Payload	Checksum	Flag 01111110

① 명령프레임: 명령을 수신할 2차국과 상대 복합국의 주소
② 응답프레임: 응답을 송신하는 2차국과 복합국의 주소
③ 11111111 : 모든국에 명령용 방송용 주소(Global Address)
④ 00000000 : 시험용 no station

14. 다음 HDLC프로토콜 프레임구조 각각에 대한 간략설명 및 에러검출방식을 작성하시오? (5점)

Flag	주소부	제어부	정보부	FCS	Flag
①	②	③	–	④	①

(가) ①, ②, ③, ④ 에 대하여 설명하시오.
(나) 에러검출방식에 대하여 설명하시오.

(가)
① flag- 프레임 동기
② 주소부 - 명령의 경우 수신측 주소, 응답의 경우 송신측 주소 기록에 사용
③ 제어부 - 정보형식프레임, 감시형식 프레임, 비 일련번호 형식 프레임으로 구분
④ FCS - 전송에러를 검출하기 위한 잉여비트로 CRC기능을 통해 검출한다.
(나) CRC(순환중복검사)방식
수신 메시지를 생성 다항식으로 나누었을 때 나머지가 0인 경우에만 에러가 발생되지 않는 성질을 이용해 오류 검사를 실시한다.

15. 전송에러 제어방식 중 송신측에서 에러제어를 위해 잉여비트들을 전송하고자 하는 정보와 함께 전송하여 수신측에서 잉여비트의 규칙을 확인한 뒤 규칙에 위배된 경우 에러로 판단하여 재전송을 요구하는 방식은 무엇인가? (4점)

CRC (Cycle Redundancy Check)

16. HDLC(High-level Data-Link Control) 프레임 구성에서 제어필드의 3가지 형식을 적으시오. (3점)

HDLC 제어필드의 종류.
① 정보형식 프레임(I - Frame): 정보 전송용 프레임으로 사용
② 감시형식 프레임(S - Frame): 수신가능, 불가능, 거부, 선택거부 등을 통하여 흐름제어나 오류제어를 수행하는 감시 프레임
③ 비 일련번호형식 프레임(U - Frame): 데이터 링크설정, 절단, 데이터전송 동작모드를 설정하는 비번호제 프레임

제어프레임	시작 bit	기능
I-Frame	00	사용자 데이터를 가진 정보프레임
S-Frame	10	흐름제어나 오류제어 등 감시프레임
U-Frame	11	링크의 연결과 절단, 데이터 전송모드를 결정하는 프레임 (비번호제프레임이라 함)

17. HDLC 프로토콜의 비번호제 프레임의 기능과 역할을 기술하시오. (3점)

제어부가 "11"로 시작하는 프레임으로써 링크의 연결과 절단, 데이터 전송모드를 결정하는 프레임이다.

18. HDLC의 관리프레임(S-FRAME)에서 사용되는 4개 명령어를 쓰시오. (4점)

- 감시형식 프레임(S - Frame)

링크감시를 제어(수신가능, 불가능, 거부, 선택거부)
① 수신가능(RR) : 긍정확인응답과 수신 가능을 나타내는 프레임
② 수신불가(RNR) : 프레임을 받을 수 없을 때 사용하는 프레임
③ 거부(REJ) : Go-Back-N에러복구와 함께 사용하는 프레임
④ 선택적 거부(SREJ) : 선택적 재전송 에러복구와 함께 사용하는 프레임

19. HDLC 프로토콜 관점에서 운용되는 국(station)의 세가지 종류는?

가. 1차국(명령을 송출하는 국) 데이터 링크를 제어하는 국으로 에러 제어 및 회복에 대해 모든 책임을 지며 명령프레임을 송신하고 응답프레임을 수신
나. 2차국(응답을 송출하는 국) 1차국 지시에 따라 데이터링크 제어기능을 실현하는 국, 즉, 1차국에서 명령프레임을 수신하고 응답 프레임을 송신하는 국을 말한다.
다. 복합국(명령 프레임과 응답 프레임 양쪽을 송출하는 국) 1차국과 2차국이 데이터링크제어에 관해 대등한 책임을 가지는 국으로 명령 프레임과 응답 프레임 양쪽을 송출하는 국이다.

20. HDLC 전송제어 절차에서 동작모드의 종류를 3가지 적으시오. (3점)

동작모드: 2계층 노드간 주국, 부국을 결정하여 데이터를 전송하는 모드.
가. 정규 응답 동작 모드(NRM, Normal Response Mode)
나. 비동기 응답 동작 모드(ARM, Asynchronous Response Mode)
다. 비동기 균형 동작 모드(ABM, Asynchronous Balanced Mode)

21. 회선 제어 절차 5단계를 순서에 맞추어 기술하시오. (4점)

① 회선 접속
② 데이터링크 확립
③ 정보 전송
④ 데이터링크 해제
⑤ 회선 절단

22. 다음은 데이터링크에서 회선접속단계를 5단계로 구분한 것이다 빈칸을 채우시오. (6점)

회선접속 → (①) → (②) → 링크해제 → (③)

① 링크설정
② 데이터전송
③ 회선절단

23. 데이터링크 계층의 기능 3가지를 적으시오

가. 논리적 링크 설정/해제 (전송제어)
나. 에러제어
다. 흐름제어
라. 동기제어

24. 정보통신회선의 접근제어방식중 폴링과 셀렉션을 설명하시오. (4점)

1) 폴링(Polling): 주컴퓨터가 전송할 데이터가 있는지 단말기에 질의하고 데이터를 수신하는 방법
① Roll-call Polling (중앙형)
② Hub-go-ahead Polling(분산형)
2) 셀렉션(Selection): 주컴퓨터가 단말기에게 데이터를 수신 할 수 있는지를 질의 하고 수신 할 준비가 되어 있는 상태의 긍정응답신호(ACK)를 받으면 데이터를 송신하는 방법.

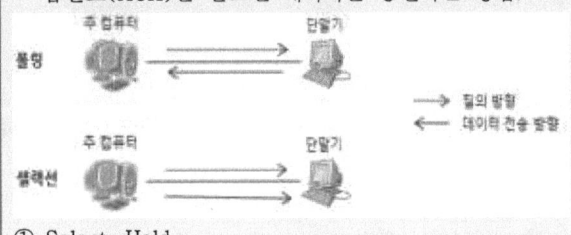

① Select-Hold
단말기의 수신 가능한 응답을 받고 데이터 전송 방식
② Fast-select
단말기의 수신 가능한 응답을 받지 않고 전송할 데이터와 응답요청을 동시에 전송

25. 데이터 전송을 위해 단말에 송신할 데이터가 있는 지 질의하고 수신하는 방식이 폴링이다. 폴링의 2가지 방식을 쓰시오.(4점)

① Roll-call Polling (중앙형)
② Hub-go-ahead Polling(분산형)

26. 데이터 통신에서의 에러제어방식을 크게 2가지로 구분하고 간단히 설명하시오, ARQ 방식 3종류를 들고 설명하시오

가. 에러 제어 방식
① 후진 에러 정정방식 (BEC : Backward error correction)
 - 수신측에서 에러확인 후 재전송을 요청하는 방식
② 전진 에러 정정 방식(FEC : forward error correction)
 - 수신측에서 에러확인 후 자체적으로 에러를 정정하는 방식
나. ARQ 방식 3가지
① stop-and-wait ARQ : 송신측과 수신측의 전송 확인(전송 데이터의 에러 여부)을 한 프레임 단위로 실행하는 방식이다.
② continuous ARQ : 송신측과 수신측의 전송 확인을 한 프레임 단위가 아닌 연속적으로 실행하는 방식이다. 송신측의 에러가 발생된 프레임의 재전송 방법에 따라 go-back-N ARQ와 selective ARQ가 있다.
③ adaptive ARQ : 데이터의 에러 발생 확률이 높을 때는 전송 프레임의 길이를 작게, 데이터의 에러 확률이 낮을 때는 전송 프레임의 길이를 길게 해 보내는 ARQ 방식이다.

27. 데이터링크 계층에서 데이터의 오류가 검출될 경우 재전송을 요청하는 자동반복요청(ARQ)의 4가지 종류를 적으시오. (4점)

① Stop & Wait ARQ
② Go-Back-N ARQ
③ Selective ARQ
④ Adaptive ARQ

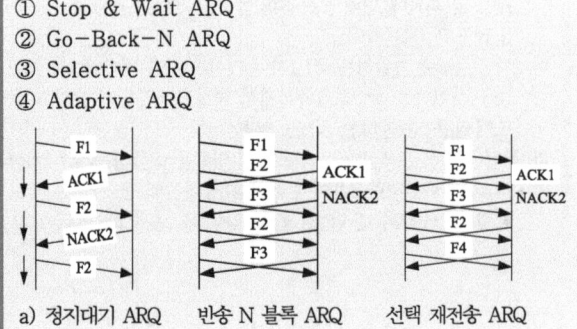

a) 정지대기 ARQ   반송 N 블록 ARQ   선택 재전송 ARQ

28 Go-back-N ARQ에 대해 설명하시오.

① 송신단에 버퍼가 필요하며 연속적으로 데이터블록 전송
② 오류가 발생한 블록부터 모든 블록을 재전송함

29 데이터 통신에서 수신측에서 에러 발생 시 에러가 발생된 해당 프레임만 재전송하는 방식은?

Selective ARQ

30 통신회선의 에러 발생율을 감지하여 가장 적절한 프레임의 길이를 동적으로 변경하여 전송하는 ARQ방식은 무엇인지 쓰시오

Adaptive ARQ (적응형 ARQ)

31 전진에러 정정 방식의 장점을 설명하시오.

송신측이 전송할 데이터에 부가적인 정보를 첨가하여 전송하고 수신측에서 이부가적인 정보로 에러 검출 및 정정을 하는 방식
① 연속적이 정보전송이 가능
② 역방향 채널이 불필요

32 해밍코드의 성립조건을 적으시오. (5점)
(단, m - 데이터 비트수, p - 패리티 비트 수)

해밍코드는 1비트 에러정정 코드임
$2^P \geq m + p + 1$
여기서 p : 패리티 비트수, m : 정보비트수

33 다음 오류 정정에 관한 다음 질문에 답하시오

가. 다음 진리표에 우수 패리티가 되도록 p를 결정하시오.

A	B	P
0	0	
0	1	
1	0	
1	1	

나. 우수 패리티 p의 논리식을 쓰시오.
다. p를 생성할 수 있는 논리 회로를 그리시오
(단, AND 게이트 2개, OR 게이트 1개, NOT 게이트 2개만을 사용하시오).

① 기수패리키(Odd Mode) - 홀수모드
② 우수패리티(Even Mode) - 짝수모드

가.

A	B	P
0	0	0
0	1	1
1	0	1
1	1	0

나.

B \ A	0	1
0	0	1
1	1	0

$P = A\overline{B} + \overline{A}B$

다. 논리회로

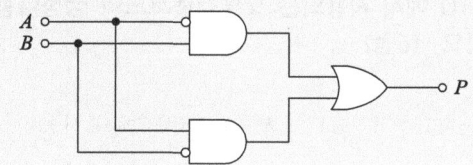

34
아래와 같이 수신된 우수패리티 해밍코드를 분석하여 보기에 대한 답을 적으시오

1	2	3	4	5	6	7	8	9
0	0	1	0	1	0	0	0	0

(1) 패리티비트는 몇 개인가?
해밍부호방식 : 단일 비트 에러를 검출하여 정정까지 할 수 있는 (n,k) 형식의 선형 부호 방식이다.
$2^m \geq k+m+1$ (k=정보비트, m=해밍비트)
$2^m \geq 9$, $m=4$
따라서 패리티 비트는 4개이다 (1행, 2행, 4행, 8행)

(2) 에러비트는 몇 번째 행인가?
1의 값을 가지는 행의 이진수를 EX-OR을 하면 오류행을 검출할 수 있다.
1과 5의 행이 1의 이진수를 갖기 때문에 각 행의 값을 EX-OR 하면 6의 값을 가지게 된다.
($011_{(2)} \oplus 101_{(2)} = 110_{(2)} = (6)_{10}$,
따라서 답은 6번째 행이 오류임을 알 수 있다.
<정상적으로 수신된 해밍코드>

1	2	3	4	5	6	7	8	9
0	0	1	0	1	1	0	0	0

(3) 정상적으로 송신되었을 때의 값을 10진수로 쓰시오.
<정상적으로 수신된 해밍코드>

1	2	3	4	5	6	7	8	9
0	0	1	0	1	1	0	0	0

$001011000_{(2)} = 88$

35
CRC-ITU 에서 사용되는 오류검출코드의 생성다항식을 적으시오. (6점)

CRC-ITU : $X^{16}+X^{12}+X^5+1$ (HDLC에서 사용)

36
오류 제어 방식 중 CRC(cyclic redundancy check) 방식과 FEC(forward error correction) 방식의 차이점을 설명하시오.

구분	CRC 방식	FEC 방식
사용 목적	에러 검출	에러정정
구성	간단	복잡
역방향 채널	필요	불필요
적용	데이터 통신	이동통신, 뭔통신

37
HDLC에서 메시지가 블록 단위로 전달되므로 이 때는 순환 코드를 사용한 에러 검출 방식이 사용된다. 다음 물음에 답하시오.

가. HDLC에서 채택한 에러 검사용 코드는?
나. CRC 방식에서 입력 데이터 10010101을 메시지 다항식으로 나타내시오.
다. 수신메시지 다항식을 Y(X), 생성 다항식을 W(X)라 할 때 에러가 발생하지 않는 경우는 어느 경우인가?

가. CRC
나. $X^7+X^4+X^2+1$
다. 수신 메시지 Y(X)를 생성 다항식 W(X)로 나누었을 때 나머지가 0인 경우에만 에러가 발생되지 않은 것이다.

38 다음은 데이터 통신 중 에러검사에 관한 사항이다. 입력신호가 "110011"일 때 CRC 방식에 의한 나머지 4비트의 검사 시퀀스(Check Sequence)를 구하시오.(단, 생성다항식 $G(X) = X^4 + X^3 + 1$)

CRC = 1001

문제의 조건	$G(X) = X^4 + X^3 + 1$ 입력신호 110011 → 송신 다항식 $T(X) = X^5 + X^4 + X + 1$
과정 1	생성다항식 G(x)의 최고차수 X^4 과 송신다항식을 곱한다. $W(X) = X^4 \cdot T = X^4 \cdot (X^5 + X^4 + X + 1)$ $\quad = X^9 + X^8 + X^5 + X^4$ → 2진수로 표현: 11 0011 0000
과정 2	CRC를 구하기 위해 과정1 결과를 생성다항식 G(X)로 나눈다. → $\dfrac{X^4 \cdot T(X)}{G(X)} = \dfrac{X^9 + X^8 + X^5 + X^4}{X^4 + X^3 + 1}$ $\quad = \dfrac{1100110000}{11001}$ → 나머지 $R(x) = 1001$ 를 CRC라 함.
과정 3	전송 부호는 과정1의 결과에 CRC(1001)을 더하여 전송한다. 즉, 송신데이터는 $F(x) = W(x) + R(x)$ $\quad = 1100110000 + 1001$ $\quad = 1100111001$
과정 4	수신측에서는 수신된 F(X)를 나누어 나머지가 0이 나오면 오류가 없는 것으로 판단함.

39 그림의 선형부호기에 4bit 정보가 d_0, d_1, d_2, d_3의 쉬프트 레지스터(shift register)에 입력되면 Modulo-2 연산에 의하여 패리티(parity)검사 비트 C_0, C_1, C_2가 결정된다. 정보비트가 다음 표와 같이 입력될 때 각각에 대하여 parity 검사 bit를 구하시오.

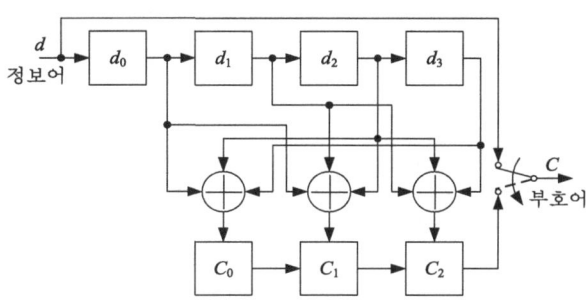

parity check bit			information bit			
C_0	C_1	C_2	d_0	d_1	d_2	d_3
			0	0	0	1
			0	0	1	1
			1	0	1	0

주어진 그림으로부터 $C_0 = d_0 \oplus d_2 \oplus d_3$,
$C_1 = d_0 \oplus d_1 \oplus d_2$, $C_2 = d_1 \oplus d_2 \oplus d_3$의 관계에 의해 패리티 검사비트를 구할 수 있다. 따라서,

parity check bit			information bit			
C_0	C_1	C_2	d_0	d_1	d_2	d_3
1	0	1	0	0	0	1
0	1	0	0	0	1	1
0	0	1	1	0	1	0

40 수신장치 데이터 처리능력에서 데이터량을 초과하지 않게 조절하는 흐름제어 방식 2가지는 무엇인가? (4점)

① Sliding Window
　수신 버퍼의 상태에 따라 전송중지, 전송재개 요구하는 방식
② Stop and Wait (정지대기 방식)

41 송·수신 스테이션간 신호전송에서 흐름제어를 하는 이유는?

흐름제어는 트래픽제어의 기본으로, 두 지점(노드)사이에서의 데이터 패킷의 양이나 속도를 제어하는 기법이다. 이는 수신노드로 하여금 받는 데이터를 초과하지 않도록 수신율을 조절하는데 목적이 있다.
정지대기(stop-and-wait) 방식과 슬라이딩 윈도우(sliding window) 방식이 있다.

42 슬라이딩 윈도우 프로토콜(Sliding Window Protocol)에 대하여 간략히 기술하시오.

수신 측에서 설정한 윈도우 크기만큼 송신 측에서 확인 응답(ACK) 없이 전송할 수 있게 하여 흐름을 동적으로 조절하는 제어 알고리즘 윈도우에 포함되는 모든 패킷을 전송하고, 전송이 확인되는 대로 윈도우를 옆으로 옮겨(slide) 다음 패킷들을 전송하는 방식

43 데이터 통신의 패킷망에서 사용되는 트래픽제어 메커니즘은 다음 세 가지를 들 수 있다. 이들에 대해 간단히 설명하시오. (6점)

가. 흐름제어
나. 과잉밀집제어
다. 데드락 방지

① 흐름 제어(Flow Control)
송신측이 수신측에서 처리할 수 있는 속도 보다 더 빨리 데이터를 보내지 못 하도록 제어하는 것
Stop & Wait ARQ 방식, Slide windowing 방식을 이용
② 과잉 밀집 제어(Congestion Control)
망의 한 지역으로 패킷이 밀집되어 혼잡(congestion-대기 지연시간)이 발생하지 않도록 제어하는 것
Open-loop 방식(혼잡발생 전에 방지방법)과 closed-loop 방식(혼잡 발생 후 완화방법)이 있다.
③ 데드락(Dead lock)방지
패킷 교환 방식에서 데이터는 패킷 교환기의 기억 장치 내에 일시 축적된 후 전송되는 방식이므로 패킷 기억장치에 여분의 저장기억장치가 부족하면 더 이상 교환을 수행할 수 없는 데 이러한 상태를 데드락(Dead Lock)이라 한다

3 정보통신망

01 정보통신망 토폴로지 종류 5가지를 쓰시오.

① 링형(Ring)
② 성형(Star)
③ 버스형(Bus)
④ 망형(Mash)
⑤ 트리형(Tree)

02 버스형, 링형, 성형, 계층형, 메쉬형 토폴로지의 장점 2개, 단점 1개를 서술하시오.

형태	장점	단점
버스형	- 물리적구조가 간단 - 노드의 추가와 삭제가 용이	- 기밀성 유지가 어려움 - 통신회선의 길이가 제한됨
링형	- 각 노드의 공평한 서비스 용이 - 고장 발견이 용이	- 새로운 노드 추가 어려움 - 각 노드마다 중계기능이 있어야 함
성형	- 노드의 추가 설치 용이 - 특정 노드의 고장이 전체 통신망에 영향을 미치지 않음	- 중앙 노드가 고장나면 전체 기능이 마비됨 - 중앙노드에 많은 부하가 걸림
계층형	- 통신 회선수가 절약되고 통신선로가 가장 짧음 - 분산처리가 가능	- 다른 구역 노드에 접속하기 위해 상위 노드를 거쳐야 함 - 상위노드에 장애가 발생하면 하위 노드의 네트워크가 마비됨
메쉬형	- 통신 회선의 장애 시 우회가 가능해 신뢰성이 높음 - 여러 개의 경로중 가장 빠른 경로를 이용하기 때문에 효율성과 가용성이 우수	- 모든 노드가 점대점 방식으로 직접 연결되므로 많은 통신회선이 소요 (회선수 = $\dfrac{n(n-1)}{2}$)

03
LAN의 네트워크 형태에 따라 크게 3가지로 분류한다. 3가지의 명칭을 쓰고 각각 망 구조의 형태를 그리시오.

형태	장점	단점
버스형	- 물리적구조가 간단 - 노드의 추가와 삭제가 용이	- 기밀성 유지가 어려움 - 통신회선의 길이가 제한됨
링형	- 각 노드의 공평한 서비스 용이 - 고장 발견이 용이	- 새로운 노드의 추가 어려움 - 각 노드마다 중계기능이 있어야 함
성형	- 노드의 추가 설치 용이 - 특정 노드의 고장이 전체 통신망에 영향을 미치지 않음	- 중앙 노드가 고장나면 전체 기능이 마비됨 - 중앙노드에 많은 부하가 걸림

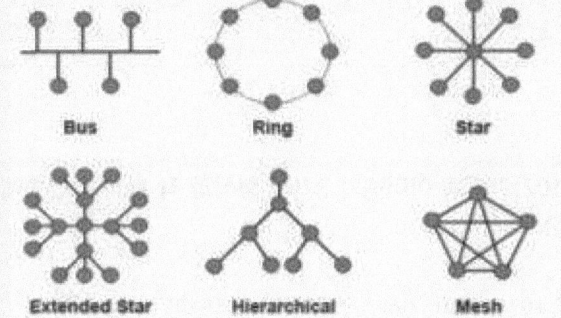

04
통신망의 유형 중 망형의 노드수가 70일 경우 필요로 하는 전송회선수를 구하시오.
  가. 계산식
  나. 답

가. 계산식 : $\dfrac{n(n-1)}{2} = \dfrac{70(70-1)}{2} = 2415$
나. 답 : 2415회선

05
근거리 통신망(LAN)을 구축하고자 할 때, 검토해야 할 기술적인 사항 4가지를 적으시오.

가. 망 형태(topology)
나. 전송매체 엑세스 방식
다. 전송매체
라. 변조방식(베이스 밴드, 브로드 밴드)

06
IEEE 802.3, 4, 5, 6, 7, 11 가 무엇인지 적으시오.

802.1: OSI 참조 모델과의 관계, 통신망 관리 등에 관한 규약
802.2: 논리링크 제어계층에 관한 규약
802.3: CSMA/CD 방식의 매체 액세스 제어계층에 관한 규약
802.4: 토큰버스 방식
802.5: 토큰링 방식
802.6: 도시형 통신망(MAN)에 관한 규약 (DQDB)
802.7: 동축 케이블을 이용한 광대역 LAN
802.11: 무선 LAN방식

07 LAN, MAN, WAN을 비교 설명하시오.

항목 구분	LAN	MAN	WAN
정의	근거리 통신망	도시지역 내 통신망	광역통신망
규격	IEEE 802.3 (CSMA/CD)	IEEE 802.6 (DQDB)	
거리범위	10[Km] 이내	50[Km] 이내	500[Km] 이내
전송속도	10 ~ 100[Mbps]	100[Mbps] 이상	1[Gbps] 이상
통신망의 종류	사설통신망	공중통신망	공중통신망
토폴로지	성형, 링형, 버스형, 트리형	점대점, 버스형, 루프형	점대점, 성형
전송로	꼬임선, 동축케이블, 광케이블	광케이블	꼬임선, 광케이블
라우팅	불필요	불필요	필요
MAC 기능	필요	필요	불필요
신뢰도	가장 높음	높음	낮음
서비스 형태	비연결형 서비스	비연결형 서비스	연결형 및 비연결형 서비스
적용범위	전자메일, 화상회의 파일전송, 그룹웨어	LAN과 LAN 연결	PSTN/PSDN

08 근거리 네트워크 시스템에서 100 base T의 각 해당하는 의미는?

가. 100
나. base
다. T

가. 100 : 전송속도 100Mbps
나. base : 기저대역 전송(Baseband transmission)
다. T : 꼬임선 사용(twisted pair cable)

09 UTP 100Mbps 등급 무엇인가?

Category 5

10 다음 근거리 네트워크의 전송속도는 얼마인가?

가. 100Base-T
나. 1000Base-T

가. 100Base-T : 100[Mbps]
나. 1000Base-T : 1000[Mbps]
* 참고 Gigabit Ethernet 표준

11 10기가비트 이더넷의 3가지 형식과 각 형식별 전송매체를 쓰시오.

10-Gigabit Ethernet 표준인 IEEE802.3ae
(전송매체는 전송거리에 따라 다름)

형 식	전송매체
10GBase-T	UTP
10GBase-SX	Fiber
10GBase-CX	Coaxial cable

12. EIA-568A/B 크로스케이블을 제작하려고 한다. 해당 색을 <보기>에서 골라 빈칸을 채우시오.

<보기>
청색, 흰 청색, 녹색, 흰 녹색, 등색(주황색), 흰 등색, 갈색, 흰갈색

EIA-568A

1	2	3	4	5	6	7	8
a	b	c	청	흰청	d	흰갈	갈

EIA-568B

1	2	3	4	5	6	7	8
e	f	g	청	흰청	h	흰갈	갈

a. 흰 녹색, b. 녹색, c. 흰 등색, d. 주황색
e. 흰 등색, f. 등색, g. 흰 녹색, h. 녹색

*EIA-568은 미국내 구내 케이블/케이블링/커넥터에 대한 표준임 (RJ-45규격)
① EIA-568A

RX+	RX-	TX+	N/A	N/A	TX-	N/A	N/A
흰무늬 녹색	녹색	흰무늬 주황색	청색	흰무늬 청색	주황색	흰무늬 갈색	갈색
1	2	3	4	5	6	7	8

② EIA-568B

1	2	3	4	5	6	7	8
흰무늬 주황색	주황색	흰무늬 녹색	청색	흰무늬 청색	녹색	흰무늬 갈색	갈색
TX+	TX-	RX+	N/A	N/A	RX-	N/A	N/A

13. LAN에서 전송방식에 따른 분류 중 2가지는 무엇인가?

① 브로드밴드 전송
   하나의 매체상에 여러개의 전송채널을 형성하여 동시에 복수개 채널로 데이터를 송수신하는 방식
② 베이스밴드 전송
   하나의 물리적 전송매체에 하나의 채널만 형성해 데이터를 전송하는 방식

14. 아래 빈칸에 해당하는 명칭을 쓰고, 기능을 설명하시오.

네트워크 계층
LLC 계층
( )
물리계층

가. 명칭
   - MAC (Media Access Control)
나. 기능
   ① 하나의 통신선로를 이용, 여러 장치간 매체접근제어 기능을 수행
   ② MAC Protocol 에는 CSMA/CD, Token Bus 등이 있음

15. IEEE 802 시리즈에서 OSI 데이터 링크 계층 2개 부계층 구분하고 이를 각각 적고 그 역할을 써라.

가. LLC(Logical Link Control
   ① 두 장비간의 논리적인 링크를 설정하고, 프레임 송수신 제어기능 수행
   ② IP와 같은 3계층 프로토콜에 논리적 링크 연결 서비스 제공
나. MAC(Media Access Control)
   ① 하나의 통신회선을 통하여 여러 장치들간 매체 접근제어기능 수행
   ② MAC Protocol 에는 CSMA/CD, Token Bus 등이 있음

16. LAN의 MAC 방식을 경쟁방식과 비경쟁방식으로 분류할 때 각각의 방식을 2가지씩 적으시오.

가. 경쟁 MAC 방식 2가지 : ALOHA, CSMA (CSMA/CD , CSMA/CA)
나. 비경쟁 MAC 방식 2가지 : Token BUS, Token Ring

17. LAN(Local Area Network) 프로토콜 구조에서 다수의 호스트가 하나의 매체를 공유함으로써 발생될 수 있는 전송 충돌을 제어하는 기능을 수행하는 계층은 무엇인가?

MAC(매체접근제어) 계층

18. 다음 빈칸에 알맞은 용어를 쓰시오

(가) 방식은 이더넷 표준의 기초로 여러 대의 호스트가 같은 전송매체에서 통신할 수 있도록 규칙을 제공하며, 다른 방식으로써 버스형 근거리 통신망에서 가장 일반적으로 이용되는 토큰버스방식 등이 있다.

(가) CSMA/CD(IEEE802.3)

19. 이더넷 매체 접근 방식인 CSMA/CD(Carrier Sense Multiple Access / Collision Detect)전송방식에 대하여 간단히 설명하시오.

① 유선 Ethernet(IEEE802.3) 액세스 제어방식으로 CSMA의 비능률(충돌 및 지연)을 개선하기위한 프로토콜임
② CSMA에서는 매체에서 두 패킷이 충돌할 경우 손상을 입은 두 패킷이 지속되는 동안 용량의 낭비를 가져오지만 CSMA/CD 방식은 매체에서는 채널의 충돌상태를 미리 감지해 충돌을 피하는 방식임.
③ 전송도중 충돌이 일어난 것을 감지하면 데이터의 전송을 중지하고 짧은신호(jam 신호)를 보내서 모든 단말기에 충돌이 일어난 것을 알림.

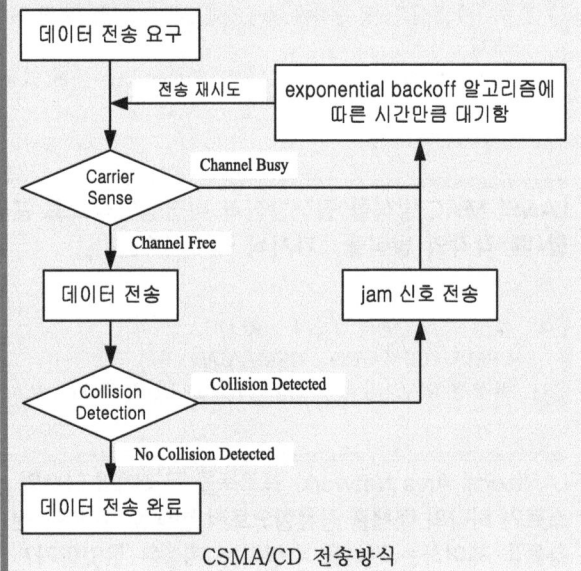

CSMA/CD 전송방식

20. Shared LAN의 특징 3가지에 대해서 쓰시오

① 공유매체 기반의 LAN을 구성
② 모든 단말로 프레임이 전송됨
③ 관련 네트워크, 토폴리지 구현이 용이함

21. Switched LAN의 특징 3가지에 대해서 쓰시오

① 스위치 기반의 LAN을 구성
② 지정된 목적지로만 프레임을 전송
③ 각 단말에 대해 전용(Dedicated)방식을 지원

22. 토큰버스 프로토콜 동작원리를 설명하시오

① 논리적방식으로 링을 형성하고 토큰이 논리적 링을 순환한다
② 프레임 전송을 원하는 단말은 토큰이 도착할 때까지 기다려서 도착한 토큰을 획득한 뒤 프레임을 전송한다.
③ 전송 완료 시 이웃 호스트에 토큰을 건네줍니다.

23. CSMA/CD와 비교하여 Token Passing 방식의 장점 3가지, 단점 2가지를 쓰시오.

(가) Token Passing 방식의 장점
① 결정성 논리를 가지며, 공장 자동화에 적합
② 충돌이 발생하지 않으므로 과부하시에도 지연 시간을 일정값으로 유지할 수 있다.
③ 지연 시간은 회선의 길이에 별 영향을 받지 않는다.

(나) Token Passing 방식의 단점
① 노드 장애가 시스템 전체에 영향을 주며, 장해 검출과 회복 처리가 복잡
② 하드웨어 복잡하고 값이 비쌈

CSMA/CD와 Token Passing 방식

	CSMA/CD	토큰 패싱
용도	비결정성 논리를 가지며, 경제적인 시스템을 구성할 수 있으므로 사무 자동화 등에 적합	결정성 논리를 가지며, 실시간성이 강한 공장 자동화업무 등에 적합
성능	- 저 부하시에는 성능이 양호하지만, 회선 사용율이 높으면, 충돌 확률이 증가하므로 지연 시간이 증대 - 회선의 길이가 길면 충돌 확률이 증가하므로 지연시간이 급격히 증가	- 충돌이 발생하지 않으므로 과부하시에도 지연 시간을 일정값으로 유지할 수 있다. - 지연 시간은 회선의 길이에 별 영향을 받지 않는다.
알고리즘	간단	복잡
신뢰성	노드 장애가 시스템 전체에 영향을 주지 않으며, 장해처리가 간단	노드 장애가 시스템 전체에 영향을 주며, 장해 검출과 회복 처리가 복잡
경제성	하드웨어 간단하고 값이 저렴	하드웨어 복잡하고 값이 비쌈
기타	분기 방식이므로 노드의 증설과 이동이 간단(버스형)	각 노드에서 중계되므로 노드의 증설과 이동이 곤란하다(링형).

24. 도시와 같은 공중영역(MAN) 또는 한 기관에서 LAN을 상호연결하기 위하여 개발된 것으로 IEEE 802.6으로 표준화된 것은 무엇인가?

Distributed Queue Dual Bus (DQDB), 도시형 통신망(MAN)에 관한 규약
① DQDB는 분산형 역방향 이중 버스 구조이다.
② LAN을 연결하는 MAN에서 사용되는 IEEE 802 계열의 표준 프로토콜
③ 2개의 논리적인 이중버스 구조로 데이터를 각기 다른 방향으로 전송

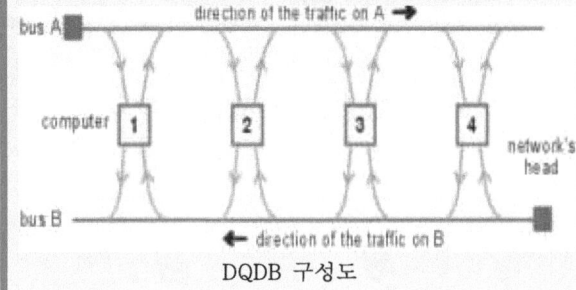

DQDB 구성도

25. 빈칸에 알맞은 용어를 쓰시오.

( )는 미국규격협회에서 1987년 표준화된 LAN이고, 100Mbps의 전송속도를 제공하며, 두 개의 링으로 구성된다. 두 개의 카운터 회전링을 사용하여 이중링 구조이며, 외부링은 1차링, 내부링은 차링으로 불린다. 또한 두 개의 링이 모두 작동되며, 노드는 미리 정해진 규칙에 따라 두 개 중 한 개로 전송한다. 전송 매체는 광케이블을 사용하므로 링 구조로 되어있으며 2km 떨어진 단말기 사이에서 작동할 수 있다.

FDDI(Fiber Distributed Data Interface)

26. FDDI에 대한 다음설명에 답하시오.

(가) FDDI는 OSI 몇 계층에 해당하는가?
(나) 2차링의 주요목적은?

(가) : 데이터링크계층
(나) : Primary(1차링) 장애 시 failover하기 위한 기능

27. 무선랜에서 ESS와 BSS 의미는?

① ESS(Extended Service Set)
AP를 모두 엮는 논리적인 하나의 커다란 집합을 의미하고, 이는 여러 BSS들로 집합되어 구성된 형태를 말한다.
② BSS(Basic Service Set)
무선 LAN의 가장 기본적인 무선 망 구성단위 (Topology)이다.

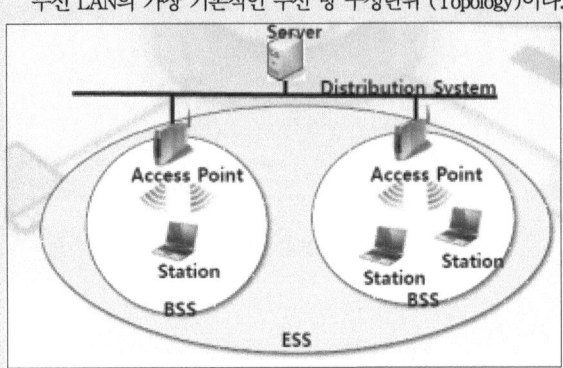

28. 무선랜을 구성하기 위한 장비 중 핵심장비로 기존 유선 네트워크의 허브나 스위치와 유사한 기능을 하며 네트워크 종단에 위치하여 유선네트워크와 무선네트워크를 연결하는 역할을 하는 장비는 무엇인가?

AP (Access Point)

29. IEEE802.11에서 사용되는 무선 매체접근제어(MAC)방식은 무엇인가?

◆ CSMA/CA(충돌회피)

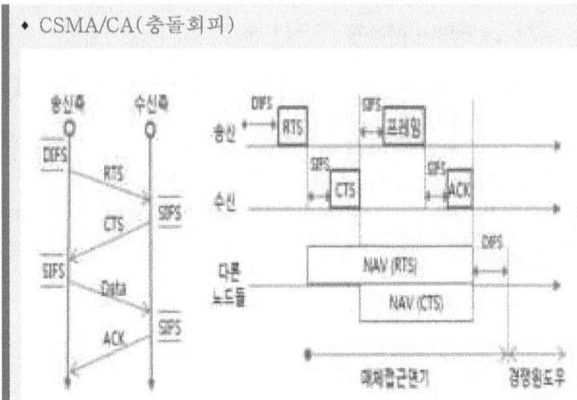

① 무선망에서는 프레임을 전송하기 전에 충돌을 회피(Avoidance) 하도록 함
② 송신측에서 RTS(Ready To Send)를 보내고, CTS(Clear To Send)를 받지 못하면 일정 회수만큼 RTS를 다시 보냄. 그래도 CTS를 받지 못하면 일정시간 대기후 다시 RTS전송

30. CSMA/CA에서 IFS의 3가지 종류를 쓰고, 우선순위가 높은 순으로 부등호 (>) 표기 하시오.

CSMA/CA에서 IFS의 우선순위가 높은순은
SIFS > PIFS > DIFS
① SIFS (Short IFS): 가장 짧은 대기지연 시간 (가장 높은 우선순위)
 - RTS 프레임, CTS 프레임, ACK 프레임, Fragment된 연속 프레임 등에 사용
 - DSSS 방식(10uS), OFDM방식(16uS)
② DIFS (Distributed IFS)
DCF(Distributed Coordination Function)방식에서는 적어도 DIFS 동안 매체가 idle한 상태 이후에 매체접근을 시도하게 됨
③ PIFS (PCF IFS)
무경쟁방식인 PCF(Point Coordination Function)기능에서 사용

31. 무선LAN 802.11에서 프레임의 종류 3가지를 적으시오.

무선 LAN 802.11 MAC 프레임 형태를 크게 3가지로 구분된다.

① 관리프레임	무선 단말과 AP 사이의 초기통신을 확립하기 위해 사용
② 제어프레임	실제 데이터 프레임의 전달을 위한 제어용
③ 데이터프레임	실제정보가 들어있는 프레임

* IEEE802.11 MAC계층 프레임 기본포맷

MAC 헤더						데이터	
Frame Control	Duration/ID	주소1	주소2	주소3	Sequence Control	주소4	Frame body	FCS
2	2	6	6	6	2	6	0~2312	4 바이트

* Frame Control유형
00 관리프레임/ 01 제어프레임/ 10 데이터프레임/ 11 예약

32. 보기는 무엇에 관한 설명인 지 쓰시오

엑세스 포인트(AP)의 한 부분은 네트워크에 연결된 상태이고 다른부분은 AP 연결이 끊긴 상태이다.
이 때 네트워크를 확장시켜주는 역할을 하는 시스템이다.

WDS(Wireless Distribution System)

33. 무선 LAN은 IEEE 802 위원회에서 표준화되어 있다. IEEE 802.11 규격에 대해 다음 표의 빈 칸 (가), (나), (다)를 알맞게 채우시오.

규격명	최대 전송속도	무선 주파수	전송(변조)방식
802.11a	54[Mbps]	(다)	OFDM
802.11b	(나)	2.4[GHz]	DSSS
(가)	54[Mbps]	2.4[GHz]	OFDM
802.11 n	200[Mbps] 이상	2.4[GHz], 5[GHz]	OFDM

규격명	최대 전송속도	무선 주파수	전송(변조)방식
802.11a	54[Mbps]	5[GHz]	OFDM
802.11b	11[Mbps]	2.4[GHz]	DSSS
802.11 g	54[Mbps]	2.4[GHz]	OFDM
802.11 n	200[Mbps] 이상	2.4[GHz], 5[GHz]	OFDM

34. 무선인터넷 가능 서비스를 위한 대표적인 2가지 방식으로 어떤 계열들이 있는지 쓰시오.

WiFi(IEEE802.11), WiBro(IEEE802.16)

35. 고속 무선 네트워크 규격으로 2.4GHz나 5GHz대역의 기존 Wi-Fi를 지원하면서 60GHz대역에서 최대 7Gbps을 지원하는 802.11ad 무선 표준화 규격은?

WiGig(Wireless Gigabit)

36
교환방식은 크게 회선 교환방식과 메시지 교환방식, 패킷 교환방식으로 구분하고 있다. 이들에 관한 다음 질문에 답하시오

가. 축적 후 전달(store and forward) 방식은 어떤 방식을 말하는가?
나. 현재 PSDN 은 거의 어느 방식을 이용하는 대표적인 예인가
다. 기존의 전화망은 어느 방식을 이용하는 대표적인 예인가?
라. 패킷 교환방식은 그 구현 기술에 따라 2가지로 분류하는데 어떻게 구분하고 있는가?

회선교환방식은 아날로그 방식, 패킷교환, 메시지교환은 디지털방식이라 할 수 있다.
가. 패킷 교환방식, 메시지 교환방식
나. 패킷 교환방식
다. 회선 교환방식
라. 가상 회선 서비스와 데이터그램 서비스

37
패킷교환(packet switching) 방식의 다음 특징을 기술하시오.

가. 회선 이용률   나. 전송 지연

	회선교환	메시지 교환	패킷교환
회선 이용율	가장 나쁨	중간	가장 우수.
전송 지연	가장 짧음.	김. (메시지 단위 이므로)	짧음. (패킷단위 이므로)

가. 회선 이용률
  패킷교환 방식은 중계회선을 서로 다른 이용자가 공동(또는 공유)으로 사용할 수 있어서(교환기에 의해 패킷단위로 다중화) 회선의 이용 효율이 높다.
나. 전송 지연
  메시지 교환방식은 길이의 제한이 없는 메시지 형태로 수행하고, 패킷교환 방식은 길이가 제한되어 있는 패킷단위로 수행하기 때문에 패킷교환 방식의 처리시간이 메시지교환 방식보다 적다.

38
데이터 교환 방식의 종류를 열거하고 간단히 설명하시오.

구 분	회선교환	메시지교환	패킷교환
서비스 대상	실시간 음성 (PSTN 등)	비연속적인 저속 데이터	비연속적인 데이터 (PSDN, X.25, TCP/IP 등)
정보전송 형태	제어정보 없이 한번에 연속전송	메시지단위로 나누어 전송 (Store & forward)	패킷단위로 나누어 전송 (Store & forward)
경로설정	단말간 물리경로를 직통으로 설정	단말간 논리경로를 최적으로 설정	단말간 논리경로를 최적으로 설정
회선효율	비효율적 (점유회선을 독점으로 사용)	효율적 (점유회선을 공유하여 사용)	효율적 (점유회선을 공유하여 사용)
제어절차	경로설정 후에는 제어절차가 적음	메시지 단위마다 에러제어절차 수행	패킷단위마다 에러제어절차 수행
프로토콜	단말간 프로토콜이 다르면 불가능	단말간 프로토콜이 다르면 보완이 필요.	단말간 프로토콜이 상이해도 가능
특징	real time 대화용에 가장 적합 대역폭 점유(독점) 코드변환 불가.	데이터 전송시간이 김. 코드변환이 가능. real time 에 부적합.	순간적인 대량전송 가능. 융통성 우수. 가상회선, 데이터그램 방식전송

39
X.25 기반의 패킷 교환망에서 이용 가능한 패킷 교환방식의 두 가지 기본형태는 무엇인지 쓰시오.

구 분	Datagram 방식	Virtual Circuit 방식	
개념	사전경로 미구성	사전경로 구성	
경로	Packet마다 다름	동일 경로	
용도	비신뢰성 정보전송	신뢰성있는 정보전송	
활용	TCP/IP	X.25, FR, ATM	
		SVC (Switched)	PVC (Permanent)

40
패킷교환방식에 대한 설명이다. 빈칸에 정답을 적으시오?
"각 패킷을 전송 전 논리적인 사전 경로를 구성하여 순서적으로 전달하는 방식은(가)방식으로 신뢰성 있는 통신이 가능하다." 각 패킷을 전송 전 사전경로 구성없이 독립적, 무 순차적으로 전달하는 (나) 방식은 사전 경로 구축 시간이 불필요하고 Deadlock시 융통성이 있어 신속한 대처가 가능하다."

> (가) 가상회선
> (나) 데이터그램

41
각 패킷을 전송 전 사전 경로 구성없이 독립적, 무작위로 전달하는 방식은?

> 데이터그램 방식

42
공중(패킷) 데이터교환망(PSDN)에서 이용 가능한 패킷 교환방식 2가지를 비교하시오.

> ◆ 가상회선(Virtual Circuit)방식, 데이터그램(Datagram)방식.
>
> | 구 분 | Datagram 방식 | Virtual Circuit 방식 | |
> |---|---|---|---|
> | 개념 | 사전경로 미구성 | 사전경로 구성 | |
> | 경로 | Packet마다 다름 | 동일 경로 | |
> | 용도 | 비신뢰성 정보전송 | 신뢰성있는 정보전송 | |
> | 활용 | TCP/IP | X.25, FR, ATM | |
> | | | SVC (Switched) | PVC (Permanent) |

43
패킷 교환방식 중 가상회선 방식에 대하여 쓰시오 ?

> ① 패킷교환방식에는 가상회선 방식과 데이터 그램 방식이 있음
> ② 가상회선 방식은 전송전에 송수신 노드간에 경로설정을 한 후에 전송함
> ③ 각 패킷을 논리적인 사전경로를 구성하여 순차적으로 전송하는 방식
> ④ 두 단말기는 패킷이 전송되기 전에 패킷이 전송될 경로(가상회선)를 확정함
> ⑤ 가상회선 교환방식은 SVC방식과 PVC방식이 있음.
> 가. SVC방식 - 필요시에만 통신회선 간에 경로설정 함
> 나. PVC방식 - 데이터가 전송되지 않을 때에도 논리적인 연결으로 연결됨

44
전용회선과 공중통신회선에 대해 설명하시오.

> 가. 전용회선
> ① 지정된 사용자별로 회선을 특정 목적으로 이용
> ② 교환기를 사용하지 않기 때문에 특정한 상대(두 사람 사이) 이외에는 통신할 수 없으나 그 대신 항상 점유하여 사용 가능
> 다. 공중통신회선
> ① 공용으로 사용자들이 사용 하는 회선
> ② 교환기의 회선을 통해 어디든지 통신이 가능

45
DTE-DCE 인터페이스 규격은 (①)권고에 정의되어 있으며, 시리즈 종류에는 (②)(③)(④)인터페이스 가 있다.

> ① ITU-T(International Telecommunications Union Telecommunication)
> ② V-시리즈
> ③ X-시리즈
> ④ I-시리즈
>
> | | | |
> |---|---|---|
> | ITU-T | V시리즈 | 전화와 음성 대역의 Analog 전화 회선용 |
> | | X시리즈 | 패킷 교환과 회선 교환 방식의 공중 데이터망 |
> | | I시리즈 | 종합정보통신망(ISDN)용 |

46. 정보통신시스템에서 DTE-DCE간의 국제 표준규격의 특성조건 4가지를 쓰시오.

① 물리적조건
DTE/DCE에서 취급하는 커넥터 및 DCE와 DTE 간을 연결하는 통신 회선에 접속되는 커넥터에 대하여 그 형태와 규격, 신호핀 배열 등에 대한 규정
② 전기적조건
DTE/DCE 상호 접속 회로의 임피던스와 신호 레벨 등에 대한 규정
③ 기능적조건
DTE/DCE 상호 접속 회로의 기능과 명칭, 시간 조건 등에 대한 규정
④ 절차적조건
데이터 전송을 위한 DTE/DCE 상호 접속 회로의 동작 순서 등을 규정

47. ITU-T 시리즈 권고안에 관한 사항이다. 이에 해당되는 각각의 권고안의 번호를 적으시오.

가. 각종 데이터 네트워크에서 비동기 전송을 위한 DTE와 DCE간의 접속규격
나. 공중 데이터 네트워크에서 동기식 전송을 위한 DTE와 DCE간의 접속규격
다. 공중 데이터 네트워크에서 패킷형 터미널을 위한 DTE와 DCE간의 접속규격

X.20	공중망의 비동기식 전송을 위한 DTE와 DCE 사이의 접속 규격
X.21	공중망의 동기식 전송을 위한 DTE와 DCE 사이의 접속 규격
X.25	공중망의 패킷형 터미널을 위한 DTE와 DCE 사이의 접속 규격

48. 공중망의 패킷형 터미널을 위한 DTE와 DCE 사이의 접속규격은?

X.25

49. ITU-T 권고안 중 공중데이터 통신망의 프로토콜은?

가. PAD의 변수와 기능 등을 정의
나. 패킷형 터미널을 위한 DTE와 DCE 사이의 접속 규격
다. PSDN에서 PAD를 접속하는 DTE와 DCE간의 Interface 규정, 패킷형 단말과 PAD 데이터 전송 인터페이스

가. X.3
나. X.25
다. X.28

X.3	공중 데이터 네트워크에서의 패킷 분해·조립 장치
X.20	공중망의 비동기식 전송을 위한 DTE와 DCE 사이의 접속 규격
X.21	공중망의 동기식 전송을 위한 DTE와 DCE 사이의 접속 규격
X.25	공중망의 패킷형 터미널을 위한 DTE와 DCE 사이의 접속 규격
X.28	동일국 내에서 PDN(Packet Data Network)에 연결하기 위한 규격
X.75	패킷교환망 상호간 (X.25와 X.25) 접속을 위한 프로토콜

50. 패킷 교환망에서 사용된 PAD 대해 설명하라.

PAD(Packet Assembly and Disassembly)는 ITU-T의 X.3 프로토콜로써 비 패킷망에서 패킷망(X.25)으로의 프로토콜 변환을 제공하기 위한 프로토콜임

51. 패킷교환망의 주요 기능 3가지를 쓰시오.

패킷교환기능, 패킷조립 분해기능, 패킷 다중기능

52 다음 물음에 답하시오.

가) ITU-T에서 X.25 패킷망을 상호연결하기 위한 프로토콜은?

나) IEEE 802.6표준으로 MAN 구축기술로 표준화된 MAC 프로토콜은?

가. X.75
나. DQDB(Distributed Queue Dual Bus)

53 N-ISDN에 대한 다음 질문에 답하시오

구분	용도	속도	기본 프레임 구성	B 채널	D 채널
베이직 접근 (BRI)	(가)	(다)	(마)	64 kbps	16 kbps
프라이머리 접근 (PRI)	(나)	1.544Mbps	23B + D		64 kbps
		(라)	(바) (우리나라에서 사용)		

구분	용도	용량	기본 프레임 구성	B 채널	D 채널
베이직 접근 (BRI)	(가) 기본 정보용 채널	(다) 144kbps	(마) 2B + D	64 kbps	16kbps
프라이머리 접근 (PRI)	(나) 1차군 다중 정보용 채널	1.544Mbps (라) 2.048Mbps	23B + D (바) 30B + D (우리나라에서 사용)		64kbps

54 협대역 ISDN에서의 가입자 신호 채널 구성 방식에서 기본 인터페이스는 2B+D로 되어 있다. 채널 종별에 따른 채널 속도와 용도를 기술하시오.

가. B-채널
 ① 용도 : 정보 전달용 채널
 ② 용량(속도) : 64[kbps]
나. D-채널
 ① 용도 : 신호 전달용 채널
 ② 용량(속도) : 16[kbps]

55 ISDN의 전송 구조에서 B-채널과 D-채널에 대한 다음 사항을 답하시오.

가. B-채널의 용도와 용량
나. D-채널의 용도와 용량
다. 기본 액세스 인터페이스의 구조와 전송 속도

가. B-채널
 ① 용도 : 정보 전달용 채널
 ② 용량(속도) : 64[kbps]
나. D-채널
 ① 용도 : 신호 전달용 채널 또는 16[kbps] 이하의 데이터 패킷 전송용 채널
 ② 용량(속도) : 64[kbps]와 16[kbps]의 두 가지가 있다.
다. 기본 액세스 인터페이스
 ① 채널 구조 : 2B+D
 ② 전송 속도 : 144Kbps +오버 헤드 비트 = 192[kbps]
 (∵ 프레임 동기비트와 기타 오버헤드 비트가 추가)

56 다음에 관한 물음에 답하시오.

가. 종합 정보통신망(ISDN)에서 기본 액세스채널은 어떻게 구성되어 있는가?
나. 광대역 종합정보통신망(B-ISDN)의 ATM셀은 몇 바이트로 구성 되는가?

가. 2B+D+ 오버헤드 =192[kbps](∵ B=64[kbps], D=16[kbps]이고 여기에 프레임 동기비트와 기타 오버헤드 비트가 추가)
나. 1[cell]=53[byte]=헤더 5[byte]+정보 48[byte]

57. STM과 ATM의 비교표를 작성하시오.

구분	STM	ATM
슬롯할당		
입출력 전송속도 비교		
채널할당		

구분	STM	ATM
교환 방식	디지털 시분할 교환	ATM 셀 교환
다중화 방식	디지털 시분할 다중화 (TDM) (전송단위 : 프레임)	통계적 다중화 또는 비동기식 시분할 다중화 (전송단위 : 셀)
입출력 전송속도	입력=출력	입력≥출력
교환기 형태	디지털 시분할 교환기 (회선 교환기)	ATM 교환기
전송 시스템	PDH, SDH 전송장비	ATM 전송 장비

참고
가. STM
 ① 동기식디지털계위(SDH)에서 구간계층(다중화기 구간, 재생기 구간) 간의 정보를 전송하는 기본 단위의 신호계위
 ② 프레임 단위로 전송되며 전송 프레임이 채널에 고정적으로 할당됨
나. ATM
 ① 비동기식 전송방식으로 셀 단위로 전송되며 통계적 다중화 또는 비동기식 시분할 다중화 방식의 전달방식
 ② 전송되는 셀이 고정적이지 않고 정보 트래픽에 따라 가변적으로 할당되어 다양한 트래픽을 수용 가능함
다. STM과 ATM의 차이점
 전송단위(프레임/셀)에서의 차이가 있으며, STM방식은 입출력 전송속도가 같으나 ATM방식은 입출력 전송속도가 다름(입력≥출력)

58. ATM 셀(Cell)의 구조를 나타내고, 각 필드의 길이를 쓰시오.

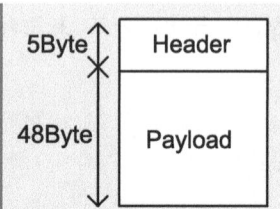

ATM은 53[Byte] 고정길이 를 갖는 Cell 구조임.
53Byte Cell은 헤더(5Byte), 페이로드(48Byte) 2개의 필드로 구성

59. 비동기 전송모드인 ATM셀의 헤더와 정보필드의 Byte 수를 표시하라.

ATM은 53[Byte] 고정길이 를 갖는 Cell 구조임.

헤 더	5[Byte]
페이로드	48[Byte]

60. B-ISDN/ATM 물리계층에서 전송 프레임을 만들고 ATM 셀들을 프레임에 실어 보낼 수 있게 하며, 전송 프레임으로부터 ATM 셀들을 추출하는 기능을 수행하는 부계층은 무엇인가?

전송수렴 부계층(TC Sublayer, Transmission Convergence Sublayer)

물리 레이어	전송 컨버젼스 서브레이어 (TC)	셀 헤더의 에러 정정 셀 흐기 셀호름의 속도 조합 전송 프레임의 생보/중단
	물리 매체 서브레이어(PM)	비트 흐기 물리 매체

- 물리 레이어의 기능 구성 -

61
B-ISDN의 ATM Protocol Reference Model은 계층(Layer)과 평면(Plane)의 구조로 되어 있다. 3개의 평면은 각각 무엇인가?

① 사용자(User)평면
② 제어(Control)평면
③ 관리(Management)평면

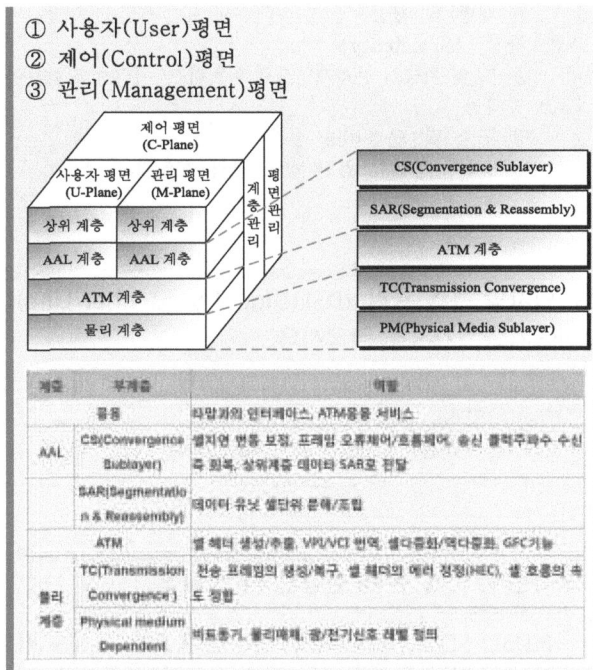

62
ATM셀 구조, TC의 영문을 각각 서술하시오.

① ATM 셀은 헤더부(5바이트)와 정보부(48바이트)로 구성된다.
② 전송수렴 부계층(TC Sublayer, Transmission Convergence Sublayer)

63
ATM 트래픽에서 서비스 품질 Qos(Quality of Service)을 나타내는 파라미터 3가지만 적으시오.

가. Cell Loss Ratio : CLR (셀 손실율)
나. Maximum Cell Transfer Delay : CTD (최대 셀 전송 지연)
다. Peak-to-peak Cell Delay Variation : CDV (셀 지연 변이)

64
ATM Protocol Referece 모델은 계층(Layer)와 평면(Plane)의 구조로 되어있다.
(1) ATM의 평면 3가지를 작성하시오.
(2) ATM의 적응계층인 AAL의 서비스 종류의 4가지를 작성하시오.

(1)
① 관리 평면 (Management-Plane)
② 제어 평면 (Control-Plane)
③ 사용자 평면 (User-Plane)
(2)
AAL (ATM Adaption Layer)
 - 4개의 Adaption Layer가 정의되어 있음
가. AAL1
 - CBR(Constant Bit Rate) 제공 : 일정속도 보장
 - 연결 지향형 서비스 제공
 - 비압축 영상 또는 음성
나. AAL2
 - VBR(Variable Bit Rate) 제공: 가변비트 서비스 지원
 - 연결 지향형 서비스 제공
 - 압축된 영상 또는 음성
다. AAL3/4
 - Connection oriented service와 Connectionless service를 제공
 - AAL5에 의해 대체
라. AAL5
 - 데이터 서비스 제공
참조
① CBR(Constant Bit Rate) : 일정 속도를 보장해주는 서비스
② UBR(Unspecified Bit Rate) : Best Effort 서비스와 유사
③ VBR(Variable Bit Rate) : 가변 비트율 서비스 지원
④ ABR(Available Bit Rate) : Bursty한 특성으로 가변 비트율 서비스와 혼잡제어 서비스

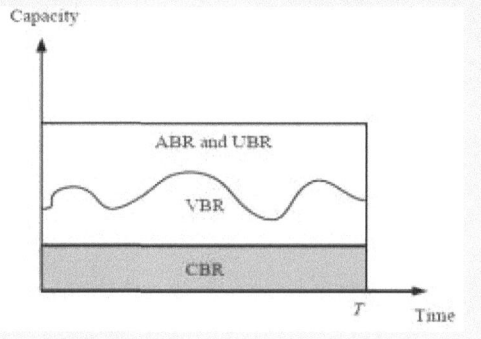

65
자신에게 연결되어 있는 소규모 회선 또는 네트워크들로부터 데이터를 모아 고속의 대용량으로 전송할 수 있는 대규모 전송회선 및 통신망을 지칭하여 (   )이라고 한다.

> BackBone(백본)

66
다음 물음에 답하시오.
- 가. NGN의 3가지 계층을 적으시오.
- 나. NGN의 구성요소 2가지를 적으시오.
- 다. 미디어 게이트웨이 종류 2가지를 적으시오.

> 가. Transport(전달계층) Layer, Control(제어계층) Layer, Application(응용계층)
> 나. Media Gateway, Soft switch
> 다. 엑세스 게이트웨이, 트렁크 게이트웨이

67
NGcN의 특징과 장점을 3가지 적으시오.

> ① 유연성(Flexibility)
> 음성, 데이터 및 멀티미디어의 통합 서비스 신규 서비스의 신속한 개발 및 제공
> ② 확장성(Scalability)
> 통신망의 기능적 분리개념으로 네트워크/ 서비스 진화용이
> ③ 경제성
> 망 구축 및, 운용비용 절감
> IP트래픽 처리를 위한 망 자원의 효율적 활용

68
가입자망 구축 관리 xDSL(Digital Subscriber Line)의 전송기술 5가지를 적으시오.

> HDSL, SDSL, ADSL, VDSL, RADSL
> xDSL은 전화선을 이용하여 데이터통신을 하기 위한 서비스 임.

69
보기는 무엇에 관한 설명인 지 쓰시오

> HDSL, SDSL, ISDN 등의 송수신 속도가 대칭을 이루는 전송장비에 사용되는 선로 부호화 방식이다.
> 4개의 전압준위를 사용하며 각 펄스는 2bit를 표현한다. 2 bit를 4단계의 진폭으로 구현하여 전송한다고 볼 수 있다.

> 2B1Q(2 Binary 1 Quaternary)

70
아래 표는 가입자망 구축 관리 xDSL(Digital Subscriber Line) 전송기술이다. (가)~(다)빈칸을 채우시오.

xDSL종류	데이터 전송속도 하향속도 ; 상향속도	특징 및 응용분야
ADSL (가)	하향속도 1.544~6.1[Mbps]; 상향속도 16~640[kbps] -고속의 Downstream	고속인터넷, 원격 랜 접속, VOD
RADSL (나)	회선상태에 따라, 하향속도 640[kbps]~2.2[Mbps]; 상향속도 272[kbps]~1.088[Mbps]	고속인터넷, 랜 투 랜접속, VOD
SDSL (대칭형)	1.544 Mbps duplex (미국 및 캐나다) 2.048 Mbps (유럽) -하나의 이중회선에서의 downstream과 upstream. -상•하향 속도가 같다.	고속인터넷, 원격 랜 접속, LAN/WAN
HDSL (대칭형)	T1 / E1 상•하향 속도가 같다.	T1, E1,고속인터넷, LAN/WAN
VDSL (다)	하향속도 12.9~52.8[Mbps]; 상향속도 1.5~2.3[Mbps]	ATM 네트웍; Fiber to the Neighborhood

(가) 비대칭형   (나) 비대칭형
(다) 비대칭형

71
품질 측정 사이트를 통해 인터넷 속도를 테스트 할 때 측정하는 항목 3가지는 무엇인가 ?

① Download 속도
② Upload속도
③ 지연율 / 손실율

72
FTTx의 종류 3가지를 쓰고 간단히 설명하시오.

가. FTTO(Fiber to the Office)
① FTTO는 광 케이블이 사용자 빌딩까지 인입되는 수준으로, 빌딩내 비즈니스
② 사용자가 주된 사용자로 되는 범위를 최종 도달 목표로 한다. 일반적으로 하나의 빌딩에 하나의 가입자용 광전송장비(RT : Remote Terminal)가 설치된다.
나. FTTC(Fiber to the Curb)
① FTTC는 어느 정도의 가입자를 집합시킨 수요밀집지역까지 광케이블화되는 수준을 말하며, 일반적으로 가입자 근처에 ONU를 설치하고 ONU로부터 가입자 까지는 기존의 동선을 사용한다.
② 음성서비스뿐만 아니라 ISDN 및 VOD 서비스와 같은 고속 서비스가 포함된다.
다. FTTH(Fiber to the Home)
FTTH는 일반 가입자 댁내까지 ONU를 공급하여 고속의 서비스 하는 광가입자 망 구축단계로서 광 케이블이 각 가정에 까지 인입되는 수준이다.

73. 광랜과 동축랜으로 구성된 네트워크망은 무엇인가?

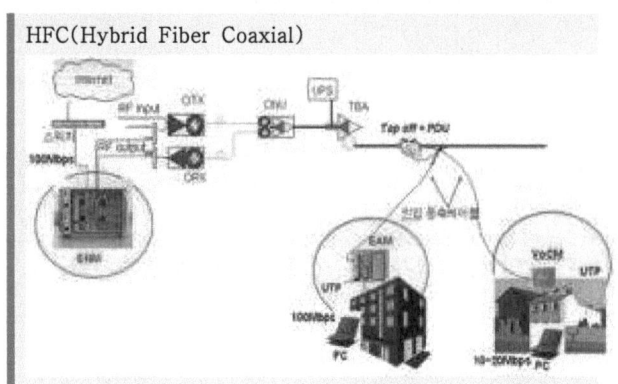

HFC(Hybrid Fiber Coaxial)

74. ONU(Optical Network Unit)가 주택지 인근에 설치되고, ONU에서 가입자까지 이중 나선이나 동축케이블을 사용하는 광가입자 명칭을 적으시오.

HFC (Hybrid Fiber-Coax network)
광섬유와 동축케이블을 함께 사용하는 선로망
종합 유선 방송(CATV)국에서 '가입자 광망 종단 장치(ONU)'까지는 광선로를 이용하고 ONU에서 가입자 단말까지는 동축 케이블을 이용하는 구성방식

75. 공동주택의 구내 광 통신망 설계에 적용되는 전송방식으로 AON 방식과 PON방식의 개요 및 특징을 적으시오.

가. AON : Active Optical Network
  ① OLT 와 ONT(ONU) 사이에서 전원 Switch가 요구됨
  ② 사용자가 대규모인 아파트 등에서 사용함
  ③ 유지보수비용(OPEX)가 비싸고, 설비투자비용(CAPEX)이 증가됨
나. PON : Passive Optical Network
  ① OLT 와 ONT(ONU) 사이에서 Passive Splitter가 요구됨
  ② 사용자가 분산된 지역인 다세대주택 지역등에서 사용함
  ③ 유지보수비용(OPEX)가 싸고, 설비투자비용(CAPEX)이 감소됨
  ④ PON의 종류에는 ATM-PON, E-PON, W-PON 방식이 있음
다. AON과 PON의 비교

	AON	PON
Switch 전원	필요함 (광 교환 스위치가 필요)	필요 없음 (수동 Splitter 필요)
OPEX	증가	감소
CAPEX	증가	감소
응용	대단위 아파트	주거 밀집 지역
구성도	AON (Active Optical Network)	TDMA-PON

76. 가입자 인증제도에 대한 다음 물음에 답하시오.

가. 초고속 정보통신 건물의 인증 등급 3가지를 적으시오.
나. 홈 네트워크 건물의 인증 등급 3가지를 적으시오.

가. 특등급, 1등급, 2등급
나. AAA, AA, A

77. 유선 홈 네트워크 전송기술 3가지를 적으시오.

① PLC (Power Line Communication)
② HomePNA
③ IEEE 1394

78 무선 홈 네트워크 전송기술 3가지를 적으시오.

① 블루투스
② ZigBee
③ UWB

79 Home Network기술 중에서 전력선 통신기술의 단점 3가지는 무엇인가

가. PLC (Power Line Communication)
전력을 공급하는 전력선을 이용해서 음성과 데이터를 수십~수백 KHz 이상의 고주파 신호에 실어 전송하는 기술이다.

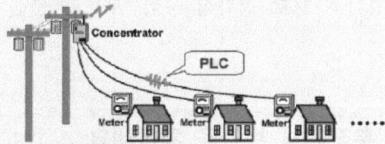

나. PLC 문제점
① 일반 전력선을 사용하므로 감쇄가 큼.
② 냉장고, TV, 세탁기 등과 공용으로 사용하므로 외부에 의한 잡음이 큼.
③ 전동기나 모터 등에 의한 전력변동으로 신호 왜곡의 영향을 받음.

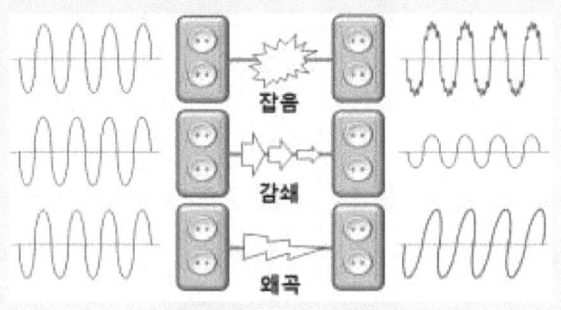

전력선 채널 특성

80 블루투스에 대하여 설명하시오.

① Bluetooth는 10m 정도의 작은 영역에서 연결을 제공하는 무선 인터페이스 규격으로 2.4GHz의 ISM(Industrial Scientific Medical)대역의 주파수를 사용한다.
② ISM 대역의 사용으로 무선 전화 등과의 예상치 못하는 간섭이 발생할 수 있으므로, 블루투스에서는 간섭 방지를 위해 주파수 호핑(frequency hopping)을 이용한다.
③ 최대 데이터 전송속도는 1Mbps이고, 최대 전송거리는 10m의 무선데이터 통신 실현을 목표로 하고 있다.
④ 피코넷과 스캐터넷이라는 2종류의 무선접속 형태가 있다.
⑤ 변조방식은 GFSK(Gaussian Frequency Shift Keying)방식을 사용하며 Point to Point, Point to Multipoint 연결이 가능하다.

4 광통신. 유선통신

01 광섬유의 장점, 단점에 대해서 쓰시오.

1) 장점:
① 광대역성 - $10^{14} \sim 10^{15}[Hz]$의 대역폭을 사용하기 때문에 광대역 전송 가능
② 저손실 - 전송매체 중 가장 손실이 적어 장거리 전송이 가능
③ 무유도성 - 광 신호는 전기적인 유도 및 간섭의 영향이 없음
④ 세경,경량 - 직경이 작고 무게가 가벼움
⑤ 자원 풍부 - 광섬유의 원료가 모래 또는 플라스틱이므로 자원이 풍부함

2) 단점
① 분산 발생 : 모드간, 모드내 분산 발생
② 구부림 등에 의한 손실발생
③ 고도의 접속기술이 필요.

02 광통신 시스템의 전송 매체인 광섬유 케이블의 장점과 그 이유를 5가지만 들고 설명하시오.

① 광대역성 - $10^{14} \sim 10^{15}[Hz]$의 대역폭을 사용하기 때문에 광대역 전송 가능
② 저손실 - 전송매체 중 가장 손실이 적어 장거리 전송이 가능
③ 무유도성 - 광 신호는 전기적인 유도 및 간섭의 영향이 없음
④ 세경,경량 - 직경이 작고 무게가 가벼움
⑤ 자원 풍부 - 광섬유의 원료가 모래 또는 플라스틱이므로 자원이 풍부함

03 광섬유의 장점을 3가지 쓰시오.

① 광대역성 - $10^{14} \sim 10^{15}[Hz]$의 대역폭을 사용하기 때문에 광대역 전송 가능
② 저손실 - 전송매체 중 가장 손실이 적어 장거리 전송이 가능
③ 무유도성 - 광 신호는 전기적인 유도 및 간섭의 영향이 없음

04 광섬유의 종류는 전송 모드에 따라 단일 모드 광섬유, (①)모드 광섬유로 분류하고 굴절율에 따라 계단형 광섬유, (②)광섬유로 구분한다.

① 다중(Multi Mode)
② 언덕형(Gladed Index)

05 광섬유 케이블의 전파모드의 분류에 따른 2가지 종류를 적으시오.

① 단일모드(Single Mode) 광섬유
광섬유 속을 지나는 광의 전파 모드가 단 하나
(접속이 어렵고 고속 대용량 전송방식, 모드간 분산이 없음)
② 다중모드(Multi Mode) 광섬유
광섬유 속을 지나는 광의 전파 모드가 여러 개
(코어경이 크므로 접속이 용이, 모드간 분산 발생)

06 아래의 문장에서 빈칸을 채우세요.

광섬유 내에서 빛의 전파는 클래딩이 코어보다 ( )이 낮아서 코어와 클래드의 경계면에서 전반사를 통해 빛이 전파되는 도파원리를 이용한다.(4점)

굴절율

07
광케이블에 관한 다음 질문에 답하시오.
굴절률이 n_1과 n_2 서로 다른 두 매질이 맞닿아 있을 때 매질을 통과하는 빛의 경로는 매질마다 광속이 다르므로 휘게 되는데, 그 휜 정도를 나타내는 법칙은?

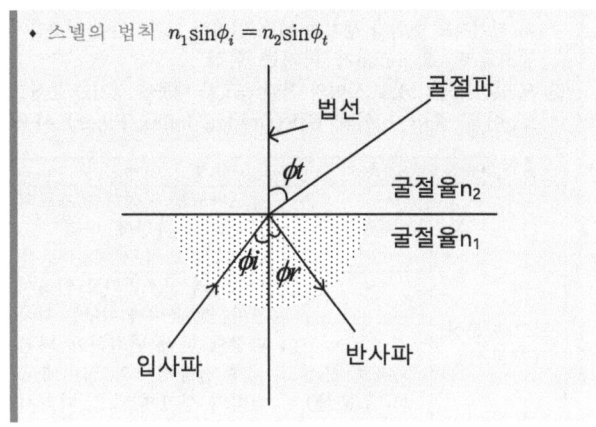

- 스넬의 법칙 $n_1 \sin\phi_i = n_2 \sin\phi_t$

08
광섬유의 기본성질을 표시하는 광학적 파라미터 4가지를 적으시오.

① 수광각 ($2\theta_{max}$) : 빛이 전반사되는 입사광의 각도 범위
② 개구수 (N.A) : 빛의 수광 가능 능력
③ 비굴절율 차 (Δ) : 코어(core)와 클래드(clad)간의 굴절률 차이.
④ 규격화 주파수 (V) : 광섬유 내에서 전파될 수 있는 전파모드의 수

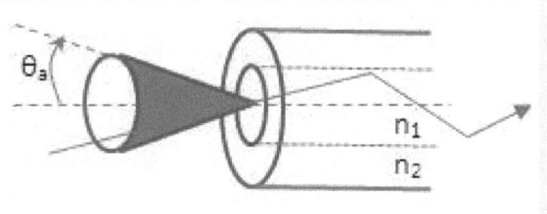

09
광섬유 케이블에서 코어의 굴절율이 n_1, 클래드의 굴절율이 n_2일 때, 비굴절율 차를 관계식으로 표시하시오.

$$비굴절율차(\Delta) = \frac{n_1 - n_2}{n_1}$$

10
광섬유의 코어와 클래드의 굴절율이 각각 $n_1 = 1.45$, $n_2 = 1.4$일 때 최대 수광각을 구하시오.

$\theta = \sin^{-1} NA$
$= \sin^{-1} \sqrt{n_1^2 - n_2^2}$
$= \sin^{-1} \sqrt{1.45^2 - 1.4^2}$
$= \sin^{-1} (0.3775)$
$= 22.18°$ (소수점 셋째자리 반올림)
- 최대 수광각 $= 2 \times 22.18° = 44.36°$

11
광섬유의 코어와 클래드의 굴절율이 각각 $n_1 = 2$, $n_2 = 1.5$일 때, 임계각, 비굴절율 차, 개구수를 계산하시오.

① 임계각 $=$
$\sin^{-1} \frac{n_2}{n_1} = \sin^{-1} \frac{1.5}{2} = \sin^{-1} (0.75) = 58.59$도

② 비굴절율차 $= \frac{n_1 - n_2}{n_1} = \frac{2 - 1.5}{2} = 0.25$

③ 개구수 $= \sqrt{n_1^2 - n_2^2} = \sqrt{4 - 2.25} = 1.323$

12 광섬유의 코어와 클래드의 굴절율이 각각 n_1 = 1.44, n_2 =1.40 일 때, 임계각, 비굴절율 차, 개구수, 수광각을 계산하시오.

① 임계각 =
$\sin^{-1}\frac{n_2}{n_1} = \sin^{-1}\frac{1.4}{1.44} = \sin^{-1}(0.97) = 76.46°$
② 비굴절율차 = $\frac{n_1 - n_2}{n_1} = \frac{1.44 - 1.4}{1.44} = 0.027$
③ 개구수 NA = $\sqrt{n_1^2 - n_2^2} = \sqrt{1.44^2 - 1.4^2} = 0.337$
④ 수광각 = $2 \times \sin^{-1}[NA] = 39.39°$

13 광섬유의 분산 특성에 대하여 알맞은 단어를 [보기]에서 고르시오.

구분	발생요인	영향
가	모드 간 전파속도차이로 기인	다중모드에서 문제
나	빛이 단색광이 아님	단일모드에서 문제
다	전파가 클래드로 도파	비원율, 편심률이 문제

〈보기〉 색분산, 모드분산, 구조분산

가. 모드분산
나. 색분산
다. 구조분산

14 광섬유 빛의 펄스 입사시키면 출사단에서 펄스 시간폭이 커지는 현상을 분산이라 한다. 다음 보기를 분산의 크기 순위( ) 채워 넣으시오.
〈보기〉 재료분산, 모드분사, 구조분산

모드분산 > 재료분산 > 구조분산

15 광섬유 전송특성 중 분산의 종류 3가지를 서술하시오.

① 재료분산: 광도파로를 구성하는 재료의 굴절률이 파장에 따라 변화함으로써 생기는 분산
② 도파로 분산(구조분산): 광섬유의 구조변화로 인하여 광이 광섬유 축과 이루는 각이 파장에 따라 변화하게 되면 실제 전송경로의 길이에도 변화가 생기게 되고, 따라서 도착시간이 변화하게 됨으로써 광 pulse가 퍼지는 현상
③ 모드(간)분산: Mode 사이의 전파 속도차 때문에 생기는 분산으로 이를 줄이기 위해 GIF(Graded Index Fiber) 사용

분산의 종류		내용
모드내 분산 (색분산)	재료분산	광도파로를 구성하는 재료의 굴절률이 파장에 따라 변화함으로써 생기는 분산
	도파로 분산 (구조분산)	광섬유의 구조변화로 인하여 광이 광섬유축과 이루는 각이 파장에 따라 변화하게 되면 실제 전송경로의 길이에도 변화가 생기게 되고, 따라서 도착시간이 변화하게 됨으로써 광 pulse가 퍼지는 현상
모드(간)분산		Mode 사이의 전파속도차 때문에 생기는 분산으로 이를 줄이기 위해 GIF (Graded Index Fiber) 사용

16 광섬유 케이블에서 발생하는 자체손실 3가지는 무엇인가?

① 흡수 손실(Absorption Loss)-적외선 흡수손실, 자외선 흡수손실, 불순물 흡수 손실
② 산란 손실(Scattering Loss) - 레일리 산란손실
③ 구조 불완전 손실(마이크로밴딩손실, 불규칙 굽힘 손실)

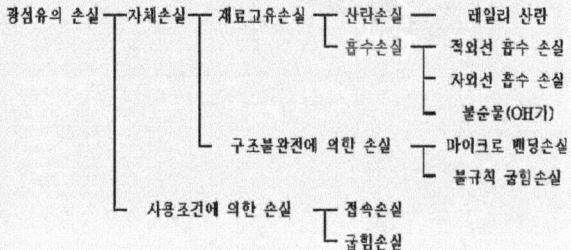

17 광섬유 고유 손실 중 흡수 손실의 원인을 3가지만 쓰시오.

가. 자외선 흡수손실 - 실리카의 전자가 빛을 흡수해 높은 에너지 상태로 천이해 발생
나. 적외선 흡수손실 - 실리카 분자의 열진동(공명)과 광자의 상호작용에 의하여 발생
다. 천이금속 흡수손실 - 금속 이온 중의 전자 천이에 의하여 발생

18 광통신에 관한 다음 용어를 설명하시오.

(1) 마이크로밴딩손실
(2) 매크로밴딩손실

(1) 마이크로밴딩손실: 광케이블에서 미세한 힘에 의해 구부러짐으로 인해 발생하는 밴딩손실.
(2) 매크로밴딩손실: 광케이블 최초 포설시, 일직선에 의해 포설해야 하나 어느정도 휘면서 포설이 됨. 이때 발생하는 밴딩 손실.

19 광 네트워크에 대한 질문에 답하시오.

가. 광파장이 전송도중 퍼지는 현상
나. 광섬유의 재질에 의해서 생기는 손실
다. 광섬유내에서 모드간에 생기는 분산
라. 광네트워크의 손실과 전력을 측정하는 장비

① 분산
② 고유손실
③ 모드분산
④ OTDR

20 광케이블에 관한 다음 질문에 답하시오

(가) FTTH 전송망에서 송신측에서 사용되는 발광소자 (전광 장치)에서 사용되는 소자종류 2가지는 무엇인가?

• 광 네트워크 구성도

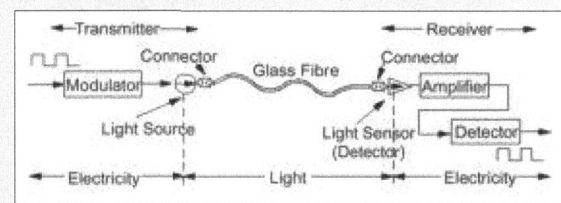

발광소자	전기신호 -> 광신호	LD (Lazer Diode) 사용 / LED DFB LD / DBR LD
수광소자	광신호 -> 전기신호	PD (Photo Diode) APD (Avalanche Photo Diode)

* Photo Diode - 빛에너지를 전기에너지로 변환

(나) 광통신 시스템의 수신측에서 사용하는 대표적인 발광소자 2가지를 쓰시오.

① LD
② LED

(다) 광통신 시스템의 수신측에서 사용하는 대표적인 수광소자 2가지를 쓰시오.

① PD(Photo Diode)
② APD(Avalanche Photo Diode)

(라) 단일모드 광섬유에서 재료분산과 구조분산이 서로 상쇄되어 분산이 0이 되는 파장의 값은?

1310nm

21. 국내의 FT-3C 광전송방식에 대해 다음 물음에 답하여라.

FT-3C : 다중화장치로부터 2개의 DS-3 신호를 받아 90.764Mbps의 광신호로
변환하여 광케이블로 전송하고 수신부에서는 광신호를 받아 전기적 신호로 재생, 역다중화에 의해 2개의 DS3 신호로 분리하는 비동기식 광전송장치
가. 전송 속도 : 90.764[Mbps] (DS-3C 급)
나. 사용 파장대 : 1300[nm]
다. 발광소자 2개 : LD, LED
라. 수광소자 2개 : PD(Photo Diode), APD(Avalanche Photo Diode)
마. 종속신호 : DS-3(44.736Mbps) 2개
바. 용도 : 소용량 시내국간 광전송장치
사. 시스템 구성 : 광 송수신 셸프, 감시제어 셸프, 중계 셸프

22. 광 전송시스템에서 WDM방식에 대하여 물음에 답하시오.

① WDM의 원어
② WDM의 개념
③ WDM의 특징

① WDM의 원어
- Wavelength Division Multiplexing
② WDM의 개념
다수의 파장을 1 core의 광섬유를 이용하여 전송하는 방식

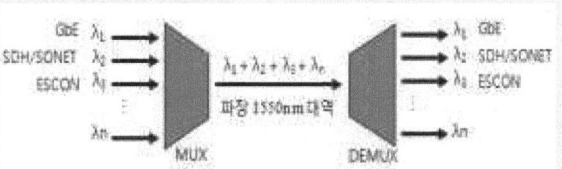

③ WDM의 특징
- 광대역성으로 회선증설이 용이함
- 선로손실이 적어 장거리전송 가능
- 분기/삽입이 용이함
- C-WDM, D-WDM, UD-WDM으로 고도화되고 있음

23. OTDR로써 어떤 광섬유를 측정하였던 바 다음과 같은 그림이 나타났다. A점, B점이 생기는 원인은 각각 무엇인가?

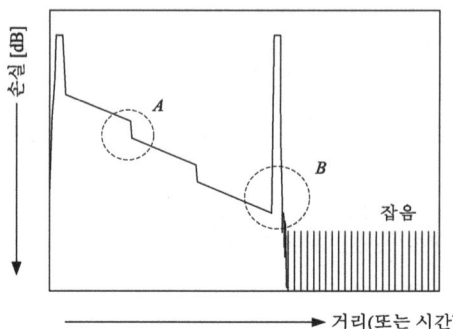

① A점 : 접속손실 (커넥터(3[dB] 또는 융착접속(0.5[dB]))
② B점 : 고장점
1) OTDR
광섬유의 성능을 후방산란 특성을 이용하여 비파괴적으로 측정할 수 있는 장비
2) OTDR의 특징 및 측정원리
강한 입사광을 투과하여 산란되어 오는 신호를 검출하면 고장점 위치, 손실 등을 측정 가능함
① 가로 축 : 거리 측정
② 세로축 : 손실 측정

24. OTDR에 의한 광케이블 측정파형 그림에서 총 손실은 몇[dB]이며, 마커 1에서 3까지의 총 거리는 얼마인가?

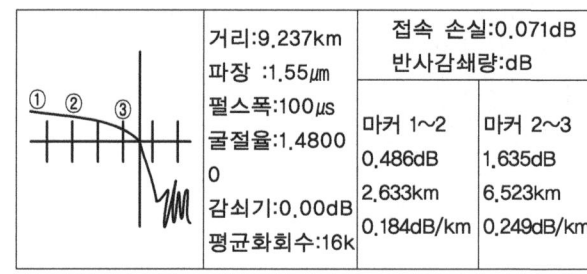

총 손실 = 0.071 + 0.486 + 1.635 = 2.292[dB]
마커 1 ~ 마커 3 까지 총 거리 =
2.633Km + 6.523Km = 9.156Km

25. 광통신 시스템에서 대역폭 식은 다음과 같다.

$$BW = \frac{1}{2 \times \Delta t}$$ (여기서 Δt 는분산)

가. 경사형 굴절율 분산이 1.5 [ns/Km] 이고, 8Km 일 때 광통신 시스템의 대역폭은?
나. 광 대역폭과 전기 대역폭의 정의는?.
   (1) 광 대역폭
   (2) 전기 대역폭

가. 광통신 시스템의 대역폭
$$BW = \frac{1}{2 \times 1.5ns \times 8}$$
$$= \frac{1}{2 \times 12 \times 10^{-9}} = \frac{1}{24} \times 10^9 = 41.67 MHz$$

광통신 시스템에서 1Km 일 때 광대역폭
$$BW = \frac{1}{2 \times 1.5ns}$$
$$= \frac{1}{3 \times 10^{-9}} = \frac{1}{3} \times 10^9 = 333.33 MHz$$

나. 광 대역폭과 전기 대역폭의 정의
   (1) 광대역폭: 최대치의 0.5 되는 대역폭
   (2) 전기대역폭: 최대치의 0.707 되는 대역폭

---

26. 다음 전화기에 대한 질문에 답하시오.

가. 전화 단말기의 기본 구성요소를 들어보시오.
나. 전화기의 후크 스위치는 무슨 기능을 하는가?
다. 전화기의 측음이란 무엇이며 필요한 이유는 무엇인가?

가. 기본 구성 요소 : 통화장치, 신호장치, 호출장치, 통화회로
나. 후크(Hook) 스위치의 기능 : 전화기를 대기상태 또는 통화상태로 전환하는 스위치.
다. 측음(Side tone) : 발신음의 일부가 수화기를 통해 자기의 귀에 들리는 현상으로, 송신자의 음성이 정상적으로 전송되고 있는지 확인하기 위해 측음을 넣는다.

---

27. 디지털 통신망의 종속동기 방식의 종류에 대해 쓰시오.

가. 종속(master-slave)동기 방식
① 단순종속 동기방식(SMS ; simple master slave)
② 계위종속 동기방식(HMS ; hierarchical master slave)
③ 선지정 대체종속 동기방식(PAMS ; preassigned alternative master slave)
④ 자체 재배열종속 동기방식(SOMS ; self-organizing master slave)

나. 독립동기 방식
통신망 내 모든 교환기가 고가의 고정밀도의 원자 클록을 지니고 있어, 이 클록에 의해 발생되는 타이밍 펄스를 각 단말에 공급해 동기를 맞추는 방식

다. 상호동기 방식 각 스테이션에 마련된 Clock 끼리 상호작용하여 공통의 동기주파수를 만들어 내는 방식.각각의 Clock은 기본주파수가 일치해도 전송로의 영향으로 위상변화를 일으키기 때문에 위상변동을 보상해주어야 한다.

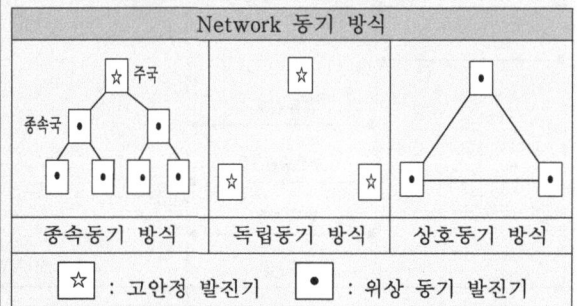

---

28. 다음은 정보통신망의 3대 동작 기능을 설명한 것이다. 빈칸에 알맞은 용어를 적으시오

구분	동작기능
(a)	전기통신망에서 접속의 설정과 제어 및 관리에 대한 정보 교환기능
(b)	데이터, 음성 등의 정보를 실제로 전송 및 교환하는 기능
(c)	교환설비와 단말기 사이에 네트워크간 접속에 필요한 수단을 제어하는 기능

(a) 신호기능
(b) 전달기능
(c) 제어기능

29
다음 그림은 발신 가입자로부터 착신 가입자까지 전화의 접속 과정상 일반적인 신호의 흐름을 표시한 것이다. 다음 물음에 답하시오.

가. ①은 무엇인가?
나. ②와 ③은 각각 무엇이라고 하는가?
다. ②와 ③의 차이를 설명하시오
라. ④는 무슨 신호인가?
마. ⑤는 무슨 신호인가?

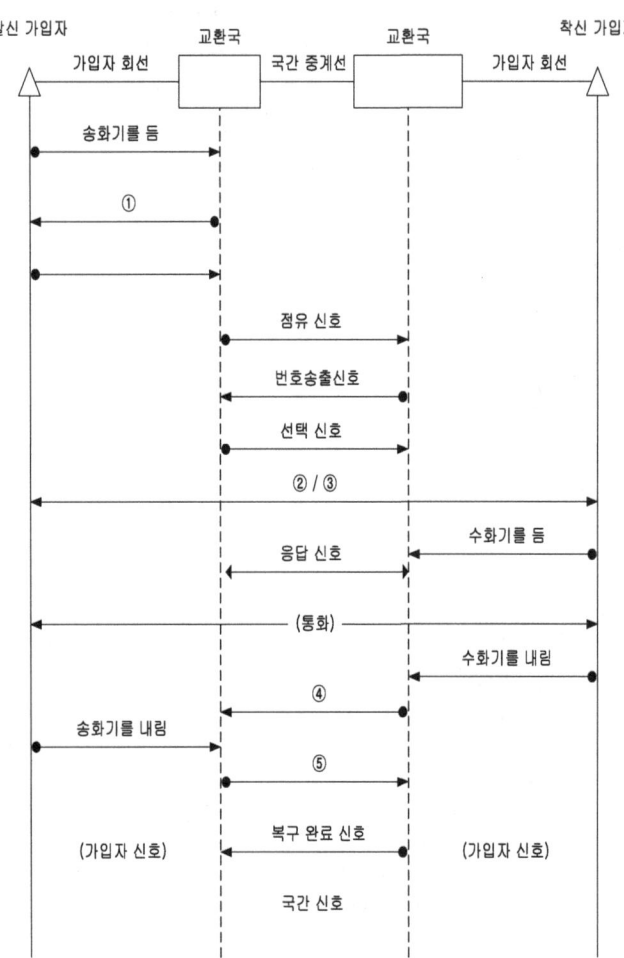

가. ① Dial tone(발신음)
나. ② Ring Back Tone(호출음), ③ Ringing Tone(호출 신호)
다. ② Ring Back Tone : 착신 가입자에게 호출 신호가 송출되고 있다는 것을 발신 가입자에게 알리는 신호
　③ Ring Tone : 착신 가입자에게 벨을 울려 호의 포착을 알려주는 신호
라. ④ 종화 신호
마. ⑤ 절단 신호

30
교환기의 신호 방식인 통화로 신호 방식(CAS)과 공통선 신호 방식(CCS)에 대하여 설명하고 그 특징을 3가지만 쓰시오.

가. 통화로 신호 방식(CAS)

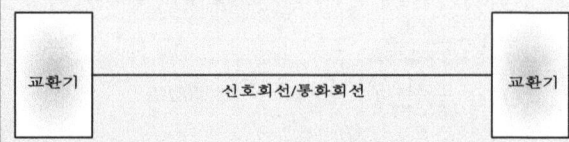

동일한 전송로에 음성과 신호를 함께 보내는 방식이다.
<특징>
① 호처리 속도가 느리고 신뢰도가 낮다.
② 단순한 음성통화로 설정 및 해지를 위한 방식.
③ 다양한 신규서비스 제공에 비효율적.
④ R_1, R_2 등이 있다.

나. 공통선 신호 방식(CCS)

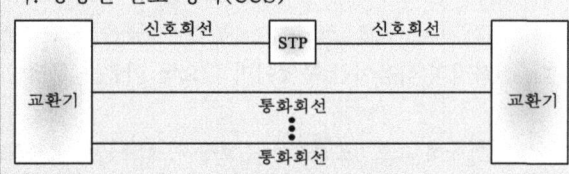

* STP (Signalling Transfer Point) : 신호전달을 중계해주는 Packet 교환기 (HDLC, 64kbps 전송)

신호를 음성 통화로와 분리하여 별도의 망으로 보내는 방식이다.
<특징>
① 교환기능과 호처리 기능을 분리해 호처리 속도가 빠르고 신뢰도가 높다.
② 다양한 신규서비스 제공에 효율적
③ 기능별로 모듈화된 계층구조를 갖으며 디지털 교환망에 적합
④ No.6, No.7 등이 있다.

31
어느 전화국의 최번시 통화량을 측정하였더니 1시간 동안에 3분짜리 전화로 100개가 소통되고 있다. 이 전화국의 최번시 통화량[Erl]은 얼마인가?

1회선을 1시간 점유하는 경우를 1 Erlang (또는 호량)이라 함.
즉, Erlang = 호수 × 평균 점유시간

$$호량\ a_0 = \frac{1시간동안\ 전화호수 \times 초로\ 표시된\ 평균\ 보류시간}{3600}$$
$$= \frac{100 \times 180}{3600} = 5[Erl]$$

32
어느 전화선의 트래픽을 조사하였더니 완료호수가 30, 그 취급시간의 합계가 2762초, 불완료 호수가 20, 그 취급시간이 298초일 때 종합보류시간은?

- 보류시간 (Hold time):
- 발생된 호가 점유한 시점부터 호가 종료되어 설비가 복구된 시점까지의 경과시간.
- 호가 국의 설비나 회선을 점유하고 있는 시간, 즉 호의 시간길이.
- 평균 통화시간으로도 볼 수 있음.

종합보류시간
$$= \frac{완료호의\ 총\ 보류시간 + 불완료호의\ 총\ 보류시간}{발생한\ 완료호의\ 수}$$
$$= \frac{2762 + 298}{30} = 102초$$

[참고] 평균보류시간 $= \frac{발생한 호의\ 총보류시간}{발생한\ 총\ 호의\ 수}$
$$= \frac{2762 + 298}{50}$$
$$= 61.2초$$

33
제1교환 접속군의 호손율이 1/200, 제 2교환 접속군의 호손율이 1/200, 제 3교환 접속군의 호손율이 1/100인 3단 교환 접속군을 거치는 호의 총 호손율을 구하라.

호손율 : 호가 접속하는 과정에서 중계회선이나 교환시설에서 장비문제로 호가 손실되는 확률적 비율.

$$총호손율(B) = B_1 + B_2 + B_3 + \ldots + B_n = \frac{1}{200} + \frac{1}{200} + \frac{1}{100}$$
$$= 0.02\ (B_1, B_2, B_3, B_n 은 각 단계의 호손율)$$

34
No.7 공통선 신호 방식에서 단국 교환기(SSP:Service Switching Point)에서 지능망 서비스를 제공하는 서버(SCP:Service Control Point)까지 신호 메시지를 전달하는 장치는?

- STP(Signal Transfer Point)
① SSP와 SCP 사이에서 신호메세지들의 라우팅
② Level 3 ~ Level 1으로 3개 계층만 갖음
③ STP 만으로 Mesh 토폴로지 망 형태를 구성하여 라우팅 운용

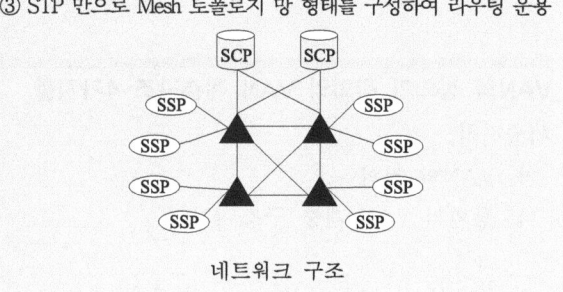

네트워크 구조

35
교환기술에서 통화로 신호방식과 공통선 신호방식에 대하여 쓰시오.

① 구성도 비교

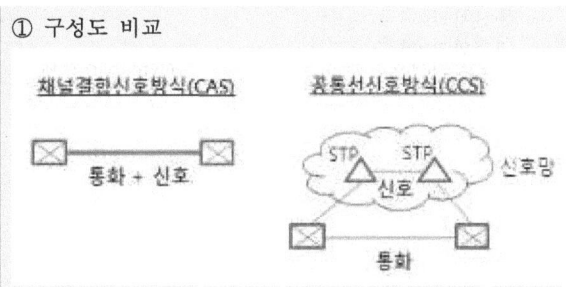

<통화로/개별선/채널결합 신호방식>   <공통선 신호방식>

② 특성 비교

구 분	통화로 신호방식	공통선 신호방식
표준	R1, R2	No.6 , No7
구성형태	하나의 회선에 음성신호와 제어신호 사용	하나의 회선에 음성신호와 제어신호 분리
통화중제어	불가	가능
수용회선	적음	많음
지능망서비스	어려움	용이

36. Intelligent Network(지능망)의 기능 및 특징 4가지를 적으시오.

① 기술 및 망 환경 변화에 능동적으로 대응할 수 있는 개방형 망구조
② 기존 교환망에 영향을 최소화 하면서 신규 서비스 적용이 신속하고 편리
③ 실제 사용자가 직접 자신의 서비스에 대한 제어 가능
④ 집중화된 망환경으로 시스템 및 서비스에 대한 제어와 운용 편리

37. VAN의 정의와 광의의 VAN 계층구조 4가지를 서술하라.

가. VAN의 정의
나. 광의의 VAN 계층 구조 4가지

가. VAN(Value Added Network)의 정의
- 회선을 직접 보유하거나 통신 사업자의 회선을 임차 또는 이용해, 단순한 전송기능 이상의 부가가치를 부여(정보의 축적, 가공, 처리)한 통신망으로, 카드 단말 서비스 등이 있다.
나. 광의의 VAN 계층 구조 4가지
- 정보처리 계층
- 통신처리 계층
- 네트워크 계층
- 전송 계층

38. G3, G4 팩시밀리의 압축 부호화 방식 3가지를 쓰시오

가. MH
- Line상에서 연속적으로 발생하는 흑과 백의 RUN Length를 Code화하여 전송
 (주 주사 방향의 부호화)
나. MR
- 첫 번째 주사선의 정보와 비교하여 차이점만 전송
 (부 주사 방향의 부호화)
다. MMR
- 그룹 3 팩스 장치(G3)에서 사용되는 MR 부호화 방식과 절차는 동일하나,
MR 부호화 방식의 압축 효율을 최대한으로 올린 부호화 방식으로 G4의 디지털
팩스의 표준 부호화 방식이다.

형식 분류	G1	G2	G3	G4
팩시밀리 신호	아날로그		디지털	
접속제어방식	전화망 신호 방식	전화망 신호 방식		데이터망 신호방식
부호화방법	–		1차원 MH, 2차원 MR선택	2차원 MR
전송속도(bps)	–		4,800/2,400, 9,600/7,200(선택)	2,400~ 48,000, 64K(ISDN)

39. 증폭기 2대를 직렬로 연결하였더니 증폭된 출력이 2배로 증대되었다. 이를 데시벨(dB)로 환산하면 얼마인가?

출력이 2배 증폭됨은 $G = 10\log 2 = 3.01[dB]$ 로 표현한다.
반대로 2배로 줄었다면, $G = 10\log \frac{1}{2} = -3.01[dB]$ 이 된다.

40. 전압 증폭도 35[dB] 증폭기 2대를 직렬연결하며 접속 및 배선으로 인한 손실이 15[dB]일 때 종합 증폭도는?

종합 증폭도 = 35+35-15 = 55[dB]

41
출력전압이 0.45[v], 입력전압이 45[v]일 때 감쇠량을 dB로 계산하시오. (6점)

감쇠량 $= 20\log \dfrac{0.45[V]}{45[V]} = -40[dB]$

42
dBv, dBmv, dBm 를 각 각 설명하시오.

dBv = 20 log (비교 대상값 / 1V)
- dBv는 1V를 기준으로 하여 데시벨로 나타낸 것임

dBmv = 20 log (비교 대상값 / 1mV)
- dBmv는 1mV를 기준으로 하여 데시벨로 나타낸 것임

dBm = 10 log (비교 대상값 / 1mW)
- dBm은 1mW를 기준으로하여 데시벨로 나타낸 것으로서, 이는 절대레벨 단위임

43
아래 질문을 계산하시오.

가. 600옴 회로에서 0dBm전류를 구하시오.
나. 5W를 dBm으로 변환하시오.(소수점 셋째자리에서 반올림)

가. 0dBm 전류
0dBm의 정의 : $10\log \dfrac{x}{1mW} = 0dBm$ 이므로, $x = 1mW$
$1mW = P = I^2 R$ 에서
$I^2 = \dfrac{P}{R} = \sqrt{\dfrac{1 \times 10^{-3}}{600}} = 1.29[mA]$

나. 5W 변환.
$dBm = 10\log \dfrac{5W}{1mW} = 36.99[dBm]$

44
표준 신호 발생기 (SSG)의 출력전압이 100[uV] 일때, 절대레벨을 계산하시오. (단, 1[uV] = 0[dB])

① 계산식 : $40dB = 20\log \dfrac{100[\mu V]}{1[\mu V]}$
② 절대레벨 : 40dB

45
전송량의 이득이나 감쇠를 나타낼 때 데시벨(dB)과 네퍼(Neper)를 사용한다. 이들을 설명하고 이들의 관계식은 어떻게 표시되는가?

가. dB : 상용로그 10을 기초로 한 전송회선의 전압, 전류, 전력의 절대치 비 (송신단 전력 : P1 , 수신단 전력 : P2)
$N[dB] = 10\log_{10}\dfrac{P_2}{P_1} = 20\log_{10}\dfrac{I_2}{I_1} = 20\log_{10}\dfrac{V_2}{V_1}$

나. neper : 자연대수 e를 이용한 전송회선의 전압, 전류, 전력의 절대치의 비 $N[\neq p] = \dfrac{1}{2}\log_e \dfrac{P_2}{p_1} = \log_e \dfrac{I_2}{I_1} = \log_e \dfrac{V_2}{V_1}$

- $1[dB] = 0.115[nep]$
- $1[nep] = 8.686[dB]$

46
어떤 회로의 피측정 신호전력이 1W로 측정된 경우 이 값을 [dBm] 단위로 얼마인가?

$10\log \dfrac{1W}{1mW} = 10\log_{10}10^3 = 30[dBm]$

47
입력 신호가 100[mW]이고, 출력신호가 1[mW] 일 때 입력에서 출력까지 전송로에서의 [dB] 변화 값을 구하시오.

$10\log \dfrac{출력신호전력}{입력신호전력} = 10\log \dfrac{1mW}{100mW} = 10\log 10^{-2} = -20[dB]$

48
입력신호가 10mW 일 때 전송로에서 10dB 감쇠가 발생 했다. 이때 전력을 구하시오.

$-10dB = 10\log \dfrac{x[W]}{10[mW]}$

$x[W] = 1[mW]$

10 mW → ☐ → 1mW
손실 = -10dB

49 입력신호가 1mW일 때 전송로에서 10dB 감쇠가 발생했다. 이때 전송로의 전력을 구하시오.

$-10 = 10\log\dfrac{P}{1[mw]}$ 에서 P를 구한다.
$P = 0.1[\text{mW}]$

50 아래와 같이 전송로를 구성 하였다. 전송로 손실은 몇 [dB] 인지, 소수점 둘째자리까지 계산하시오.

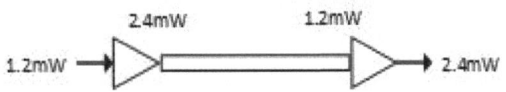

① 전송로 손실은 출력신호/입력신호의 비를 사용하여 구할 수 있음.
② $x[\text{dB}] = 10\log P_{out}/P_{in} = 10\log$ (출력/입력)
③ $10\log 1.2\text{mW}/2.4\text{mW} = -3.01$ [dB]

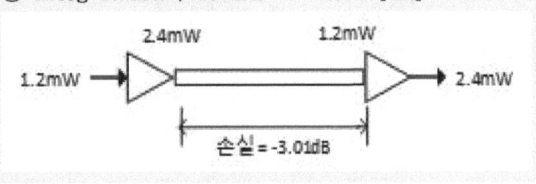

51 다음 그림은 전송로의 장애 현상을 측정한 것이다. 전송로의 손실은 몇 [dB]인가?

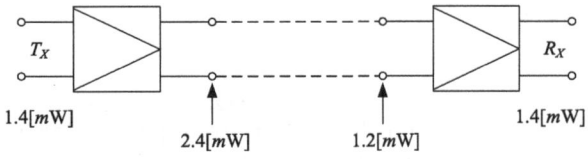

전송로 케이블 입력단에서 2.4mW, 전송로 케이블 끝단에서 1.2mW 가 측정되었다. 따라서
전송로손실[dB] $= 10\log_{10}\dfrac{1.2[\text{mW}]}{2.4[\text{mW}]} = 10\log_{10}0.5 = -3.01[\text{dB}]$
또는 1/2 줄었으므로 -3dB 임을 알 수 있다.

52 다음 그림에서 ATT1의 감쇠율은 13dB이고, ATT2의 감쇠율은 17dB일 때 증폭기의 감쇠율은 얼마인가?

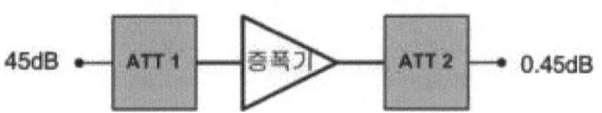

$45[dB] - 13[dB] - x - 17[dB] = 0.45[dB]$
$x = 14.55[dB]$

53 아래 그림과 같이 Point 1,2,3,4가 있다. 신호가 Point1에서 Point2로 3[dB] 감쇠되며 Point3에서 Point4로 3[dB] 감쇠된다. Point 1에서 Point 4로 전송매체를 통해 이동한 결과 Point4에서 측정한 전력은 Point1 대비 1[dB] 증가하였다. 증폭기를 통해 증폭된 [dB]를 구하시오.

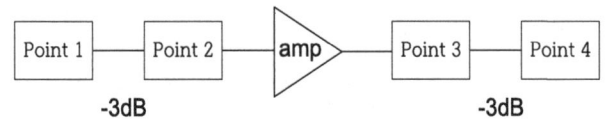

전체 이득 $= -3 + x - 3 = 1[dB]$
$\therefore x = 7[dB]$

54 $0.5[\text{dB/km}]$의 손실을 갖는 케이블 입력에 $12[\text{mW}]$를 가하고, $20[\text{km}]$ 종단에서 출력 전력을 구하시오.

케이블 손실 $0.5 \times 20 = -10[\text{dB}]$
$10\log\dfrac{P_2}{P_1} = -10[\text{dB}]$ (P_1은 입력전력, P_2는 출력전력)
$-10dB = \dfrac{P_2}{P_1} = \dfrac{1.2[\text{mW}]}{12[\text{mW}]}$
따라서, 출력 전력 $1.2[\text{mW}]$

55 케이블손실 -0.5dB/km 이고 시작점의 전력 4mw 일 때, 40Km지점에서 신호전력은 몇 mW 인가?

케이블 손실이 0.5dB/Km 이고, 총 40Km 이므로 40Km*0.5dB/km = 20dB 손실 케이블 입력측에 4mW를 입력하고, 40Km 지점에서의 신호는 20dB 감쇄되어 출력이 됨. (그러므로 0.04mW 임)
또는
$$총 감쇄량 = -20dB = 10\log\frac{케이블출력측전력}{케이블입력측전력} = \frac{X}{4[mW]}$$
따라서 출력측 전력 X 는 0.04[mW] 임.

57 광케이블 10m에 흡수전력손실이 3%가 일어났다고 하였을 때 손실 dB/km를 계산하시오.

10 m의 광섬유에 대하여 입력 전력의 3%가 흡수되므로 P_{out}은 다음과 같다.
$$P_{out} = (1-0.03) \times P_i = 0.97 \times P_i$$
$$손실은 \left(\frac{P_{out}}{P_i}\right)|_{dB} = 10\log\left[\frac{(0.97 \times P_i)}{P_i}\right] = -0.132 \quad dB 이$$
다.
그러므로 dB/km = (-0.132)×100 = -13.2 dB/km
즉, km 당 13.2 dB의 손실이 발생한다.

56 데이터 통신회선에서 측정주파수 800[Hz], 송신전력 0[dBm], 전송로 손실이 30[dB], 수신잡음이 10[dBrnc] 일 때 신호대잡음비는? (단, 0[dBrnc] = -90[dBm])

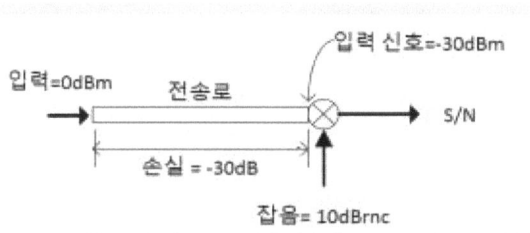

① 신호 전력 구하기
  송신전력 0[dBm] = 1[mW], 전송로손실 30[dB]이므로,
  $-30[dBm] = 10\log\left(\frac{출력전력}{입력전력}\right) = 10\log\left(\frac{0.001mW}{1mW}\right)$ 이므로,
  전송로 이후에 출력전력(또는 신호전력)은 0.001mW = $10^{-3}[mW]$ 임.
② 잡음전력 구하기
  잡음전력이 10[dBrnc](조건 0[dBrnc] = -90[dBm]이므로)
  10[dBrnc] = -90dBm + 10dB
           = -80dBm
③ 신호대 잡음비(SNR[dB]) =
  $10\log\left(\frac{10^{-3}[mW]}{10^{-8}[mW]}\right)[dB] = 50[dB]$
  또는 SNR = 신호 [dBm] - 잡음 [dBm]
           = -30dBm - (-80dBm)
           = +50dB

58 다음과 같은 조건에서 전송거리를 계산하시오.
광섬유 손실 : $L_0 = 0.6[dB/km]$, 광원출력 : $P_s = -6.5[dBm]$, 수신감도 : $P_r = -40[dBm]$, 광커넥터 손실 : $L_c = 4$, 환경마진 $M_S = 6$, 접속손실 : $L_S = 8$

$$중계 거리\ l = \frac{P_s - P_r - (L_c + L_s + M_s)}{L_0}$$
$$= \frac{-6.5 - (-40) - (4+8+6)}{0.6}$$
$$= 25.83[km]$$

59 다음 질문에 해당하는 용어를 적으시오
가. 모든 사물이 IP로 연결되어 장소에 상관없이 자유롭게 네트워크에 접속 할 수 있는 정보통신환경을 나타내는 기술
나. Tag를 사물이나 동물에 부착하여 정보를 읽고 관리하는 기술

가. 유비쿼터스
나. RFID

60. RFID 시스템 구성을 3가지로 적으시오.

가. RFID Reader
나. RFID Tag
다. Middleware (정보처리장치)

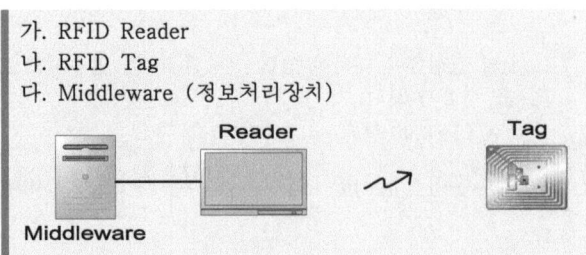

61. IEEE 802.15.4를 기반으로 만들어진 저속의 무선네트워크인 Zigbee에서 사용되는 디바이스로 특정목적의 노드 비용을 줄이기 위하여 많은 부분을 간소화한 노드는? (3점)

축소 기능 기기(RFD : Reduced Function Device)

❑ Full function device (FFD)
  ▸ 어떤 형태의 토폴로지라도 사용 가능
  ▸ PAN coordinator 역할을 할 수 있음
  ▸ 다른 어떤 장치(device)와도 통신이 가능
  ▸ 프로토콜 집합이 완전히 구현되어 있음

❑ Reduced function devices (RFD)
  ▸ Star 토폴로지나 peer-to-peer 토폴로지에서 end-device로만 사용 가능
  ▸ PAN coordinator 역할을 수행할 수 없음
  ▸ PAN coordinator를 통해 다른 노드와 통신함(Star)
  ▸ 구현이 간단함
  ▸ 프로토콜 집합의 일부만 구현

62. 다음 용어의 원어를 적으시오.

가. BcN
나. OFDM

가. BCN(Broadband Convergence Network, 광대역 통합망, 차세대 통합망)
 - 차세대 통신망은 서로 다른 망(PSTN, ATM, IP, F/R, 전용망, 이동통신망 등)을 하나의 공통된 망으로 구조를 단순화하여 망구축비용, 운용비용 절감 및 유연한 네트워크 솔루션을 제공하기 위한 음성, 영상, 데이터 통합의 품질보장형 광대역 멀티서비스 망에 대한 개념을 말한다.
나. OFDM(Orthogonal Frequency Division Multiplexing)
 - 고속의 신호를 다수의 직교(Orthogonal)하는 협대역 부반송파(Sub-carrier)로 다중화시켜 전송하는 방식을 말한다.

63. 다음 약어의 용어를 쓰시오.

가. FWHM 원어
나. IoT 원어

가. FWHM : Full width at half maximum

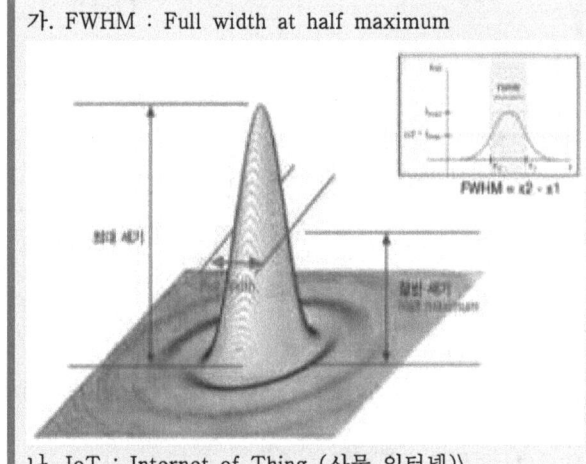

나. IoT : Internet of Thing (사물 인터넷)\

64 다음 문제의 원어를 적으시오.

가. EMI
나. GMPCS
다. DNS

> 가. EMI : Electro Magnetic Interference
> 나. GMPCS : Global Mobile Personal Communications Service
> 다. DNS : Domain Name System

65 다음 약어의 용어를 쓰시오. (6항목, 각 1점)

가. ADSL 나. TCP/IP
다. DSU   라. MPEG
마. IETF 바. TTA

> 가. Asymmetric Digital Subscriber Line
> 나. Transmission Control Protocol / Internet Protocol
> 다. Digital Service Unit
> 라. Moving Picture Experts Group
> 마. Internet Engineering Task Force
> 바. Telecommunications Technology Association

66 DMB, RFID, BcN을 약어 및 개념 중심으로 서술하라.

가. DMB
나. RFID
다. BcN

> 가. DMB(Digital Multimedia Broadcasting) : 영상, 음성 데이터 등의 디지털 멀티미디어를 휴대용 기기에서 수신할 수 있는 서비스
> 나. RFID(Radio Frequency Identification) : 반도체 칩이 내장된 태그(Tag), 라벨(Label), 카드(Card) 등의 저장된 데이터를 무선주파수를 이용하여 비접촉으로 읽어내는 인식시스템
> 다. BcN(Broadband convergence Network) : 기존 통신과 방송, 인터넷 등 각종 서비스를 융합한 차세대 통합 네트워크

5 위성통신. 이동통신. 방송

01 위성 통신은 다른 통신 매체와 비교해 여러 가지 특징을 갖는다. 그 특징을 5가지만 기술하시오.

> ① 광역성 : 이론적으로 세 개의 정지 궤도 위성으로 지구 전역을 커버할 수 있다.
> ② 광대역성 : 마이크로웨이브 대역을 사용해, 대용량 정보전송이 가능하다.
> ③ 회선 구성의 융통성과 효율성 : 다원접속기술을 이용해 회선효율이 우수하다.
> ④ 동보성 : 동일 내용의 정보를 복수 지점에서 동시에 전송할 수 있다.
> ⑤ 유연성 : 회선설정이 용이하며 회선수를 필요에 따라 쉽게 변경 가능하다.
> ⑥ 내재해성 : 천재지변 등의 재해에 강한 특성를 가지고 있다.

02 위성 C-Band의 주파수 대역을 쓰시오.

> $4 \sim 8[GHz]$
> 위성통신 주파수 대역별 호칭
>
> | | |
> |---|---|
> | P-band | 0.23--1[GHz] |
> | L-band | 1-2[GHz] |
> | S-band | 2-4[GHz] |
> | C-band | 4-8[GHz] |
> | X-band | 8-12.5[GHz] |
> | Ku-band | 12.5-18[GHz] |
> | K-band | 18-26.5[GHz] |
> | Ka-band | 26.5-40[GHz] |
> | Mililmeter wave | 40-300[GHz] |
> | Submillimeter wave (Decimillimeter) | 300-3000[GHz] |

03. 국내 무궁화 위성 3호기 통신용 중계기에서 사용하고 있는 주파수 밴드를 2가지 적으시오.

① Ku-band (12 ~ 18GHz)
② Ka-band (26 ~ 40GHz)

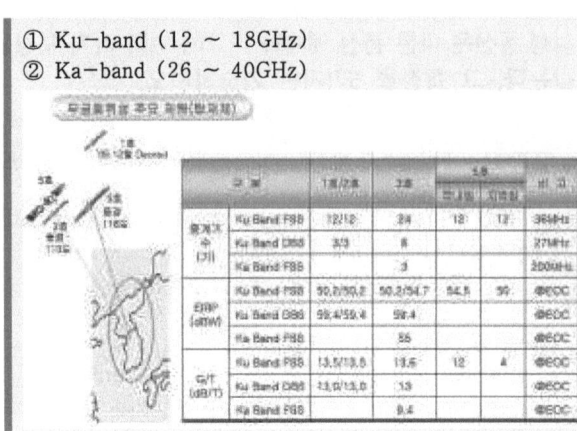

04. 할당된 주파수 대역을 중복하여 사용함으로써 통신 위성의 이용 효율을 높이는 방법?

주파수재사용(frequency reuse)

05. 위성지구국의 역할을 설명하시오.

① 위성지구국은 송수신계, 안테나계, 추미계, 지상통신망과의 인터페이스계, 전원계 등으로 구성되며 지상의 이용자들이 통신위성을 이용하여 통신서비스를 제공받을 수 있도록 하는 장치들로 구성되어 있다.
② 위성시스템의 구성도

06. 위성 통신 시스템에서 위성 통신방식에 따른 분류 3가지를 적으시오.

위성통신 방식은 크게 수동위성 방식과 능동 위성방식이 있다. 주로 능동 위성방식을 사용하며,
① 임의 위성(Random Satellite)
② 위상 위성(Phased Satellite)
③ 정지 위성(Stationary Satellite)

07. 위성통신 시스템의 다원접속방식 4가지를 서술하시오.

① FDMA(주파수 분할 다원 접속방식, Frequency Division Multiple Access)
② TDMA(시분할 다원 접속방식, Time Division Multiple Access)
③ CDMA(코드 분할 다원 접속방식, Code Division Multiple Access)
④ SDMA(공간 분할 다원 접속방식, Space Division Multiple Access)

08. 위성통신에서 사용되는 회선할당방식 3가지를 기술하시오.

① 사전 할당 방식(PAMA : Pre-Assignment Multiple Access)
② 요구 할당 방식(DAMA : Demand-Assignment Multiple access)
③ 임의 할당 방식(RAMA : Random-Assignment Multiple access)

09 위성통신에서 사용하는 다원접속에서 사용하는 회선할당방식을 3가지 쓰고 간단히 설명하시오.

1) 사전할당 방식(PAMA ; Pre-Assignment Multiple Access)
   ① 일정 지구국에 고정슬롯(slot)을 할당해주는 방식
   ② 구성은 간단하나 망의 확장성이 유연성이 없음
   ③ 사전에 회선이 할당되므로 고정할당과 같음
2) 요구할당 방식(DAMA ; Demand Assignment Multiple Access)
   ① 각 지구국의 채널요구에 따라 중앙 지구국이 채널을 할당해주는 방식
   ② 사용하지 않는 슬롯을 비워둠으로써 원하는 다른 지구국이 이용 가능하도록 함.
   ③ 많은 지구국이 효율적인 위성중계기 사용이 가능하고 충돌을 방지할 수 있음.
3) 임의할당 방식(RAMA ; Random Assignment Multiple Access)
   ① 전송정보 발생 시 즉시 임의의 슬롯을 송신하는 방식
   ② 다른 지구국에서 송신한 신호의 충돌이 발생할 수 있으며 충돌 발생 시 재전송
   ③ 주로 패킷 데이터 전송망에 이용

구분	사전할당방식(PAMA)	요구할당방식(DAMA)	임의할당방식(RAMA)
채널확보	고정	예약	경쟁
전송효율	낮다	높다	낮다
전송지연	낮다	적다	매우많다
충돌가능성	낮다	거의없다	매우높다
용도	사용자가 적을 때	사용자가 많을 때	패킷전송망의 데이터 전송

10 전송길이가 1000Km인 전송로에 신호전파속도가 $2 \times 10^6 [m/\sec]$라면 전파지연시간은 얼마인가?

속도 = $\frac{거리[m]}{시간[\sec]}$ 이므로

시간$[\sec]$ = $\frac{거리[m]}{속도[m/\sec]}$ = $\frac{1000 \times 10^3}{2 \times 10^6}$ = $0.5[\sec]$

참고
① 속도$[m/\sec]$ = $\frac{거리[m]}{시간[\sec]}$ 의 공식을 이용함.
② 실제적인 전파속도 또는 광속도는 $3 \times 10^8 [m/\sec]$

11 각각의 전력이득이 G_1, G_2, G_3 잡음지수가 F_1, F_2, F_3인 경우 종합잡음지수(F)를 나타내는 관계식은?

$$F = F_1 + \frac{F_2 - 1}{G_1} + \frac{F_3 - 1}{G_1 G_2}$$

이득 G_1 잡음지수 F_1	이득 G_2 잡음지수 F_2	이득 G_3 잡음지수 F_3
시스템 1	시스템 2	시스템 3

12 통신 시스템에서 전체 시스템의 종합잡음지수를 관계식으로 표시하시오.
(장비 잡음지수 : F, 증폭도가 G인 장비 직렬 3단 연결)

$$NF = F_1 + \frac{F_2 - 1}{G_1} + \frac{F_3 - 1}{G_1 G_2}$$

13 무선 수신기 성능지수 4가지를 적으시오.

수신기 성능을 나타내는 4대 성능

감도	미약한 전파를 잘 수신할 수 있는 능력
선택도	혼신, 잡음 등을 분리하여 원하는 신호만 선택할 수 있는 능력
충실도	원신호를 정확하게 재생할 수 있는 능력
안정도	오랜 시간 동안 일정한 출력을 유지할 수 있는 능력

14 이동통신에서 쓰이는 안테나의 전기적 특성 3개 쓰고 설명하시오.

• 안테나의 전기적 특성
① VSWR : 안테나에 입사된 전력과 안테나에서 반사된 전력으로 인한 반사파로 인해 전압 정재파가 발생함. 전압의 최대치와 최소치의 비를 전압정재파라 함.
② 특성 임피던스 : 안테나 자체가 갖고 있는 임피던스 보통 50 ohm인 경우가 대부분이며, 약간의 리액턴스 성분을 가지고 있음.
③ 안테나의 Q : 안테나의 공진 대역폭을 결정하는 인자. Q가 클수록 대역폭은 좁음.

④ 공진주파수 : 안테나에서 최대전력이 방사 될 수 있는 주파수.

15. 200MHz주파수를 사용하고 1/4안테나로 사용시 안테나 높이는?

$$\lambda = \frac{C}{f} = \frac{3 \times 10^8 m/s}{200 \times 10^6 Hz} = \frac{300}{200} = 1.5m$$

안테나길이 $= \frac{\lambda}{4} = \frac{1.5m}{4} = 0.375m$

16. 이동 통신 시스템에서 제한된 주파수 자원을 효율적으로 사용하기 위한 다원접속 방법을 3가지만 나열하시오.

다원접속방법: 기지국, 교환국등에 다수의 가입자가 접속하는 방법
가. 부호분할 다원접속(CDMA)
나. 주파수분할 다원접속(FDMA)
다. 시분할 다원접속(TDMA)

17. 다음의 괄호에 알맞은 것을 쓰시오.

통신기술의 발달, 가입자증가, 새로운 다원접속 방식이 필요하게 되었다. 최초의 개발 동기로 군에서 비밀유지와 적의 전파방해(Jamming)을 피하기 위해 개발된 (①)는(을) 동일한 주파수와 시간에 직교(Orthogonal)에 관계있는 code를 부여하여 더 많은 가입자를 수용하는 방식이다. 이 방식의 기초가 되는 Spectrum Spread방식에는 (2), (3), (4), (5), 혼합방식 등이 있다.

① CDMA
② DSSS (Direct Sequence Spread Spectrum)
③ THSS (Time Hopping Spread Spectrum)
④ FHSS (Frequency Hopping Spread Spectrum
⑤ Chirp Modulation

18. 스펙트럼 확산 통신방식 4가지를 쓰시오

가. 직접 확산 스펙트럼 확산(DSSS : Direct Sequence Spread Spectrum)
나. 주파수 도약 스펙트럼 확산(FHSS : Frequency Hopping Spread Spectrum)
다. 시간 도약 스펙트럼 확산(THSS : Time Hopping Spread Spectrum)
라. 첩 신호 확산 스펙트럼(CSS : Chirp Spread Spectrum)

19. 확산스펙트럼방식 2가지를 쓰고 간단하게 설명하시오.

① DSSS (직접확산)
- 확산코드를 이용하여 입력신호를 직접 확산시킴
- 직접확산(DSSS) 알고리즘

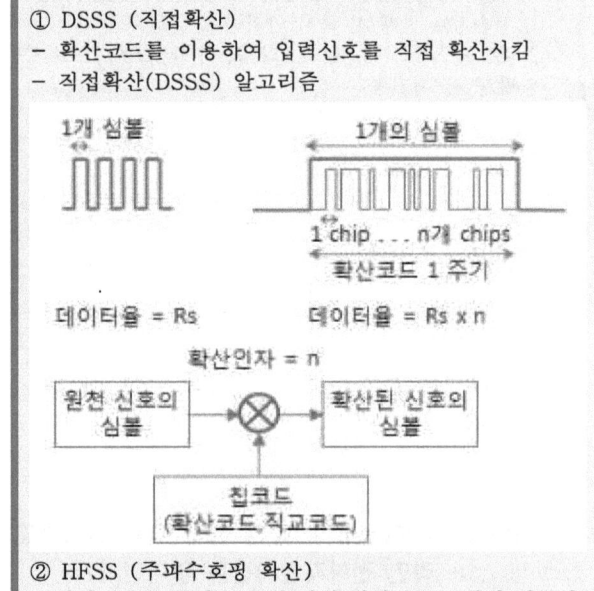

② HFSS (주파수호핑 확산)
- 확산신호를 주파수 호핑 시켜 입력신로를 확산 시킨다.

20. 무선 LAN IEEE 802.11에서 사용되는 DSSS와 FHSS를 full name으로 쓰시오.

DSSS - Direct Sequence Spread Spectrum
FHSS - Frequency Hopping Spread Spectrum
[참고]
DSSS: 직접확산방식, CDMA IS-95에서 사용하는 방식.
FHSS: 주파수 도약방식, Bluetooth, RFID 900MHz 등에서 사용.

21. PN부호가 가져야 하는 특성 4가지를 적으시오

① 예리한 자기상관특성과 낮은 상호상관특성
② 균형성(Balance)특성(한주기에 "1"과 "0" 개수가 균형적)
③ 편이와 가산성
④ 런(Run)특성
⑤ 발생의 용이성

22. 10단 시프트 레지스터에 의한 PN(의사잡음) 부호 발생기수 최장 부호어 길이는?

$2^{10} - 1 = 1023$
선형코드(Maximal Code) : n개의 shift Resistor는 $2^n - 1$개의 최대길이를 가짐.

23. 확산대역 통신방식 중 직접확산(DS-SS) 방식의 송/수신 과정에 대해서 설명 하시오.

① 송신측
입력 데이터를 직접 고속의 확산부호를 이용하여 직접확산 함
② 수신측
송신측에서 사용했던 동일한 역확산 부호를 이용하여 원래의 입력 데이터로 복조함. (확산부호가 일치하지 않으면 재확산됨)

24. DSSS(대역확산통신방식)에서 처리이득(PG)에 대해 설명하시오. (5점)

대역확산방식에서 원래 데이터 신호의 대역이 확산코드(Spreading Code)에 의해서 얼마나 넓게 확산될 수 있는지를 나타내는 파라미터를 말한다.

$G_P = \frac{(1/T_c)}{(1/T_b)} = \frac{T_b}{T_c} = \frac{W_c}{W_b} = \frac{R_c}{R_b}$, $G_P[dB] = 10\log G_p$

처리이득 $Gp[dB] = 10\log \frac{확산대역폭}{신호대역폭}$

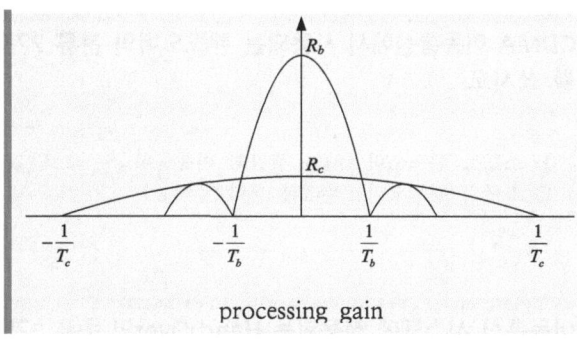

processing gain

25. CDMA통신 시스템에서 순방향 및 역방향 채널의 종류를 쓰시오.

◆ 채널종류

순방향채널	역방향 채널
기지국 -> 단말기	단말기 -> 기지국
Sync 채널	Access 채널
Pilot 채널	Traffic 채널
Paging 채널	
Traffic 채널	

26. CDMA의 채널구조는 크게 기지국에서 이동국으로의 순방향 채널과 반대의 역방향채널로 구분할 수 있다. 순방향 채널 종류 4가지와 역방향 채널의 종류 2가지 적으시오.

① 순방향 채널
파일럿(Pilot) 채널, 동기(Sync)채널, 호출(Paging) 채널, 통화(Traffic) 채널
② 역방향 채널
액세스(Access) 채널, 통화(Traffic) 채널

27. 이동통신에서 핸드오프란 무엇인가?

① 핸드오프란 이동 중인 통신체가 이동통신 셀(Cell)과 같은 통신 영역(Zone)을 이동할 때 통화 중에 기지국의 영역을 벗어나 다른 기지국 영역으로 진입하는 경우에 통화를 그대로 유지토록 하는 기능(채널이나 회선의 교환을 수행하여 통화중인 호를 계속 유지되도록 호의 절제 등)을 말한다.
② 핸드오프 종류: Soft handoff, Softer handoff, Hard handoff

28 CDMA 이동통신에서 사용되는 핸드오버의 분류 2가지를 쓰시오.

① 소프트 핸드오버 (셀과 셀간의 이동)
② 소프터 핸드오버 (섹터와 섹터간 이동)

29 이동통신 시스템에 적용되는 Hand-Over의 종류 3가지 적으시오.

① Softer Handover: Cell 내의 Sector 간 이동시 통화유지 기능
② Soft Handover : Cell 간 이동시 통화유지 기능
③ Hard Handover : 주파수간 이동시 통화유지 기능

30 자신이 등록한 이동통신 교환국 서비스 지역을 벗어나 다른 이동통신 교환국 서비스 지역에 들어가서도 전화를 걸거나 받을 수 있게 해 주는 기능은?

로밍(roaming)

31 이동통신 네트워크에서 가입자의 정보를 저장하고 위치 정보 공유를 통해 이동 단말의 이동성을 보장해주는 장치는 무엇인가?

HLR (Home Location Register)과 VLR (Visitor Location Register)

32 이동통신에서 사용자 위치를 저장하는 서버와 방문자 위치를 저장하는 서버의 약어 및 full name을 쓰시오

HLR -home location register, VLR - visitor location register

33 이동 통신 서비스 구현에 있어 고려해야 할 사항으로 다음과 같은 것들이 있다. 이들을 간단히 설명하시오.
  가. 핸드오버(handover)
  나. 로밍(roaming)

가. 핸드오버(handover)
이동체 단말기가 이동함에 따라 기지국의 서비스 영역이 변경되면 통화채널의 주파수를 바꿀 필요가 있는데, 이러한 통화채널 전환을 핸드오버 또는 핸드오프(Handoff)라고 한다.
나. 로밍(roaming)
자신이 등록한 이동통신 교환국 서비스 지역을 벗어나 다른 이동통신 교환국 서비스 지역에 들어가서도 전화를 걸거나 받을 수 있게 해 주는 기능

34 CDMA 이동통신에서 옥외 커버리지를 확장해야 할때 설치 운용 할수 있는 지상 중계기의 종류 3가지를 쓰시오.

광중계기 2.주파수변환 중계기 3.옥외형 중계기

35 이동통신시스템에서 페이딩 현상에 의한 전송품질 저하 방지하기 위하여 다이버시티 방식을 사용하는데 다음 중 3가지를 쓰시오

시간다이버시티, 주파수 다이버시티, 공간다이버시티, 편파다이버시티

36. 페이딩 원인, Long term fading, Short term fading, Rician fadong에 관해 설명하시오.

(1) 페이딩 원인
  시간에 따라 수신신호의 세기가 변동하는 현상
(2) Long term fading
  수신기의 이동에 의해 신호 경로를 부분적으로 차단하는 장애물들로 인하여 긴 구간동안 수신신호세기의 느리게 변화하는 페이딩
(3) Short term fading
  수신기가 이동하는 경우 도착시간이 다른 반사파들이 벡터적으로 합성되어 짧은 구간동안 수신신호세기의 빠르게 변화하는 페이딩
(4) Rician fadong
  직접파와 반사파가 동시에 존재할 경우 발생하는 페이딩 위성통신이나 macro cell에서 주로 발생한다.

37. 다중화 방식 중 OFDM과 FDM의 차이점에 대해 설명하시오.

① FDM은 전송로 상의 공통 채널을 더욱 효율적으로 이용하기 위해 이용되는 주파수 분할에 의한 다중화방식을 말함.
② OFDM은 고속의 송신 신호를 다수의 직교(Orthogonal)하는 협대역 부반송파(Sub-carrier)로 다중화방식을 말함.

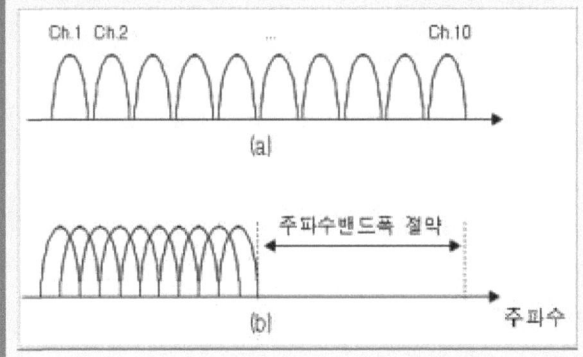

38. 고속의 송신신호를 다수의 직교하는 협대역 부반송파로 다중화시키는 변조방식을 말하며, 무선랜 802.11a/g 전송방식으로 채택된 것은?

OFDM: 상호직교성을 갖는 복수의 반송파를 사용, 주파수 이용효율을 높이고 고속의 전송속도를 구현하는 변조기술 임.

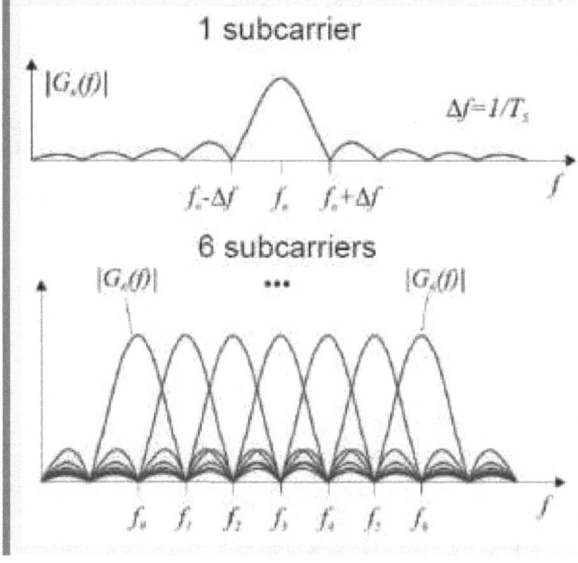

39. IPTV 시스템에서 서비스 수신 자격을 갖춘 가입자에게만 서비스를 제공하기 위한 목적으로 주기적으로 키를 생성하여 가입자에게 전달하는 기능을 수행하는 것은 무엇인가?

• CAS(Conditional Access System)
※참고
① 수신제한기능과 지역 제한기능을 수행.
② 수신제한기능은 가입자 관리시스템과 함께 유료서비스를 위한 방송시스템의 핵심적인 역할을 수행하는 SYSTEM.
③ 불특정다수의 수신자에게 프로그램을 전송하는 일반방송과 달리 가입자에게 개별주소 및 그룹주소를 부여해 가입자가 원하는 서비스를 정확하고 편리하게 제공받을 수 있도록 한다.

40 인터넷에서 크기가 10[Mbyte]인 MP3파일을 다운로드 받을 경우, 사용 중인 인터넷 회선의 다운로드 속도가 2[Mbps] 이면 파일을 모두 다운로드 받는데 소요되는 시간[sec]을 계산식과 함께 쓰시오.

> 10Mbyte 는 80Mbit 이므로 $\frac{80 Mbit}{2 Mbit/sec} = 40$초

41 영상 압축의 표준화방식에서 JPEG와 MPEG에 대하여 간단히 설명하시오.

> 가. JPEG(Joint potographic experts group)
> 표준화한 컬러 정지영상의 저장 및 전송을 위한 효율적인 압축 표준
> 나. MPEG(Moving picture experts group)
> 표준화한 컬러 동영상(멀티미디어) 또는 음성의 저장 및 전송을 위한 압축 표준
>
> | MPEG 종류 | 주요 기술 |
> |---|---|
> | MPEG-1 | SD 수준의 동영상 압축기술 |
> | MPEG-2 | HD 수준의 동영상 압축 및 TV 방송 전송기술. |
> | MPEG-4 | MPEG-2 보다 더 고효율 압축방식 및 전송기술 H.264 방식으로 인터넷, DMB 서비스 |
> | MPEG-7 | 멀티미디어 검색 서비스 |
> | MPEG-21 | 멀티미디어 유통, 관리에 대한 체계 |

42 ATSC 디지털 방송에서 사용되는 비디오와 오디오의 압축방식을 적으시오.

> 가. 비디오압축 : MPEG-2
> 나. 오디오압축 : Dolby AC-3

43 DMB 가운데 유럽에서 채택하고 있는 Out Of band 방식에 속한 것은? (5점)

> Eureka-147전송 표준

44 지상파 DMB는 6MHz 대역에 (   )MHz Block (   )개가 전송된다.

> 지상파 DMB는 6MHz 대역에 (1.5)MHz Block (3)개가 전송된다.

45 위성 DMB의 수신을 지상에서 중계해주는 시스템을 무엇이라 하는가?

> • GAP Filler
> 고층 빌딩 등에 의해 전파가 차폐되는 지역에서 방송을 수신할 수 있도록 송신소로부터 발사된 전파를 수신하여 재송신하는 소출력 재송신 장치.

46 "방송 통신 설비가 다른 사람의 방송통신설비와 접속이 되는 경우에 그 건설과 보전에 대한 책임의 한계를 명확히 하기 위해서 설정하는 것"을 설명하는 용어는?

> 분계점

6 TCP/IP

01 통신 프로토콜의 세 가지 기본요소는?

① 구문(Syntax): 데이터의 형식, 부호화(Coding), 신호 크기 등의 규정
② 의미(Semantics): 제어(Control)와 오류 복원을 위한 제어 정보의 규정
③ 타이밍(Timing): 접속되는 두 개체간의 통신 속도나 메시지의 순서를 제어

02 프로토콜의 기능 5가지를 설명하시오.

① 세분화의 재합성(Segmentation과 Reassembly)
긴 메시지 블록을 전송에 용이하도록 세분화하여 전송하며, 수신측에서는 세분화된 데이터 블록을 원래 메시지로 변환시키는 기능
② 캡슐화(Encapsulation과 Capsulation)
각 계층의 프로토콜에 적합한 데이터 블록으로 만들고 주소, 에러 검출 부호등을 담고 있는 헤더를 부착하는 기능
③ 접속제어(Connection Control)
연결 설정, 데이터 전송, 연결 해제의 기능
④ 흐름제어(Flow control)
어떤 데이터를 송수하는 두 개체간에 처리속도가 다르면 데이터가 상실될 수 있음. 이러한 경우를 방지하기 위하여 흐름 제어를 함.
⑤ 에러 제어(Error control)
데이터 단말장치 또는 통신 제어 장치에서 발생되는 오류를 검출

03 다음에 대해서 간단히 설명하시오.

(1) 캡슐화
(2) 캡슐화 헤더에 들어있는 3가지 정보는?

(1) 캡슐화: 각 계층의 프로토콜에 적합한 데이터 블록으로 만들고 주소, 에러 검출 부호 등을 담고 있는 헤더를 부착하는 기능
(2) 헤더에 들어있는 3가지 정보.
주소정보, 흐름제어 정보, 오류제어 정보

04 프로토콜의 기능 중 순서결정의 의미를 설명하시오.

① 순서결정의 정의
프로토콜 데이터 단위가 전송될 때 보내지는 순서를 명시하는 기능
② 순서결정의 의미
순서지정(Sequencing)하는 이유는 순서에 맞게 전달, 흐름제어, 오류제어를 하기 위함임

05 컴퓨터통신을 하기 위한 네트워크 아키텍쳐 구성을 간략히 기술하시오.

노드 (Node)	호스트 컴퓨터 및 단말 등의 정보처리와 통신처리를 하는 장치를 모델화한 것
링크 (Link)	통신회선, 채널 등 전기신호를 운반하는 매체를 모델화 한 것
처리 (Process)	호스트 컴퓨터의 응용 프로그램 등 정보처리와 통신처리를 하는 장치를 모델화한 것

06 통신시스템을 네트워크화 함으로서 얻을 수 있는 장점을 5가지만 쓰시오.

① 자원의 공용에 의한 경제성 재고
② 자원의 분산에 의한 신뢰성 재고
③ 분산처리에 의한 가격 성능비의 향상
④ 표준사용에 의한 개발, 도입의 용이
⑤ 분산된 컴퓨터나 단말장치간의 정보 교환

07 네트워크 아키텍쳐의 상위계층, 하위계층의 특징을 쓰시오.

상위계층: 프로세스간 프로토콜로 응용계층, 표현계층, 세션계층, 전송계층으로 구성
하위계층: 시스템간 프로토콜로 네트워크 계층, 데이터링크 계층, 물리계층으로 구성

[Information Communication]

08
OSI-7 계층에서 노드와 노드사이에 접근제어, 에러제어, 순서제어 등을 수행하는 계층을 쓰시오.

> 데이터링크 계층

09
OSI 7 Layer에 대해서 답하시오.
(가) OSI는 몇 계층으로 구성되어 있는가?
(나) 변환 압축 기능은 몇 계층에서 하는가?
(다) 물리적 전기적 신호 발생은 몇 계층에서 하는가?
(라) 오류제어기능은 몇 계층에서 하는가?

> (가) 7계층
> (나) 6계층 표현계층
> (다) 1계층 물리계층
> (라) 2계층 데이터링크계층

♦ OSI 7 Layer

계층	명칭	내용
1 계층	물리	정보전송을 위한 데이터 회선의 설정/유지/해제의 기능을 수행하기 위해 물리적, 전기적, 기능적, 절차적 특성을 제공하는 계층
2 계층	데이터 링크	인접 개방형 시스템 간의 투명한 정보전송 및 전송오류의 제어를 수행하는 계층
3 계층	네트 워크	정보교환 및 중계기능, 경로설정, 흐름제어 등을 수행하는 계층
4 계층	트랜스 포트	송수신 시스템(end-to-end) 간의 논리적 안정과 균일한 서비스를 제공하는 계층.
5 계층	세션	응용 프로세서간의 대화제어를 위하여 송신권 및 동기점 제어 등을 수행하는 계층.
6 계층	표현	정보의 추상구문에서 전송구분으로의 형식변환과 부호변환, 암호화 및 해독 등을 수행하는 계층
7 계층	응용	응용 프로세서간의 정보교환, 전자 사서함, 파일전송 등의 응용 프로그램을 실행하는 계층

10
OSI 7 계층 모델에 관한 다음 질문에 답하시오.
가. Layer 1, 2, 3의 명칭을 쓰시오.
나. 오류 제어는 어느 계층에서 수행하는가?
다. 중계와 경로설정은 어느 계층에서 수행하는가?
라. 응용 프로세서간 동기점을 이용한 회화 단위의 제어를 수행하는 계층은?
마. 전송 데이터의 syntax 변환을 수행하는 계층은?

> 가. 물리 계층, 데이터링크 계층, 네트워크 계층
> 나. 데이터링크 계층
> 다. 네트워크 계층
> 라. 세션 계층
> 마. 표현 계층

11
TCP/IP와 OSI 7계층 구조 비교하여 빈칸에 알맞은 것을 적으시오

응용계층
(가)
세션계층
(나)
(다)
데이터링크 계층
물리계층

OSI-7 Layer

(라)
(마)
(바)
NIC 계층

TCP/IP

> (가) 프리젠테이션계층
> (나) 전송계층
> (다) 네트워크계층
> (라) 응용계층
> (마) 전달(TCP/UDP)계층
> (바) 네트워크(IP)계층

12 OSI 참조 모델 중 물리 계층은 4가지 중요한 특성을 지니고 있다. 그 특성은 무엇인가?

가. 기계적 특성
DTE/DCE 사이의 물리적인 접속을 위한 커넥터의 형상, 핀의 수, 핀의 위치 등을 규정
나. 전기적 특성
DTE/DCE 상호 접속 회로의 전기적 특성(신호의 크기 범위 및 극성 등)을 규정
다. 기능적 특성
DTE/DCE 상호 접속 회로의 데이터기능, 제어 기능, 타이밍 기능, 접지 기능 등을 규정
라. 절차적 특성
데이터 전송을 위한 DTE/DCE 상호 접속 회로의 동작 순서를 규정

13 다음 OSI 7 계층에 관한 물음에 답하시오.

가. OSI 7 계층 중 두 개의 응용 프로세서간의 대화를 능률적으로 하기 위해 동기를 취하거나, 전송 모드를 선택하고 프로그램 간 연결 개시, 관리 및 종결과 송신권의 제어 등을 수행하는 것은 어느 계층에서 이루어지는가?
나. 데이터링크 계층에서 두 송수신 국간의 효율적인 데이터 교환을 위해 수신국의 최고 처리속도를 초과하지 않도록 송신 속도를 제어하는 기능을 무엇이라고 하는가?

가. 세션 계층(Seesion Layer, 또는 5계층)
나. 흐름 제어(flow control)

14 OSI 계층과 관련된 다음 물음에 답하시오.

(1) 정보 처리를 수행하는 응용 프로그램과 인터페이스와의 통신을 수행하는 최상위 레벨은?

응용계층

(2) 비트 전송을 위한 전송매체와 관련된 레벨은?

물리계층

(3) 접속 설정, 데이터 전송, 접속 해제 등의 기능에 관련된 레벨은?

세션계층

15 아래 OSI-7 계층 설명에 해당하는 계층이름을 쓰시오

(가)	• 데이터 전송에서 경로설정 기능
(나)	• 프레임 제어기능
(다)	• 데이터 압축, 암호화 기능

네트워크 계층, 데이터링크 계층, 표현계층

16 전송계층의 class 0 에서 class 4까지 설명하시오

가. Class 0
- 가장 간단한 Class로 다중화 기능, 장해통지로부터 회복 기능이 없음
나. Class 1
- 다중화 기능은 갖지 않지만 장해 통지로부터 회복기능이 있음.
- 장해에 의한 Reset 또는 네트워크 연결의 절단이 생겨도 자동적으로 재설정하여 통신을 유지
다. Class 2
- Class 0에 다중화 기능을 부가한 등급
라. Class 3
- Class 1의 기능에 다중화 기능을 추가한 등급
마. Class 4
- 데이터 분실, 분실된 비트 오류, 장해 등을 검출하여 회복할 수 있고 다중화 기능도 있는 등급

17 OSI 계층에서 중계 시스템을 갖춘 3가지 계층을 적으시오.

물리계층 (Physical Layer)
데이터링크 계층 (DataLink Layer)
네트워크 계층 (Network Layer)

18
OSI 7 계층에서 다음 사항에 관한 프로토콜은 어떤 계층에 속하는지 쓰시오.

가) TCP/UDP : (   )계층
나) IP : (   )계층

> 가) 전송계층(4계층)
> 나) 네트워크 계층(3계층)

19
아래의 네트워크 구성표에서 PC를 통해 인터넷 서비스를 제공받기 위해 PC에 요구되는 인터넷 프로토콜 A, B는 각각 무엇인가?

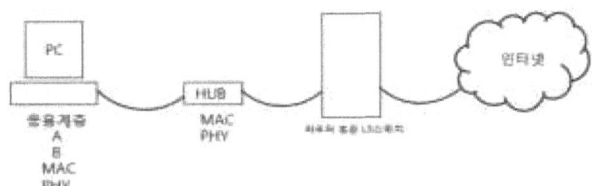

> A - 전송계층 (TCP/UDP)
> B - IP계층 (IP)

20
인터넷 표준 프로토콜이라 할 수 있으며 다른 기종 컴퓨터간의 데이터 전송을 위해 규약을 체계적으로 관리 및 정리한 것은?

> TCP/IP(Transmission Control Protocol/Internet Protocol)

21
Internet에서 URL이란?

> • URL [uniform resource locator]
> 문서의 각종 서비스를 제공하는 서버들에 있는 파일의 위치를 표시하는 표준

22
TCP/IP계층을 하위부터 순서대로 쓰시오.

| 응용 계층 |
| 전송 계층 |
| 인터넷 계층 |
| NIC 계층 |

23
다음은 네트워크 관리 구성모델에서 Manager의 프로토콜 구조이다. A, B, C, D, E, F에 해당되는 요소를 보기에서 찾아 완성하시오.

< 보기 >
IP, UDP, PHYSICAL, MAC, SNMP응용프로토콜

계층	문제	답
응용계층	A	SNMP 응용프로토콜
전달계층	B	UDP
네트워크계층	C	IP
데이터링크계층	D	MAC
물리계층	E	PHYSICAL

24
OSI 7 계층에서 다음 사항에 관한 프로토콜은 어떤 계층에 속하는지 쓰시오.

가) TCP/UDP :
나) RS 232-C :
다) HDLC :
라) IP :

> 가) TCP,UDP - 전송계층
> 나) RS-232C - 물리계층
> 다) HDLC - 데이터링크계층
> 라) IP - 네트워크계층

25. 다음 TCP/IP관련 물음에 답하시오.
1) IP는 몇 계층 프로토콜인가?
2) IP 프로토콜의 특징 3가지를 적으시오
3) TCP 프로토콜의 특징 3가지

1) 3계층
2) 정보 교환 및 중계 기능, 경로설정기능, 흐름 제어기능
3) 연결 지향형, 데이터 전송 신뢰성
  (정확한 데이터 전달 기능), UDP에 비하여 속도 늦음
  (제어 과정이 필요하여 헤더가 길어지기 때문)

26. 각 단어의 정의를 적으시오.
가. 프로토콜   나. 논리채널
다. 데이터링크   라. 반송파
마. 전용회선

가. 컴퓨터간에 정보를 주고받을 때의 통신방법에 대한 규칙과 약속
나. 데이터 송신 장치와 데이터 수신 장치와의 사이에 확립되는 논리상의 통신로
다. 인접한 두 통신기기간에 개설되는 통로
라. 정보를 운반하는 높은 주파수를 가진 파형
마. 공중통신설비의 양측 사이에 전용으로 사용하는 회선이나 인터넷서비스업체와 직접 연결한 통신회선

27. 인터넷 전송계층에 속하는 대표적인 2가지를 적으시오.

전송계층 프로토콜에는 TCP와 UDP 프로토콜이 있다.

28. 빈칸에 알맞은 용어를 쓰시오.

( )는 비연결형 데이터그램 전달서비스를 제공하는 프로토콜로서 메시지를 세그먼트로 나누지 않고 블록의 형태로 전송하여 재전송이나 흐름제어를 제어하기 위한 피드백을 제공하지 않는다.

UDP (User Datagram Protocol)

29. TCP/IP 프로토콜에서 비 연결형 프로토콜로서 산발적으로 발생하는 정보의 전송에 적합하고, 메시지를 블록의 형태로 전송하는 트랜스포트 계층에 해당하는 프로토콜을 적으시오?

• UDP(User Datagram Protocol)
UDP는 패킷을 개별적으로 전송하는 방식으로 헤더 수가 적고, 에러제어, 흐름 제어를 하지 않아 속도는 빠르나, 신뢰성이 없는 4계층 프로토콜임.

30. TCP/IP 전송계층에 대한 2개의 프로토콜의 특성을 비교 설명하시오.

	TCP	UDP
연결성	연결형	비연결형
수신순서	송신 순서와 일치	송신 순서와 불일치
오류제어·흐름제어	수행	미 수행
전송특성	비실시간	실시간

31. OSI계층 중 알맞은 답을 적으시오.

( )	데이터압축, 암호화

표현계층

32. 아래 문장의 괄호 안에 들어갈 알맞은 말은 무엇인가?

OSI 7계층 중 표현계층의 데이터 압축방법은 정보의 손실유무에 따라 ( ) 방식과 ( ) 방식으로 분류한다.

손실압축(MPEG, JPEG), 무손실 압축(VLC, RLC)

33. 다음 보기 중에서 해당되는 ISO의 OSI 해당 계층을 적으시오.

SMTP, POP3, login, logout

> SMTP, POP3 : 응용계층
> login, logout : 세션 계층

34. TCP/IP 관련 프로토콜의 설명이다. 원어로 쓰시오.

가. 하이퍼 전달 프로토콜
나. 전자우편 전송 프로토콜
다. 파일 전송 프로토콜

> 가. HTTP(Hyper Text Transfer Protocol)
> 나. SMTP(Simple Mail Transfer Protocol)
> 다. FTP(File Transfer Protocol)

35. TCP/IP의 상위계층 응용 프로토콜의 하나로서, 컴퓨터간에 전자우편을 전송하기 위한 프로토콜은 무엇인가?

> SMTP(Simple Mail Transfer Protocol)
> 인터넷에서 전자우편(E-mail)을 보낼 때 이용하게 되는 표준 통신 규약을 말한다

36. VoIP(Voice Of Internet Protocol)서비스방식 3가지를 쓰시오.

> ① PC to PC
> ② PC to Phone
> ③ Phone to Phone

37. 인터넷 폰(VoIP)에서 통화품질에 가장 큰 영향을 미치는 요인은?

> ① Delay (지연)
> ② Jitter (지터)
> ③ Loss (패킷손실)

38. 원격제어 프로토콜은 무엇인가?

> Telnet

39. 다음 질문에 답하시오

가. 패킷을 주고 받는 장비와 장비간에 시간 정보를 동기화하는 프로토콜로 가장 오래된 인터넷 프로토콜은?
나. 원격접속을 위해 인터넷이나 로컬영역 네트워크 연결에 사용되는 네트워크 프로토콜로 가장 오래된 것은?

> 가. NTP (Network Time Protocol)
> 나. Telnet

40. NAT에 대해서 설명하시오.

> 가. 정의
>   NAT(Network Address Translator)란 OSI 모델의 3계층인 네트워크 계층에서 사설 IP 주소를 공인 IP 주소로 변환하는데 사용하는 프로토콜이다.
> 나. 장 점
>   ① 공용주소의 절약
>   ② 네트워크 관리의 유연성
>   ③ 개인 사설망 보호
> 다. 단 점
>   ① End-to-End 간의 추적(IP trace)이 어려움
>   (보안측면에서는 장점)
>   ② NAT 라우터를 거치는 모든 패킷을 스캔하므로 지연 발생
>   ③ NAT 환경에서 작동되지 않는 애플리케이션도 존재

41 다음은 네트워크 관리 구성모델에서 Manager의 프로토콜 구조이다. A, B, C, D, E, F에 해당되는 요소를 보기에서 찾아 완성하시오.

< 보기 >
IP, UDP, PHYSICAL, MAC, SNMP응용프로토콜

계 층	문제	답
응용계층	A	
전달계층	B	
네트워크계층	C	
데이터링크계층	D	
물리계층	E	

계 층	문제	답
응용계층	A	SNMP 응용프로토콜
전달계층	B	UDP
네트워크계층	C	IP
데이터링크계층	D	MAC
물리계층	E	PHYSICAL

42 NMS시스템에서 Manager와 Agent사이에서 네트워크 장비의 정보(MIB)를 읽고(Get), 쓰고(Set)할 수 있는 프로토콜은 무엇인가?

SNMP (Simple Network Management Protocol)

43 다음 지문의 빈칸을 채우시오.

(㉮)란 네트워크 자원(서버, 라우터, 스위치)을 제어 감시하는 기능을 말하며, (㉮)는 TCP/IP 기반에서 망관리를 위한 애플리케이션층의Protocol을 말하며 관리 대상과 관리 시스템간 Management Information을 주고 받기 위한 규정이다

SNMP (망관리 프로토콜)

44 컴퓨팅 환경은 이전의 중앙 집중식에서 다수의 장비들이 상호 유기적으로 연결되어 다양한 기능을 제공해 주는 분산환경으로 변화되면서 다양한 기능의 네트워크를 요구 할 뿐만 아니라 안정적인 기능을 사용 할 수 있기를 원하고 사용자가 필요할 때 항상 접근이 가능하고 올바르게 작동되는 고품질의 서비스를 요구하기 때문에 네트워크에서 발생할 수 있는 각종 문제점들을 효과적으로 관리하는 방법에 대한 연구가 필수적 이었다.

여기서 등장하게 된 것이 바로 ( )이다.

NMS (Network Management System)

45 정보통신 네트워크가 대형화 및 복잡화되면서 네트워크 관리의 중요성이 증가 하고 있다. 아래 빈칸을 채우시오. 통신망을 구성하는 기능요소 또는 개별 장비를 (①)한다. 여러 개의 장비로부터 정보를 수집, 제어, 관리 등을 통해 네트워크 운영을 지원하는 시스템을(②)이라 한다. 네트워크 운영지원 및 시스템 총괄 감시/관리 시스템을 (③)라 한다.

① Network Element
② 망관리 시스템
③ NMS (Network Management System)

46
정보통신 네트워크가 대형화 및 복잡화 되어가므로 네트워크 관리의 중요성이 증가하고 있다. 네트워크에 연결되어 있는 수많은 구성요소로 부터 각종 정보를 수집, 제어, 관리 등을 통해 네트워크 운영을 지원하는 시스템을 망관리 시스템이라 한다. 이러한 망관리 시스템이 수행하는 주요기능 5가지에 대해서 설명하시오.

- NMS(Network Management System)의 5대 기능
① 구성관리 : 네트워크 및 구성요소의 상태를 설정
② 성능관리 : 시스템 성능의 모니터링
③ 장애관리 : 네트워크 장애 시 통보 및 이력관리
④ 보안관리 : 네트워크 접속권한 관리
⑤ 계정관리 : 서비스 사용관리 및 통계관리(과금관리)

47
TCP/IP IETF 망관리 프로토콜 원어를 쓰시오.
① SNMP
② IGMP

① SNMP (Simple Network Management Protocol)
UDP 상에서 동작하는 비교적 단순한 형태의 네트워크 관리프로토콜
② IGMP (Internet Group Management Protocol)
IPTV 등에서 멀티캐스트 그룹을 관리하는 프로토콜

48
다음 설명하는 프로토콜을 쓰시오.
가) (　　　)는 HyperText를 전달하기 위한 TCP/IP 상위 레벨의 프로토콜로 클라이언트가 서버에게 보내는 요청메시지, 반대로 서버가 클라이언트에게 보내는 응답메시지가 있다
나) (　　　)는 인터넷에서 전자우편을 전송할 때 이용되는 표준 프로토콜이다.
다) (　　　)는 인터넷 상에서 한 컴퓨터에서 다른 컴퓨터로 파일 전송을 지원하는 통신규약이다 (제어포트(21)와 데이터포트(20)분리)

HTTP, SMTP, FTP
가. 웹서비스 이용하기 위한 프로토콜 (HTTP)
　HyperText Transport Protocol
나. SNMP (Simple Network Management Protocol)
다. 원격 파일 전송 프로토콜(FTP)

49
IPv4와 IPv6 에서의 IP 주소는 각각 몇 비트인가?
가. IPv4
나. IPv6

가. 32[bit]
나. 128[bit]

50
IPv4의 특징 및 장점 5가지 이상 적으시오

① IPv4 주소는 네트워크 부분과 호스트 부분으로 구성됨
② Class에 따라 A~E Class까지 5단계로 구분됨
③ 32bit 주소는 10진수 표현으로 4개 필드로 구성됨
　예) 192.168.0.1
　(11000000.10101000.00000000.00000001)
④ Broadcast, Unicast, Multicast 주소 사용
⑤ 보안에 취약한 구조임
⑥ QOS서비스에 취약함 (IP Header의 TOS Flag 이용)

51. IPv6의 특징/장점을 6개를 적으시오.

① IPv6는 128비트로 주소 체계가 확장됨
② IPv4보다 Header를 단순화시켜, Option처리를 함
③ IPsec(암호화/인증)을 Default로 적용함
④ IPv6에서는 Anycast, Unicast, Multicast의 캐스팅모드를 지원함
⑤ Auto Configuration기능으로 Mobile IP성능이 개선됨
⑥ QoS지원을 위하여 2개의 Traffic Class 와 Flow Label을 지원함

구분	IPv4	IPv6
주소길이	32 bit	128 bit
표시방법	8bit씩 4부분 10진수 표시 예) 202.30.56.22	1bit씩 8부분 16진수 표시 예) 2001:0340:abcd:ffff:abcd:
주소할당	A,B,C 클래스 단위 비순차적 할당	순차적 할당으로 효율적
헤더구조	헤더가 복잡함 (12개 필드, 옵션 헤더)	헤더가 간소화 됨 (8개 필드, 확장헤더)
보안기능	IPsec 별도설치	IPsec 기본으로 제공 (확장헤더)
캐스트모드	유니캐스트, 멀티캐스트, 브로드캐스트	유니캐스트, 멀티캐스트, 애니캐스트
전송품질 제어	QoS 어려움 (TOS 필드로 부분지원)	QoS 강화 (Traffice Class, Flow Label 필드)
Plug & Play	-	Auto Configuration 지원

헤더 비교

ver	IHL	TOS	Length
Identification		Flags	Fragment Offset
TTL	Protocol		Header Checksum
Source Address			
Destination Address			
Option			Padding

ver	Traffic Class	Flow label
Payload length		Next Header	Hop limit
Source Address		
Destination Address		

□ IPv4에서 그대로 사용하거나 이름이 변경된 필드
■ 삭제 혹은 추가된 필드

52. IPv4, IPv6에 대한 비교표이다. ( )에 해당하는 단어를 쓰시오.

항목	IPv4	IPv6
주소크기	(가) 비트	(가) 비트
사용가능주소	(다) 억개	(라) 개
헤더포맷	복잡	간단 (확장헤더 사용)
이동환경	불가능	Mobile IP 지원
보안성	미흡(IPsec 별도 설치)	IPsec 기본 탑재
QoS	어려움	용이함
라우팅	규모조정 불가능	규모조정 가능
Flow Label	지원하지 못함	지원
주소자동설정	DHCP 서버 필요	가능
웹캐스팅	곤란	용이

가. 32bit
나. 128bit
다. 43억개
라. 무한개

53. IPv4, IPv6에 대한 비교표이다. ( )에 해당하는 단어를 쓰시오.

항목	IPv4	IPv6
표시방법	(씩 부분)으로 ( )로 표시	(씩 부분)으로 ( )로 표시
Plug & Play		
모바일 IP		
보안성		
QoS		

항목	IPv4	IPv6
표시방법	(8비트씩 4부분)으로 (10진수)로 표시	(16비트씩 8부분)으로 (16진수)로 표시
Plug & Play	(없음)	(Auto configuration 지원)
모바일 IP	(비효율적)	(효율적)
보안성	(낮음, IPsec 별도 사용)	(높음, IPsec 기본내장)
QoS	(어려움)	(용이함)

54. IPv4 주소형태 세가지를 제시한 후 이에 대해 설명하시오.

가. Unicast address
  하나의 송신지에서 단일 수신자에게 데이터를 전송한다.
나. Multicast address
  하나의 송신지에서 동시에 선택된 특정 그룹의 여러 수신자에게 데이터를 전송한다. (D-Class)
다. Boardcast address
  하나의 송신지에서 통신에 불특정 다수의 여러 수신자에게 데이터를 전송한다.

55. IPv6에서 지원하는 3가지의 주소형태를 적고 이를 각각 설명하시오.

가. Unicast address
  하나의 송신지에서 단일 수신자에게 데이터를 전송한다.
나. Multicast address
  하나의 송신지에서 동시에 선택된 특정 그룹의 여러 수신자에게 데이터를 전송한다.
다. 애니캐스트(Anycast)
  여러 곳에 산재한 복수개의 서버에 지정하는 주소로 이중 가장 가까운 거리에 있는 서버에서 응답하도록 하는 주소임. 애니캐스트 주소는 호스트나 발신지 주소로는 할당되지 않고 라우터를 대상으로 하는 목적지 주소로만 사용

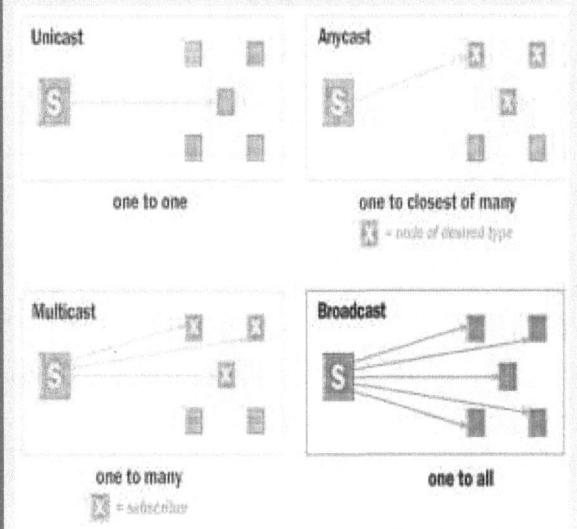

56. IPv4 와 IPV6 주소형태 세 가지를 들고 각각 간단하게 설명하시오.

① IPv4
가. Unicast address
  하나의 송신지에서 단일 수신자에게 데이터를 전송한다.
나. Multicast address
  하나의 송신지에서 동시에 선택된 특정 그룹의 여러 수신자에게 데이터를 전송한다.(D-Class)
다. Boardcast address
  하나의 송신지에서 통신에 불특정 다수의 여러 수신자에게 데이터를 전송한다.

② IPv6
가. Unicast address
  하나의 송신지에서 단일 수신자에게 데이터를 전송한다.
나. Multicast address
  하나의 송신지에서 동시에 선택된 특정 그룹의 여러 수신자에게 데이터를 전송한다.
다. 애니캐스트(Anycast)
  여러 곳에 산재한 복수개의 서버에 지정하는 주소로 이중 가장 가까운 거리에 있는 서버에서 응답하도록 하는 주소임. 애니캐스트 주소는 호스트나 발신지 주소로는 할당되지 않고 라우터를 대상으로 하는 목적지 주소로만 사용

57. IPv6 주소 자동설정 구현방법 2가지와 IPv4에서 IPv6로 변환하는 방법 3가지를 적으시오.

가. IPv6 주소 자동설정 구현방법
나. IPv4에서 IPv6로 변환하는 방법

가. IPv6 주소 자동설정 구현방법
  ① 동적 주소 자동 설정 (DHCP)
  ② 상태 보존형 주소 자동 설정
나. IPv4에서 IPv6로 변환하는 방법
  ① 듀얼 스택 기술
  ② 터널링 기술
  ③ 헤더 변환 기술

58 다음 괄호안에 알맞은 말을 넣어 완성하시오.

"IP주소(address)체계에서 C클래스는 네트워크 주소를 첫 번째 바이트의 첫 번째, 두 번째, 세 번째 비트가 각각 (가), (나), (다) 인 주소이며 네트워크 주소 범위는 192.0.0. ~ 223.255.255. 이고 호스트주소는 0 ~ 255 이다. [또는 ( ), ( ), ( )]

C class 시작 비트: 1, 1, 0
※참고
A class : "0xxx xxxx" 으로 시작 → 0 ~ 171
B class : "10xx xxxx" 으로 시작 → 172 ~ 191
C class : "110x xxxx" 으로 시작 → 192 ~ 223
D class : "1110 xxxx" 으로 시작 → 223 ~ 239
E class : "1111 xxxx" 으로 시작 → 240 ~ 255

59 IP 주소 23.56.7.91이 주어졌을 때 다음 물음에 답하시오.
가. 클래스
나. 네트워크 주소

가. A Class
나. 23.0.0.0

60 인터넷 서브넷팅 설계 시 고려사항 3가지를 적으시오.

① 분할할 서브넷의 수를 결정한다.
② 각 서브넷에 할당될 최대 노드수를 결정한다.
③ 전체 서브넷에서 사용할 공통의 서브넷 마스크 값을 결정한다.

61 다음 IP주소에 해당하는 서브네트워크의 주소범위를 구하시오.

IP : 45.123.21.8   MASK : 255.192.0.0

① IP 주소가 45로 시작하므로 Class A 에 해당하며, Mask 255.192.0.0 는 2진수로 11111111. 1100 0000. 0. 0 임.
② 따라서 A class의 Host를 4개의 서브넷으로 분할하는 것임.
45.0.0.0 ~ 45.63.255.255
45.64.0.0 ~ 45.127.255.255
45.128.0.0 ~ 45.191.255.255
45.192.0.0 ~ 45.255.255.255

62 IP 주소 165.243.10.54, 서브넷 마스크 255.255.255.0 이다. 다음 물음에 답하시오.
가. Subnet Masking 몇 비트인가?
나. Network Address를 적으시오.
다. 사용 가능한 Host 개수는?

가. 24bit
나. 165.243.0.0 (IP주소가 B클래스이므로)
다. 서브넷 마스크 255.255.255.0이므로 네트워크주소와 브로드캐스트 호스트를 제외하면 $2^8 - 2$개 = 254개

63 IPv4 220.48.30.5/24의 네트워크 개수와 호스트 개수를 쓰시오.

네트워크 개수 : 1개 , 호스트 개수 :
$2^8 (256 - 2) = 254$개 (host ID 가 all 1 , all 0 인 2개 주소를 빼므로)

IP address Classes

Class	# Network Bits	# Hosts Bits	Decimal Address Range	Subnet mask
Class A	8 bits	24 bits	1–126	255.0.0.0
Class B	16 bits	16 bits	128–191	255.255.0.0
Class C	24 bits	8 bits	192–223	255.255.255.0
Class D	Reserved for Multicasting		224–239	N/A
Class E	Reserved for R & D		240–255	N/A

64
인터네트워킹(Inter Networking)에 사용되는 장비4가지를 간단히 설명하시오?

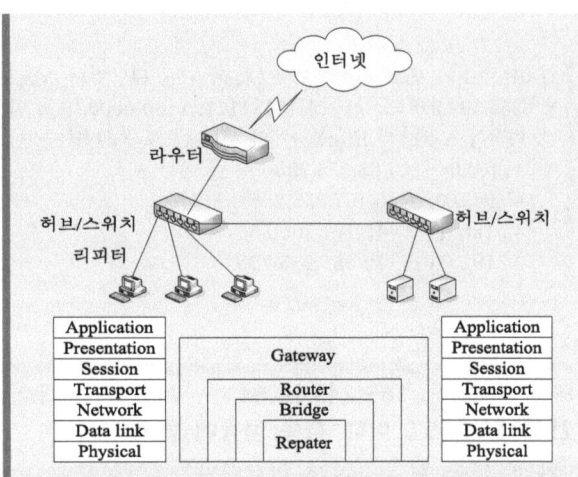

장비	기능	적용계층
repeater	동일의 LAN에서 그 거리의 연장이나 접속 시스템수를 증가시키기 위한 장비	1계층
Bridge	복수의 LAN을 결합하기 위한 장비로 데이터링크계층에서의 네트워킹 장비	2계층
router	인터넷에서 IP 네트워크들 간을 연결하거나 IP 네트워크와 인터넷을 연결하기 위해 사용하는 장비로 이기종 LAN 간 및 LAN을 WAN에 연결시키는 장비	3계층
gateway	다른 프로토콜의 네트워크 시스템을 상호 접속하는 장비	7계층

65
다음 그림은 LAN에서 사용하는 repeater의 구성 회로이다. Repeater란 무엇이며, 그 기능을 간단히 설명하시오

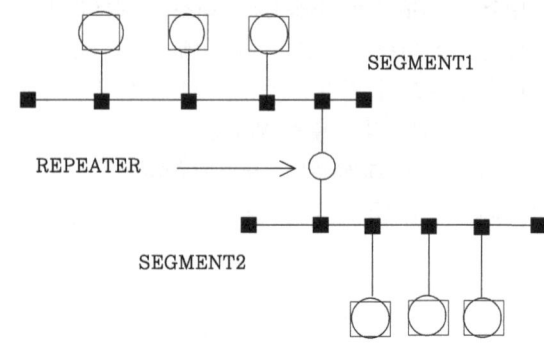

가. 리피터란 동일의 LAN에서 그 거리의 연장이나 접속 시스템수를 증가시키기 위한 장비이다.
나. 리피터 기능
 ① 물리계층을 상호연결
 ② 전송데이터 신호의 단순한 증폭 및 재생
 ③ 네트워크 거리확장에 이용

66
네트워크 단위들을 연결하는 통신 장비로서 허브보다 전송 속도가 개선된 장비는?

◆ 스위치
대부분의 스위치는 전이중 통신방식(full duplex)을 지원하기 때문에 송신과 수신이 동시에 일어나는 경우 훨씬 향상된 속도를 제공한다.

67 허브에 대해서 설명하시오.

가. 허브의 정의
허브(Hub)는 물리계층에 속하는 장비로, 여러 대의 컴퓨터를 네트워크와 연결할 때 사용하는 장비임
나. 허브의 구성

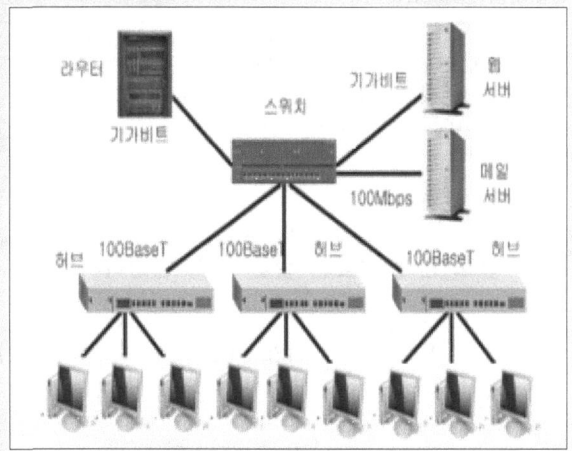

다. 허브의 특징
① 물리 계층 전송장비이고 값이 저렴함.
② 반이중 통신방식을 지원함
③ 충돌 도메인이 분리가 안 되기 때문에 여러 명이 동시 사용 시 느려짐
④ 허브의 종류에는 더미허브, 인텔리젼트 허브가 있음

68 허브와 스위치의 차이를 설명하시오

가. 허브 : 물리 계층 장비, 단순 중계기 역할(모든 신호를 연결된 신호가 들어온 포트를 제외한 모든 포트로 flooding함), 반이중 통신방식 지원
나. 스위치 : 데이터 링크(제2계층) 장비, MAC 주소(송신지와 목적지 주소)를 알고 있어 해당 목적지로만 신호 전달(MAC 주소를 보고 유니캐스트 함),
반이중 및 전이중 통신방식 지원

69 다음 그림은 LAN에서 라우터(router)를 이용하는 구성도이다. 라우터란 무엇이며, 그 기능을 설명하시오.

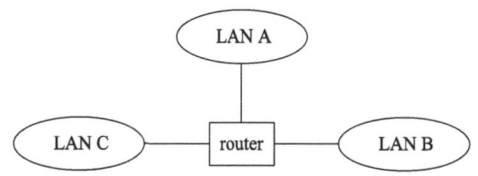

가. 라우터 : 인터넷에서 IP 네트워크들 간을 연결하거나 IP 네트워크와 인터넷을 연결하기 위해 사용하는 장비
나. 라우터의 기능
① 백본연결: 이 기종 LAN 간 및 LAN을 WAN에 연결.
② 경로설정: 효율적인 경로를 선택하는 라우팅 기능
③ 패킷포워딩 기능: IP주소에 근거하여 라우팅 테이블을 검색하고 전송할 다음 라우터와 수신처 호스트에 대해 패킷송출 기능
④ 필터링: 보안성을 위해 미설정 패킷을 폐기하고 전송하지 않는 방화벽 기능을 가짐

70 어느 연구소에서 인터넷망에 연결하기 위하여 다음과 같이 망을 구성하였다. 각 장치명을 쓰시오

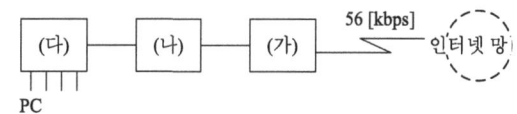

가. 56[kbps]에 맞도록 신호 변환하는 장치?
나. 망 연동 장치 3가지는?
다. 성형 구조의 능동 요소이며, 중계기 역할을 하는 장치는?

가. 디지털 서비스 유닛(DSU)
나. 게이트웨이, 브리지, 라우터
다. 허브(hub)

71 통신네트워크 장비중 CPU, 메모리 문제 시 어느 것이 우선시 되고 중요한가?

네트워크장비(Router등)는 저장장치의 크기보다는 트래픽처리속도(CPU)가 우수한 것이 유리함. 따라서, CPU 문제가 Memory 문제보다는 우선시 됨

72. TCP/IP 프로토콜 상에서 multiplexing과 de-multiplexing을 지원하기 위해서 IP 계층과 전송계층에서 사용하고 있는 것은 무엇인가?

가. IP 계층 : 프로토콜 필드(protocol field : IPv4 헤더 내의 8비트로 네트워크 계층에서 데이터를 재조합 할 때 어떤 상위계층 프로토콜로 조합을 해야 하는지 알 필요가 있으므로 TCP 인지, UDP 인지 상위계층에 알려주기 위한 것임.
나. 전송 계층 : 발신지 포트주소와 목적지 포트주소(source port address and destination port address : 발신지와 목적지 컴퓨터의 응용 프로그램을 나타냄)

73. 주어진 용어에 대하여 설명하시오.
(1) 프로토콜 분석기   (2) 라우팅 프로토콜
(3) 송신측 MAC 주소

(1) 프로토콜 분석기
프로토콜 분석기(Protocol Analyzer)는 한 마디로 DTE(Data Terminal Equipment)와 DCE(Data Circuit Terminating Equipment) 사이에서 송수신되는 시리얼 데이터가 정해진 대로 올바르게 전송되고 있는 가를 조사하는 측정기
(2) 라우팅 프로토콜
① 링크 스테이트 라우팅 프로토콜을 통한 라우팅 (예: OSPF, IS-IS)
② 경로벡터나 거리벡터 프로토콜을 통한 라우팅 (예: IGRP, EIGRP)
③ 외부 게이트웨이 라우팅 프로토콜(BGP)은 자율 시스템 사이에서 트래픽을 교환할 목적으로 인터넷에 쓰이는 라우팅 프로토콜이다.
(3) 송신측 MAC 주소
송신측 MAC주소는 2계층 데이터링크에서 사용하는 주소로써, 3계층의 IP 주소를 RARP 프로토콜로 변환하면 2계층 MAC주소를 알 수 있음.

74. (A)는 상대방의 IP 주소는 알고 자신의 MAC주소를 모를 때 사용하는 프로토콜이고, (B)는 자신의 MAC주소는 알고 IP주소를 모를 때 사용하는 프로토콜이다.

(A) : ARP
(B) : RARP

① IP Address에 대한 Layer-2 MAC Address를 알아내는데 IP Address를 MAC Address로 변환해주는 Protocol임
② 한번 찾은 Address는 ARP Cache에 저장
(IP Address = MAC Address)

75. 다음 괄호 안에 알맞은 말을 넣어 완성하시오.

(가) 프로토콜은 IP주소를 물리주소(MAC)로 변환하는 프로토콜이고, 이의 반대 기능을 수행하는 것이 (나) 프로토콜이다.

(가) ARP: IP 주소를 MAC 주소로 변환.
(나) RARP: MAC 주소를 IP주소로 변환

76. MAC주소를 모를 때 사용하는 프로토콜은 무엇인가?

ARP
IP 32bit IP주소를 48bit MAC물리주소로 변환시켜 주는 프로토콜임
(RARP는 48bit MAC물리주소를 32bit IP주소로 변환시켜주는 프로토콜임)

77. 호스트 컴퓨터와 인접 라우터가 서브넷 상의 멀티 캐스팅을 위한 제어용 프로토콜로 그룹 가입, 그룹 멤버쉽 조사, 그룹 탈퇴 등 기능을 수행하는 프로토콜은?

IGMP((Internet Group Management Protocol): 인터넷 그룹 관리 프로토콜
(IPTV에서 호스트가 특정 그룹에 가입하거나 탈퇴하는 데 사용하는 프로토콜)

78. ICMP(Internet Control Message Protocol) 오류보고 메시지 3가지를 쓰시오.

ICMP는 TCP/IP에서 IP패킷을 처리할 때 발생되는 문제를 알려주는 프로토콜
① Destination Unreachable : 목적지 도달 불가
② Source Quench : 발신 억제(수신측 컴퓨터에서는 패킷이 너무 빨리 쌓이면 패킷 상실을 막기 위해 전송 속도를 낮추도록 소스 억제 메시지를 보낸다)
③ Time Exceeded : 패킷이 루프를 돌거나, 과밀발생, 목적지 시스템에 도달하기 이전에 TTL(생존기간)이 time out 됨

79. 인터넷 프로토콜 중 ICMP(Internet Control Message Protocol)을 사용하는 대표적인 명령어 2가지를 적으시오.

① ping
② tracert

80. 다음 네트워크 관리용 명령어는 어떤 목적으로 사용되는지 쓰시오.

가. ping
나. tracert

가. ping : 지정한 IP주소까지의 연결상태 확인
나. tracert : 네트워크 경로 추적

81. 윈도의 XP 창에서 쓰는 프로토콜로 IPv4 컴퓨터의 이름을 찾거나 IP가 충돌할 경우 어디서 충돌했는지 알아내는 명령어는?

nbtstat
자신의 IP와 타인의 IP가 충돌되는 경우, 누가 사용하는지 알아내기 위한 명령어

82. 아래 네트워크 명령문에 대한 기능을 간단하게 설명 하시오.
1) ipconfig   2) ping   3) tracert

1) ipconfig
사용자 컴퓨터의 IP Address, Subnet-Mask, Default Gateway 등을 확인할 수 있는 명령어

2) ping
① 사용자컴퓨터와 Target컴퓨터 사이의 네트워크 상태(Delay Time, TTL등)를 확인할 수 있는 명령어. End to End 간에 연결확인 가능
ex> ping 74.125.45.100 또는 ping-t google.com

3) tracert
① 사용자컴퓨터와 Target컴퓨터 사이에 연결된 모든 네트워크장비(라우터, Gateway 등)의 경로정보(time, TTL등)를 확인가능
② 목적지까지 경로추적이 가능하며, 중간에 병목현상을 확인가능
ex> tracert 173.194.127.70 or tracert youtube.com

83. 다음 프로토콜에 대하여 설명하시오.

tracert	인터넷을 통해 거친 경로를 표시하고 그 구간의 정보를 기록. 네트워크를 통해 패킷의 전송 지연을 측정하기 위한 컴퓨터 네트워크 진단 유틸리티
nslookup	인터넷 서버관리자나 또는 사용자가 호스트 이름을 입력하면, 그에 상응하는 인터넷 주소를 찾아주는 프로그램. 이 프로그램은 또한 지정한 IP 주소로 호스트 이름을 찾아내는 정반대의 기능도 수행한다.
netstat	라우팅테이블 확인, 서비스된 통계, 열려져있는 포트 및 서비스 중인 프로세스의 상태정보와 네트워크 연결상태를 알아보기 위한 명령어

84. 패킷을 이용해 최상의 경로를 지정하고, 다음 장치로 패킷을 전달해 주는 네트워크 장비를 무엇이라고 하는가?

라우터

85. 인터넷에서 사용되는 라우터(Router)의 기본기능 중 3가지만 쓰시오.

① 최적의 경로 설정(Routing)
② 패킷 스위칭 기능(Forwarding)
③ 로드 밸런싱(load-balancing)
④ 라우팅 테이블 관리
⑤ 패킷의 중계 전달

86. 아래 박스 안에 4가지 중 성격이 상이한 프로토콜은 무엇인가?

RIP , OSPF , SNMP , BGP

① RIP, OSPF , BGP는 Routing Protocol
② SNMP는 망관리를 위한 IETF의 표준 프로토콜

87. 인터넷 라우팅 프로토콜 중 도메인-간 라우팅 프로토콜과 도메인-내 라우팅 프로토콜의 종류를 각각 두 개씩 적으시오.

① 도메인 간 : BGP(Border Gateway Protocol), EGP(Exterior Routing Protocol)
② 도메인 내 : RIP(Routing Information Protocol), OSPF(Open Shortest Path First)

88. RIP는 (A)를 이용하는 가장 대표적인 라우팅프로토콜로 (A)라는 것은 (B)수를 모아놓은 정보를 근거로 (C)테이블을 작성하는 것이다.

A : 거리벡터
B : Hop
C : 동적 라우팅

89. 다음 홉 라우팅(Next-hop Routing)에 대해 설명하시오.

① 대표적인 방식으로 RIP방식이 있다.
② 목적지까지 최단경로를 Hop수로 결정한다.
③ 라우터에서 라이팅 테이블을 Update할 수 있으며 동적라우팅 프로토콜의 대표적인 프로토콜이다.

90. OSPF 경로 유형 중 O, O IA는 무엇인가

가. O : 같은 영역에 위치한 목적지 서브넷에 대한 경로
나. O IA : 다른 영역에 위치한 목적지 서브넷에 대한 경로

91. 컴퓨터와 네트워크를 첫 번째로 잠금하여 보호하는 장치는 무엇인가?

방화벽

92
다음 문자의 괄호 안에 적절한 내용을 적으시오.
인터넷 보안요소에는 보안상의 위협 및 공격으로부터 시스템을 보호하기 위해 ISO7498-2에서 인증(Authentication), 접근제어(Access Control), 비밀보장 (Data Confidentiality), (　　) 및 부인봉쇄 (Non-Repudiation)의 기능을 제시하고 있다.

> 데이터 무결성 (Integrity) - 위변조를 할 수 없도록 무결성 유지

93
대칭키방식과 비대칭키 방식에 대하여 비교 설명하시오.

구분	개인키 (대칭키, 비밀키)	공개키암호 (비대칭형)
암호키	암호키(비밀키)= 복호화키(비밀키)	암호키(공개키) ≠ 복호화키(비밀키)
키전송	필요	불필요
인증/ 전자서명응용	곤란	용이함
특징	속도빠름, 키관리 어려움	속도늦음, 키관리 간단
대표적 암호키	DES, 3DES, SEED	RSA

94
하나의 장비에 여러 보안 솔루션 기능을 통합적으로 제공하고 다양하고 복잡한 보안 위협에 대응할 수 있어, 관리 편의성과 비용 절감이 가능한 보안 시스템은 무엇인가?

> UTM (Unified Threat Management : 통합 위협 관리)
> ① 다양한 보안 솔루션을 하나로 묶어 비용을 절감
> ② 관리의 복잡성을 최소화
> ③ 복합적인 위협 요소를 효율적으로 방어

95
생존하는 개인에 관한 정보로서 성명, 주민등록번호 등에 의해 당해 개인을 식별할 수 있는 것은 무엇인가?

> • 개인 정보(Personal Data)
> "개인정보"라 함은 생존하는 개인에 관한 정보로서 성명·주민등록번호 등에 의하여 당해 개인을 알아볼 수 있는 부호·문자·음성·음향 및 영상 등의 정보(당해 정보만으로는 특정 개인을 알아볼 수 없는 경우에도 다른 정보와 용이하게 결합하여 알아볼 수 있는 것을 포함한다)를 말한다.

96
VPN(Virtual Private Network)의 기능을 4가지만 기술하시오.

> ① 암호화
> ② 인증
> ③ 터널링
> ④ 사설망 서비스

97
TCP 연결설정 과정에서 SYN 플러딩 공격에 대해 설명하시오.

> ① Syn 플러딩 공격은 TCP의 초기연결과정인 TCP 3-way Handshaking을 이용한다.
> ② Syn 패킷을 요청하여 서버로 하여금 ACK 및 SYN 패킷을 보내게 하는데, 이 때 보내는 주소가 무의미한 주소이므로 서버는 대기상태에 있게 된다.
> ③ 이러한 요청 패킷이 무수히 들어오면 서버의 대기 큐가 가득차 결국 서비스거부 상태에 들어가게 되는 공격을 말한다.

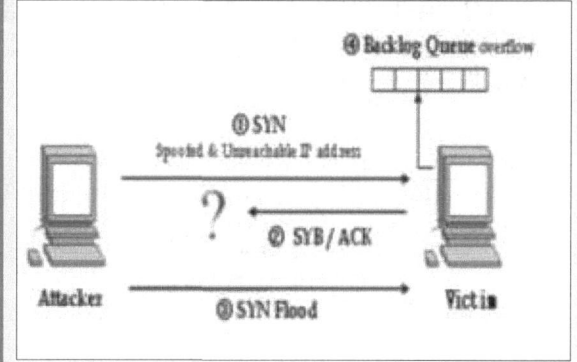

7 정보통신시스템 설계.감리.관리 1

01 정보통신시스템의 가용성을 나타내는 MTBF, MTTR, MTTF, MTFF의 용어를 설명하시오. (6점)

① MTBF (Mean Time to Between Failure)
  평균고장 시간 간격 (고장부터 다음 고장까지 동작시간의 평균치)
② MTTR (Mean Time to Repair) : 평균 수리시간
③ MTTF (Mean Time to Failure)
  평균 가동 시간 (사용시작부터 고장 날 때까지 동작 시간의 평균치)
④ MTFF (Mean Time to First Failure) : 사용한 후 처음으로 고장이 나는 시간의 간격, 안정도를 의미

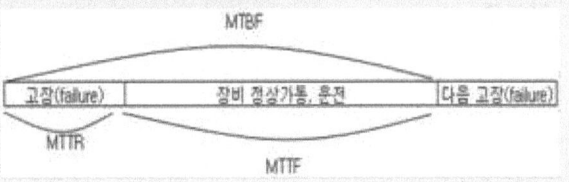

02 가동률 0.92인 시스템에서 MTBF가 23시간일 경우 MTTR을 구하시오.

$$가동률 = \frac{MTBF}{MTBF+MTTR} = \frac{23}{23+MTTR} = 0.92$$
$$\therefore 23+MTTR = \frac{23}{0.92} = 25$$
$$\therefore MTTR = 2 \, (hour)$$

03 평균 고장간격이 99시간, 평균 수리시간이 1시간인 장치 2대가 직렬로 연결되어 있는 시스템이 있다. 이 직렬 시스템의 가동률을 쓰시오.

$$가동률 = \frac{MTBF}{MTBF+MTTR} = \frac{평균고장시간}{평균고장시간 + 평균수리시간}$$

2대의 장치 가동률은 각각 $\frac{99}{99+1} = 0.99$

따라서, 직렬 시스템에서의 총 가동률은
$\alpha_1 \times \alpha_2 = 0.99 \times 0.99 = 0.98$

04 가동률에 대해서 설명하시오.

시스템을 사용하는 특정기간 중 실제로 업무를 수행할 수 있는 능력으로 시스템이 동작하는 일정한 시간 간격대 시간 간격중의 시스템의 동작 불가능시간의 비로 표시됨.

$$A(가동률) = \frac{MTBF}{MTBF + MTTR}$$

05 통신망의 신뢰도를 위해 고려될 수 있는 파라미터 3가지를 들고 간략히 설명하시오.

가. 신뢰성(Relability)
  시스템이 주어진 여건 아래에서 업무를 이상없이 처리할 수 있는 능력을 말함. 업무 수행에 이상이 있는 경우를 고장이라고 하며, 단위 시간에 고장이 발생하는 횟수를 고장율이라고 함.
나. 가용성(Availability)
  시스템을 사용하는 특정기간 중 실제로 업무를 수행할 수 있는 능력으로 시스템이 동작하는 일정한 시간 간격대 시간 간격중의 시스템의 동작 불가능시간의 비로 표시됨.

$$A(가동률) = \frac{MTBF}{MTBF + MTTR}$$

다. 보전성(Serviceability)
  시스템 사용 도중 장애가 발생 하였을 시 회복을 위한 수리의 간편도, 정기적인 점검, 대책의 간편성을 말함.

06 데이터 통신 시스템에서 시스템의 신뢰도를 높이기 위하여 용장도 설계(redundant design)를 한다. 그 중에서 정보의 용장화 목적과 설계 방법 중 이중화 방식과 덤프 방식에 대하여 설명하시오.

가. 용장화 목적 : 기억 데이터의 2중화 등의 용장화를 통하여 시스템 장해와 장해 복구 후 정상적으로 사용할 수 있도록 하는데 목적이 있다.
나. 2중화 방식 : 필요한 제어정보나 처리결과를 서로 다른 메모리 공간에 이중으로 기억시켜 놓는 방식이다.
다. 덤프 방식 : 시스템에서 발생할 수 있는 장해 발생에 대비하여 기억장치의 내용 일부 또는 전체를 장해의 영향을 받지 않는 다른 부분으로 프로그램에 의해 전이하는 것이다.

07 정보통신 네트워크의 신뢰도를 향상시키기 위한 방법 5가지를 작성하시오.

① 네트워크 구성측면에서 Mash망으로 구성한다.(LAN, MAN영역)
② 고속네트워크는 이중링으로 구성한다. (WAN 영역)
③ 종단간(송신/수신) 에러제어를 통해 신뢰도를 향상시킨다.
④ 네트워크 감시 및 관리시스템(NMS)을 운영한다.
⑤ 정보의 기밀성, 무결성을 확보해 정보의 신뢰도를 향상시킨다.

08 시스템 성능 평가 방법에서 평가 방법으로 사용되는 테스트 프로그램(test program)의 종류와 용도를 기술하시오.

가. 테스트 프로그램의 종류 : 커널 프로그램, 벤치마크 프로그램, 합성 프로그램
나. 각 프로그램의 용도
① 커널(kernel) 프로그램 : 표준으로 잘 사용되는 프로그램의 중심 부분을 코딩한 프로그램이다. 주로 하드웨어의 성능을 평가하는데 사용된다.
② 벤치마크(benchmark) 프로그램 : 각각의 프로그래밍 언어로 프로그램된 표준적인 실용 프로그램이다. 이것을 실행시켜 대상 시스템을 평가한다. 입출력 장치와 보조 기억 장치 등을 포함한 시스템 평가가 가능하다.
③ 합성(synthetic) 프로그램 : 시스템 성능 평가의 표준이 되는 범용성과 다양성을 갖고 있는 프로그램이다. 적당한 매개 변수를 고려하여 특성을 변동시켜 평가한다.

09 EMI(electromagnetic interference)와 EMS(electromagnetic susceptibility)란 무엇이며, 이와 같은 사항을 정하여 강화하는 이유는 무엇인가 설명하시오.

가. EMI(전자파 방해) : 전파 발사를 목적으로 제작하지 않는 기기에 발사되는 전자파 또는 목적하는 대상 이외의 기기 성능에 영향을 주는 전파에 의한 여러 가지 유형의 장해가 나타나게 되는데 이러한 방해 잡음과 침입에 의해 기기 시스템 동작에 악영향을 미치는 전파 잡음 간섭을 EMI라 부른다.
나. EMS(electromagnetic susceptibility)
전자파 양립성(EMS : electromagnetic compatability)구성 요소 중 하나이다. EMC란 개개의 인공 시스템이 시스템 본래의 기능을 수행하는 지극히 정상적인 상태에서 다른 기기에 영향을 줄 수 있는 노이즈의 방출(EME : electromagnetic emission)도 하지 않고 동시에 전자파 환경으로부터 노이즈의 간섭도 받지 않고 (EMS : electromagnetic susceptibility) 그 시스템이 목적하는 기능을 충실히 수행하는 것, 즉 "노이즈 방출 없음"과 "노이즈의 영향을 받지 않음"이라는 두 가지 사항을 양립시키지 않으면 안된다는 관점에서 생겨난 요구이다. 즉 EMS는 노이즈에 대한 기기의 내력(耐力)을 의미한다.
다. 강화 이유 : 전자파의 상호 간섭이나 영향은 기기나 시스템에 오동작을 일으킬 수 있기 때문에 아울러 인체에도 영향을 주기 때문에 국가마다 기준을 정해 강력히 규제하는 것이다.

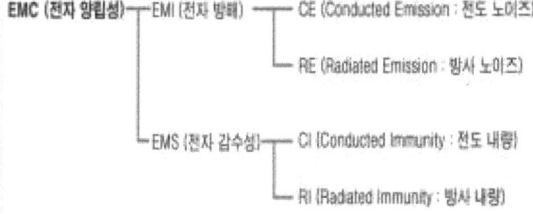

10 전자파 양립성 (EMC : Electro Magnetic Compatibility) 기반의 방송통신기자재 등의 전자파 적합성 평가를 위한 시험방법에서 전자기파 장해실험(EMI : Electro Magnetic Interference) 관련 시험 항목을 적으시오.

가. CE(Conducted Emission)시험
배선(전원선)에서 나오는 Noise를 측정
나. RE(Radiated Emission)시험
외부 공기중으로 방사되는 Noise를 측정

11. 오실로스코프의 용도에 대하여 4가지만 기술하시오

① 주기측정
② 전압측정
③ 주파수측정
④ 위상 측정

12. 오실로스코프의 주요 구성도를 보고 다음 물음에 답하시오.

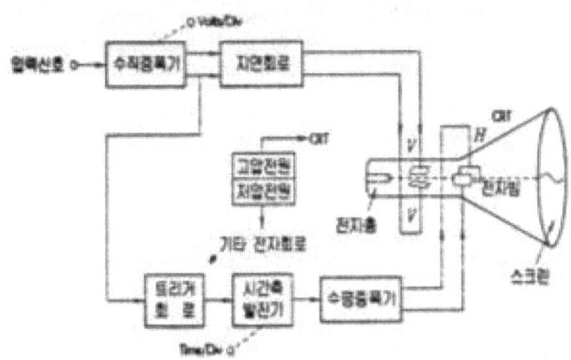

가. 측정하고자 하는 신호는 어디에 가하는가?
나. 초점 조정은 무엇으로 하는가?
다. 휘도 조정은 무엇으로 하는가?
라. 위치 조정은 무엇으로 하는가?

가. 수직 편향판
나. 양극(anode)전압
다. CRT의 그리드와 캐소드 전압
라. 상하조정은 수직편향판, 좌우 조정은 수평편향판

13. 아래 오실로스코프 파형을 보고 물음에 답하시오.

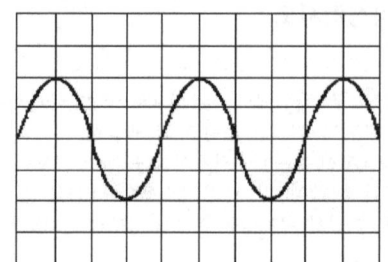

단, Volt/Div = 1[V], Time/Div = 10[us]
가. V_{P-P}
나. 주 기
다. 주파수

가. 첨두치전압= 4V
나. 주 기=40uS
다. 주파수= 1/40uS = 25KHz

14. 오실로스코프를 이용한 측정파형이다. 질문에 답하시오.

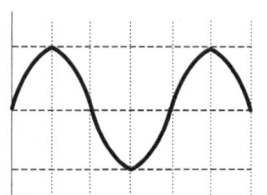

Time/Div = 10us , Vol/Div = 2v
가. V_{P-P}를 구하시오
나. 주기를 구하시오
다. 주파수를 구하시오

가. V_{P-P}= 4V
나. 주기=40us
다. 주파수=$\frac{1}{40us}$ = $25[kHz]$

15
오실로스코프 출력이 하나의 구형파 일 때 < 측정 장비전압 0.5V/step, 0.5ms/step > 이때, 진폭, 주파수, 실효값을 계산하시오.

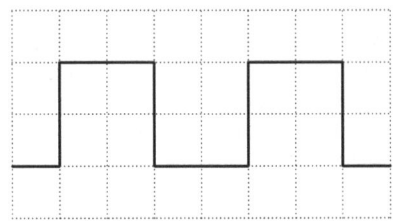

① 진 폭 = 1V
② 주파수 = $\dfrac{1}{2[ms]}$ = 500[Hz]
③ 실효값 = 1[V] (구형파의 경우 실효값은 피크값과 동일)

16
주파수 1000Hz를 가진 신호가 90도 위상차를 가지고 진행할 때 90도 위상차는 시간으로 환산하면 몇 초인가?

$T = \dfrac{1}{f} = \dfrac{1}{1 \times 10^3} = 1[ms]$

위상 90°차이는 $\dfrac{1}{4}$ 주기에 해당하므로 시간차이는 다음과 같이 계산할 수 있다.

$\therefore T = \dfrac{1}{4} \times 1[ms] = 0.25[ms]$

17
오실로스코프의 수직축 입력 단자와 수평축 입력 단자에 두 개의 피측정파를 가했을 때, 그림과 같은 리사쥬(lissajous) 도형이 CRT화면에 나타났다. 두 측정파의 위상차는 얼마인가?

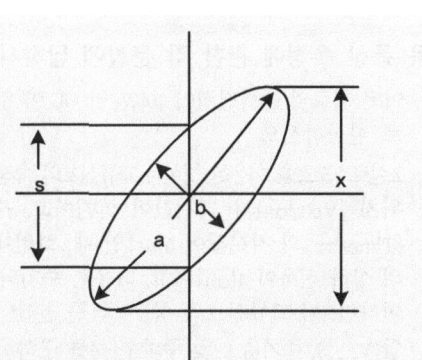

원점을 중심으로 리사쥬 도형의 폭이 긴 경우가 x이고, 원점부터 리사쥬 도형까지의 길이가 s 이므로

위상각은 $\theta = \sin^{-1} \dfrac{s}{x}$ 이다.

참고: 두 주파수의 위상이 같으면 X=Y의 직선이 되고, 두 주파수의 위상차가 90°이면 원점을 중심으로 원을 이룬다.

18
오실로스코프를 이용하여 변조도를 측정하고자 그림 (a)와 같은 피변조파와 변조파를 인가하였더니 그림 (b)와 같은 파형이 화면에 나타났다.

변조도를 식으로 표현하시오.

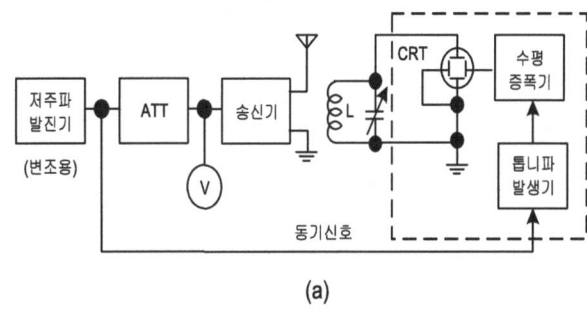

(a)

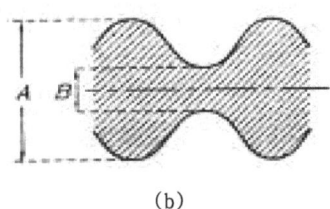

(b)

변조도 $m = \dfrac{A-B}{A+B} \times 100[\%]$

19 다음 통신 측정에 관한 각 문항에 답하시오.

가. 어떤 회로의 출력전력이 10[W]일 때, 이 값을 [dBm]단위로 환산하시오.

나. 오실로스코프를 이용한 정현파 교류신호의 측정에서 수직축 스위치 [Volt/cm]의 지시값이 2[V]이고, 수평축 스위치 [Time/cm]의 지시값이 5[μs]일 때, 화면에 나타난 파형의 상하 진폭이 4[cm]이고, 좌우한 주기의 거리가 5[cm]이라면, 이 교류신호의 첨두–첨두 전압(V_{p-p}) 실효전압(V_{rms}), 주기(T) 및 주파수(f)를 구하시오(단, 계산결과는 반올림에 의해 소수점 이하 2자리까지 구할 것)

가. $10\log_{10}\dfrac{10^4[W]}{1[mW]} = 40[dBm]$

나. ① $V_{p-p} = 4cm \times 2V/cm = 8[V]$

② $V_{rms} = \dfrac{8V_{pp}}{2\sqrt{2}} = 2.83[V]$

③ $T(주기) = 5cm \times 5\mu s/cm = 25[\mu s]$

④ $f(주파수) = \dfrac{1}{T} = \dfrac{1}{25 \times 10^{-6}} = 40[kHz]$

20 표준 신호 발생기 조건 5가지를 쓰시오 (6)

① 넓은 범위에 걸쳐서 발진 주파수가 가변일 것
② 발진 주파수의 정확도와 안정도가 양호할 것
③ 출력 레벨이 가변이 가능하고 정확할 것
④ 변조도가 정확히 조정되고 변조 왜곡이 적을 것
⑤ 차폐가 완전하고 출력 단자 이외에서 전자파가 누설되지 않을 것

21 디지털계측기가 아날로그 계측기에 비해 우수한 점 5가지를 쓰시오

가. 측정의 용이성 : 아날로그 계측기에 비해 측정이 쉽고 신속히 이루어진다.
나. 낮은 측정오차 : 측정값을 읽을 때, 개인적인 오차가 발생하지 않는다.
다. 넓은 동작범위 : 잡음에 대하여 덜 민감하므로, 측정 정도를 높일 수 있다.
라. 데이터 후처리 : 측정에서 얻어진 디지털 정보를 직접 계산기에 넣어서 데이터를 처리할 수 있다(데이터 처리의 일관성과 간편성).

22 시험용 발진기가 구비해야 할 조건 5가지를 쓰시오.

가. 발진 주파수가 안정하고, 출력 전압은 연속 가변 가능한 것을 이용한다.
나. 필요에 따라 발진 주파수는 연속 가변이 가능해야 한다.
다. 출력 단자 이외에서 발진 출력이 누설되지 않게 각 부에 대한 차폐를 해야 한다.
라. 출력 임피던스는 가능한 한 적은 것을 이용한다.
마. 출력 전압은 안정하고 정확할 것이며, 주파수에 의한 출력 전압의 변동이 없어야 한다.
바. 전원 전압의 변동에 의한 발진 주파수의 변동이 적어야 한다.
사. 발진 주파수 및 출력 전압을 직독하기 쉬워야 한다.

23 하드웨어적이 아닌 문제를 점검하는 것으로 네트워크상에 흐르는 데이터프레임을 캡쳐하고 디코딩하여 분석하며 LAN의 병목현상, 응용프로그램 실행오류, 프로토콜 설정오류, 네트워크카드의 충돌오류 등을 분석하는 장비?

프로토콜분석기 (Protocol Analyzer)

24 VSWR=2.0175인 경우 반사계수를 구하시오.

정재파(SWR) = $\dfrac{1 + 반사계수}{1 - 반사계수}$

반사계수 = $\dfrac{반사전압}{입사전압} = \sqrt{\dfrac{반사전력}{입사전력}}$

$\Gamma = \dfrac{VSWR - 1}{VSWR + 1} = \dfrac{2.0175 - 1}{2.0175 + 1}$

$= \dfrac{1.0175}{3.0175} = 0.3371$

≒ 0.34

25 VSWR 그래프에서 P2 포인트 정재파비 1.5일 때 반사계수를 구하시오.

$\Gamma = \dfrac{S - 1}{S + 1} = \dfrac{1.5 - 1}{1.5 + 1} = 0.2$

26 급전선에 나타난 정재파비가 1.5인 경우, 반사파 전력은 얼마인가? (단, 입사전력 16W임)

$$S = \frac{1+\Gamma}{1-\Gamma} = 1.5 \text{이므로}, \Gamma = 0.2$$

$$\Gamma = 0.2 = \sqrt{\frac{P_r}{P_f}} = \sqrt{\frac{P_r}{16}}$$

$$\therefore P_r = 0.64 W$$

27 50[Ω] 시스템과 75[Ω] 시스템을 접속 했을 때 아래질문에 답하시오.

　가. 반사계수
　나. 정재파비
　다. 반사전력은 입사전력의 몇%인가?

가. 반사계수
$$\Gamma = \frac{V_r}{V_f} = \sqrt{\frac{P_r}{P_f}} = \frac{Z_1 - Z_2}{Z_1 + Z_2} = \frac{75-50}{75+50} = 0.2$$

나. 정재파비
$$VSWR = \frac{1+\Gamma}{1-\Gamma} = \frac{1+0.2}{1-0.2} = 1.5$$

다. 반사전력은 입사전력의 몇 % 인가?
$$0.2 = \sqrt{\frac{P_r}{P_f}}$$

$P_r = 0.04 \times P_f$ 이므로 반사전력은 입사전력의 4%이다.

28 안테나 대한 사용 전 검사에서 요구되는 정재파비가 1.5이고, 방향성 결합기를 이용하여 진행파 전력측정을 하였더니 16W이다. 반사파 전력은 몇 W인가?

$$정재파비(VSWR) = \frac{V_{max}}{V_{min}} = \frac{V_f + V_r}{V_f - V_r}$$

$$= \frac{1 + \frac{V_r}{V_f}}{1 - \frac{V_r}{V_f}} = \frac{1+m}{1-m}$$

(V_f=입사전압, V_r=반사전압, $m = \frac{V_r}{V_f}$=반사계수)

반사계수 $m = \frac{V_r}{V_f} = \sqrt{\frac{P_r}{P_f}} = \frac{S-1}{S+1}$

(P_f=입사전력, P_r=반사전력)

$$\therefore m = \frac{1.5-1}{1.5+1} = \frac{0.5}{2.5} = 0.2$$

$$0.2 = \sqrt{\frac{반사전력}{16[W]}}$$

∴ 반사전력 = $0.04 \times 16 = 0.64[W]$

29 콘덴서 관련 아래그림을 보고 용량, 전압, 허용오차를 작성하시오. (6점)

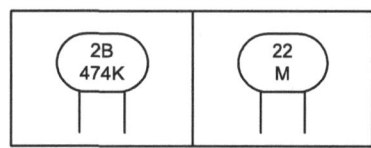

콘덴서의 기본용량은 [pF] 단위임.
세자리 숫자중 첫째자리 둘째자리가 값이고 세번째 자리 숫자가 승수를 의미 허용오차는 P(1%), G(2%), J(5%), K(10%), M(20%), N(30%)등으로 함. 내압은 숫자와 알파벳 조합으로 나타냄.

가. 2B 474K
① 용량 = 47 x 10⁴ pF=470,000 [pF]
　　　 = 470 [nF] = 0.47 [uF]
② 정격전압 : 2B=125[V]

[V]	A	B	C	D	E	F	G	H	I	J
0	1	1.25	1.6	2.0	2.5	3.15	4.0	5.0	6.3	8.0
1	10	12.5	16	20	25	31.5	40	50	63	80
2	100	125	160	200	250	315	400	500	630	800
3	1000	1250	1600	2000	2500	3150	4000	5000	6300	8000

③ 허용오차 : K=±10[%] (참고: J=±5%, M=±20%)

나. 22 M
① 용량 = 22[pF]
② 전압 : 50[V] (표시가 없는 경우 50V)
③ 허용오차 : M=20[%]

30 다음 회로를 보고 발진기 이름과 콘덴서 용량값 c_1을 계산하시오.(4점)

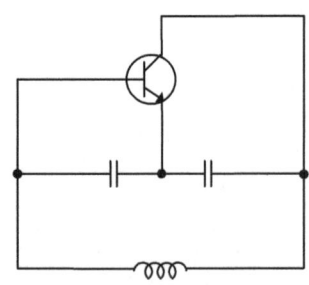

(단 f=35[kHz], L=35[mH], $c_1 = c_2$)

- 콜피츠 발진기, 1.45[uF]

주파수 $f = \dfrac{1}{2\pi\sqrt{LC}}$ 에서

$c = \dfrac{1}{(2\pi f)^2 L} = \dfrac{1}{(2\pi \times 35 \times 10^3)^2 \times 35 \times 10^{-3}} = 0.725[\mu F]$

$c = \dfrac{c_1 c_2}{c_1 + c_2}$, 문제에서 $c_1 = c_2 = 0.725 \times 2 = 1.45[\mu F]$

31 다음과 같은 NE555 회로의 발진 파형을 도시하시오

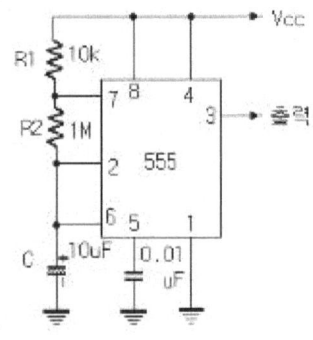

- 발진주기

$T = 0.693\,C(R_1 + 2R_2)$
$= 0.693 \times 10 \times 10^{-6}(10{,}000 + 2 \times 1{,}000{,}000)$
$= 14.07[\text{sec}]$

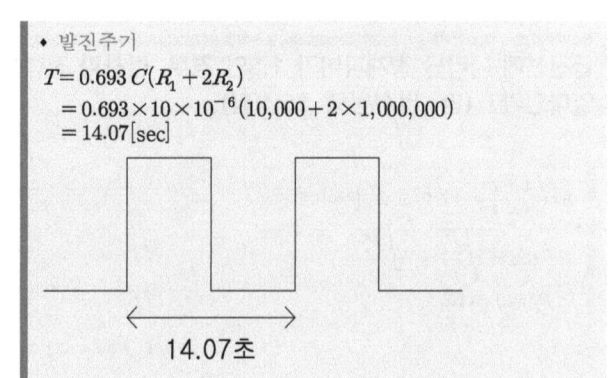

14.07초

32 그림과 같은 저항 분할기를 사용한 D/A변환기의 입력에 디지털 신호 001이 가해졌을 경우 아날로그 출력전압 V_A는 얼마인가?

$V_2 = 0[V] \quad V_1 = 0[V] \quad V_0 = +7[V]$

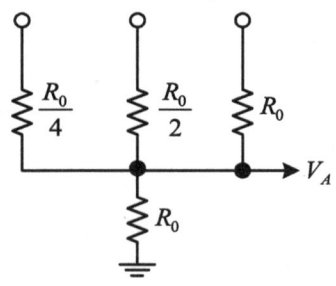

여기서 $D_2 D_1 D_0 = 001$ 이고 $V_0 = 7V$, $n = 3$ 이므로

$V_A = \dfrac{V_{n-1}2^{n-1} + V_{n-2}2^{n-2} + \cdots + V_0 2^0}{2^n - 1}$

$= \dfrac{D \times V_0}{2^n - 1} = \dfrac{1 \times 7}{2^3 - 1} = 1[V]$

7 정보통신시스템 설계.감리.관리 2

01 정보통신시스템 설계의 3단계로 구분하시오?

① 계획 설계 : 사업성을 판단하는 단계
② 기본 설계 : 인허가를 받는 단계
③ 실시 설계
  공사에 필요한 내용을 설계도서에 상세히 표기하여 시공 도면화 하는 단계

02 착공계에 기재되어야 하는 항목 5가지에 관해 서술하시오.

① 공사명
② 공사 금액
③ 계약 연월일
④ 착공 연월일
⑤ 준공 연월일

03 정보통신 시설공사를 위한 설계도서의 종류에 대하여 5가지를 쓰시오.

① 공사 계획서
② 공사 시방서
③ 공사 내역서
④ 공사 기술계산서
⑤ 공사 설계도면

04 정보통신공사시 착수단계에서 검토해야하는 설계도서 종류 4가지를 쓰시오.

① 공사 시방서
② 공사 내역서
③ 공사 기술계산서
④ 공사 설계도면

05 정보통신 기본 설계서에 포함되는 5가지를 적으시오.

기본설계서에 포함되는 문서	
① 공사의 목적/개요/효과	공사의 개략적 내용
② 설계기준/개략적인 공사비	설계기준 문서와 개략적 공사비
③ 자재/ 주요공정표/ 시공방법/ 공사기간	설계기준에 의한 개략적 자재 및 공정표
④ 타 분야와의 중요 관련사항 명시	타 분야(전기, 소방, 건축)와의 호환성 고려
⑤ 관계 관공서등과의 협의 사항	토지보상, 건물임대 등에 대한 협의사항

06 정보통신공사 실시 설계에 포함되는 5가지를 적으시오.

① 기본설계 결과의 검토
② 공사비 및 공사기간 산정
③ 기본 공정표 및 상세 공정표의 작성
④ 구조물 형식 결정 및 설계
⑤ 구조물별 적용공법 결정 및 설계

07 공사 따위에서 일정한 순서를 적은 문서. 제품 또는 공사에 필요한 재료의 종류와 품질, 사용처, 시공 방법, 제품의 납기, 준공 기일 등 설계 도면에 나타내기 어려운 사항을 명확하게 기록한 문서는?

공사 시방서(공사 설명서로 용어순화)

08 정보통신 공사를 위한 설계 도면 4가지에 관해 서술하시오.

배관도, 배선도, 배치도, 접속도

09 설계도면의 사용되는 용어를 설명하시오.
MDF, UPS, TM

> MDF – 주배전반
> UPS – 무정전 전원장치
> TM – 일시기억장치

10 보기는 무엇에 관한 설명인 지 쓰시오

> 공사의 착공부터 완성까지의 관련일정, 작업량, 공사명, 계약금액 등 시공 계획을 미리 정하여 나타낸 관리도표 서식이다.

> 공사예정공정표(PERT)

11 아래의 공사예정공정표의 빈칸에 올바른 용어를 순서대로 적으시오.

( )	수량	( )
케이블 공정	1	식
접지 공정	1	식

> 공사종류, 단위

12 정보통신 설비 준공 시 시공자가 발주자에게 제출해야할 서류 4가지를 아래 예에서 쓰시오

> 착공계, 준공계, 준공도면, 설계도면, 일반시방서, 특별시방서

> ① 착공계
> ② 준공계
> ③ 준공도면
> ④ 설계도면

13 용역업자는 공사완료 후 발주자에게 7일안에 감리결과를 알려야 한다. 이 때 포함되어야 하는 3가지 사항을 적으시오

> ① 착공일 및 완공일
> ② 공사업자의 성명
> ③ 시공상태의 평가결과

14 전기통신사업자를 세가지 유형으로 구분하여 적으시오

> ① 기간통신사업자
> ② 별정통신사업자
> ③ 부가통신사업자

15 정보통신공사업법에서 규정하는 공사의 구분 중 2가지만 쓰시오.

> ① 통신 설비공사 : 통신선로, 교환, 전송, 구내통신, 이동통신, 위성통신, 고정무선통신 설비공사 등
> ② 방송 설비공사 : 방송국 설비공사, 방송전송선로 설비공사
> ③ 정보 설비공사 : 정보제어/보안, 정보망, 정보매체, 항공/항만통신, 선박의 통신/항행/어로, 철도통신/신호 설비공사 등
> ④ 기타 설비공사 : 정보통신전용 전기시설(전원/접지/전자파방지)

16 정보통신공사업법에서 공사의 범위 4가지를 적으시오.

> ① 전기통신관계법령 및 전파관계법령에 따른 통신설비공사
> ② 방송관계법령에 따른 방송설비공사
> ③ 정보통신관계법령에 따른 정보통신설비를 이용하여 정보를 제어·저장 및 처리하는 정보설비공사
> ④ 수전설비를 제외한 정보통신전용 전기시설설비공사 등 그 밖의 설비공사
> ⑤ 공사의 부대공사
> ⑥ 공사의 유지·보수공사

17 시공사 공사계획서의 안전관리 조직도이다. 공사현장에 상주하며 공사에 따른 위험 및 장해발생 예방업무를 수행하는 (①) 안에 들어갈 안전관리책임자를 쓰시오.

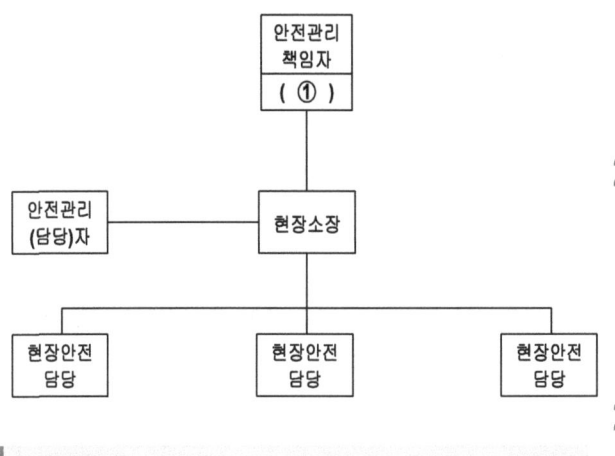

18 공사현장에서 안전관리책임자는?

> 감리원

19 정보통신공사업법에서 규정하는 감리원의 주요업무범위 5가지 대해서 서술하시오?

> ① 공사계획 및 공정표의 검토
> ② 공사업자가 작성한 시공 상세도면의 검토·확인
> ③ 설계도서와 시공도면의 내용이 현장조건에 적합한지 여부와 시공 가능성 등에 관한 사전검토
> ④ 공사가 설계도서 및 관련규정에 적합하게 행하여지고 있는지에 대한 확인
> ⑤ 공사 진척부분에 대한 조사 및 검사
> ⑥ 사용자재의 규격 및 적합성에 관한 검토·확인
> ⑦ 재해예방대책 및 안전관리의 확인
> ⑧ 설계변경에 관한 사항의 검토·확인
> ⑨ 하도급에 대한 타당성 검토
> ⑩ 준공도서의 검토 및 준공확인

20 정보통신공사업법령에서 규정한 기술계 정보통신기술자의 등급 4가지를 쓰시오.

> ① 특급 기술자   ② 고급 기술자
> ③ 중급 기술자   ④ 초급 기술자

21 감리원 등급을 4가지로 구분하여 쓰시오.

> ① 특급감리원   ② 고급감리원
> ③ 중급감리원   ④ 초급감리원

22 정보통신공사업법에서 규정한 "감리"에 대한 설명으로 다음 괄호 안에 알맞은 말을 넣어 완성하시오.

> "감리란 공사에 대하여 발주자의 위탁을 받은 용역업자가 설계도서 및 관련규정의 내용대로 시공되는 지를 감독하고 (가)관리, (나)관리, 및 (다)관리에 대한 지도 등에 관한 발주자의 권한을 대행하는 것을 말한다."

> (가) 품질관리
> (나) 시공관리
> (다) 안전관리

23 다음은 정보통신공사업법의 "정보통신감리"에 대한 설명이다. 괄호안에 알맞은 말을 넣어 완성하시오.

> "정보통신감리"란 공사에 대하여 발주자의 위탁을 받은 용역업자가 (①) 및 (②)의 내용대로 시공되는지를 (③)하고, (④), (⑤) 및 안전관리에 대한 지도 등에 관한 발주자의 권한을 대행하는 것을 말한다.

> ① 설계도서
> ② 관련도서
> ③ 감독
> ④ 품질관리
> ⑤ 안전관리

24. 감리원의 3가지 역할에 대해서 쓰시오.

① 공사계획 및 공정표의 검토
② 공사업자가 작성한 시공 상세도면의 검토·확인
③ 설계도서와 시공도면의 내용이 현장조건에 적합한지 여부와 시공가능성 등에 관한 사전검토
④ 공사가 설계도서 및 관련규정에 적합하게 행하여지고 있는지에 대한 확인
⑤ 공사 진척부분에 대한 조사 및 검사
⑥ 사용자재의 규격 및 적합성에 관한 검토·확인
⑦ 재해예방대책 및 안전관리의 확인
⑧ 설계변경에 관한 사항의 검토·확인
⑨ 하도급에 대한 타당성 검토
⑩ 준공도서의 검토 및 준공확인

25. 정보통신시설공사를 위한 감리요령 3가지를 쓰시오.

① 공사계획 및 공정표의 검토
② 설계도서와 시공도서의 현장조건에 일치여부 확인
③ 환경관리, 시공관리, 안전관리 수행 등

26. 공사의 착공계 제출 시 현장대리인 적합성을 증빙하기 위한 첨부서류 2가지를 쓰시오.

① 기술자수첩 (자격증)
② 경력증명서 또는 재직증명서

27. 정보통신 공사현장에 공사현장 대리인을 증명하기 위한 서류 2가지를 쓰시오.

① 현장대리인 경력 수첩
② 현장대리인 발주자 승인서

28. 용역업자가 공사 완료 후 7일 이내에 감리결과를 발주자에게 통보해야 한다. 이때 포함되어야할 사항 3가지를 쓰시오?

① 착공일 및 완공일
② 공사업자 성명
③ 시공 상태의 평가결과
④ 사용자재의 규격 및 적합성 평가결과
⑤ 정보통신기술자배치의 적정성 평가결과

29. 공사원가를 구성하는 총원가와 공사원가의 구성항목에 대해서 쓰시오. (4점)

총원가: 노무비 + 재료비 + 경비 + 일반관리비 + 이윤
공사원가: 노무비 + 재료비 + 경비

총원가			
순공사원가	재료비	직접재료비 + 간접재료비 + 기타재료
	노무비	직접노무비 + 간접노무비
	경비	직접경비 + 간접경비
일반관리비		순공가원가 × 일반관리비율
이윤		[노무비 + 경비 + 일반관리비] × 이윤율

30. 정보통신설비를 설계할 때 공사 설계도서에 적용되는 원가의 종류 3가지를 쓰시오.

① 재료비   ② 노무비   ③ 경비

31. 정보통신 공사설계 시 공사 총 원가를 구성하는 항목을 5가지만 쓰시오.

원가계산방식. (표준품셈에 근거)
① 재료비   ② 노무비   ③ 경비
④ 일반관리비   ⑤ 이윤

32 정보통신내역서 중 경비를 구성하는 5가지 품목을 쓰시오.

> 전력비, 수도광열비, 운반비, 특허권사용료, 기술료,
>
> 여비는 전력비, 수도광열비, 운반비, 특허권사용료, 기술료, 연구개발비, 품질관리비, 지급임차료, 보험료, 복리후생비, 보관비, 외주가공비, 산업 안전보건관리비, 소모품비, 여비·교통비·통신비, 세금과 공과, 폐기물처리비, 도서인쇄비, 지급수수료, 보상비, 안전관리비, 기타 법정경비 등으로 이루어진다

33 접지는 기능을 위한 접지와 안전을 위한 접지로 구분 되어진다. 다음 보기 중 기능을 위한 접지를 2가지 고르시오.
<보기> 외함접지, 안테나접지, 피뢰침접지, 변압기 2차측 단지접지, 전원 트랜스 중성점 접지

> 안테나 접지, 전원 트랜스 중성점접지

34 접지는 보안과 관련된 접지와 기능과 관련된 접지로 구분된다. 보안과 관련된 접지에 대해서 대표적인 2가지를 서술하시오.

> ① 피뢰침 접지
> ② 외함접지

35 접지설비·구내통신설비·선로설비 및 통신공동구등에 대한 기술기준,제5조 통신관련시설 접지저항은 ( )옴 이하를 기준으로 한다.

> 10옴

36 접지저항 기술기준에 의한 특3종 접지의 저항과 도선의 굵기에 대해서 쓰시오.

10옴 이하 (과부하 차단기 등), 1.6mm 이상

접지 저항 기술 기준	1종접지	10옴 이하(피뢰기 / 고압 기기 등), 2.6mm 이상.
	2종접지	150옴 이하 , 4mm 이상
	3종접지	100옴 이하 (300V이상 저압용 기기 등), 1.6mm 이상
	특3종 접지	10옴 이하(과부하 차단기 등), 1.6mm 이상

37 접지설비 중 기술 기준에 따른 시설 공법이다. 다음 ( )안에 들어갈 알맞은 것을 보기에서 찾아 쓰시오.

<보기>
1.6[mm], 2.6[mm], 4[mm], 6[mm], 10[Ω], 100[Ω],

① 1종 접지 공사의 접지저항은 몇 (①) 이하이며 접지선의 굵기는 몇 (②)이상 이어야 한다.
② 3종 접지 접지 공사의 접지저항은 몇 (③) 이하이며 접지선의 굵기는 몇 (④)이상 이어야 한다.

① 10[Ω]
② 2.6[mm]
③ 100[Ω]
④ 1.6[mm]

> ① 1종 접지 공사의 접지저항은 몇 (10[Ω]) 이하이며 접지선의 굵기는 몇 (2.6[mm])이상 이어야 한다.
> ② 3종 접지 접지 공사의 접지저항은 몇 (100[Ω]) 이하이며 접지선의 굵기는 몇 (1.6[mm])이상 이어야 한다.

38
접지선은 접지 저항값이 (A) 이하인 경우에는 2.6mm이상, 접지 저항값이 100Ω이하인 경우에는 직경(B) 이상의 피·브이·씨 피복 동선 또는 그 이상의 절연효과가 있는 전선을 사용하고 접지극은 부식이나 토양오염 방지를 고려한 도전성 재료를 사용한다. 단, 외부에 노출되지 않는 접지선의 경우에는 피복을 아니 할 수 있다.

| 20Ω | 10Ω | 1.3mm | 1.6mm |

① A : 10Ω
② B : 1.6mm

39
접지저항 설계 시, 대지 저항률에 영향을 미치는 요인 3가지를 적으시오. (6점)

① 토양의 종류
② 수분의 함유량
③ 전해질 성분
④ 온도
⑤ 광물 함유량
⑥ 계절(기후)

40
접지전극의 시공방법으로는 일반 접지봉 접지, 메시(망상)접지, 동판접지, 화학 저감재 접지 등이 있다. 다음의 설명은 위 시공방식 중 어떤 시공방법을 설명한 것인지 쓰시오.

1. 시공지역 전체를 1[m]길이의 설계된 면적으로 구덩이를 판다.
2. 나동선을 정해진 간격으로 그물형태로 포설한다.
3. 그물모양의 각 연결점을 압착 슬리브 접합 혹은 발열 용접으로 접속한다.
4. 외부 접지도선을 연결하여 인출한다.
5. 시공지의 전체를 메우고 마무리한다.

메시(Mesh)접지

41
접지전극 시공방법 중 나동선을 정해진 간격으로 그물 형태로 포설하는 방식을 무엇이라 하는지 적으시오.

메시(Mesh)접지

42
다음의 설명에 해당하는 접지전극의 시공방법은 무엇인가?

1. 현재 접지분야에서 가장 많이 시공되고 있는 방법
2. 시공면적이 넓고 대지저항률이 낮은 지역에서 우수한 성능 발휘
3. 재료비가 비교적 저렴한 편
4. 추가 시공이 용이하며 타 접지 시스템과의 연계성이 매우 좋음
5. 부식에 의한 접지전극 손상이 빠르게 진행되어 수명이 짧음
6. 접지봉의 구조가 단순하며 시공이 간단함

일반봉 접지

43
접지저항 측정법 3가지를 쓰시오.

① 3점 전위강하법
② 2극 측정법
③ 클램프온 측정법

44 3점 전위강하법으로 측정회로를 그리시오

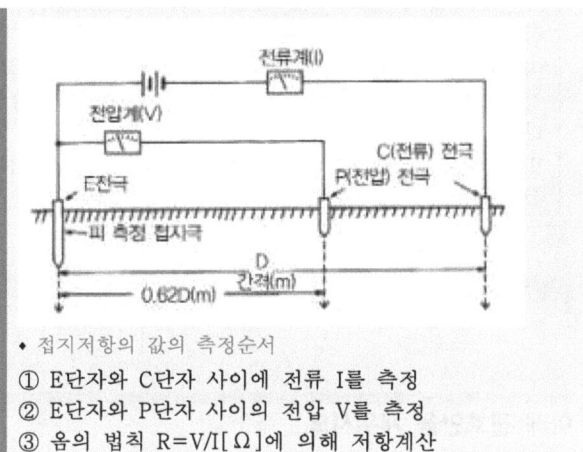

- 접지저항의 값의 측정순서
① E단자와 C단자 사이에 전류 I를 측정
② E단자와 P단자 사이의 전압 V를 측정
③ 옴의 법칙 R=V/I[Ω]에 의해 저항계산

45 방송통신설비의 기술기준에 관한 규정에 따른 방송통신설비의 접지저항 측정은 일반적으로 3점 전위 강하법으로 측정하여야 하나 기술기준 적합조사 시 측정용 보조전극의 설치가 어려운 지역에서 3점 전위 강하법 대신 적용 가능한 측정법은 무엇인가?

2극 측정법

46 정확한 접지저항을 측정하기 위해 접지극과 전류보조극 사이의 몇 % 거리에 수평상 위치에 전압 보조극을 위치하여 접지저항을 측정하여야 하는가?

61.8%

47 구내통신설비의 도면 중 이동통신설비 표준도면이다. (3),(4),(6)항목의 명칭은 무엇인가?

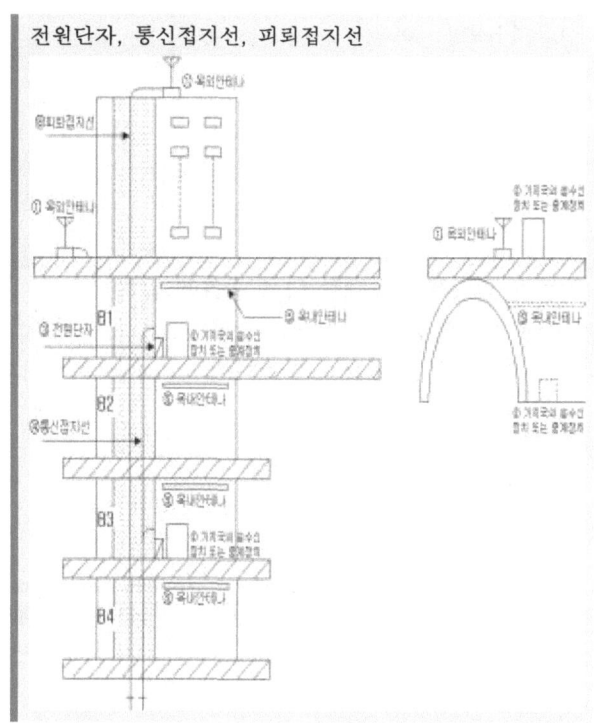

전원단자, 통신접지선, 피뢰접지선

48 국선 접속 설비를 제외한 구내 상호 간 및 구내 외관의 통신을 위하여 구내에 설치하는 케이블, 선로, 이상전압 및 이상전류에 대한 보호 장치 및 전주와 이를 수용하는 관로, 통신 터널, 배관, 배선반, 단자 등과 그 부대설비로 정의되는 용어를 쓰시오.

구내 통신선로설비

49
통신공동구를 설치 할 때 통신 케이블의 유지·관리에 필요한 부대설비 5가지를 쓰시오.

① 배수설비
② 조명설비
③ 환기설비
④ 소방설비
⑤ 접지시설

50
가입자 인증제도에 대한 다음 물음에 답하시오.
가. 초고속 정보통신 건물의 인증 등급 3가지를 적으시오.
나. 홈 네트워크 건물의 인증 등급 3가지를 적으시오.

가. 특등급, 1등급, 2등급
나. AAA, AA, A

51
인텔리전트 건물에서 수직배선 및 수평배선시 고려해야 할 사항을 3가지 쓰시오.(6점)

① 광케이블 포설 시 꼬이거나 비틀리지 않도록 함
② UTP 케이블 포설 시 전자파간섭(EMI)을 고려 해야함
③ 동축케이블은 차폐특성이 우수하고 전송손실이 적은 케이블 사용함

52
방송통신설비의 기술기준에 관한 규정에 따라 선로설비의 회선 상호 간 회선과 대지 간 및 회선의 심선 상호간의 절연저항은 직류 (가) [V] 절연저항계로 측정하여 (나) [$M\Omega$] 이상이어야 한다.

(가) 500[V]
(나) 10[$M\Omega$]

53
빈칸에 공통으로 알맞은 용어를 쓰시오.

UTP는 동축케이블과 비교 시 (   )가 없으므로 전기적 잡신호와 전자기 장애에 약한 특성을 가진다.
미국이나 캐나다는 이 문제를 크게 고려하지 않지만, 유럽의 경우 전자기 장애의 유해성 논란으로 적절한 차폐가 필요하다고 한다.
또한, 외부의 보호(   )가 없어서 햇빛 및 습기에 약하여 실외 사용이 불가능하다.

쉴드(shield)

54
아래 괄호안을 채우시오.

도로상에 설치되는 가공통신선의 높이는 도로상 노면 (A)m 이상으로 한다.
다만, 교통에 지장을 줄 우려가 없고 시공상 불가피 할 경우 보도와 차도의 구별이 있는 보도상에서는 (B)m 이상으로 한다. (6점)

A : 4.5m
B : 3m

55
가공통신선과 특고압 가공 강전류 전선 및 저압 가공 강전류 전선 간의 이격거리는 얼마인가?

1m 이상 , 30cm 이상

가공선로: 높은 전주나 철탑을 세우고 전선을 절연 애자로 지지하여 전력(電力)을 보내거나 통신을 할 수 있도록 공중에 설치한 선로.

가공강전류전선의 사용전압 및 종별		이격거리
저압 가공 강전류 전선		30cm 이상
고압	강전류케이블	30cm 이상
	기타 강전류전선	60cm 이상
특고압	강전류 전선	1m 이상

56
접지설비, 구내통신설비, 선로설비 및 통신공동구 등에 대한 기술기준에 따른 지중통신선의 시설공법에 대한 설명이다. 다음 괄호 안에 들어갈 알맞은 것을 보기에서 찾아 쓰시오. (10점)

<보기>
30cm, 60cm, 90cm, 1.2m, 옹벽, 격벽, 부식, 누전, 휴즈·개폐기, 스위치

지중통신선을 지중강전류선으로부터 (1) (지중강전류전선이 특별 고압일 경우에는 (2)) 이내의 거리에 설치하는 경우에는 지중통신선과 지중강전류전선간에는 설치장소에서 발생할 수 있는 화염에 견딜 수 있는 (3)을 설치하여야 한다. 지중통신선의 금속체의 피복 또는 관로는 지중강전류전선의 금속체의 피복 또는 관로와 전기적 접촉이 있어서는 아니된다. 다만, 전기철도 또는 전기궤도의 귀선으로부터 누출되는 직류전선에 의한 (4) 또는 강전류 설비로부터 전기통신설비에 유입되는 위험전류를 방지하거나 제한하기 위하여 (5) 또는 이와 유사한 보안장치를 통하여 접속하는 경우에는 예외로 할 수 있다.

(1) 30cm, (2) 60cm, (3) 격벽, (4) 부식, (5) 휴즈·개폐기

① 지중통신선을 지중강전류전선으로부터 30cm(지중강전류전선이 특고압일 경우에는 60cm) 이내의 거리에 설치하는 경우에는 지중통신선과 지정강전류전선간에는 설치장소에서 발생할 수 있는 화염에 견딜 수 있는 격벽을 설치하여야 한다. 다만, 전기용품안전관리법에 의한 전기용품기술기준 중 수직트레이 불꽃시험에 적합한 보호피복을 사용하고 접촉되지 아니하도록 설치하는 경우로서 지중강전류전선 설치자의 승낙을 얻은 경우에는 예외로 할 수 있다.
② 지중통신선의 금속체의 피복 또는 관로는 지중강전류전선의 금속체의 피복 또는 관로와 전기적 접촉이 있어서는 아니된다. 다만, 전기철도 또는 전기궤도의 귀선으로부터 누출되는 직류전선에 의한 부식 또는 강전류 설비로부터 방송통신설비에 유입되는 위험전류를 방지하거나 제한하기 위하여 휴즈 개폐기 또는 이와 유사한 보안장치를 통하여 접속하는 경우에는 예외로 할 수 있다.

57
다음 보기의 빈칸에 알맞은 단어를 적으시오

낙뢰 혹은 강전류 전선과의 접촉 등으로 ( ) 또는 이상전압이 유입될 우려가 있는 방송통신설비에 과전류 또는 ( )를 방전시키거나 이를 제한 차단하는 ( )가 설치되어야 한다.

이상전류, 과전압, 보호기

57
전기설비에서 낙뢰 및 과도한 전압을 제한하고, 과전류 보호를 위한 장치의 명칭은?

SPD(Surge Protective Device, 서지보호장치)

58
전류 차단기능하는 하는 기기는?

과전류 차단기

59
무선통신 송신기의 전력효율 (Power Efficiency)이란?

전력효율은 전력증폭기(Power Amplifier)에 입력된 직류전력이 RF 송신출력으로 얼마나 사용되었느냐를 나타내는 성능지표이다.
전력효율 = $\frac{RF 신호출력}{직류입력} \times 100[\%]$

60
A전화국에서 B방면으로 포설된 0.4mm 1800p 케이블 고장이 발생했고 길이는 1250m이다. A전화국 실험실에서 L_3시험기로 바레이법에 의해 측정할 때 고장위치는? (5점)

| 바레이 3법 저항 325[Ω] |
| 바레이 2법 저항 245[Ω] |
| 바레이 1법 저항 142[Ω] |

가. 계산 과정
나. 정답

가. 계산 과정: $l_x = \dfrac{R_3 - R_2}{R_3 - R_1} l = \dfrac{325-245}{325-142} \times 1250$
  (l_x 고장위치, l 케이블길이)
나. 정답: 546.45[m]

61
디지털 통신의 통신품질을 나타내는 오류율에 대하여 3가지 작성하고, 그 중에서 디지털 회선에서 가장 중요하게 쓰이는 것을 작성하시오.

(1) 통신품질을 나타내는 오류율
 - BER(Bit Error Rate) : 전송된 총 비트수에 대한 오류 비트수의 비율
 - FER(Frame Error Rate) : 동기식 CDMA 시스템에서 수신성능을 가늠하는 척도로 사용되는 비율
 - BLER(Block Error Rate) : 비동기식 CDMA 시스템에서 수신성능을 가늠하는 척도로 사용되는 비율
(2) 디지털 회선에서 가장 중요하게 쓰이는 것
 - BER(Bit Error Rate)

62
오류율이 10^{-8}일 때, 10Mbps로 1시간 전송 시 최대 오류 비트수를 구하시오(4점)

총전송 bit 수 $= 10 \times 10^6 \times 1 \times 3600 = 3.6 \times 10^{10}\,[bit]$

총에러 bit수 $=$ 에러율 $\times$ 총전송 bit
$= 10^{-8} \times 3.6 \times 10^{10}\, bit = 360\,[bit]$

63
다음에 대해서 설명하시오
(1) OTDR 원어
(2) OTDR 용도
(3) 광섬유 케이블 접속지점에 대한 결과 측정방법 2가지

(1) OTDR: Optical Time Domain Reflectometer
(2) 용도
 ① 광섬유의 성능을 비파괴적으로 측정할 수 있는 장비임
 ② 광섬유내의 후방산란 특성을 이용하여 측정하는 방식
(3) 측정방법

삽입법	측정 양단에 커넥터를 접속하여 측정
컷백법	1m ~ 2m 길이의 광섬유를 절단하여 측정된 값을 기준으로 측정
후방산란법	광섬유의 후방산란신호를 측정하여 고장점 측정 및 손실을 측정함

64
광섬유의 절단방법 순서를 아래 보기에서 순서대로 적으시오. (4점)

| 가. 광섬유의 절단 |
| 나. 광섬유 절단기의 청소 |
| 다. 광섬유 피복제거 |
| 라. 광섬유를 알콜로 청소 |

(나) 광섬유 절단기의 청소 → (다) 광섬유 피복제거 → (라) 광섬유를 알콜로 청소 → (가) 광섬유의 절단

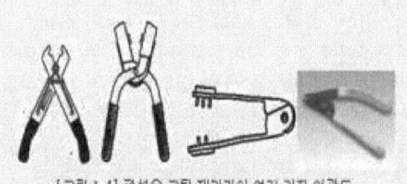
[그림 1-4] 광섬유 코팅 제거기의 여러 가지 외관도

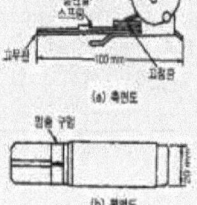
[그림 1-5] 수동 광섬유의 절단기

Chapter 02

정보통신기사 필답형
과년도 기출문제 (2010년~2024년)

1 정보통신기사 2010년 1회

01 국내의 FT-3C 광전송방식에 대해 다음 물음에 답하여라. (4점)

[해설] FT-3C : 다중화장치로부터 2개의 DS-3 신호를 받아 90.764Mbps의 광신호로 변환하여 광케이블로 전송하고 수신부에서는 광신호를 받아 전기적 신호로 재생, 역다중화에 의해 2개의 DS3 신호로 분리하는 비동기식 광전송장치
가. 전송 속도 : 90.764[Mbps] (DS-3C 급)
나. 사용 파장대 : 1300[nm]
다. 발광소자 2개 : LD, LED
라. 수광소자 2개 : PD(Photo Diode), APD(Avalanche Photo Diode)
마. 종속신호 : DS-3(44.736Mbps) 2개
바. 용도 : 소용량 시내국간 광전송장치
사. 시스템 구성 : 광 송수신 셀프, 감시제어 셀프, 중계 셀프

02 데이터 변조속도가 1200[baud]이고, 각 전압펄스 레벨이 0, 1, 2, 3, 4, 5, 6, 7의 값일 경우 Data 전송속도는? (5점)

[해설] 가. 계산식 : $S[\text{bps}] = B\log_2 M = 1200 \times \log_2 8 = 3600$
나. 답 : 3600[bps]

03 시분할 방식의 스위치 회로망을 사용하는 디지털 교환기가 24Ch PCM신호를 처리하는 경우 다음의 물음에 대해 답하시오. (3점)

[해설] 가. 전송속도 : r = (24ch × 8bit +1) × 8KHz = 1.544[Mbps]
나. 샘플링 주파수 : 8000[Hz]
다. 표본화 주기 : 125[μs]

04 광섬유 케이블에서 발생하는 자체손실 3가지는 무엇인가? (3점)

해설 ① 흡수 손실(Absorption Loss) – 적외선 흡수손실, 자외선 흡수손실, 불순물 흡수손실
② 산란 손실(Scattering Loss) – 레일리 산란손실
③ 구조 불완전 손실 – 마이크로밴딩손실, 불규칙 굽힘 손실

05 위성 통신 시스템에서 위성 통신방식에 따른 분류 3가지를 적으시오. (3점)

해설 ① 임의 위성(Random Satellite) – 저궤도(수백~수천Km)에서 많은 위성을 사용
② 위상 위성(Phased Satellite) – 위성을 추미하여 상시통신망을 확보하는 방식으로 극궤도 방식임
③ 정지 위성(Stationary Satellite) – 정지궤도(고도 36,000Km), 24시간 주기, 3개 위성으로 전 지구 통신이 가능. 극지방은 통신 안 됨

06 TCP/IP 관련 프로토콜의 명칭을 원어로 쓰시오. (3점)

해설 TCP/IP 는 인터넷을 위한 프로토콜로 TCP(Transmission Control Protocol) / IP(Internet Protocol)의 약자임.
가. 웹서비스 이용하기 위한 프로토콜 (HTTP)
: HyperText Transport Protocol
나. 전자우편을 전송하기 위한 프로토콜 (SMTP)
: Simple Mail Transfer Protocol
다. 인터넷에서 네트워크 관리를 위한 프로토콜 (SNMP)
: Simple Network Management protocol

07 다음 오류검출코드 다항식을 적으시오. (6점)

[해설] 가. CRC-12 : $X^{12}+X^{11}+X^3+X^2+X+1$
나. CRC-16 : $X^{16}+X^{15}+X^2+1$ ($ANSI$표준)
다. CRC-ITU : $X^{16}+X^{12}+X^5+1$ ($HDLC$사용)

08 TCP/IP 전송계층에 대한 2개의 프로토콜의 특성을 비교 설명 하시오. (6점)

[해설]

	TCP	UDP
서비스	연결형 서비스	비연결형 서비스
수신순서	송신 순서와 일치	송신 순서와 불일치
오류제어·흐름제어	수행	미 수행
전송특성	비실시간	실시간
전송계층	4계층	4계층

09 LAN의 MAC 방식을 경쟁방식과 비경쟁방식으로 분류할 때 각각의 방식을 2가지씩 적으시오. (4점)

[해설] 가. 경쟁 MAC 방식 2가지 : CSMA/CD , CSMA/CA
나. 비경쟁 MAC 방식 2가지 : Token BUS, Token Ring

10 홈 네트워크를 구성할 수 있는 유선 네트워킹기술의 종류를 4가지 적으시오. (4점)

해설 ① RS-422/485
② USB
③ IEEE 1394
④ PLC
⑤ HomePNA Ethernet
⑥ Ethernet

11 통신 시스템에서 전체 시스템의 종합잡음지수를 관계식으로 표시하시오. (장비잡음지수 : F, 증폭도가 G인 장비 직렬3단 연결) (5점)

해설 $$NF = F_1 + \frac{F_2 - 1}{G_1} + \frac{F_3 - 1}{G_1 G_2}$$

12 ATSC 디지털 방송에서 사용되는 비디오와 오디오의 압축방식을 적으시오. (4점)

해설 가. 비디오압축 : MPEG-2
나. 오디오압축 : Dolby AC-3

정보통신기사 2010년 2회

01 HDLC 전송제어 절차에서 동작모드의 종류를 3가지 적으시오. (3점)

해설 동작모드: 2계층 노드간 주국, 부국을 결정하여 데이터를 전송하는 모드
가. 정규 응답 동작 모드(NRM, Normal Response Mode)
나. 비동기 응답 동작 모드(ARM, Asynchronous Response Mode)
다. 비동기 균형 동작 모드(ABM, Asynchronous Balanced Mode)

02 이동 통신 시스템에서 제한된 주파수 자원을 효율적으로 사용하기 위한 다원접속 방법을 3가지만 나열하시오. (3점)

해설 다원접속방법: 기지국 등에 다수의 가입자가 접속하는 방법
가. 부호분할 다원접속(CDMA)
나. 주파수분할 다원접속(FDMA)
다. 시분할 다원접속(TDMA)

03 변복조기(MODEM)의 송신부에서 스크램블의 역할에 대해 설명하시오. (4점)

해설 ① 데이터 패턴(Data Pattern)을 랜덤하게 섞어주는 기능
② 수신측에서 동기(Clock Recovery)를 잃지 않도록 함
③ 수신측 등화기가 최적의 상태유지 등에 도움이 되도록 함

04 인터넷 라우팅 프로토콜 중 도메인-간 라우팅 프로토콜과 도메인-내 라우팅 프로토콜의 종류를 각각 두 개씩 적으시오. (4점)

[해설] 도메인 간 : BGP(Border Gateway Protocol), EGP(Exterior Routing Protocol)
도메인 내 : RIP(Routing Information Protocol), OSPF(Open Shortest Path First)

05 오류제어 기법 중 Hamming Condition에서 전송하고자 하는 데이터의 비트수를 m, 패리티 비트수를 p라고 할 때 이들의 성립조건을 적으시오. (5점)

[해설] 해밍코드: 단일비트 에러를 검출하여 정정까지 할 수 있는 선형부호 방식
해밍 부호는 1비트 오류만 일어날 때는 오류를 정정할 수 있고, 2비트까지의 오류를 검출할 수 있다.
$2^p \geq m + p + 1$
여기서 p : 패리티 비트수, m = 정보비트수

06 가동률 0.92인 시스템에서 MTBF가 23시간일 경우 MTTR을 구하시오. (5점)

[해설] 가동률 $= \dfrac{\text{MTBF}}{\text{MTBF} + \text{MTTR}} = \dfrac{23}{23 + \text{MTTR}} = 0.92$

$23 + MTTR = \dfrac{23}{0.92} = 25$

$\therefore MTTR = 2 \, (hour)$

07 FM 피변조파의 전압이 $v = 10\cos(7 \times 10^8 \pi t + 3\sin 1500\pi t)\,[V]$ 일 때 다음 사항을 구하시오. (4점)

> 반송파의 주파수, 신호파의 주파수, 변조지수, 최대주파수 편이

[해설] FM 표준식, $v = A_c \cos(2\pi f_c t + m_f \sin 2\pi f_m t)\,[V]$

가. 반송파의 주파수 : $f_c = \dfrac{7 \times 10^8 \pi}{2\pi} = 350,000,000\,[\text{Hz}] = 350\,[\text{MHz}]$

나. 신호파의 주파수 : $f_s = \dfrac{1500\pi}{2\pi} = 750\,[\text{Hz}]$

다. 변조지수 : 3

라. 최대 주파수 편이 : $m_f = \dfrac{\Delta f}{f_m}$ 이므로
$$\Delta f = m_f \times f_m = 3 \times 750 = 2,250\,Hz$$

* 참고

각주파수 $\omega = 2\pi f$, $f = \dfrac{\omega}{2\pi}$

08 HDLC(High-level Data-Link Control) 프레임 구성에서 제어필드의 3가지 형식을 적으시오. (3점)

[해설] HDLC 제어필드의 종류
① 정보형식 프레임 (I - Frame): 정보 전송용 프레임으로 사용
② 감시형식 프레임 (S - Frame): 링크감시,제어(수신가능,불가능, 거부, 선택거부)
③ 비 번호형식 프레임 (U - Frame): 데이터 링크설정, 절단, 데이터전송 동작모드를 설정

09 신호 대 잡음비가 30[dB]일 때 대역폭이 3400[Hz]라고 한다면 채널의 전송용량을 구하는 식을 적으시오. (3점)

[해설] 샤논의 채널용량으로부터,
$$C = W\log_2(1 + \frac{S}{N}) = 3400\log_2(1 + 10^3) = 3400\log_2(1001)$$
$$= 33.888\,Kbps$$
(C : 채널용량, W : 대역폭, S : 신호전력, N : 잡음 전력)
* 참고
신호대 잡음비 30[dB]는 10log10 1000을 의미함. 즉, 1000을 의미

10 PCM변환을 위한 양자화 과정에서 6[dB]법칙에 대하여 설명하시오. (5점)

[해설] 양자화 레벨의 비트 수를 n비트로 하면 $\frac{S}{N_Q}[dB]$는 다음과 같다.

$$\therefore \frac{S}{N_Q} = 6n + 1.8 \ [dB]$$

이 식은 양자화를 위한 bit수를 1bit 증가 시킬 때마다 S/N_Q가 6[dB]씩 증가함으로 "6[dB] 법칙"이라 한다.
n=3bit 일 때 양자화 잡음과 n=4bit 일 때 $S/N_Q[dB]$ 차이는 6dB

11 TCP 연결성절 과정에서 SYN 플러딩 공격에 대해 설명하시오. (4점)

[해설]
① Syn 플러딩 공격은 TCP의 초기연결과정인 TCP 3-way Handshaking을 이용함
② Syn 패킷을 요청하여 서버로 하여금 ACK 및 SYN 패킷을 보내게 하는데, 이 때 보내는 주소가 무의미한 주소이므로 서버는 대기상태에 있게 됨.
③ 이러한 요청 패킷이 무수히 들어오면 서버의 대기 큐가 가득 차 결국 서비스거부 상태에 들어가게 되는 공격을 말함.

* 참고
DOS(서비스거부공격)의 가장 기본적인 공격 형태는 Syn-Flooding, Smurf, Ping Of Death 등이 있음

3. 정보통신기사 2010년 4회

01 다중화 방식 중 OFDM과 FDM의 차이점에 대해 설명하시오. (5점)

해설 ① FDM은 전송로 상의 공통 채널을 더욱 효율적으로 이용하기 위해 이용되는 주파수 분할에 의한 다중화방식을 말함.
② OFDM은 고속의 송신 신호를 다수의 직교(Orthogonal)하는 협대역 부반송파(Sub-carrier)로 다중화하는 방식을 말함.

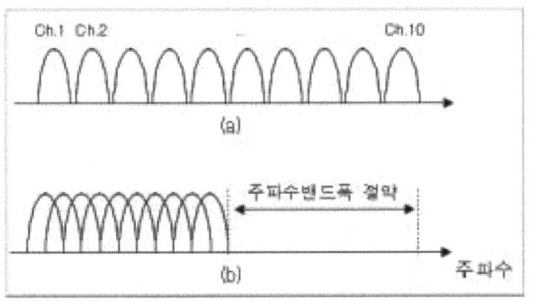

02 각각의 전력이득이 G1, G2, G3 잡음지수가 F1, F2, F3인 경우 종합잡음지수(F)를 나타내는 관계식은? (3점)

해설
$$F = F_1 + \frac{F_2 - 1}{G_1} + \frac{F_3 - 1}{G_1 G_2}$$

이득 G_1		이득 G_2		이득 G_3
잡음지수 F_1		잡음지수 F_2		잡음지수 F_3
시스템 1		시스템 2		시스템 3

03 HDLC 프레임 중 S-frame 에서 사용되는 4개의 명령어를 적으시오. (4점)

해설 감시형식 프레임 (S - Frame): 링크감시를 제어(수신가능, 불가능, 거부, 선택거부)
① 수신가능(RR) : 긍정확인응답과 수신 가능을 나타내는 프레임
② 수신불가(RNR) : 프레임을 받을 수 없을 때 사용하는 프레임
③ 거부(REJ) : Go-Back-N에러복구와 함께 사용하는 프레임
④ 선택적 거부(SREJ) : 선택적 재전송 에러복구와 함께 사용하는 프레임

04 IEEE 802.15.4를 기반으로 만들어진 저속의 무선네트워크인 Zigbee에서 사용되는 디바이스로 특정목적의 노드 비용을 줄이기 위하여 많은 부분을 간소화한 노드는? (3점)

해설 축소기능 기기(RFD : Reduced Function Device)

❑ Full function device (FFD)
▶ 어떤 형태의 토폴로지라도 사용 가능
▶ PAN coordinator 역할을 할 수 있음
▶ 다른 어떤 장치(device)와도 통신이 가능
▶ 프로토콜 집합이 완전히 구현되어 있음

❑ Reduced function devices (RFD)
▶ Star 토폴로지나 peer-to-peer 토폴로지에서 end-device로만 사용 가능
▶ PAN coordinator 역할을 수행할 수 없음
▶ PAN coordinator를 통해 다른 노드와 통신함(Star)
▶ 구현이 간단함
▶ 프로토콜 집합의 일부만 구현

05 위성통신에서 사용되는 회선할당방식 3가지를 기술하시오. (3점)

해설 ① 사전 할당 방식(PAMA : Pre-Assignment Multiple Access)
② 요구 할당 방식(DAMA : Demand-Assignment Multiple access)
③ 임의 할당 방식(RAMA : Random-Assignment Multiple access)

06 FM신호 $v(t) = 10\cos(2\times 10^7 \pi t + 20\sin 1000\pi t)$ 의 전송에 필요한 주파수 대역폭을 구하시오. (5점)

해설
신호파의 주파수 : $f_s = \dfrac{1000\pi}{2\pi} = 500[\text{Hz}]$

최대 주파수 편이(Δf) : $\Delta f = m_f \times f_s = 20 \times 500[\text{Hz}] = 10,000[\text{Hz}]$

FM대역폭(Carson's Rule)에 의해서
$B = 2(\Delta f + f_s) = 2(10^4 + 500) = 21[\text{kHz}]$

07 TCP/IP 프로토콜에서 비 연결형 프로토콜로서 산발적으로 발생하는 정보의 전송에 적합하고, 메시지를 블록의 형태로 전송하는 트랜스포트 계층에 해당하는 프로토콜을 적으시오? (3점)

해설 UDP(User Datagram Protocol)
UDP는 패킷을 개별적으로 전송하는 방식으로 헤더 수가 적고, 에러제어, 흐름제어를 하지 않아서 속도는 빠르나, 신뢰성이 없는 4계층 프로토콜임.

08 PCM 과정에서 사용되는 적응형 양자화기에 대해 설명하고, 적응형 양자화기를 사용하는 대표적인 PCM 방식 2가지를 쓰시오. (4점)

[해설] 적응형 양자화
① 적응형 양자화
입력신호 레벨에 따라 양자화계단의 최대, 최소값이 적응적으로 변화하는 방식
② 적응형 양자화기 사용하는 방식
ADM, ADPCM

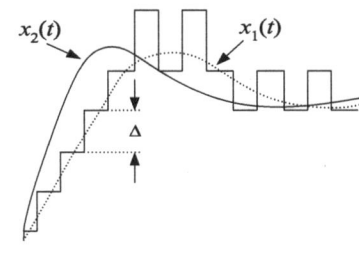
(a) DM 방식

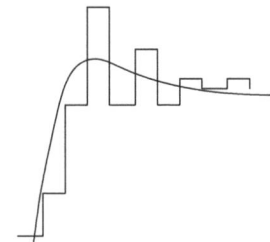
(b) ADM 방식

09 다음 물음에 답하시오. (4점)
가) ITU-T에서 $X.25$ 패킷망을 상호연결하기 위한 프로토콜은?
나) IEEE802.6표준으로 MAN 구축기술로 표준화된 MAC 프로토콜은?

[해설] 가. $X.75$
나. DQDB(Distributed Queue Dual Bus)

10 광통신 시스템의 수신측에서 사용하는 대표적인 수광 소자 2가지를 쓰시오. (4점)

해설 ① PD(Photo Diode)
② APD(Avalanche Photo Diode)

* 참고 : 발광소자 – LD, LED

11 무선 LAN IEEE 802.11에서 사용되는 DSSS와 FHSS를 full name으로 쓰시오. (4점)

해설 DSSS – Direct Sequence Spread Spectrum
FHSS – Frequency Hopping Spread Spectrum

* 참고
DSSS: 직접확산방식, CDMA IS-95에서 사용하는 방식
FHSS: 주파수 도약방식, Bluetooth, RFID 900MHz 등에서 사용

12 제1교환 접속군의 호손율이 1/200, 제2교환 접속군의 호손율이 1/200, 제3교환 접속군의 호손율이 1/100인 3단 교환 접속군을 거치는 호의 총 호손율을 구하라. (5점)

해설 호손율 : 호가 접속하는 과정에서 중계회선이나 교환시설에서 장비문제로 호가 손실되는 확률적 비율 (B_1, B_2, B_3, B_n은 각 단계의 호손율)

총 호손율$(B) = B_1 + B_2 + B_3 + \ldots + B_n$
$= \dfrac{1}{200} + \dfrac{1}{200} + \dfrac{1}{100}$
$= 0.02$

13 75[Ω]의 동축 케이블과 200[Ω]의 동축 케이블을 연결하면 연결지점에 도달된 신호는 어떤 현상이 발생되는가? [3점]

해설 임피던스의 매칭이 맞지 않아 연결지점에서 반사파가 발생해 반사손실이 생긴다.
TV 신호인 경우 고스트 현상이 발생한다.
75[Ω]의 동축 케이블과 200[Ω]의 동축 케이블의 반사계수와 반사 손실
$$\Gamma = \left| \frac{V_r}{V_f} \right| = \frac{Z_L - Z_o}{Z_L + Z_o} = \frac{200 - 75}{200 + 75} = 0.455$$
$$\Gamma[dB] = 10\log|0.455|^2 = -6.84 dB$$
2개의 케이블이 접속지점에서 반사손실이 −6.84dB가 발생된다.

4 정보통신기사 2011년 1회

01
ITU-T 시리즈 권고안에 관한 사항이다. 이에 해당되는 각각의 권고안의 번호를 적으시오. (3점)
가. 각종 데이터 네트워크에서 비동기 전송을 위한 DTE와 DCE간의 접속규격
나. 공중 데이터 네트워크에서 동기식 전송을 위한 DTE와 DCE간의 접속규격
다. 공중 데이터 네트워크에서 패킷형 터미널을 위한 DTE와 DCE간의 접속규격

해설

X.20	공중망의 비동기식 전송을 위한 DTE와 DCE 사이의 접속 규격
X.21	공중망의 동기식 전송을 위한 DTE와 DCE 사이의 접속 규격
X.25	공중망의 패킷형 터미널을 위한 DTE와 DCE 사이의 접속 규격

02
CDMA의 채널구조는 크게 기지국에서 이동국으로의 순방향 채널과 반대의 역방향채널로 구분할 수 있다. 순방향 채널 종류 4가지와 역방향 채널의 종류 2가지 적으시오. (5점)

해설
① 순방향 채널
 : 파일럿(Pilot) 채널, 동기(Sync)채널, 호출(Paging) 채널, 통화(Traffic) 채널
② 역방향 채널
 : 액세스(Access) 채널, 통화(Traffic) 채널

03
ATM의 QoS 파라미터 3가지는 무엇인가? (3점)

해설 QoS 파라미터 : 손실(Loss), 지연(Delay), 지터(Jitter, 지연 변이)
① CLR : 셀 손실율(Cell Loss Ratio, CLR)
② CTD : 셀 전송 지연(Cell Transfer Delay, CTD)
③ CDV : 셀 지연 변이(Cell Delay Variation, CDV)

04 NRZ, RZ, MANCHESTER 부호화 신호방식 중에서 수신측에서 송신측의 클럭 정보를 추출하는데 가장 용이한 방식은? (2점)

해설 MANCHESTER 방식

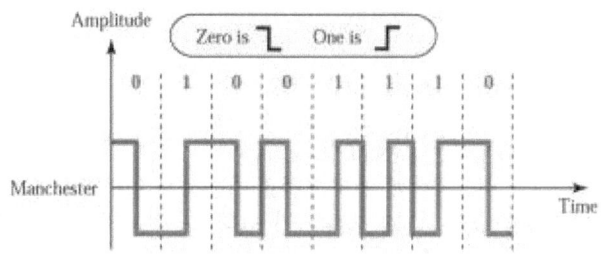

정의 : 1은 −전압에서 시작해서 비트중간에서 +전압으로 표현하고 0은 +전압에서 시작해서 비트 중간에서 −전압으로 표현

특징 :
- 대역폭이 증가됨
- timing 정보 획득이 용이
- 직류 성분 억압

05 국내 무궁화 위성 3호기 통신용 중계기에서 사용하고 있는 주파수 밴드를 2가지 적으시오. (4점)

해설 ① Ku-band (12 ~ 18GHz)   ② Ka-band (26 ~ 40GHz)

무궁화위성 주요 제원(탑재체)

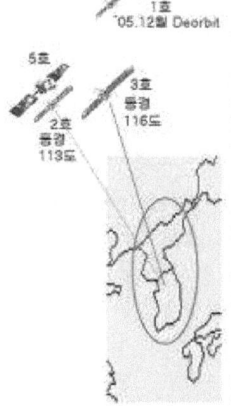

구 분		1호/2호	3호	5호 국내빔	5호 지역빔	비 고
중계기 수 (기)	Ku Band FSS	12/12	24	12	12	36MHz
	Ku Band DBS	3/3	6			27MHz
	Ka Band FSS		3			200MHz
EIRP (dBW)	Ku Band FSS	50.2/50.2	50.2/54.7	54.5	50	@EOC
	Ku Band DBS	59.4/59.4	59.4			@EOC
	Ka Band FSS		55			@EOC
G/T (dB/T)	Ku Band FSS	13.5/13.5	13.6	12	4	@EOC
	Ku Band DBS	13.0/13.0	13			@EOC
	Ka Band FSS		9.4			@EOC

06 IPTV 시스템에서 서비스 수신 자격을 갖춘 가입자에게만 서비스를 제공하기 위한 목적으로 주기적으로 키를 생성하여 가입자에게 전달하는 기능을 수행하는 것은 무엇인가? (4점)

해설 CAS(Conditional Access System)
  * 참고
  ① 수신제한기능과 지역제한기능을 수행
  ② 수신제한기능은 가입자 관리시스템과 함께 유료서비스를 위한 방송시스템의 핵심적인 역할을 수행하는 SYSTEM
  ③ 불특정다수의 수신자에게 프로그램을 전송하는 일반방송과 달리 가입자에게 개별 주소 및 그룹주소를 부여해 가입자가 원하는 서비스를 정확하고 편리하게 제공받을 수 있도록 한다.

07 B-ISDN/ATM 물리계층에서 전송 프레임을 만들고 ATM 셀들을 프레임에 실어 보낼 수 있게 하며, 전송 프레임으로부터 ATM 셀들을 추출하는 기능을 수행하는 부계층은 무엇인가? (4점)

해설 전송수렴 부계층(TC Sublayer, Transmission Convergence Sublayer)

물리 레이어	전송 컨버전스 서브레이어 (TC)	셀 헤더의 에러 정정 셀 동기 셀흐름의 속도 정합 전송 프레임의 생성/종단
	물리 매체 서브레이어(PM)	비트 동기 물리 매체

08 이동통신 시스템에 적용되는 Hand-Over의 종류 3가지 적으시오. (6점)

해설 ① Softer Handover: Cell 내의 Sector 간 이동시 통화유지 기능
  ② Soft Handover : Cell 간 이동시 통화유지 기능
  ③ Hard Handover : 주파수간 이동시 통화유지 기능

09 IEEE802.11에서 사용되는 무선 매체접근제어(MAC)방식은 무엇인가? (4점)

해설 CSMA/CA (충돌회피)

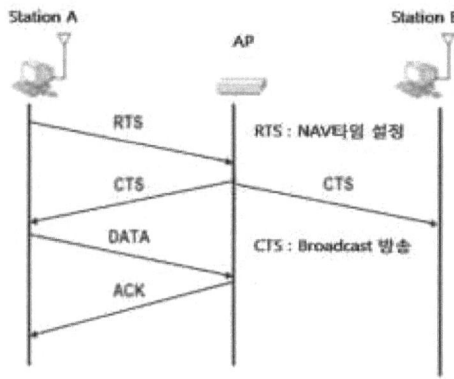

① 무선망에서는 프레임을 전송하기 전에 충돌을 회피(Avoidance)하도록 함
② 송신측에서 RTS(Ready To Send)를 보내고, CTS(Clear To Send)를 받지 못하면 일정 회수만큼 RTS를 다시 보냄.
③ 그래도 CTS를 받지 못하면 일정시간 대기후 다시 RTS전송

10 통신망의 구조가 망형인 경우 노드가 120개 일 때, 필요한 전체 회선의 수를 구하시오. (4점)

해설 가. 계산식 : $\dfrac{n(n-1)}{2} = \dfrac{120(120-1)}{2} = 7140$

나. 답 : 7140 회선

11 양자화 잡음 중 다음의 잡음에 대하여 설명하시오. (4점)
가. SLOPE OVERLOAD NOISE (경사과부하 잡음)
나. GRANULAR NOISE (입상잡음)

해설 경사과부하 잡음, 그래뉴어 잡음은 DM(Delta modulation)방식에서 발생하는 잡음임. DM은 DPCM과 동일구조이며, 입력값과 예측값의 차이만을 1bit로 양자화하여 정보전송량을 크게 줄인 방식
가. 경사과부하 잡음: 아날로그 파형이 급격하게 변하는 경우 DM 방식이 그 변화를 추적 할 수 없을 때 경사 과부하 잡음이 발생됨.
나. 그래뉴러 잡음: 아날로그 파형이 완만한 신호가 입력되면 DM 방식에서 발생하는 잡음

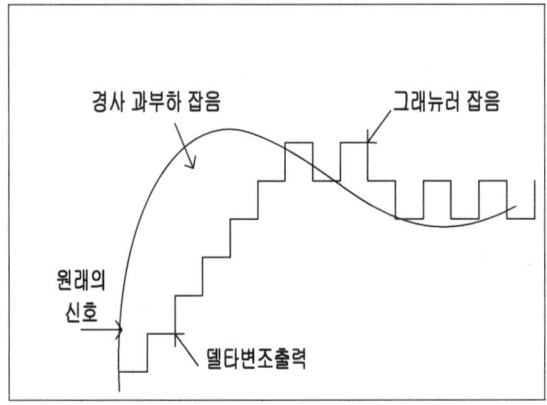

12 광섬유 전송특성 중 분산의 종류 3가지를 적으시오. (3점)

해설

분산의 종류		내용
모드내 분산 (색분산)	재료분산	광도파로를 구성하는 재료의 굴절률이 파장에 따라 변화함으로써 생기는 분산
	도파로 분산 (구조분산)	광섬유의 구조변화로 인하여 광이 광섬유축과 이루는 각이 파장에 따라 변화하게 되면 실제 전송경로의 길이에도 변화가 생기게 되고, 따라서 도착시간이 변화하게 됨으로써 광 pulse가 퍼지는 현상
모드(간)분산		Mode 사이의 전파속도차 때문에 생기는 분산으로 이를 줄이기 위해 GIF(Graded Index Fiber) 사용

13 데이터링크 계층에서 데이터의 오류가 검출될 경우 재전송을 요청하는 자동반복요청(ARQ)의 4가지 종류를 적으시오. (4점)

해설 ① Stop & Wait ARQ
② Go-Back-N ARQ
③ Selective ARQ
④ Adaptive ARQ

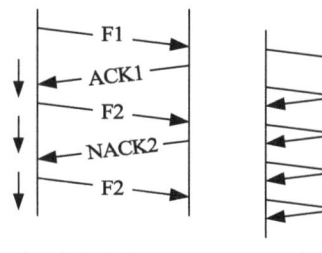
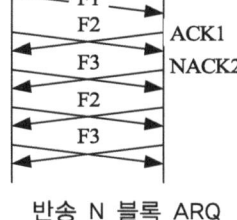
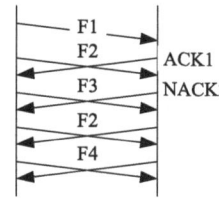

a) 정지대기 ARQ   반송 N 블록 ARQ   선택 재전송 ARQ

5 정보통신기사 2011년 2회

01 ITU-T 권고안 중 공중데이터 통신망의 프로토콜은? (3점)
가. PAD의 변수와 기능 등을 정의
나. 패킷형 터미널을 위한 DTE와 DCE 사이의 접속 규격
다. PSDN에서 PAD를 접속하는 DTE와 DCE간의 Interface 규정, 패킷형 단말과 PAD 데이터 전송 인터페이스

해설 가. $X.3$
나. $X.25$
다. $X.28$

＊참고

X.3	공중 데이터 네트워크에서의 패킷 분해·조립 장치
X.20	공중망의 비동기식 전송을 위한 DTE와 DCE 사이의 접속 규격
X.21	공중망의 동기식 전송을 위한 DTE와 DCE 사이의 접속 규격
X.25	공중망의 패킷형 터미널을 위한 DTE와 DCE 사이의 접속 규격
X.28	동일국 내에서 PDN(Packet Data Network)에 연결하기 위한 규격
X.75	패킷교환망 상호간 (X.25와 X.25) 접속을 위한 프로토콜

02 첨두전력 200[KW], 평균전력 120[W]인 측정장비에서 펄스 반복 주파수가 1[kHz]일 때 펄스폭을 구하시오. (3점)

해설 1 kHz의 주기는 1ms이고, 이때 펄스의 폭(width)은
$$펄스폭 = \frac{펄스반복주기 \times 평균전력}{첨두전력} = \frac{1[ms] \times 120[W]}{200[kW]} = 0.6[\mu sec]$$
따라서 디지털 구형파는 0.6us + 999.4us = 1ms 로 구성됨을 알 수 있다.

03 16진 PSK와 QPSK의 심볼당 비트수는? (2점)

해설 16PSK : $n = \log_2 M = \log_2 16 = 4$, symbol 당 4bit 전송
QPSK : $n = \log_2 M = \log_2 4 = 2$, Symbol 당 2bit 전송
즉, 2:1 비율임.

04 데이터 통신의 패킷망에서 사용되는 트래픽제어 메커니즘은 다음 세 가지를 들 수 있다. 이들에 대해 간단히 설명하시오. (6점)
가. 흐름제어
나. 과잉밀집제어
다. 데드락 방지

해설

흐름제어	송신측이 수신측에서 처리할 수 있는 속도보다 더 빨리 데이터를 보내지 못하도록 제어하는 것. Stop & Wait ARQ 방식, Slide window 방식을 이용
과잉 밀집제어	망의 한 지역으로 패킷이 밀집되어 혼잡(congestion-대기 지연시간)이 발생하지 않도록 제어하는 것 Open-loop 방식(혼잡발생 전에 방지방법), closed-loop 방식(혼잡 발생 후 완화방법)
데드락 방지	패킷 교환 방식에서 데이터는 패킷 교환기의 기억 장치 내에 일시 축적된 후 전송되는 방식이므로 패킷 기억장치에 여분의 저장기억장치가 부족하면 더 이상 교환을 수행할 수 없는 데 이러한 상태를 데드락(Dead Lock)이라 한다.

05 FAX에서 G3와 G4의 부호화 방식은? (4점)

해설

형식 분류	G1	G2	G3	G4
팩시밀리 신호	아날로그		디지털	
접속제어방식	전화망 신호 방식		전화망 신호 방식	데이터망 신호방식
부호화방법	–		MH, MR 선택	MMR
전송속도(bps)	–		4,800/2,400, 9,600/7,200(선택)	2,400~48,000, 64K(ISDN)

06 각각의 전력이득이 G, 잡음지수가 3단증폭기인 경우 종합 잡음지수(F)를 나타내는 관계식은? (5점)

해설

$$F = F_1 + \frac{F_2 - 1}{G_1} + \frac{F_3 - 1}{G_1 G_2}$$

07 다음 IP주소에 해당하는 서브네트워크의 주소범위를 구하시오. (5점)
   IP : 45.123.21.8   MASK : 255.192.0.0

해설 IP 주소가 45로 시작하므로 Class A 에 해당하며, Mask 255.192.0.0 는 2진수로 11111111. 1100 0000. 0. 0 임.
따라서 A class의 Host를 4개의 서브넷으로 분할 하는 것임.
45. 0. 0.0 ~ 45. 63.255.255 , 45. 64.0.0 ~ 45.127.255.255
45.128.0.0 ~ 45.191.255.255 , 45.192.0.0 ~ 45.255.255.255

08
B-ISDN의 ATM Protocol Reference Model은 계층(Layer)과 평면(Plane)의 구조로 되어 있다. 3개의 평면은 각각 무엇인가? (3점)

해설 ① 사용자(User)평면
② 제어(Control)평면
③ 관리(Management)평면

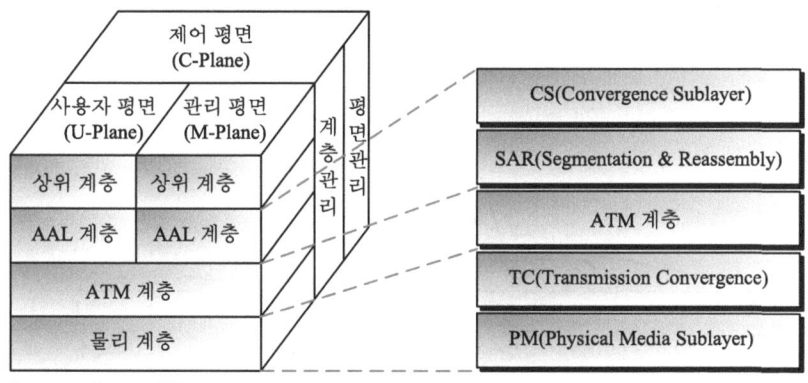

[ATM 참조모델]

09
PCM 통신방식에 나타나는 양자화 잡음의 원인과 개선방법 세 가지를 적으시오. (5점)

해설 가. 양자화잡음의 원인
① 원신호와 양자화신호의 차이를 양자화 잡음이라 한다.
② 양자화 스텝수가 작을수록 양자화잡음이 커짐
③ DM변조에서 양자화잡음은 경사과부하잡음, 입상잡음이 있다.

나. 양자화잡음의 개선방법
① 양자화 스텝수를 증가시킨다.
② 비선형 양자화를 수행한다.
③ 압신기를 사용한다.
④ Dither를 이용한다.
⑤ Over Sampling을 한다.

10 DSSS(대역확산통신방식)에서 처리이득(PG)에 대해 설명하시오. (5점)

해설 대역확산방식에서 원래 데이터 신호의 대역이 확산코드(Spreading Code)에 의해서 얼마나 넓게 확산될 수 있는지를 나타내는 파라미터를 말한다.

$$G_P = \frac{(1/T_c)}{(1/T_b)} = \frac{T_b}{T_c} = \frac{W_c}{W_b} = \frac{R_c}{R_b} \quad , \quad G_P[dB] = 10\log G_p$$

처리이득 $G_P[dB] = 10\log\dfrac{\text{확산대역폭}}{\text{신호대역폭}}$

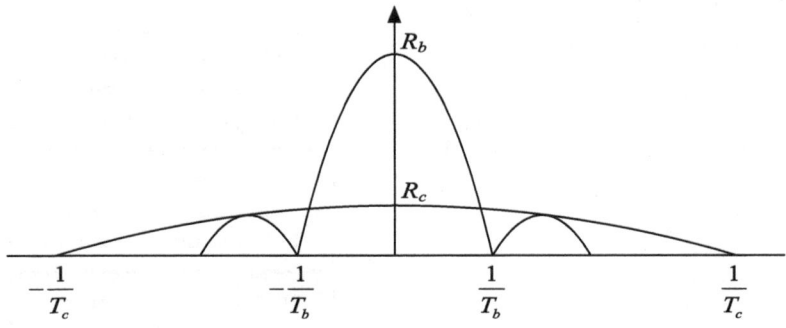

processing gain

11 IPv6에서 지원하는 3가지의 주소형태를 적고 이를 각각 설명하시오. (3점)

① Unicast Address : 1 대 1, 단일 노드에게 데이터(정보)를 전송
② Multicast Address : 1 대 특정 다수, 송신지에서 특정 수신자(Group)에게 전달
③ Anycast : 다 대 다, 같은 서비스를 하는 여러 개의 서버가 같은 주소를 가질 수 있으며, 클라이언트는 그 주소로 서비스 요청을 하면 가장 효율적으로 서비스
할 수 있는 또는 가장 근접한 서버가 서비스를 제공할 수 있도록 하는 것이다.

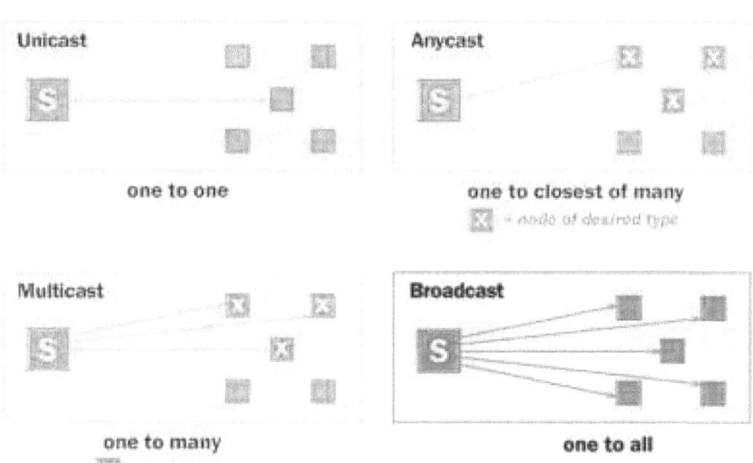

12 무선랜에서 ESS와 BSS 의미? (6점)

해설 ① ESS(Extended Service Set)
: AP를 모두 엮는 논리적인 하나의 커다란 집합을 의미하고, 이는 여러 BSS들로 집합되어 구성된 형태를 말한다.
② BSS(Basic Service Set)
: 무선 LAN의 가장 기본적인 무선 망 구성단위(Topology)이다.

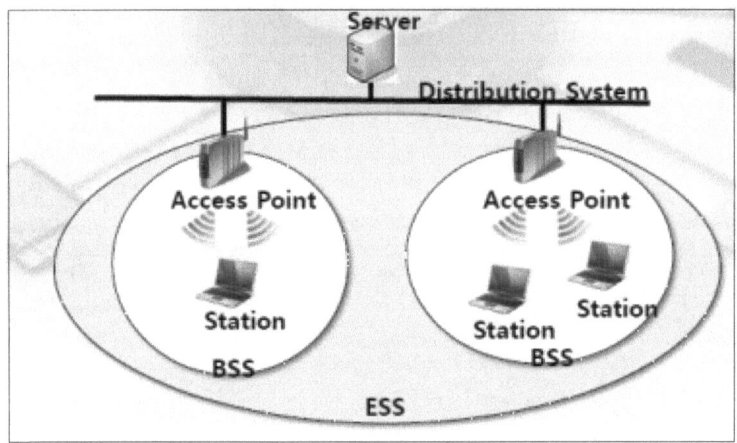

6. 정보통신기사 2011년 4회

01 시분할 방식의 스위치 회로망을 사용하는 디지털 교환기가 24Ch PCM신호를 처리하는 경우 다음의 물음에 대해 답하시오. (3점)
가. 전송 속도
나. 샘플링 주파수
다. 표본화 주기

해설 가. $1.544[\text{Mbps}] = (8\text{bit} \times 24\text{Ch} + 1\text{bit}) \times 8\text{KHz}$
나. $8000[\text{Hz}] = f_s$
다. $125[\mu\text{s}] = T_s$

02 이동통신에서 핸드오프란 무엇인가? (5점)

해설 핸드오프란 이동 중인 통신체가 이동통신 셀(Cell)과 같은 통신영역(Zone)을 이동할 때 통화 중에 기지국의 영역을 벗어나 다른 기지국 영역으로 진입하는 경우에 통화를 그대로 유지토록 하는 기능을 말한다.
핸드오프 종류: Soft hand off, Softer hand off, Hard hand off

03 정보 통신 회선의 제어 방식에 폴링(Polling)과 셀렉션(Selection)이 있다. 이의 차이점을 기술하시오. (4점)
가. 폴링
나. 셀렉션

[해설]

폴 링	셀렉션
전송할 데이터가 있는지 질의를 하고, 데이터를 수신 받는 방법	전송할 데이터가 있는지 질의를 하고, 데이터를 송신하는 방법

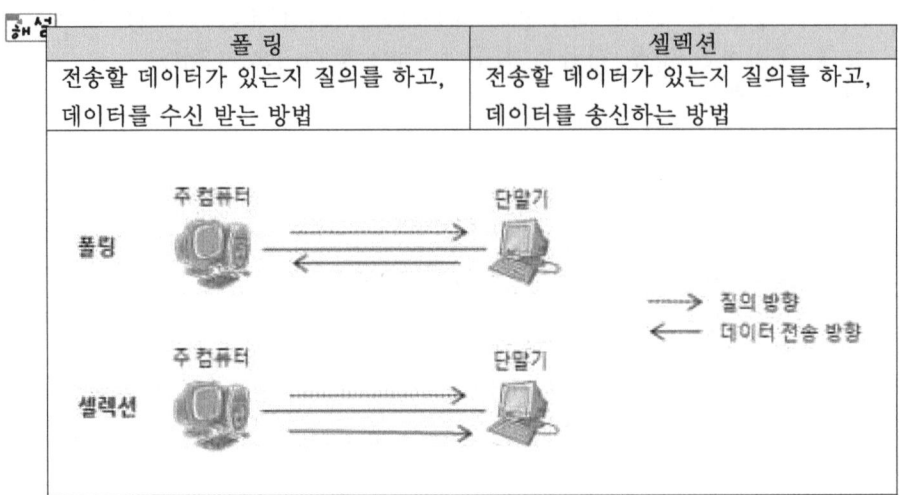

04 TCP 연결설정 과정에서 SYN 플러딩 공격에 대해 설명하시오. (4점)

[해설] ① Syn 플러딩 공격은 TCP의 초기연결과정인 TCP 3-way Handshaking을 이용함
② Syn 패킷을 요청하여 서버로 하여금 ACK 및 SYN 패킷을 보내게 하는데, 이 때 보내는 주소가 무의미한 주소이므로 서버는 대기상태에 있게 됨
③ 이러한 요청 패킷이 무수히 들어오면 서버의 대기 큐가 가득차 결국 서비스거부 상태에 들어가게 되는 공격을 말함

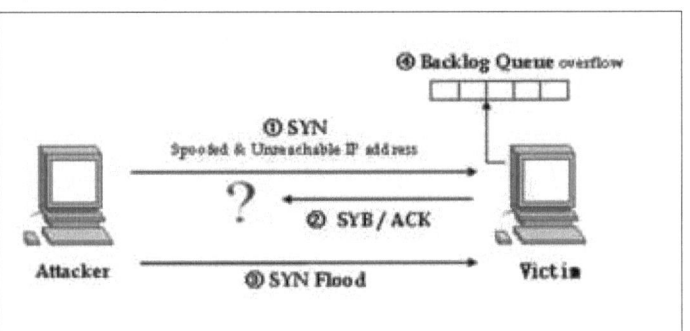

05 다음 물음에 답하시오. (5점)
   가. NGN의 3가지 계층을 적으시오.
   나. NGN의 구성요소 2가지를 적으시오.

해설 가. Transport(전달계층) Layer, Control(제어계층) Layer, Application(응용계층)
   나. Media Gateway, Soft switch

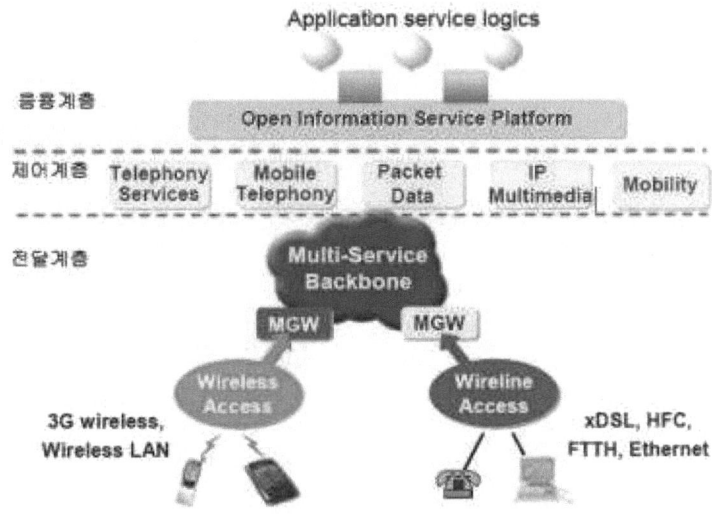

NGN의 구조와 계층

06 다음 문제의 원어를 적으시오. (3점)
   가. EMI
   나. GMPCS
   다. DNS

해설 가. EMI   : Electro Magnetic Interference
   나. GMPCS : Global Mobile Personal Communications Service
   다. DNS   : Domain Name System

07 평균 고장간격이 99시간, 평균 수리시간이 1시간인 장치 2대가 직렬로 연결되어 있는 시스템이 있다. 이 직렬 시스템의 가동률을 쓰시오. (5점)

해설 가동률 = $\dfrac{\text{MTBF}}{\text{MTBF}+\text{MTTR}}$ = $\dfrac{\text{평균고장시간}}{\text{평균고장시간}+\text{평균수리시간}}$

2대의 장치 가동률은 각각 $\dfrac{99}{99+1} = 0.99$

따라서, 직렬 시스템에서의 총 가동률은 $\alpha_1 \times \alpha_2 = 0.99 \times 0.99 = 0.98$

08 유선 홈 네트워크 전송기술 3가지를 적으시오. (3점)

해설
① RS-422/485
② Ethernet
③ PLC (Power Line Communication)
④ USB
⑤ IEEE 1394
⑥ HomePNA

09 CRC에서 사용되는 오류검출코드의 생성다항식을 적으시오. (6점)

해설
가. CRC-12 : $X^{12}+X^{11}+X^3+X^2+X+1$
나. CRC-16 : $X^{16}+X^{15}+X^2+1$
다. CRC-ITU : $X^{16}+X^{12}+X^5+1$ (HDLC에서 사용)

10 대역폭 200[kHz], S/N비가 31인 채널의 통신용량(Mbps)를 구하시오. (4점)
   가. 계산식
   나. 답

해설 가. $C = B\log_2(1+\frac{S}{N}) = 200\text{kHz} \times \log_2(1+31) = 200,000 \times 5 = 1,000,000$ [bps]
   나. 답 : 1[Mbps]

11 $X(t) = a\cos w(t)$ 양자화 레벨이 8인 양자화기의 신호대 잡음비(SNR)? (5점)

해설 양자화레벨이 8, 즉 8단계로 양자화 한다는 것임.
   양자화에 필요한 Bit수, $2^3 = 8$ 이므로, 3bit 필요.
   $\therefore S/N = 6n + 1.8 = (6 \times 3) + 1.8[\text{dB}] = 19.8[\text{dB}]$

7 정보통신기사 2012년 1회

01 PSK 8개 위상을 하나의 변조신호를 통해서 몇 비트 전송 가능한가? (4점)

[해설] 8 PSK이므로, M=8

$n = \log_2 M = \log_2 8 = 3$ 이므로 하나의 변조 심볼에 3 bit 전송이 가능

02 PCM양자화 잡음의 원인과 개선방법 3가지를 서술하시오. (6점)

[해설] 가. 양자화잡음 원인
① 양자화잡음 = 원신호 – 양자화 신호
② 양자화에서 생기는 오차로 인해 양자화 잡음이 발생함

나. 양자화잡음 개선방법
① 양자화 스텝의 수를 크게 함
② 비선형 양자화 방식을 사용
③ 압축과 신장 방식을 사용(압신기)

03 HDLC프레임 중 감시프레임(S Frame)에서 사용되는 4개의 명령어를 적으시오 (4점)

[해설] 감시형식 프레임 (S – Frame): 링크를 감시, 제어(수신가능, 불가능, 거부, 선택거부)
① 수신가능(RR) : 긍정 확인응답과 수신 가능 시 사용
② 수신불가(RNR) : 프레임을 받을 수 없을 때 사용
③ 거부(REJ) : Go-Back-N ARQ 방식에서 에러복구 시 사용
④ 선택적 거부(SREJ) : Selective ARQ방식에서 에러복구 시 사용

04 ( )는 비연결형 데이터그램 전달서비스를 제공하는 프로토콜로서 메시지를 세그먼트로 나누지 않고 블록의 형태로 전송하며 재전송이나 흐름제어를 제어하기 위한 피드백을 제공하지 않는다? (4점)

해설 UDP(User Datagram Protocol)

05 TCP/IP 와 OSI 7계층 구조 비교하여 빈칸에 알맞은 것을 적으시오 (6점)

응용계층	(라)
(가)	
세션계층	
(나)	(마)
(다)	(바)
데이터링크 계층	NIC 계층
물리계층	

OSI-7 Layer   TCP/IP

해설 (가) 표현계층   (나) 전송계층
(다) 네트워크계층   (라) 응용계층
(마) 전송(TCP/UDP)계층   (바) 네트워크(IP)계층

06 패킷교환방식에 대한 설명이다. 빈칸에 정답을 적으시오? (4점)
"각 패킷을 전송 전 논리적인 사전 경로를 구성하여 순서적으로 전달하는 방식은(가)방식으로 신뢰성 있는 통신이 가능하다.
"각 패킷을 전송 전 사전경로 구성없이 독립적, 무 순차적으로 전달하는 (나) 방식은 사전 경로 구축 시간이 불필요하고 Deadlock시 융통성이 있어 신속한 대처가 가능하다."

해설 (가) 가상회선(Virtual Circuit)
(나) 데이터그램 (Datagram)

07 위성통신에서 사용되는 회선할당방식 3가지를 적으시오? (3점)

해설
① 사전할당 (PAMA)
② 요구할당 (DAMA)
③ 임의할당 (RAMA)

08 정보통신시스템 설계의 3단계에 대해 서술하시오? (3점)

해설
① 계획 설계 : 사업성을 판단하는 단계
② 기본 설계 : 인허가를 받는 단계
③ 실시 설계 : 공사에 필요한 내용을 설계도서에 상세히 표기하여 시공 도면화하는 단계

09 정보통신공사업법에서 규정하는 감리원의 주요업무범위(감리요령) 5가지 대해서 서술하시오? (5점)

해설 정보통신공사업법 제12조 (감리원의 업무범위)
1. 공사계획 및 공정표의 검토
2. 공사업자가 작성한 시공상세도면의 검토·확인
3. 설계도서와 시공도면 내용이 현장조건에 적합한지 여부 / 시공가능성 사전검토
4. 공사가 설계도서 및 관련규정에 적합하게 행하여지고 있는지에 대한 확인
5. 공사 진척부분에 대한 조사 및 검사
6. 사용자재의 규격 및 적합성에 관한 검토·확인
7. 재해예방대책 및 안전관리의 확인
8. 설계변경에 대한 사항의 검토·확인
9. 하도급에 대한 타당성 검토
10. 준공도서의 검토 및 준공확인

10 정보통신시설 공사를 위한 설계도서 종류 5가지는 무엇인가? (5점)

해설
① 공사 계획서
② 공사 시방서
③ 공사 기술계산서
④ 공사 내역서
⑤ 공사 설계도면

11 Home Network기술 중에서 전력선 통신기술의 단점 3가지는 무엇인가 (3점)

해설 가. PLC (Power Line Communication): 전력을 공급하는 전력선을 이용해서 음성과 데이터를 수백 Kbps에서 수십 Kbps 이상의 고주파 신호에 실어 통신 하는 기술이다.
나. PLC 문제점
① 일반 전력선을 사용하므로 감쇄가 큼.
② 냉장고, TV, 세탁기 등과 공용으로 사용하므로 외부에 의한 잡음이 큼.
③ 전동기나 모터 등에 의한 전력변동으로 신호 왜곡의 영향을 받음.

PLC : Power Line Communication
Power line as Physical media for communications

◆AMR (Automatic Meter Reading)
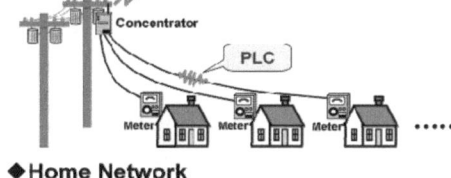

◆Home Network

12 신호대잡음비(S/N)가 30[dB]일 때, 대역폭이 3400[Hz]라고 한다면 채널의 전송용량을 구하는 식을 적으시오? (3점)

해설 샤논의 채널용량

$$C = B\log_2\left(1 + \frac{S}{N}\right) \text{ [bps]}$$

$$C = 3400\log_2(1 + 10^3)\text{[bps]} = 33.888\text{Kbps}$$

8 정보통신기사 2012년 2회

01 통신에서 단위 보오(Baud)가 쿼드비트(Quad)이고 Baud속도가 4800[Baud]일 경우 이 전송 선로상의 속도[bps]는 얼마인가? (4점)

[해설] 1symbol 당 4bit이고, 4800baud 이므로
$r = n \times B = 4bit \times 4800[baud] = 19,200[bps]$

02 다음은 네트워크 관리 구성모델에서 Manager의 프로토콜 구조이다. A, B, C, D, E, F에 해당되는 요소를 보기에서 찾아 완성하시오. (6점)

〈 보기 〉
IP, UDP, PHYSICAL, MAC, SNMP 응용프로토콜

[해설]

계 층	문제	답
응용계층	A	SNMP 응용프로토콜
전달계층	B	UDP
네트워크계층	C	IP
데이타링크계층	D	MAC
물리계층	E	PHYSICAL

03 다음 괄호 안에 알맞은 말을 넣어 완성하시오 (4점)
" (가) 프로토콜은 IP주소를 물리주소(MAC)로 변환하는 프로토콜이고, 이의 반대 기능을 수행하는 것이 (나) 프로토콜이다.

[해설] (가) ARP : IP 주소를 MAC 주소로 변환
(나) RARP : MAC 주소를 IP주소로 변환

04 다음 괄호안에 알맞은 말을 넣어 완성하시오. (3점)

"IP주소(address)체계에서 C클래스는 네트워크 주소를 첫 번째 바이트의 첫 번째, 두 번째, 세 번째 비트가 각각 (가), (나), (다) 인 주소이며 네트워크 주소 범위는 192.0.0. ~ 223.255.255. 이고 호스트주소는 0 ~ 255 이다. [또는 (   ), (   ), (   )]

해설 C class 시작 비트: 1, 1, 0

* 참고
A class : "0xxx xxxx" 으로 시작 → 0 ~ 171
B class : "10xx xxxx" 으로 시작 → 172 ~ 191
C class : "110x xxxx" 으로 시작 → 192 ~ 223
D class : "1110 xxxx" 으로 시작 → 223 ~ 239
E class : "1111 xxxx" 으로 시작 → 240 ~ 255

05 ATM 셀(Cell)의 구조를 나타내고, 각 필드의 길이를 쓰시오? (4점)

해설 ATM은 53[Byte] 고정길이 를 갖는 Cell 구조임.
53Byte Cell 은 헤더와 페이로드 2개의 필드로 구성됨.

헤 더	5[Byte]
페이로드	48[Byte]

06. 인터네트워킹(Inter Networking)에 사용되는 장비4가지를 간단히 설명하시오? (8점)

해설 인터네트워킹은 LAN과 LAN에서 구성되는 네트워크임.

리피터	OSI계층모델의 물리계층에서 동작하며 신호 증폭 역할을 함
허브	단순히 네트워크를 공유해서 다수의 PC를 연결하는 장치
브릿지	2계층장비로써 서로 다른 LAN을 연결시켜주는 장비.
스위치	OSI 2계층 장비로서 서로 다른 LAN을 연결시켜 주고, 지정된 MAC 주소를 바탕으로 출력 포트를 선택해 중계함.
라우터	3계층 장비로 IP경로제어를 통해 네트워크들을 연결시켜줌
게이트웨이	다른 프로토콜을 가진 네트워크를 연결시켜주는 장비임

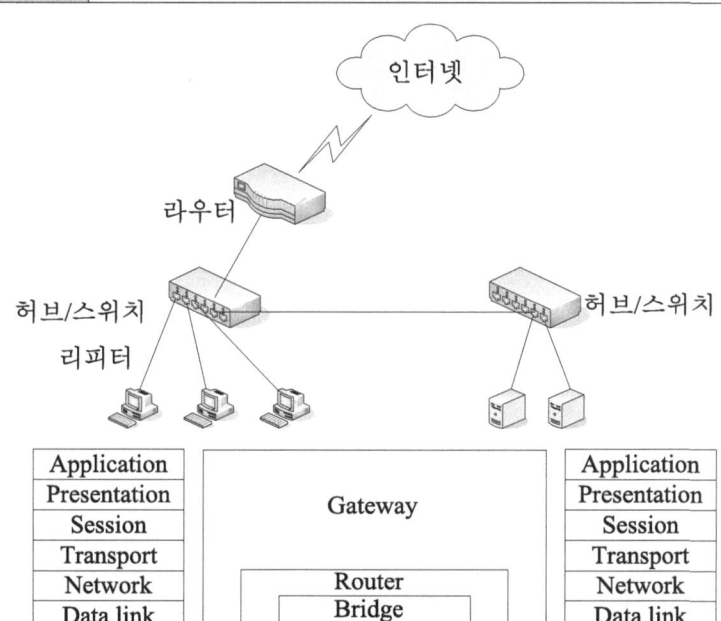

07 정보통신 공사설계 시 공사 총 원가를 구성하는 항목을 5가지만 쓰시오. (5점)

[해설] 원가계산방식(표준품셈에 근거)
① 재료비
② 노무비
③ 경비
④ 일반관리비
⑤ 이윤

08 정보통신공사업법에서 규정한 "감리"에 대한 설명으로 다음 괄호 안에 알맞은 말을 넣어 완성하시오. (3점)

"감리란 공사에 대하여 발주자의 위탁을 받은 용역업자가 설계도서 및 관련규정의 내용대로 시공되는 지를 감독하고 (가)관리, (나)관리, 및 (다)관리에 대한 지도 등에 관한 발주자의 권한을 대행하는 것을 말한다."

[해설]
(가) 품질관리
(나) 시공관리
(다) 안전관리
(라) 환경관리

09 잡음이 있는 통신채널에서 신호대 잡음비(S/N)가 20[dB]이고 대역폭이 6000[Hz]일 때, 주어진 조건을 이용하여 채널의 통신용량을 구하는 식을 적으시오. (5점)

[해설] 샤논의 채널용량

① $C = B\log_2(1 + \frac{S}{N})$ [bps] (B:대역폭, $\frac{S}{N}$: 전력비),

여기서 S/N이 20dB이므로 100
따라서 $C = 6000 \times \log_2(1+100)$ [bps] = 39.949Kbps

10 VPN(Virtual Private Network)의 기능을 4가지만 기술하시오(4점)

해설 ① 암호화
② 인증
③ 터널링
④ 사설망 서비스

11 오실로스코프의 용도에 대하여 4가지만 기술하시오(4점)

해설 ① 주기측정
② 전압측정
③ 주파수측정
④ 위상차 측정

9 정보통신기사 2012년 4회

01 광섬유의 기본성질을 표시하는 광학적 파라미터 4가지를 적으시오. (4점)

해설 ① 수광각 ($2\theta_{max}$) : 빛이 전반사되는 최대 입사각
② 개구수 (N.A) : 빛의 수광 가능 능력
③ 비굴절율 차 (Δ) : 코어(core)와 클래드(clad)간의 굴절률 차이
④ 규격화 주파수 (V) : 광섬유 내에서 전파될 수 있는 전파모드의 수

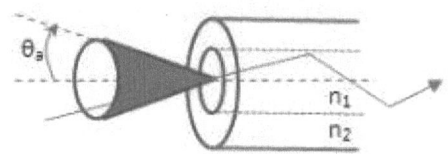

02 해밍코드의 성립조건을 적으시오. (5점)
(단, m: 데이터 비트수, p: 패리티 비트 수)

해설 해밍코드는 1비트 에러정정 코드임
$2^P \geq m + p + 1$
여기서 p : 패리티 비트수, m : 정보비트수

03 PN부호가 가져야 하는 특성 4가지를 적으시오 (4점)

해설 ① 예리한 자기상관특성과 낮은 상호상관특성
② 통계적 균형성 (한주기에 "1"과 "0" 개수가 균형적)
③ 편이와 가산성
④ 런(Run)특성
⑤ 발생의 용이성

04 고속의 송신신호를 다수의 직교하는 협대역 부반송파로 다중화시키는 변조방식을 말하며, 무선랜 802.11a/g 전송방식으로 채택된 것은 (4점)

해설 ① OFDM: 상호직교성을 갖는 복수의 반송파를 사용, 주파수 이용효율을 높이고 고속의 전송속도를 구현하는 변조기술임.

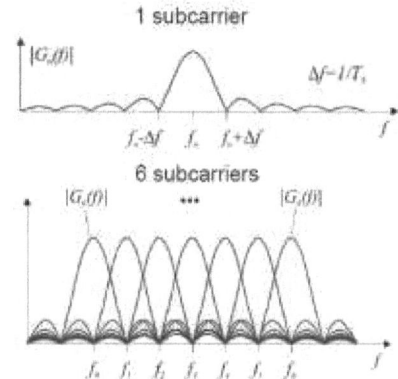

05 HDLC의 제어필드에 프레임 종류 3가지를 적고 설명하시오 (6점)

해설

제어프레임	시작 bit	기능
I-Frame	00	사용자 데이터를 가진 정보프레임
S-Frame	10	흐름 제어나 오류 제어 등 감시프레임
U-Frame	11	링크의 연결과 해제 등 제어프레임 (비번호제 프레임이라 함)

플래그시퀀스 (F)	어드레스부 (A)	제어부 (C)	정보부 (I)	프레임검사시퀀스(FCS)	플래그시퀀스 (F)
01111110	8비트	8비트	임의	16 또는 32비트	01111110

06 TCP/IP에서 비연결형이며 트랜스포트 계층 프로토콜은? (4점)

해설 UDP(User Datagram Protocol)

07 구내통신설비의 도면 중 이동통신설비 표준도면 이다. (5), (6), (7)항목의 명칭은 무엇인가? (3점)

해설 "접지설비, 구내통신설비, 선로설비 및 통신공동구 등에 대한 기술기준" 참조
통신접지선, 피뢰접지선, 접지봉.

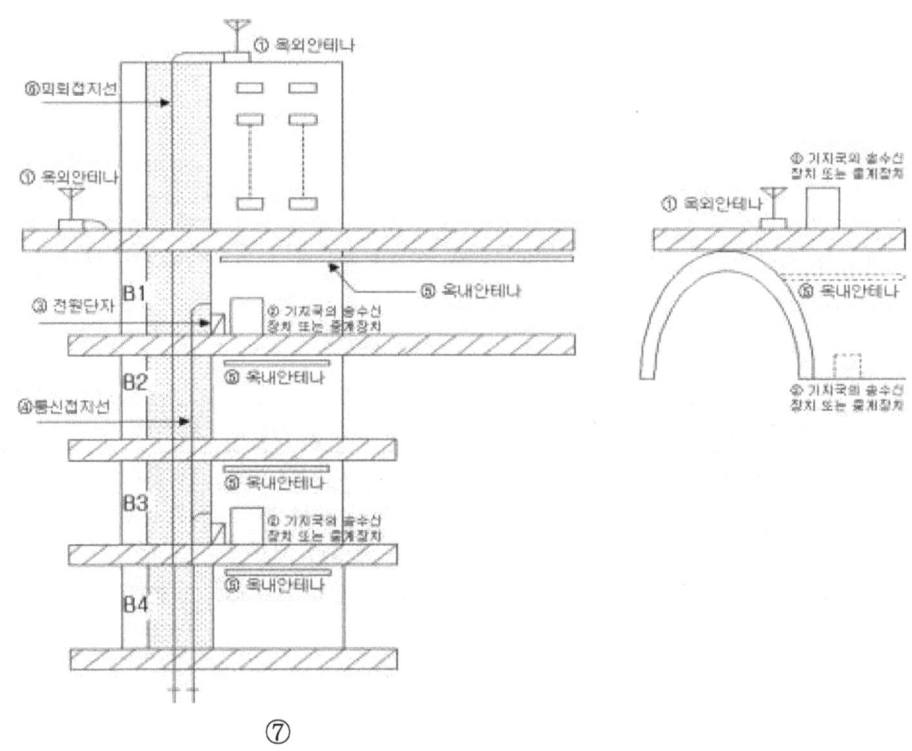

08 정보통신공사업법에서 공사의 범위 4가지를 적으시오. (4점)

해설 정보통신사업법 시행령 2조
① 전기통신관계법령 및 전파관계법령에 따른 통신설비공사
② 방송관계법령에 따른 방송설비공사
③ 정보통신관계법령에 따른 정보통신설비를 이용하여 정보를 제어·저장 및 처리하는 정보설비공사
④ 수전설비를 제외한 정보통신전용 전기시설설비공사 등 그 밖의 설비공사
⑤ 공사의 부대공사
⑥ 공사의 유지·보수공사

09 정보통신 기본설계서에 포함되는 5가지를 적으시오. (5점)

해설 기본설계서에 포함되는 문서

공사의 목적/개요/효과	공사의 개략적 내용
설계기준/개략적인 공사비	설계기준 문서와 개략적 공사비
자재/주요공정표/시공방법/공사기간	설계기준에 의한 개략적 자재 및 공정표
타 분야와의 중요 관련사항 명시	타 분야(전기, 소방, 건축)와의 호환성 고려
관계 관공서등 과의 협의 사항	토지보상, 건물임대 등에 대한 협의사항

10 광섬유의 절단방법 순서를 아래 보기에서 순서대로 적으시오. (4점)

> 가. 광섬유의 절단
> 나. 광섬유 절단기의 청소
> 다. 광섬유 피복제거
> 라. 광섬유를 알콜로 청소

해설

(나)광섬유 절단기의 청소 → (다) 광섬유 피복제거 → (라) 광섬유를 알콜로 청소 → (가) 광섬유의 절단

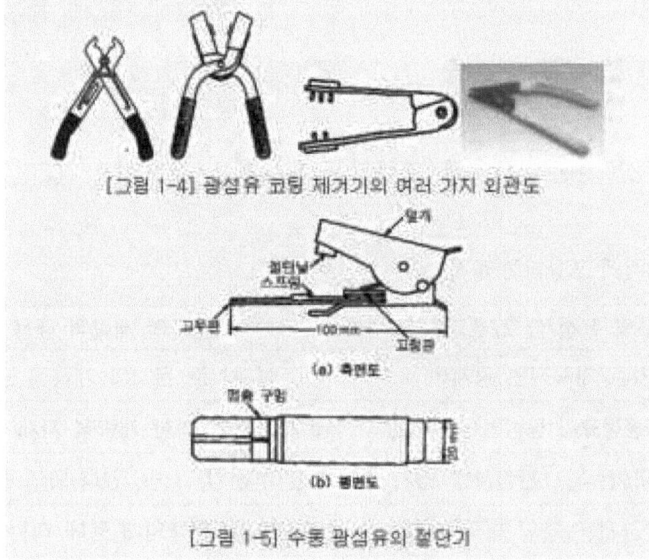

[그림 1-4] 광섬유 코팅 제거기의 여러 가지 외관도

[그림 1-5] 수동 광섬유 절단기

11 데이터 통신회선에서 측정주파수 800[Hz], 송신전력 0[dBm], 전송로 손실이 30[dB], 수신잡음이 10[dBrnc] 일 때 신호대잡음비는?
(단, 0[dBrnc] = −90[dBm])

해설

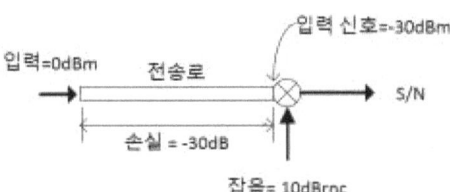

(1) 신호대 잡음비 = $10\log\left(\dfrac{\text{입력전력}}{\text{잡음전력}}\right)$ [dB]

① 신호 전력 구하기
송신전력 $0[dBm] = 1[mW]$
전송로손실 30[dB]이므로,
$-30[dBm] = 10\log\left(\dfrac{\text{출력전력}}{\text{입력전력}}\right) = 10\log\left(\dfrac{0.001mW}{1mW}\right)$ 이므로,
전송로 이후에 출력전력(또는 신호전력)은 $0.001mW = 10^{-3}[mW]$ 임.

② 잡음전력 구하기
잡음전력이 10[dBrnc] (조건 0[dBrnc] = −90[dBm] 이므로)
$10[dBrnc] = -90dBm + 10dB$
$\qquad\qquad = -80dBm$

따라서, 신호대 잡음비 SNR[dB] = $10\log_{10}\dfrac{10^{-3}[mW]}{10^{-8}[mW]} = 50[dB]$

또는 SNR = 신호 [dBm] − 잡음 [dBm]
$\qquad = -30dBm - (-80dBm)$
$\qquad = 50dB$

10 정보통신기사 2013년 1회

01 전송길이가 1000Km인 전송로에 신호전파속도가 $2 \times 10^6 [m/sec]$ 라면 전파지연시간은 얼마인가? (5점)

해설 속도 $= \dfrac{거리[m]}{시간[sec]}$ 이므로

시간$[sec] = \dfrac{거리[m]}{속도[m/sec]} = \dfrac{1000 \times 10^3}{2 \times 10^6} = 0.5[sec]$

① 속도$[m/sec] = \dfrac{거리[m]}{시간[sec]}$ 의 공식을 이용

② 실제적인 전파속도 또는 광속도는 $3 \times 10^8 [m/sec]$

02 T1 반송시스템을 통하여 음성신호를 PCM으로 전송할 때 다음에 대하여 설명 하시오. (12점)

| 표본화 | 양자화 | 부호화 | 다중화 |

해설
① 표본화
아날로그 입력신호를 일정주기의 펄스진폭신호로 만들기 위해 입력신호의 최고 주파수(fm)의 2배이상 (fs ≥ 2fm) 주파수로 샘플링하여 PAM신호를 얻는 과정임
② 양자화
표본화된 PAM진폭을 가장 가까운 이산적인 양자화 레벨(2^n)에 근사화 시키는 과정임
③ 부호화
양자화된 레벨값을 1과 0의 펄스열로 변환하는 과정임
④ 다중화
하나의 채널을 이용해 전송하기 위하여 다수의 채널을 결합시키는 과정을 다중화 과정이라 함. T1반송파 전송은 24CH을 하나의 회선으로 다중화시켜 1.544Mbps의 전송율을 가짐

03 정보통신시스템에서 DTE-DCE간의 국제 표준규격의 특성조건 4가지를 적으시오. (4점)

해설 OSI-7의 물리계층 조건

① 물리적조건
: DTE/DCE에서 취급하는 커넥터 및 DCE와 DTE 간을 연결하는 통신 회선에 접속되는 커넥터에 대하여 그 형태와 규격, 신호 핀 배열 등에 대한 규정

② 전기적조건
: DTE/DCE 상호 접속 회로의 임피던스와 신호 레벨 등에 대한 규정

③ 기능적조건
: DTE/DCE 상호 접속 회로의 기능과 명칭, 시간 조건 등에 대한 규정

④ 절차적조건
: 데이터 전송을 위한 DTE/DCE 상호 접속 회로의 동작 순서 등을 규정

04 무선LAN 802.11에서 프레임의 종류 3가지를 적으시오. (3점)

해설 무선 LAN 802.11 MAC 프레임 형태를 크게 3가지로 구분된다.

① 관리 프레임	무선 단말과 AP 사이의 초기 통신을 확립하기 위해 사용
② 제어 프레임	실제 데이터 프레임의 전달을 위한 제어용
③ 데이터 프레임	실제 정보가 들어있는 프레임

* 참조 IEEE802.11 MAC계층 프레임 기본포맷

MAC 헤더							데이터	
Frame Control	Duration/ID	주소1	주소2	주소3	Sequence Control	주소4	Frame body	FCS
2	2	6	6	6	2	6	0~2312	4

바이트

* Frame Control유형
00 관리프레임
01 제어프레임
10 데이터프레임
11 예약

05 다중화와 집중화 장비에 대해서 설명하고 그 차이점을 적으시오. (12점)

해설 ① 다중화장비(Multiplexer)
- 다수의 저속채널을 하나의 고속채널로 묶어서 전송하는 장비임
- 다중화장비 종류에는 주파수분할다중화, 시분할다중화, 파장분할다중화방식 이 있음
- 입력측과 출력측의 전체 대역폭이 같음

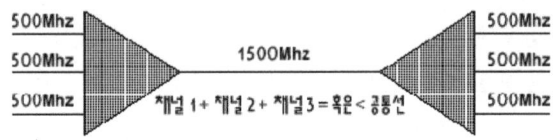

② 집중화장비(Concentrator)
- 다수의 저속채널을 소수의 회선으로 묶어서 전송하는 장비임
- 교환기 등에 사용
- 입력측과 출력측의 전체대역폭이 다름
- 동적으로 채널을 할당함

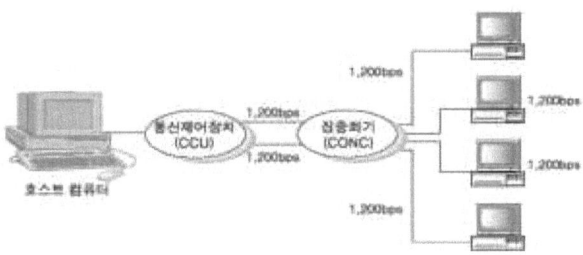

③ 다중화장비 와 집중화장비의 비교

비 교	다중화기	집중화기
특 징	하나의 고속채널 사용	소수의 고속채널 사용
대역폭	입력채널의 전체 합 = 출력	입력채널의 전체 합 ≥ 출력
종 류	FDM(WDM), TDM, CDM	집중화기(교환기 기능)
기억장치	없음	있음
버 퍼	없음	있음
지연시간	발생 거의 없음	지연발생
가 격	저가격	고가격

06 IPv6의 특징/장점을 6개를 적으시오. (6점)

해설
① IPv4보다 주소 개수가 많음 (2^{128}개)
② IPv4보다 Header를 단순화시킴
③ IPsec(암호화/인증)을 Default로 적용함
④ IPv6에서는 Anycast, Unicast, Multicast의 캐스팅모드를 지원함
⑤ Auto Configuration기능으로 Mobile IP성능이 개선됨
⑥ QoS지원을 위하여 2개의 Traffic Class와 Flow Label을 지원함

* IPv4와 IPV6의 비교

구분	IPv4	IPv6
주소길이	32 bit	128 bit
표시방법	8bit씩 4부분 10진수 표시 예) 202.30.56.22	1bit씩 8부분 16진수 표시 예) 2001:0340:abcd:ffff:abcd:..
주소할당	A,B,C 클래스 단위 비순차적 할당	순차적 할당으로 효율적
헤더구조	헤더가 복잡함 (12개 필드, 옵션 헤더)	헤더가 간소화 됨 (8개 필드, 확장헤더)
보안기능	IPsec 별도설치	IPsec 기본으로 제공 (확장헤더)
캐스트모드	유니캐스트, 멀티캐스트 브로드캐스트	유니캐스트, 멀티캐스트, 애니캐스트
전송품질 제어	QoS 어려움 (TOS 필드로 부분지원)	QoS 강화 (Traffice Class, Flow Label 필드)
Plug & Play	-	Anto Configuration 지원

헤더 비교

ver	IHL	TOS	Length		
Identification			Flags	Fragment Offset	
TTL		Protocol	Header Checksum		
Source Address					
Destination Address					
Option				Padding	

ver	Traffic Class	Flow label
Payload length	Next Header	Hop limit
Source Address		
Destination Address		

□ IPv4에서 그대로 사용하거나 이름이 변경된 필드
■ 삭제 혹은 추가된 필드

07 프로토콜의 기능 5가지를 설명하시오. (10점)

해설 프로토콜의 기능 5가지

① 단편화와 재조립
 : 데이터를 효율적으로 전송하기 위해서 일정한 크기의 작은 데이터 블록으로 나누는 것을 단편화라 하고 수신측에서 적합한 데이터로 재조립함
② 캡슐화
 : 상위계층의 정보를 하위계층으로 헤더+트레일러를 추가해 내리는 과정
③ 연결제어 / 흐름제어 / 에러제어
 : 송신과 수신 과정에서 문제 발생 시 이를 처리하는 과정
④ 동기화
 : 두 개의 통신 개체가 동시에 같은 상태를 유지하도록 하는 것
⑤ 다중화
 : 하나의 통신회선을 다수의 개체들이 동시에 접속할 수 있도록 하는 것

* 프로토콜의 기능

번호	특 징	설 명
1	주소지정	상대의 주소(이름)를 정의함
2	순서지정	데이터 단위가 전송될 때 보내지는 순서를 정의함
3	단편화와 재조립	송수신 사이에서 데이터를 교환하는 과정을 정의함
4	흐름제어	수신측에서 데이터의 량 또는 속도를 제어를 정의함
5	연결제어	연결설정의 모든 과정을 제어를 정의함
6	오류제어	오류발생 시 처리하는 방법을 정의함
7	캡슐화	프로토콜의 제어정보를 붙이는 과정을 정의함
8	동기화	송수신간에 타이밍을 정의함
9	멀티플랙싱	하나의 통신선로에 다중시스템이 동시에 통신할 수 있는 기법을 정의함
10	전송서비스	우선순위 결정, 서비스등급 등을 정의함

08 프로토콜의 기능 중 순서결정의 의미를 설명하시오. (5점)

해설
① 순서결정(순서지정)의 정의
 : 프로토콜 데이터 단위가 전송될 때 보내지는 순서를 명시하는 기능
② 순서결정(순서지정)의 의미
 : 순서지정(Sequencing)하는 이유는 순서에 맞게 전달, 흐름제어, 오류제어를 하기 위함임

09 정보통신공사시 착수단계에서 검토해야하는 설계도서 종류 4가지를 쓰시오. (8점)

해설 착수단계에서 검토해야 하는 설계도서
① 공사 설계도면
② 공사 시방서
③ 공사 기술계산서
④ 공사 내역서
⑤ 설계도면

10 다음은 정보통신공사업법의 "정보통신감리"에 대한 설명이다. 괄호안에 알맞은 말을 넣어 완성하시오. (5점)

> "정보통신감리"란 공사에 대하여 발주자의 위탁을 받은 용역업자가 (①) 및 (②)의 내용대로 시공되는지를 (③)하고, (④), (⑤) 및 안전관리에 대한 지도 등에 관한 발주자의 권한을 대행하는 것을 말한다.

해설 정보통신공사업법 제2조 정의 부분
"감리"란 공사(「건축사법」 제4조에 따른 건축물의 건축등은 제외한다)에 대하여 발주자의 위탁을 받은 용역업자가 [설계도서] 및 [관련 규정]의 내용대로 시공되는지를 [감독]하고, [품질관리], [시공관리] 및 안전관리에 대한 지도 등에 관한
발주자의 권한을 대행하는 것을 말한다.

11 정보통신공사 설계의 3단계는 무엇인가? (3점)

해설 ① 계획 설계 : 사업성을 판단하는 단계
② 기본 설계 : 인허가를 받는 단계
③ 실시 설계 : 공사에 필요한 내용을 설계도서에 상세히 표기하여 시공 도면화하는 단계

12 아래 도면을 보고 TP2에서는 무슨 파형이 뜨는지 보기에서 선택하시오.
(5점) [현장형]

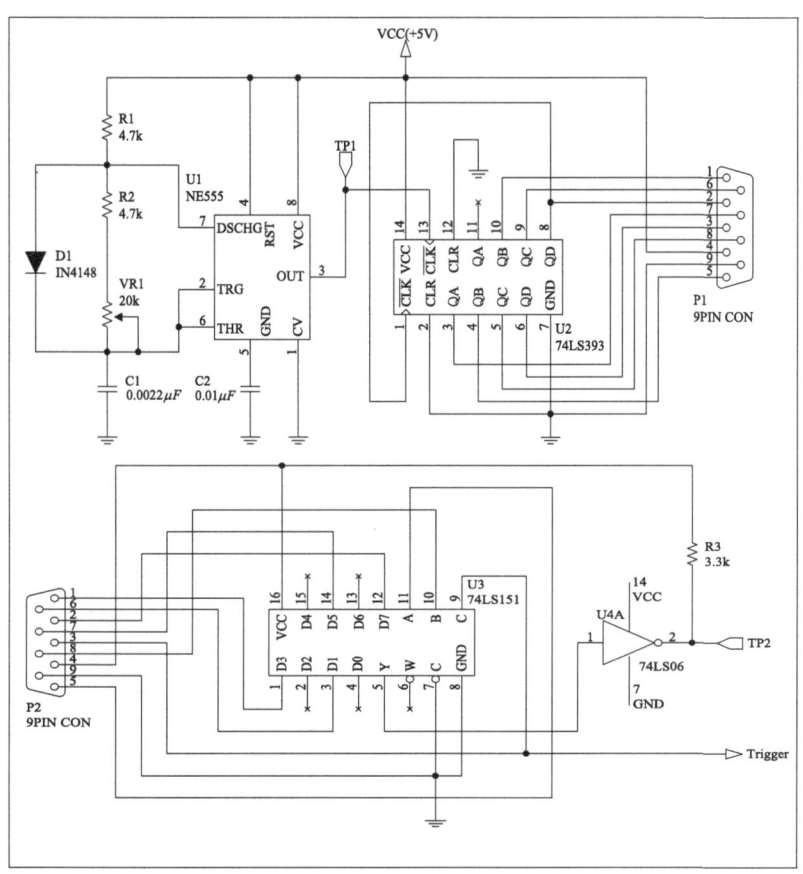

보기 : FDM , TDM , CDM

해설 위 회로도는 NE555를 사용하여 Clock을 발생시키고, 발생된 클럭을 2진 카운터(74LS393)을 통해 clock의 개수를 8bit 로 표현하는 장치임.
출력된 8bit는 P1 콘넥터, P2 콘넥터를 통해 74LS151 Data selector (De-mux 장치이기도 함)를 통해 8bit 입력 중에 1개 bit를 출력하는 장치임.
따라서 TP2에는 Bit 1개가 나타남. 이는 TDM에 해당함.
[참고]
NE555 : Digital Clock 발생장치
74LS393 : Dual binary counter (4bit 출력 × 2)
74LS151 : 8bit-to-1bit data selector or Multiplexer

13 다음은 신호 대 잡음비 (SNR)에 관한 문제이다.
아래 질문에 답하시오. (6점)

가. 신호전력이 100[mW] 이고, 잡음전력이 1[uW]일 때 잡음비를 데시벨로 표시하시오.

[해설] 전력을 dB로 표현하기 위하여 log를 사용함
$$\frac{S}{N}[dB] = 10\log\frac{신호전력}{잡음전력} = 10\log\frac{100 \times 10^{-3}}{10^{-6}} = 50[dB]$$

나. 잡음이 없는 이상적 채널의 경우 신호대 잡음비를 데시벨로 표시하시오.

[해설] 잡음이 없는 이상적인 채널의 경우,
$$SNR = 10\log\frac{신호전력}{잡음전력} = 10\log\frac{100 \times 10^{-3}}{0} = \infty[dB]$$ 로, 무한대로 수렴함

14 아래 질문에 답하시오. (6점)

가. 잡음이 전혀 없는 이상적인 환경에서 채널용량은?
나. 잡음이 없는 20KHz의 대역폭을 사용하여 280Kbps의 속도로 데이터를 전송할 경우 필요한 신호 준위계수 M을 계산하시오.

[해설] 가. 잡음이 없는 채널의 채널용량은 나이퀴스트 채널용량
$C = 2B\log_2 M$ (M 지수 개수, B 대역폭)
나. $280\,kbps = 2 \times 20 \times 10^3 \times \log_2 M$ 에서 M을 구하면
∴ 신호 준위 계수 M=128 임 ($\log_2 128 = 7$)

무잡음채널의 채널용량	잡음채널의 채널용량
$C = 2B\log_2 M$	$C = B\log_2(1 + \frac{S}{N})$

15 공동주택의 구내 광 통신망 설계에 적용되는 전송방식으로 AON 방식과 PON방식의 개요 및 특징을 적으시오. (10점)

해설

가. AON : Active Optical Network
① OLT와 ONT(ONU) 사이에서 전원 Switch가 요구됨
② 사용자가 대규모인 아파트 등에서 사용함
③ 유지보수비용(OPEX)가 비싸고, 설비투자비용(CAPEX)이 증가됨

나. PON : Passive Optical Network
① OLT 와 ONT(ONU) 사이에서 Passive Splitter가 요구됨
② 사용자가 분산된 지역인 다세대주택 지역 등에서 사용함
③ 유지보수비용(OPEX)가 싸고, 설비투자비용(CAPEX)이 감소됨
④ PON의 종류에는 ATM-PON, E-PON, W-PON 방식이 있음

다. AON과 PON의 비교

	AON	PON
Switch 전원	필요함 (스위치가 필요)	필요 없음 (수동 Splitter 필요)
OPEX	증가	감소
CAPEX	증가	감소
응용	대단위 아파트	주거 밀집 지역
구성도	◆ AON (Active Optical Network)	◆ TDMA-PON

11 정보통신기사 2013년 2회

01
0.16초 동안 256개의 순차적인 12bit-Data 워드블록을 전송하고자 할 때 아래 질문에 답하시오. (6점)
(가) 1개의 워드 지속시간
(나) 1bit 지속시간
(다) 전송속도

해설
(가) 0.16s / 256 = 625[us]
(나) 총 12bit 이므로 (0.16/256) / 12 = 52[us]
(다) 1 / 52[us] = 19,200bps

02
xDSL에 대해서 아래질문에 답하시오. (10점)
(가) xDSL의 개요
(나) xDSL의 종류 4가지

해설
가. xDSL의 개요
① 전화선을 이용해 초고속인터넷을 하기 위한 기술로, DSL모뎀간 데이터 전달을 위한 송수신기 기술을 의미함
② 음성에 영향을 미치지 않는 상위주파수 대역에 Data를 실어서 인터넷 등을 서비스 하는 기술임.

나. xDSL의 종류

구분	전송속도	최대거리	변조방식	응용	비고
ADSL	수신:160k~9Mbps 송신:2~768kbps	5.4km (2선식)	DMT, CAP	인터넷, VOD, 원격지 LAN 접속	가장보편적인 DSL
RADSL	수신:600k~7Mbps 송신:128~768kbps	6.3km (2선식)	DMT, CAP	회사,캠퍼스,공장,관 공서 등 LAN-to-LAN 접속	S/W업 그레이 드로 서비스질 ·속도향상
SDSL	수신:160k~2.048M 송신:160k~2.048M	3.6km (2선식)	DMT, CAP	T1/E1서비스, LAN, WAN접속,서버접속	HDSL의 단일 구리,쌍선모델
HDSL	수신:1.5~2.048Mbps 송신:1.5~2.048Mbps	5.4km (4선식)	2B1Q, CAP	T1/E1서비스, LAN, WAN접속,서버접속	
VDSL	수신:1.3~52Mbps 송신:3Mbps (통상 20Mbps)	1.4km (2선식)	CAP, DWMT, QAM	인터넷, VOD, HDTV	ATM네트워크 에서 사용

03 위성통신에서 사용하는 다원접속에서 사용하는 회선할당방식을 3가지 쓰고 간단히 설명하시오. (6점)

해설 가. 사전할당 방식(PAMA ; Pre-Assignment Multiple Access)
① 일정 지구국에 고정슬롯(slot)을 할당해주는 방식
② 지구국간 고정채널 방식에 유용
③ 구성은 간단하나 망의 확장성이 유연성이 없음
④ 사전에 회선이 할당되므로 고정할당과 같음

나. 요구할당 방식(DAMA ; Demand Assignment Multiple Access)
① 각 지구국의 채널요구에 따라 중앙 지구국이 채널을 할당해주는 방식
② 사용하지 않는 슬롯을 비워둠으로써 원하는 다른 지구국이 이용 가능하도록 함.
③ 많은 지구국이 효율적인 위성중계기 사용이 가능하고 충돌을 방지할 수 있음.
④ Slot의 할당을 관리하는 방식에 따라 중앙제어 방식

다. 임의할당 방식(RAMA ; Random Assignment Multiple Access)
① 전송정보 발생 시 즉시 임의의 슬롯을 송신하는 방식
② 다른 지구국에서 송신한 신호의 충돌이 발생할 수 있으며 충돌 발생 시 재전송
③ 주로 패킷 전송망(ALOHA 방식이 대표적)에 이용

구분	사전할당방식 (PAMA)	요구할당방식 (DAMA)	임의할당방식 (RAMA)
채널확보	고정	예약	경쟁
전송효율	낮다	높다	낮다
전송지연	낮다	적다	매우 적다
충돌가능성	낮다	거의 없다	매우 높다
용도	사용자가 적을 때	사용자가 많을 때	패킷전송망의 데이터 전송

04 패킷교환 방식 중 2가지 방식을 쓰시오. (4점)

해설

구 분	데이터그램 방식	가상회선 방식	
개념	사전경로 미구성	사전경로 구성	
경로	Packet마다 다름	동일 경로	
용도	비신뢰성 정보전송	신뢰성있는 정보전송	
활용	UDP/IP	X.25, FR, ATM	
		SVC (Switched)	PVC (Permanent)

05 FTTH 전송망에서 송신측에서 사용되는 발광소자(전광장치)에서 사용되는 소자종류 2가지는 무엇인가 ? (6점)

해설

1) 광 네트워크 구성도

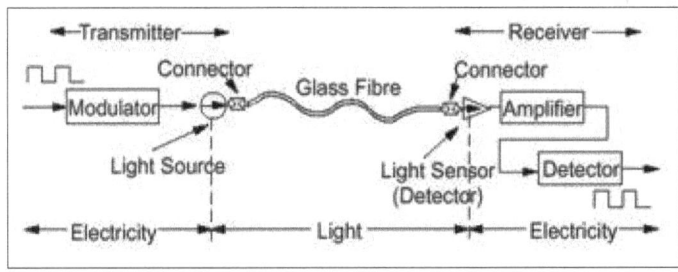

발광소자	전기신호 -> 광신호	LD (Lazer Diode)
		LED
수광소자	광신호 -> 전기신호	PD (Photo Diode)
		APD (Avalanche Photo Diode)

* Photo Diode - 빛에너지를 전기에너지로 변환

06 IPv4의 특징 5가지를 쓰시오. (10점)

해설
① IPv4 주소는 네트워크 부분과 호스트 부분으로 구성됨
② Class에 따라 A~E Class까지 5단계로 구분됨
③ 32bit 주소는 10진수 표현으로 4개 필드로 구성됨
   예) 192.168.0.1 (11000000.10101000.00000000.00000001)
④ Broadcast, Unicast, Multicast 주소 사용
⑤ 보안에 취약한 구조임
⑥ QoS서비스에 취약함 (IP Header의 TOS Flag 이용)

07 ARP는 (   )bit IP주소를 (   )bit MAC 물리주소로 변환시켜주는 프로토콜이다.

해설
ARP : IP 32bit IP주소를 48bit MAC물리주소로 변환시켜 주는 프로토콜임
[RARP는 48bit MAC물리주소를 32bit IP주소로 변환시켜주는 프로토콜임]

08 RIP는 (A)를 이용하는 가장 대표적인 라우팅프로토콜로 (A)라는 것은 (B)수를 모아놓은 정보를 근거로 (C)테이블을 작성하는 것이다. (6점)

해설
A : 거리벡터
B : Hop
C : 동적라우팅

09 정보통신공사업법령의 기술계 정보통신기술자 4등급을 쓰시오. (8점)

해설 특급기술자, 고급기술자, 중급기술자, 초급기술자

10

①'지중통신선을 지중강전류전선으로부터 (A)(지중강전류 전선이 특고압일 경우에는 (B))이내의 거리에 설치하는 경우에는 지중통신선과 지중강전류전선간에는 설치장소에서 발생할 수 있는 화염에 견딜 수 있는 (C)을 설치하여야 한다'. 지중통신선의 금속체의 피복 또는 관로는 지중강전류전선의 금속체의 피복 또는 관로와 전기적 접촉이 있어서는 아니된다.

다만, 전기철도 또는 전기궤도의 귀선으로부터 누출되는 직류전선에 의한 (D) 또는 강전류 설비로부터 방송통신설비에 유입되는 위험전류를 방지하거나 제한하기 위하여 (E) 또는 이와 유사한 보안장치를 통하여 접속하는 경우에는 예외로 할 수 있다.

| 격벽 | 30cm | 60cm | 퓨즈·개폐기 | 부식 |

해설 접지설비·구내통신설비·선로설비 및 통신공동구등에 대한 기술기준」 제21조
A : 30cm
B : 60cm
C : 격벽
D : 부식
E : 휴즈·개폐기

11

용역업자가 공사 완료 후 7일 이내에 감리결과를 발주자에게 통보해야 한다. 이때 포함되어야 할 사항 3가지를 쓰시오? (6점)

해설 ① 착공일 및 완공일
② 공사업자 성명
③ 시공 상태의 평가결과
④ 사용자재의 규격 및 적합성 평가결과
⑤ 정보통신기술자배치의 적정성 평가결과

12 PCM전송 최고주파수가 4KHz, 양자화비트수가 8bit 일 때 1채널당 정보전송량과 24채널로 TDM펄스 전송할 때 전송속도는 얼마인가? (6점)

해설 ① 1채널 정보전송량 = 8KHz × 8Bit = 64kbps
② T1 전송속도 = [(24ch x 8bit) + 1bit(동기)] × 8000[Hz] = 1.544Mbps

13 케이블손실 −0.5dB/km 이고 시작점의 전력 4mw 일 때, 40Km지점에서 신호전력은 몇 mW 인가? (5점)

해설 케이블 손실이 0.5dB/Km 이고, 총 40Km 이므로 40Km×0.5dB/km = 20dB 손실
케이블 입력측에 4mW를 입력하고, 40Km 지점에서의 신호는 20dB 감쇠되어 출력이 0.04mW

또는 총 감쇠량 $= -20dB = 10\log\dfrac{케이블출력측전력}{케이블입력측전력} = \dfrac{X}{4[mW]}$

따라서, 출력측 전력 X = 0.04[mW] 임.

14 접지선은 접지 저항값이 (A) 이하인 경우에는 2.6mm이상, 접지 저항값이 100Ω이하인 경우에는 직경(B) 이상의 피·브이·씨 피복 동선 또는 그 이상의 절연효과가 있는 전선을 사용하고 접지극은 부식이나 토양오염 방지를 고려한 도전성 재료를 사용한다. 단, 외부에 노출되지 않는 접지선의 경우에는 피복을 아니 할 수 있다. (6점)

20Ω	10Ω	1.3mm	1.6mm

해설 ① A : 10Ω
② B : 1.6mm

* 참고
접지설비·구내통신설비·선로설비 및 통신공동구등에 대한 기술기준」 제5조

정보통신기사 2013년 4회

01 데이터 전송에서 "데이터 투명성"에 대하여 기술하고, '0'bit 삽입법을 설명하시오? (8점)

[해설] 가. 데이터 투명성
전송되는 데이터는 내용 변경없이 상대 가입자 단말기에게 그대로 전달되는 것을 투명성이라 함.
나. Zero bit Inserting
비트방식 데이터링크 프로토콜(HDLC)에서 Bit Stuffing(송신측에서 1이 연속 5개이면 '0'을 삽입)은 송수신간의 Data Transparency를 보장하기 위한 기술임

02 10단 시프트 레지스터에 의한 PN(의사잡음) 부호 발생기수 최장 부호어 길이? (시퀀스 모드 0 제외) (6점)

[해설] ① $N = 2^{10} - 1 = 1023$
② 선형코드 (Maximal Code)
: n개의 shift Resistor는 $2^n - 1$개의 최대길이를 가짐.

03 CDMA통신 시스템에서 순방향 및 역방향 채널의 종류를 쓰시오. (6점)

[해설] 채널종류

순방향채널	역방향 채널
기지국 -> 단말기	단말기 -> 기지국
Sync 채널	Access 채널
Pilot 채널	Traffic 채널
Paging 채널	
Traffic 채널	

04 반송파의 진폭과 위상을 이용한 변조 방식을 무엇이라 하는가? (4점)

해설 QAM (ASK + PSK)방식

05 10기가비트 이더넷의 3가지 형식과 각 형식별 전송매체를 쓰시오. (9점)

해설 10-Gigabit Ethernet 3가지 형식 (IEEE802.3ae)

형 식	전송매체
10GBase-T	UTP
10GBase-SX	Fiber
10GBase-CX	Coaxial cable

06 TCP/IP의 상위계층 응용 프로토콜의 하나로서, 컴퓨터간에 전자우편을 전송하기 위한 프로토콜은 무엇인가? (4점)

해설 SMTP (Simple Mail Transfer Protocol)
: 인터넷에서 전자우편(E-mail)을 보낼 때 이용하게 되는 표준 통신 규약을 말한다

07 정보통신 네트워크가 대형화 및 복잡화되어 가므로 네트워크 관리의 중요성이 증가하고 있다. 네트워크에 연결되어 있는 수많은 구성요소로 부터 각종 정보를 수집, 제어, 관리 등을 통해 네트워크 운송을 지원하는 시스템을 망관리시스템이라 한다. 이러한 망관리 시스템이 수행하는 주요기능 5가지에 대해서 설명하시오. (10점)

해설 NMS의 5대 기능
① 구성관리 : 네트워크 및 구성요소의 상태를 설정
② 성능관리 : 시스템 성능의 모니터링
③ 장애관리 : 네트워크 장애시 통보 및 이력관리
④ 보안관리 : 네트워크 접속권한 등
⑤ 계정관리 : 서비스 사용관리 및 통계관리(과금관리)

08 자신에게 연결되어 있는 소규모 회선 또는 네트워크들로부터 데이터를 모아 고속의 대용량으로 전송할 수 있는 대규모 전송회선 및 통신망을 지칭하여 (　　　　)이라고 한다. (5점)

[해설] BackBone(백본)
: 중추적인 기간네트워크

09 정보통신 시설공사를 위한 설계도서의 종류에 대하여 5가지를 쓰시오. (5점)

[해설] ① 공사 계획서
② 공사 시방서
③ 공사 내역서
④ 공사 기술계산서
⑤ 공사 설계도면

10 감리원 등급을 4가지로 구분하여 쓰시오. (8점)

[해설] ① 특급감리원
② 고급감리원
③ 중급감리원
④ 초급감리원

11 아래 괄호 안을 채우시오.

> 도로상에 설치되는 가공통신선의 높이는 도로상 노면 (A)m 이상으로 한다. 다만, 교통에 지장을 줄 우려가 없고 시공상 불가피 할 경우 보도와 차도의 구별이 있는 보도상에서는 (B)m 이상으로 한다. (6점)

해설 A : 4.5m
B : 3m
접지설비, 구내통신설비, 선로설비 및 통신 공동구등에 관한 기술기준
제11조(가공통신선의 높이) 도로상에 설치되는 경우에는 노면으로부터 4.5m 이상으로 한다. 다만, 교통에 지장을 줄 우려가 없고 시공상 불가피할 경우 보도와 차도의 구별이 있는 도로의 보도상에서는 3m 이상으로 한다.

12 비트 에러율(BER) 5×10^{-5}인 전송회선에 2.400[bps] 전송속도로 10분 동안
데이터를 전송하는 경우 최대 블록에러율을 구하시오. (8점)
(단, 한 블록의 크기는 511비트로 구성)

해설 블록에러율 = (에러가 발생한 블록수 / 전송블록수)

① 총 전송 비트수 = 전송속도 × 시간 = 2400[bps] × 600[s] = 1,440,000[Bit]
② 총 에러 비트수 = 에러율 × 총 비트수 = $(5 \times 10-5) \times 1,440,000$[bit] = 72 개
③ 총 블록수 = 1440000/511 = 2,818 블록
③ 최대 블록에러율 = 72 / 2818 = 2.56×10^{-2}, 블럭당 1개 error bit 가 분산된 경우
④ 최소 블록에러율 = 1 / 2818 = 3.54×10^{-4}, 하나의 블록에 72개 error bit가 모두 있는 경우

13 하드웨어적이 아닌 문제를 점검하는 것으로 네트워크상에 흐르는 데이터프레임을 캡쳐하고 디코딩하여 분석하며 LAN의 병목현상, 응용프로그램 실행오류, 프로토콜 설정오류, 네트워크카드의 충돌오류 등 분석하는 장비? (4점)

해설 프로토콜분석기 (Protocol Analyzer)

* 참고 프로토콜 분석기의 주요 기능
1) 패킷의 캡쳐 및 저장 기능 (Capture &Store)
- 저장장치 용량한계까지 데이터 패킷을 캡쳐하고 이를 저장
2) 프로토콜의 해석(Decode)
- 각종 주요 프로토콜을 심층 분해/해독/번역/분석/해석하여 다양한 형태로 보여줌
3) 네트워크의 실시간 모니터링(감시) 및 분석(Monitor &Analysis)
- 네트워크상의 제반 문제점 진단 및 특화된 분석 시행
- 네트워크 트래픽의 모니터링과 통계 자료 및 이를 리포트화하는 기능 등

14 아래와 같이 전송로를 구성하였다.
전송로 손실은 몇[dB] 인지, 소수점 둘째자리까지 계산하시오. (8점)

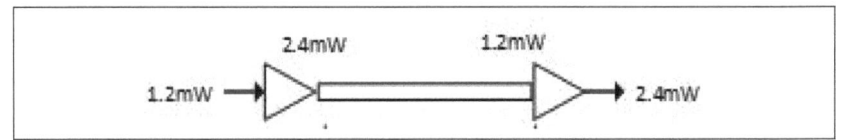

해설 ① 전송로 손실은 출력신호/입력신호의 비를 사용하여 구할 수 있음.

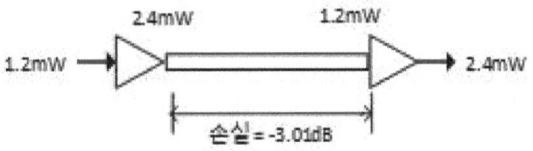

② $x[dB] = 10\log_{10}\dfrac{P_0}{P_i} = 10\log_{10}\dfrac{1.2}{2.4} = -3[dB]$ x[dB] = 10log Pout / Pin = 1

15 아래 오실로스코프 파형을 보고 아래 질문에 답하시오? (9점)

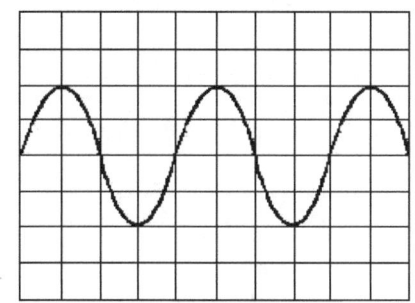

단, Volt/Div = 2[V], Time/Div = 10[us]
가. 첨두치전압
나. 주 기
다. 주파수

[해설] 가. 첨두치 전압 : 측정파형 Y축의 최대치 ~ 최저치 측정
첨두치 전압 = 2[V] × 4칸 = 8[V]

나. 주 기 : 측정파형 X축의 1주기(마루 ~ 마루) 측정
주기 = 10[us] × 4칸 = 40[us]

다. 주파수 : 주파수 = 1/주기[Hz]
주파수 = $\dfrac{1}{0.00004}$ = $25[KHz]$

13 정보통신기사 2014년 1회

01 50Ω 시스템과 75Ω 시스템을 접속 했을 때 아래질문에 답하시오. (7점)

【해설】

가. 반사계수
$$\Gamma = \frac{V_r}{V_f} = \sqrt{\frac{P_r}{P_f}} = \frac{Z_1 - Z_2}{Z_1 + Z_2} = \frac{75 - 50}{75 + 50} = 0.2$$

나. 정재파비
$$VSWR = \frac{1 + \Gamma}{1 - \Gamma} = \frac{1 + 0.2}{1 - 0.2} = 1.5$$

다. 반사전력은 입사전력의 몇 % 인가?

$$0.2 = \sqrt{\frac{반사전력}{입사전력}}, \ 입사전력 = 1로 놓으면$$

반사전력 $= 0.04 \times 100 = 4\%$

02 물리계층 인터페이스 장비 중 DCE(Data Communication Equipment)의 기능을 서술하시오. (8점)

【해설】

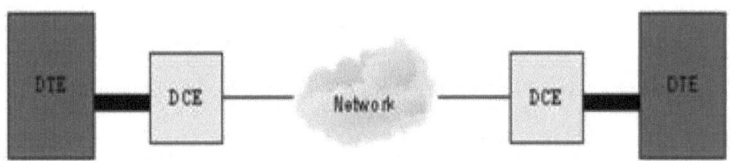

① 신호 변환기능
② 부호화를 통한 데이터 전송기능
③ 회선접속 기능
④ 클럭신호 제공

03 정보통신공사원가를 구성하는 항목 3가지를 쓰시오. (4점)

[해설] ① 재료비
② 노무비
③ 경비

총원가	순공사원가	재료비	직접재료비 + 간접재료비 + 기타재료
		노무비	직접노무비 + 간접노무비
		경비	직접경비 + 간접경비
	일반관리비		순공가원가 X 일반관리비율
	이 윤		[노무비 + 경비 + 일반관리비] X 이윤율

04 정보통신시설공사를 위한 감리요령 3가지를 쓰시오. (6점)

[해설] ① 공사계획 및 공정표의 검토
② 설계도서와 시공도서의 현장조건에 일치여부 확인
③ 환경관리, 시공관리, 안전관리 수행 등

05 VoIP(Voice Of Internet Protocol)서비스방식 3가지를 쓰시오. (6점)

[해설] ① PC to PC
② PC to Phone
③ Phone to Phone

06 4PSK 변조방식을 사용하는 시스템의 전송속도가 4800bps일 때, 변조속도[Baud]를 구하시오. (3점)

해설 $r = n \times B$로부터
$4800[bps] = \log_2 4 \times B[baud]$
∴ 변조속도 $B = 2400[baud]$

07 LAN 프레임 교환 방식중 Switched LAN방식 과 Shared LAN방식의 특징을 각각 3가지 쓰시오. (7점)

해설 가. Shared LAN (공유LAN) 방식
① 공유매체 기반의 LAN을 구성
② 모든 단말로 프레임이 전송됨
③ 관련 네트워크, 토폴리지 구현이 용이함

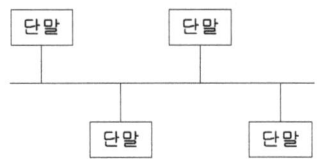

버스형 네트워크 구성도

나. Switched LAN방식
① 스위치 기반의 LAN을 구성
② 지정된 목적지로만 프레임을 전송
③ 각 단말에 대해 전용(Dedicated)방식을 지원

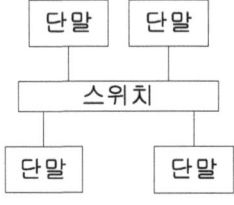

네트워크구성도

08 아래 질문을 계산하시오. (6점)

가. 600Ω 회로에서 0dBm 전류를 구하시오.

나. 5W를 dBm으로 변환하시오.(소수점 셋째자리에서 반올림)

해설 가. 0dBm전류

$0dBm$의 정의 : $10\log\dfrac{x}{1mW} = 0dBm$ 이므로, $x = 1mW$

$1mW = P = I^2R$ 에서

$I^2 = \dfrac{P}{R} = \sqrt{\dfrac{1 \times 10^{-3}}{600}} = 1.29[mA]$

나. 5W 변환

$dBm = 10\log\dfrac{5W}{1mW} = 36.99[dBm]$

09 입력신호가 10mW 일 때 전송로에서 10dB 감쇠가 발생 했다. 이때 전력을 구하시오. (3점)

해설

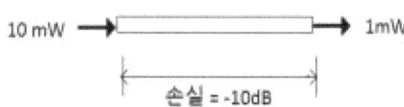

$-10dB = 10\log\dfrac{x\,[W]}{10\,[mW]}$

$\therefore x[W] = 1[mW]$

[TIP & MEMO]

10 기간통신사업자로부터 회선을 대여 받아 고도의 통신처리기능 으로 가치를 높여 서비스를 제공하는 사업자를 무엇이라 하는가? (3점)

해설 부가통신사업자(VAN)

11 다중화기와 집중화기에 대해서 다음 등호를 =, <, >를 이용하여 아래표를 완성하시오. (4점)

해설 가. 다중화기
　　　　입력채널속도의 합 = 출력채널속도의 합
나. 집중화기
　　　　입력채널속도의 합 ≥ 출력채널속도의 합

12 200,000 bit를 전송하였을 때 10bit 에러가 발생되었다. 비트오류(BER)를 구하시오. (3점)

해설 $BER = \dfrac{\text{에러 비트수}}{\text{총 전송 비트수}}$

$= \dfrac{10}{200,000} = 5 \times 10^{-5}$

13 TCP와 UDP를 비교 설명하는 아래표를 작성하시오. (6점)

해설 ① 비교표

	TCP	UDP
서비스	연결형 서비스	비연결형 서비스
수신순서	송신 순서와 일치	송신 순서와 불일치
오류제어 · 흐름제어	필요	불필요

14 오실로스코프를 이용한 측정파형이다. 질문에 답하시오.(6점)

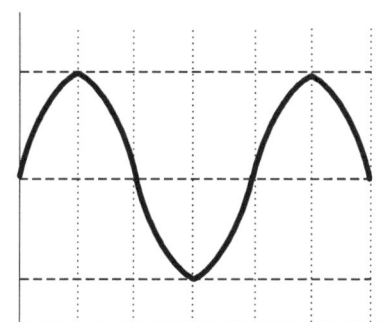

Time/Div = 10us , Vol/Div = 2v

해설 가. Vp-p를 구하시오
 Vp-p = 2 Vol/Div ×2= 4V
나. 주기를 구하시오
 $T = 10\, Time/Div \times 4 = 40$us
다. 주파수를 구하시오
 $f = \dfrac{1}{T} = \dfrac{1}{40us} = 25000[Hz]$

15 HDLC, SDLC, DSU에서 사용되는 전송방식으로, 2Bit를 4단계의 진폭으로 전송하는 선로부호화방식을 무엇이라 하는가? (3점)

해설 2B1Q

2진 데이터 4개(00,01,10,11)를 4 레벨 PAM 심볼로 전송하는 선로부호화 방식

16 인텔리젼트 건물에서 수직배선 및 수평배선 시 고려해야할 사항을 3가지 쓰시오.(6점) (다양한 답이 가능함)

해설

① 광케이블 포설시 꼬이거나 비틀리지 않도록 함
② UTP케이블 포설시 전자파간섭(EMI)을 고려해야함
③ 동축케이블은 차폐특성이 우수하고 전송손실이 적은 케이블 사용함

17 개방 임피던스 25Ω, 단락 임피던스 100Ω 일 때 특성임피던스를 계산하시오. (4점)

해설

특성임피던스 $Z_0 = \sqrt{Z_f \times Z_S} = \sqrt{25 \times 100} = 50\Omega$

18 아래에서 설명하는 접지전극 시공방법을 쓰시오. (5점)
① 접지 시공방법중 가장 많이 사용하는 방식
② 사용기간이 짧음
③ 시공면적이 넓고, 대지저항률이 낮은 지역에서 성능이 우수함
④ 추가시공이 용이하고 재료비가 저렴함

해설 "접지봉"을 이용한 접지시공

19 아래는 HDLC Frame구조 이다. 가,나,다에 해당하는 답을 쓰시오.(6점)

시작 플래그	주소부	제어부	정보부	(가)	종료 플래그
01111110	(나)	8 비트	임의의 비트	(다)	01111110

해설 가. FCS
나. 8Bit
다. 16Bit

20 가공통신선과 저압 가공 강전류전선간의 이격거리는 얼마인가? (3점)

[해설] 30cm 이상

가공선로: 높은 전주나 철탑을 세우고 전선을 절연 애자로 지지하여 전력(電力)을 보내거나 통신을 할 수 있도록 공중에 설치한 선로.

* 참고자료

제7조(가공통신선의 지지물과 가공강전류전선간의 이격거리)

① 가공통신선의 지지물은 가공강전류전선사이에 끼우거나 통과하여서는 아니된다. 다만, 인체 또는 물건에 손상을 줄 우려가 없을 경우에는 예외로 할 수 있다.

② 가공통신선의 지지물과 가공강전류전선간의 이격거리는 다음 각호와 같다.

가공강전류전선의 사용전압이 저압 또는 고압일 경우의 이격거리

가공강전류전선의 사용전압 및 종별		이격거리
저압		30cm 이상
고압	강전류케이블	30cm 이상
	기타 강전류전선	60cm 이상

14 정보통신기사 2014년 2회

01 아래 FDM와 TDM 비교표를 보기에서 골라 완성하시오. (10점)

	FDM	TDM
완충 대역	①	②
용이성	③	④
망 구성방식	멀티 포인트	P2P
다중화기 내부속도	느림	빠름
누화영향	⑤	⑥
다중화방식	⑦	⑧
신호형태	⑨	⑩

<보기>

보호대역, 시간대역, 아날로그형태, 디지털형태, 간편 한다, 복잡 하다, 작다, 크다, 비동기방식, 동기-비동기 방식

해설

	FDM	TDM
완충대역	①(보호대역)	②(보호시간)
용이성	③(간편)	④(복잡)
망 구성방식	멀티 포인트	P2P
다중화기 내부속도	느림	빠름
누화영향	⑤(크다)	⑥(작다)
다중화방식	⑦(비동기)	⑧(동기/비동기)
신호형태	⑨(아날로그)	⑩(디지털)

02
광섬유의 코어와 클래드의 굴절율이 각각 $n_1 = 2$, $n_2 = 1.5$ 일 때, 임계각, 비굴절율 차, 개구수를 계산하시오. (6점)

[해설]

① 임계각 $= \sin^{-1}\dfrac{n_2}{n_1} = \sin^{-1}\dfrac{1.5}{2} = \sin^{-1}(0.75) = 58.59$도

② 비굴절율차 $= \dfrac{n_1 - n_2}{n_1} = \dfrac{2 - 1.5}{2} = 0.25$

③ 개구수 $= \sqrt{n_1^2 - n_2^2} = \sqrt{4 - 2.25} = 1.323$

\# 1라디안 : 57.1745도 , \# 수광각 $= \sin^{-1}[$개구수$]$

03
표본화주파수가 48 kHz, PCM 펄스에서 신호주파수가 8 kHz일 때, 표본화 펄스 수 N(개/수)를 구하고, 재생가능 최대주파수 f_m [KHz]를 구하시오. (4점)

[해설] ① 표본화 펄스 수

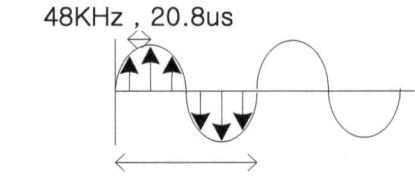

$\dfrac{48KHz}{8KHz} = 6$개/주기

② 재생가능 최대 주파수

나이퀴스트 샘플링주파수 $fs \geq 2f_m$ 이므로, $48KHz \geq 2f_m$

따라서, 재생가능 최대주파수 f_m은 $24KHz$ 임.

04 DTE-DCE 인터페이스 규격은 (①)권고에 정의되어 있으며, 시리즈 종류에는 (②)(③)(④)인터페이스 가 있다. (4점)

해설 ① ITU-T(International Telecommunications Union Telecommunication)
② V-시리즈
③ X-시리즈
④ I-시리즈

ITU-T	V시리즈	전화와 음성 대역의 Analog 전화 회선용
	X시리즈	패킷 교환과 회선 교환 방식의 공중 데이터망
	I시리즈	근거리 통신망과 종합정보통신망(ISDN)용

05 CSMA/CA에서 IFS의 3가지 종류를 쓰고, 우선순위가 높은 순으로 부등호 (>) 표기 하시오. (6점)

해설 ① SIFS > PIFS > DIFS
[참고]
IFS(Inter-Frame Space)
① 무선 LAN 프레임 간 간격
② 공유 무선 매체에 대해 여러 무선단말이 동시 접근 시 충돌 회피를 위해
  바로 데이터를 송출하지 않고, 일정 대기하는 접근연기(Access Defer)시간간격
1) SIFS (Short IFS): 가장 짧은 대기지연 시간 (가장 높은 우선순위)
① RTS 프레임, CTS 프레임, ACK 프레임, Fragment된 연속 프레임 등에 사용됨
② DSSS 방식(10us), OFDM방식(16us)
2) DIFS (Distributed IFS)
DCF방식에서 적어도 DIFS동안 매체가 idle한 상태 이후에 매체접근을 시도하게 됨
3) PIFS (PCF IFS)
무경쟁방식인 PCF 기능에서 사용

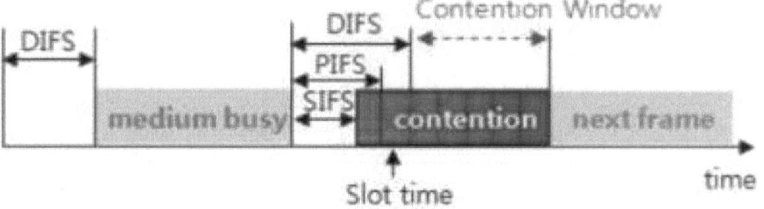

06 메쉬망에서 노드의 개수가 20개 일 때 링크의 개수를 계산하시오. (3점)

해설 ① 링크수 $= \dfrac{n(n-1)}{n} = \dfrac{20(20-1)}{2} = 190\ Link$

07 HDLC의 관리프레임(S-FRAME)에서 사용되는 4개 명령어를 쓰시오. (4점)

해설 감시형식 프레임 (S - Frame)
: 링크감시를 제어(수신가능, 불가능, 거부, 선택거부)
① 수신가능(RR) : 긍정확인응답과 수신 가능 시 사용
② 수신불가(RNR) : 프레임을 받을 수 없을 때 사용
③ 거부(REJ) : Go-Back-N ARQ방식에서 에러복구 시 사용
④ 선택적 거부(SREJ) : Selective ARQ방식에서 에러복구 시 사용

08 아래 빈칸에 해당하는 명칭을 쓰고, 기능을 설명하시오.

네트워크 계층
LLC 계층
(   )
물리계층

해설 가. 명칭 (2점)
  MAC (Media Access Control)
나. 기능 (2점)
  프레임(Frame)기반으로 매체접근제어 기능을 수행
  MAC Protocol 에는 CSMA/CD, CSMA/CA, Token Bus 방식 등이 있음

09
정보통신 네트워크가 대형화 및 복잡화 되면서 네트워크관리의 중요성이 증가하고 있다. 아래 빈칸을 채우시오. (3점)

통신망을 구성하는 기능요소 또는 개별장비를 (①)한다.
여러 개의 장비로부터 정보를 수집, 제어, 관리 등을 통해 네트워크 시스템을 운용 및 지원하는 시스템을 (②)이라 한다.
네트워크 운영지원 및 시스템 총괄 감시/관리 시스템을 (③)라 한다.

해설
① Network Element
② EMS(Element Management System)
③ NMS(Network Management System)

10
TCP/IP IETF 망관리 프로토콜 중 1개의 약어와 원어를 쓰시오. (4점)
① SNMP
② IGMP
③ ICMP

해설
① SNMP (Simple Network Management Protocol)
UDP 상에서 동작하는 비교적 단순한 형태의 네트워크 관리 프로토콜
② IGMP (Internet Group Management Protocol)
IPTV에서 멀티캐스트 그룹을 관리하는 프로토콜
③ ICMP (Internet Control Message Protocol)
인터넷 통신에 관련된 제어 메시지 프로토콜

11 정보통신시스템의 가용성을 나타내는 MTBF, MTTR, MTTF의 용어를 설명하시오. (6점)

해설 ① MTBF (Mean Time to Between Failure)
: 평균 고장간격(고장부터 다음 고장까지 동작시간의 평균치)
② MTTR (Mean Time to Repair)
: 수리 시간의 평균치
③ MTTF (Mean Time to Failure)
: 사용시작부터 고장 날 때까지 동작 시간의 평균치

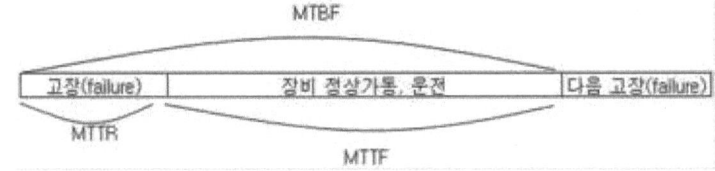

12 공사의 착공계 제출시 현장대리인 적합성을 증빙하기 위한 첨부서류 2가지를 쓰시오. (6점)

해설 ① 기술자수첩 (자격증)
② 경력증명서 또는 재직증명서

13 정보통신 네트워크의 신뢰도를 향상시키기 위한 방법 5가지를 작성하시오. (5점)

해설 ① 네트워크 구성측면에서 Mash망으로 구성한다.(LAN, MAN영역)
② 고속네트워크는 이중링으로 구성한다. (WAN 영역)
③ 종단간(송신/수신) 에러제어를 통해 신뢰도를 향상시킨다.
④ 네트워크 감시 및 관리시스템(NMS)을 운영한다.
⑤ 정보의 기밀성, 무결성을 확보해 정보의 신뢰도를 향상시킨다.

14 가공통신선의 지지물과 과 가공 강전류 전선간의 이격거리에서 가공 강전류전선의 사용전압이 특고압 일 경우 이격거리는 얼마인가? (3점)

해설

① 1[m] 이상
* 참고
접지설비·구내통신설비·선로설비 및 통신공동구등에 대한 기술기준
제7조(가공통신선의 지지물과 가공강전류전선간의 이격거리)
① 가공통신선의 지지물은 가공강전류전선사이에 끼우거나 통과하여서는 아니된다. 다만, 인체 또는 물건에 손상을 줄 우려가 없을 경우에는 예외로 할 수 있다.

② 가공통신선의 지지물과 가공강전류전선간의 이격거리는 다음 각호와 같다.

1. 가공강전류전선의 사용전압이 저압 또는 고압일 경우의 이격거리는 다음 표와 같다.

가공강전류전선의 사용전압 및 종별		이격거리
저압		30cm이상
고압	강전류케이블	30cm이상
	기타 강전류전선	60cm이상

2. 가공강전류전선의 사용전압이 특고압일 경우의 이격거리는 다음 표와 같다.

가공강전류전선의 사용전압 및 종별		이격거리
35,000V 이하의 것	강전류케이블	50cm이상
	특고압 강전류절연전선	1m이상
	기타 강전류전선	2m이상
35,000V를 초과하고 60,000V이하의 것		2m이상
60,000V를 초과하는 것		2m에 사용전압이 60,000V를 초과하는 10,000V마다 12cm를 더한 값 이상

15 정보통신시스템에서 신호파 전력이 16[W]이고, 정재파 1.5 일 때, 반사파 전력을 계산하시오. (6점)

해설 정재파 $(SWR) = \dfrac{1+반사계수}{1-반사계수}$

반사계수 $= \dfrac{반사전압}{입사전압} = \sqrt{\dfrac{반사전력}{입사전력}}$

그러므로, $1.5 = \dfrac{1+반사계수}{1-반사계수}$, 반사계수 $= 0.2$

$0.2 = \sqrt{\dfrac{반사전력}{16[W]}}$

∴ 반사전력 $= 0.04 \times 16 = 0.64[W]$

16 EIA-568A/B 을 이용하여 크로스케이블을 제작하려고 한다. 위해 빈 칸의 색을 지정하시오. (8점)

<허브>EIA-568A/B

1	2	3	4	5	6	7	8
흰주황	주황	흰녹	청색	흰청	녹색	흰갈	갈색

<PC>

1	2	3	4	5	6	7	8
흰녹색	녹색	흰주황	청색	흰청	주황	흰갈	갈색

해설 EIA-568은 미국내 구내 케이블/케이블링/커넥터에 대한 표준(RJ-45규격)
같은 계층의 장비들끼리 연결에는 크로스 케이블, 다른 계층의 장비를 서로 연결할 때에는 다이렉트 케이블을 사용한다. 크로스 케이블은 한쪽 장비에 EIA-568A케이블을 사용하면 다른 쪽 장비는 EIA-568B 케이블을 사용해 접속한다.

1	2	3	4	5	6	7	8
줄무늬 주황색	주황색	줄무늬 녹색	청색	줄무늬 청색	녹색	줄무늬 갈색	갈색
TX+	TX-	RX+	N/A	N/A	RX-	N/A	N/A

RX+	RX-	TX+	N/A	N/A	TX-	N/A	N/A
줄무늬 녹색	녹색	줄무늬 주황색	청색	줄무늬 청색	주황색	줄무늬 갈색	갈색
3	6	1	4	5	2	7	8

17 오실로스코프 출력이 하나의 구형파 일 때 < 측정 장비전압 0.5V/step, 0.5ms/step > 이때, 진폭, 주파수, 실효값을 계산하시오. (6점)

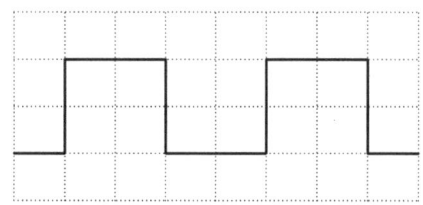

[해설] ① 진 폭 $V_{P-P} = 1V$

② 주파수 $f = \dfrac{1}{2\,[ms]} = 500[Hz]$

③ 실효값 $V_s = 1[V]$ (구형파의 경우 실효값은 피크값과 동일)

18 콘덴서 관련 아래그림을 보고 용량, 전압, 허용오차를 작성하시오. (6점)

[해설] 콘덴서의 기본용량은 [pF] 단위임.
세자리 숫자중 첫째자리 둘째자리가 값이고 세번째 자리 숫자가 승수를 의미
허용오차는 P(1%),G(2%),J(5%),K(10%),M(20%),N(30%) 등으로 함.
내압은 숫자와 알파벳 조합으로 나타냄.
정격전압

[V]	A	B	C	D	E	F	G	H	I	J
0	1	1.25	1.6	2.0	2.5	3.15	4.0	5.0	6.3	8.0
1	10	12.5	16	20	25	31.5	40	50	63	80
2	100	125	160	200	250	315	400	500	630	800
3	1000	1250	1600	2000	2500	3150	4000	5000	6300	8000

가. 2B 474K

① 용량 : 47×10^4 [pF]=470,000 [pF] = 470 [nF] = 0.47 [uF]
② 정격전압 : 2B =125[V]
③ 허용오차 : K = ±10[%] (참고: J = ±5%, M = ±20%)

나. 22 M

① 용량 : 22[pF]
② 전압 : 50[V] (표시가 없는 경우 50V)
③ 허용오차 : M = 20[%]

19 접지측정법 3가지를 쓰시오. (3점)

해설 ① 3점 전위강하법
② 2극 측정법
③ 클램프온 측정법

20 통신관련시설 접지저항은 (　　　)Ω 이하를 기준으로 한다. (3점)

해설 10Ω

15 정보통신기사 2014년 4회

01 인터넷에서 크기가 10[Mbyte]인 MP3파일을 다운로드 받을 경우, 사용 중인 인터넷 회선의 다운로드 속도가 2[Mbps] 이면 파일을 모두 다운로드 받는데 소요되는 시간[sec]을 계산식과 함께 쓰시오. (4점)

[해설] 10Mbyte는 80Mbit 이므로 $\dfrac{80Mbit}{2Mbit/\sec} = 40$초

02 xDSL(xDigital Subscriber Line)로 통칭되는 디지털 가입자망 접속 방식 중 3가지만 쓰시오.

[해설] 가. xDSL의 개요
① 전화선을 이용해 초고속인터넷을 하기 위한 기술로, DSL모뎀간 데이터 전달을 위한 송수신기 기술을 의미함
② 음성에 영향을 미치지 않는 상위주파수 대역에 Data를 실어서 인터넷 등을 서비스 하는 기술임.
나. xDSL의 종류

구분	전송속도	최대거리	변조방식	응용	비고
ADSL	수신:160k~9Mbps 송신:2~768kbps	5.4km (2선식)	DMT,CAP	인터넷,VOD, 원격지 LAN 접속	가장보편적인 DSL
RADSL	수신:600k~7Mbps 송신:128~768kbps	6.3km (2선식)	DMT,CAP	회사,캠퍼스,공장,관공서 등 LAN-to-LAN 접속	S/W업그레이드로 서비스질 속도향상
SDSL	수신:160k~2.048M 송신:160k~2.048M	3.6km (2선식)	DMT,CAP	T1/E1서비스,LAN, WAN접속,서버접속	HDSL의 단일 구리,쌍선 모델
HDSL	수신:1.5~2.048Mbps 송신:1.5~2.048Mbps	5.4km (4선식)	2B1Q, CAP	T1/E1서비스,LAN, WAN접속,서버접속	
VDSL	수신:1.3~52Mbps 송신:3Mbps (동상 20Mbps)	1.4km (2선식)	CAP, DWMT, QAM	인터넷,VOD, HDTV	ATM네트워크 에서 사용

[Information Communication]

TIP & MEMO

03 공중(패킷) 데이터교환망(PSDN)에서 이용가능한 패킷교환방식 2가지를 작성하시오. (6점)

해설 가상회선(Virtual Circuit)방식, 데이터 그램(Data gram)방식

04 아래는 HDLC(High-Level Data Link Control) Frame 의 구성도이다. 각 빈칸에 맞는 비트수를 쓰시오. (6점)

01111110 (시작 flag)	주소 (1) 비트	제어 (2) 비트	정보 임의의 비트	FCS (3) 비트	01111110 (종료 flag)

해설

시작 플래그	주소부	제어부	정보부	FCS	종료 플래그
01111110	8 비트	8 비트	임의 비트	16 비트	01111110

05 아래 문장의 괄호 안에 들어갈 알맞은 말은 무엇인가? (4점)

> OSI 7계층 중 표현계층의 데이터 압축방법은 정보의 손실유무에 따라 (　　) 방식과 (　　) 방식으로 분류한다.

해설 손실압축(MPEG, JPEG), 무손실 압축(VLC, RLC)

06 인터넷에서 사용되는 라우터(Router)의 기본기능 중 3가지만 쓰시오. (6점)

해설
① 최적의 경로 설정(Routing)
② 패킷 스위칭 기능(Forwarding)
③ 로드 밸런싱(load-balancing)
④ 라우팅 테이블 관리
⑤ 패킷의 중계 전달

07 정보통신공사업법에서 규정하는 공사의 구분 중 2가지만 쓰시오. (4점)

해설 정보통신공사업법 시행령 2조
① 통신 설비공사 : 통신선로, 교환, 전송, 구내통신, 이동통신, 위성통신, 고정무선통신 설비공사 등
② 방송 설비공사 : 방송국 설비공사, 방송전송선로 설비공사
③ 정보 설비공사 : 정보제어/보안, 정보망, 정보매체, 항공/항만통신, 선박의 통신/항행/어로, 철도통신/신호 설비공사 등
④ 기타 설비공사 : 정보통신전용 전기시설(전원/접지/전자파방지)

08 접지설비, 구내통신설비, 선로설비 및 통신공동구 등에 대한 기술기준에 따른 지중 통신선의 시설공법에 대한 설명이다. 다음 괄호 안에 들어갈 알맞은 것을 보기에서 찾아 쓰시오. (10점)

〈보기〉
30Cm, 60Cm, 90Cm, 1.2m, 옹벽, 격벽, 부식, 누전, 휴즈·개폐기, 스위치

지중 통신선을 지중 강전류선으로부터 (1) (지중 강전류전선이 특별 고압일 경우에는 (2)) 이내의 거리에 설치하는 경우에는 지중 통신선과 지중 강전류전선간에는 설치장소에서 발생할 수 있는 화염에 견딜 수 있는 (3)을 설치하여야 한다.
지중 통신선의 금속체의 피복 또는 관로는 지중 강전류전선의 금속체의 피복 또는 관로와 전기적 접촉이 있어서는 아니된다. 다만, 전기철도 또는 전기궤도의 귀선으로부터 누출되는 직류전선에 의한 (4) 또는 강전류 설비로부터 전기통신설비에 유입되는 위험전류를 방지하거나 제한하기 위하여 (5) 또는 이와 유사한 보안장치를 통하여 접속하는 경우에는 예외로 할 수 있다.

해설 접지설비, 구내통신설비, 선로설비 및 통신공동구 등에 대한 기술기준
제21조(지중통신선)
(1) 30Cm, (2) 60Cm, (3) 격벽, (4) 부식, (5) 휴즈·개폐기

□ 제21조(지중통신선) ① 지중통신선을 지중강전류전선으로부터 30cm(지중강전류전선이 특고압일 경우에는 60cm) 이내의 거리에 설치하는 경우에는 지중통신선과 지정강전류전선간에는 설치장소에서 발생할 수 있는 화염에 견딜 수 있는 격벽을 설치하여야 한다. 다만, 전기용품안전관리법에 의한 전기용품기술기준 중 수직트레이 불꽃시험에 적합한 보호피복을 사용하고 접촉되지 아니하도록 설치하는 경우로서 지중강전류전선 설치자의 승낙을 얻은 경우에는 예외로 할 수 있다.
② 지중통신선의 금속체의 피복 또는 관로는 지중강전류전선의 금속체의 피복 또는 관로와 전기적 접촉이 있어서는 아니된다. 다만, 전기철도 또는 전기궤도의 귀선으로부터 누출되는 직류전선에 의한 부식 또는 강전류 설비로부터 방송통신설비에 유입되는 위험전류를 방지하거나 제한하기 위하여 휴즈 개폐기 또는 이와 유사한 보안장치를 통하여 접속하는 경우에는 예외로 할 수 있다.

09
OSI 7 계층에서 다음 사항에 관한 프로토콜은 어떤 계층에 속하는지 쓰시오. (4점)

가) TCP/UDP :　　　　계층
나) IP　　　　 :　　　　계층

해설 가) 전송계층(4계층), 나) 네트워크 계층(3계층)

10
접지전극의 시공방법으로는 일반 접지봉 접지, 메시(망상)접지, 동판접지, 화학 저감재 접지 등이 있다. 다음의 설명은 위 시공방식 중 어떤 시공방법을 설명한 것인지 쓰시오.(4점)

(1) 시공지역 전체를 1[m]길이의 설계된 면적으로 구덩이를 판다.
(2) 나동선을 정해진 간격으로 그물형태로 포설한다.
(3) 그물모양의 각 연결점을 압착 슬리브 접합 혹은 발열 용접으로 접속한다.
(4) 외부 접지도선을 연결하여 인출한다.
(5) 시공지의 전체를 메우고 마무리한다.

해설 메시(망상)접지

11 다음 IP주소로부터 네트워크 주소를 쓰시오

> IP Address : 45.123.21.8
> Subnet Mask : 255.255.0.0

해설 45.123.0.0

12 전자서명법에 정의된 용어 중 다음 문장의 괄호 안에 들어갈 알맞은 용어를 아래 <보기>에서 골라 쓰세요. (3점)

> <보기>
> 정보보호, 공인인증, 정보인증, 가입인증

> "가입자"라 함은 ( )기관으로부터 전자서명 생성정보를 인증 받은 자를 말한다.

해설 공인인증

13 정보통신시스템의 설계 시 고려해야 할 설계 요소 중 3가지만 쓰세요.(6점)

해설
① 가능성
　설계대상물의 규모, 용도, 목적의 기능 및 관리의 부합
② 적합성
　기술기준과의 적합성
③ 편리성
　사용자 활동에 장해가 없는 통신시스템의 편리성 추구

14 공사계획서 작성시 기본적으로 들어가야 하는 내용으로 가장 적합한 것을 <보기>에서 2개를 선택하세요. (4점)

<보기>
감리수행계획, 공정관리계획, 유지보수계획, 하자보수계획, 설계변경계획, 공사비 조달계획, 환경관리계획

해설 환경관리계획, 공정관리계획

15 다음은 프로토콜분석기의 통신 조건을 설정한 화면이다. 프로토콜 설정 내용을 쓰세요.

◀CONFIGURATION▶ PROTOCOL : ASYNC R-SPEED : 9600 S-SPEED : 9600 CODE : ASCII CHAR BIT : 8 PARITY : NONE PUSH PAGE DOWN	*SELECT* 0 : ASYNC 1: ASYNC<PPP>

문자비트 수	8
부호	①
패리티 사용	없음
프로토콜 방식	②
송신 속도	9600
수신 속도	③

해설 ① ASCII
② ASYNC
③ 9600

16 PC에서 아래의 출력 메시지를 나타내기 위한 명령어를 쓰세요. (5점)

1	1ms	3ms	5ms	192.168.1.20
2	*	91ms	67ms	10.161.160.1
3	116ms	62ms	71ms	61.97.193.13
4	110ms	*	68ms	203.171.160.65
5	125ms	94ms	31ms	172.18.129.49
6	93ms	69ms	67ms	172.18.129.197
7	68ms	68ms	68ms	128.134.40.77
8	62ms	72ms	69ms	112.174.76.57
9	72ms	7ms	7ms	218.145.33.54

해설 tracert
: 지정된 호스트에 도달할 때까지 통과하는 경로의 정보와 각 경로에서의 지연시간을 추적하는 명령

17 아래 그림은 TCP/IP 네트워크에서 프로토콜 분석기로 패킷을 해석한 결과이다. 네트워크가 사용하고 있는 송신측 MAC 주소와 수신측 MAC 주소를 각각 쓰세요.

[Information Communication]

no	time	source	Destination	Protocol	info
1	0.000000	201.100.1.2	CDP/VTP	CDP	Cisco Discovery
2	0.478990	201.100.1.2	255.255.255.25	RIPv1	Response
3	4.476592	201.100.1.2	201.100.1.2	LOOP	loopback
4	14.476998	201.100.1.2	201.100.1.2	LOOP	loopback
5	24.477252	201.100.1.2	201.100.1.2	LOOP	loopback
6	26.210869	201.100.1.2	255.255.255.25	RIPv1	Response
7	34.476592	201.100.1.2	201.100.1.2	LOOP	loopback
8	44.477926	201.100.1.2	201.100.1.2	LOOP	loopback
9	52.943718	201.100.1.2	255.255.255.25	RIPv1	Response

+ Frame 2 (70 bytes on wire, 70 bytes captured)
+ Ethernet II, Src : 00:00:0c:f9:00:21, Dst: ff:ff:ff:ff:ff:ff
+ Internet Protocol, Src Addr: 201.100.1.2 (201.100.1.2), Dst Addr :
+ User Datageam Protocol, Src Port : router (520), Dst Port: router(
− Routing information Protocol
    Command : Respond (2)
    Version : RIPv1 (1)
    − IP Address: 201.100.2.0, Metric : 1
        Address Family : IP(2)
        IP Adress: 201.100.2.0 (201.100.2.0)
        Metric : 1

0000	ff	ff	ff	ff	ff	00	00	0c	f9	00	21	08	00	45	00	…
0010	00	34	00	00	00	00	02	11	ee	53	c9	64	01	02	ff	…
0020	ff	ff	02	08	02	08	00	20	63	cf	02	01	00	00	00	…
0030	00	00	c9	64	02	00	00	00	00	00	00	00	00	00	00	…
0040	00	01	75	22	7c	b6										…

【해설】 ① 송신측 MAC 주소: 00:00:0c:f9:00:21
② 수신측 MAC 주소: ff:ff:ff:ff:ff:ff

18 국내 전기통신 사업자를 3가지로 구분하여 쓰시오

【해설】 기간통신 사업자, 별정통신사업자, 부가통신 사업자

16 정보통신기사 2015년 1회

01 주어진 그림의 종합잡음지수를 식으로 표현하시오.

이득 G_1		이득 G_2		이득 G_3	
잡음지수 NF_1		잡음지수 NF_2		잡음지수 NF_3	
시스템 1		시스템 2		시스템 3	

해설
$$NF = F_1 + \frac{F_2 - 1}{G_1} + \frac{F_3 - 1}{G_1 G_2}$$

02 신호변조 과정 시 반송파 누설의 원인 3가지를 쓰시오.

해설 반송파 누설원인
① 반송파 발진기와 희망주파수가 근접한 경우, 반송파 발진주파수가 누설됨
② 종단 증폭기의 과다 증폭으로 인한 비선형으로 반송파 주파수가 누설됨
③ 전자기적인 결합에 의해 반송파 누설

03 레벨미터[dbm]에 관한 다음 질문에 답하시오
  가. 600옴일 경우 0dbm의 전류값은?
  나. 5W는 몇 dBm인가?

해설
가. $10\log\frac{x}{1mW} = 0dBm$ 이므로, $x = 1mW$
$P = I^2 R$ 에서
$I^2 = \frac{P}{R} = \sqrt{\frac{1 \times 10^{-3}}{600}} = 1.29[mA]$

나. 5W를 dBm으로 변환하시오.(소수점 셋째자리에서 반올림)

해설
$dBm = 10\log\frac{5000mW}{1mW} = 36.99[dBm]$

04 이동통신에서 쓰이는 안테나의 전기적 특성 3개 쓰고 설명하시오.

해설 안테나의 전기적 특성
① VSWR : 안테나에 입사된 전력과 안테나에서 반사된 전력으로 인한 반사파로 인해 전압 정재파가 발생함. 전압의 최대치와 최소치의 비를 전압정재파라 함.
② 특성 임피던스 : 안테나 자체가 갖고 있는 임피던스. 보통 50 ohm 인 경우가 대부분이며, 약간의 리액턴스 성분을 가지고 있음.
③ 안테나의 Q : 안테나의 공진 대역폭을 결정하는 인자. Q 가 클수록 대역폭은 좁음.
④ 안테나 이득 : 기준 안테나와 임의 안테나에 동일 전력을 공급했을 때 최대 복사방향 전계의 비를 표시
⑤ 공진주파수 : 안테나에서 최대전력이 방사 될 수 있는 주파수

05 광통신에 관한 다음 용어를 설명하시오.
(1) 마이크로밴딩손실
(2) 매크로밴딩손실

해설 (1) 마이크로밴딩손실 : 광케이블에서 미세한 힘에 의해 구부러짐으로 인해 발생하는 밴딩손실
(2) 매크로밴딩손실 : 광케이블 최초 포설 시, 일직선에 의해 포설해야 하나 어느정도 휘면서 포설이 됨. 이때 발생하는 손실이 매크로 밴딩 손실임

06 통신제어장치의 기능 5가지를 쓰시오

해설

통신 제어의 종류	제어내용
회선 제어	모뎀 등을 제어함
동기 제어	비트, 문자 등의 동기를 제어함
전송 제어	단말마다 정해져 있는 프로토콜을 실행함
에러 제어	통신 회선상에서 발생하는 에러의 검출/정정 등을 함
버퍼 제어	데이터를 일시 보관하여 다음단으로 전송함
흐름 제어	단말장치, 중계 장치 버퍼에서 데이터 폭주를 방지함
다중 처리 제어	많은 통신 회선과 단말장치를 동시 병행 처리함

07 다음에 대해서 간단히 설명하시오.
  (1) 캡슐화
  (2) 캡슐화 헤더에 들어있는 3가지 정보는?

해설 (1) 캡슐화 : 각 계층의 프로토콜에 적합한 데이터 블록으로 만들고 주소, 에러 검출 부호등을 담고 있는 헤더를 부착하는 기능
(2) 헤더에 들어있는 3가지 정보.
 주소정보, 흐름제어 정보, 오류제어 정보.

08 주소변환 프로토콜에 대한 다음 질문에 답하시오.
  (1) IP주소를 MAC주소로 변환하는 프로토콜은?
  (2) (1)번과 반대기능을 하는 프로토콜은 ?

해설 ARP, RARP

09 대규모 전송회선 및 통신망을 지칭하는 것은 ?

해설 백본망 : 중요 공유자원들을 연결하기 위하여 특수한 기술이 적용되는 중추적인 기간 네트워크를 말함

10 "생존하는 개인에 관한 정보로서 성명, 주민등록전호 등에 의해 당해 개인을 알아볼 수 있는 부호, 문자, 음성, 음향........." 이런 내용을 설명하는 용어는?

해설 개인정보.
 "개인정보"라 함은 생존하는 개인에 관한 정보로서 성명·주민등록번호 등에 의하여 당해 개인을 알아볼 수 있는 부호·문자·음성·음향 및 영상 등의 정보(당해 정보만으로는 특정 개인을 알아볼 수 없는 경우에도 다른 정보와 용이하게 결합하여 알아볼 수 있는 것을 포함한다)를 말한다.

11 공사현장에서 안전관리책임자는?

해설 감리원
감리원의 업무범위 (정보통신공사업법 시행령 12조)
① 공사계획 및 공정표의 검토
② 공사업자가 작성한 시공 상세도면의 검토·확인
③ 설계도서와 시공도면의 내용이 현장조건에 적합한지 여부와 시공가능성 등에 관한 사전검토
④ 공사가 설계도서 및 관련규정에 적합하게 행하여지고 있는지에 대한 확인
⑤ 공사 진척부분에 대한 조사 및 검사
⑥ 사용자재의 규격 및 적합성에 관한 검토·확인
⑦ 재해예방대책 및 안전관리의 확인
⑧ 설계변경에 관한 사항의 검토·확인
⑨ 하도급에 대한 타당성 검토
⑩ 준공도서의 검토 및 준공확인

12 정보통신공사 착수단계에서 검토되어야 할 설계도서 3가지를 쓰시오.

해설 실시설계 성과물 (설계도서)
① 공사설계 설명서
② 일반 및 특별시방서
③ 자재 명세표 (산출서, 견적서)
④ 설계 내역서 (설계도면의 내역서)
⑤ 예정공정표

13 정보통신설비를 설계할 때 공사 설계도서에 적용되는 원가의 종류 3가지를 쓰시오.

해설 공사 원가 : 재료비, 노무비, 경비
기타 비용 : 일반관리비, 이윤

14 통신망의 신뢰도를 위해 고려될 수 있는 사항 3가지를 쓰시오.

해설 (1) 신뢰성(Reliability): 시스템이 주어진 여건 아래에서 업무를 이상없이 처리할 수 있는 능력을 말함. 업무 수행에 이상이 있는 경우를 고장이라고 하며, 단위 시간에 고장이 발생하는 횟수를 고장율이라고 함.
(2) 가용성(Availability)
시스템을 사용하는 특정기간 중 실제로 업무를 수행할 수 있는 능력으로 시스템이 동작하는 일정한 시간 간격대 시간 간격중의 시스템의 동작 불가능시간의 비로 표시됨.

$$A(가용률) = \frac{MTBF}{MTBF + MTTR}$$

(3) 보전성(Serviceability)
시스템 사용 도중 장애가 발생 하였을시 회복을 위한 수리의 간편도, 정기적인 점검, 대책의 간편성을 말함.

15 다음에 대해서 설명하시오
(1) OTDR 원어
(2) OTDR 용도
(3) 광섬유케이블 접속지점에 대한 결과 측정방법 2가지

해설 (1) OTDR : Optical Time Domain Reflectometer
(2) 용도:
 ① 광섬유의 성능을 비파괴적으로 측정할 수 있는 장비임
 ② 광섬유내의 후방산란 특성을 이용하여 고장지점이나 손실 등을 측정
(3) 측정방법

삽입법	측정 양단에 커넥터를 접속하여 측정
컷백법	1m ~ 2m 길이의 광섬유를 절단하여 측정된 값을 기준으로 측정(일정한 구간의 광섬유를 통과해온 광전력을 측정한 후)
후방산란법	광섬유의 후방산란신호를 측정하여 고장점 측정 및 손실 측정함 (양방향 측정을 원칙으로 함)

16 다음 약어의 용어를 쓰시오(4점)

(1) FWHM 원어

(2) IoT 원어

해설 (1) FWHM : Full width at half maximum

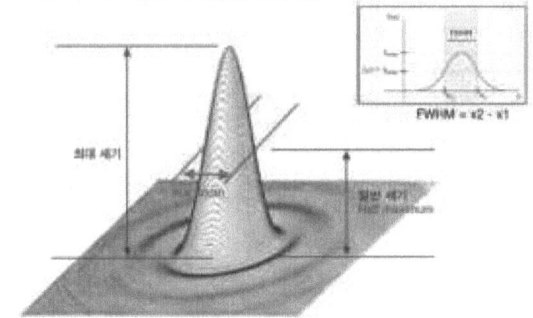

(2) IoT : Internet of Thing (사물 인터넷)

17 윈도의 XP 창에서 쓰는 프로토콜로 IPv4 컴퓨터의 이름을 찾거나 IP가 충돌할 경우 어디서 충돌했는지 알아내는 명령어는 ? (5점)

해설 nbtstat

1) nbtstat - 자신의 IP와 타인의 IP가 충돌되는 경우, 누가 사용하는지 알아내기 위한 명령어.
2) ping - IP주소 통신 장비의 접속성을 확인하기 위한 명령어. 대상 서버가 가동중인지? 연결 되어있는지 여부 판단을 위한 명령어
3) tracert - 인터넷을 통해 거친 경로를 표시하고 그 구간의 정보를 기록하고 인터넷 프로토콜 네트워크를 통해 패킷의 전송 지연을 측정하기 위한 컴퓨터 네트워크 진단 유틸리티.
4) nslookup - 인터넷 서버관리자나 또는 사용자가 호스트 이름을 입력하면, 그에 상응하는 인터넷 주소를 찾아주는 프로그램. 이 프로그램은 또한 지정한 IP 주소로 호스트 이름을 찾아내는 정반대의 찾기도 수행한다.
5) netstat - 라우팅테이블 확인, 프로토콜 서비스된 통계, 열려져있는 포트 및 서비스 중인 프로세스의 상태정보와 네트워크 연결 상태를 알아보기 위한 명령어.

18 광통신 시스템에서 대역폭 식은 다음과 같다.

$BW = \dfrac{1}{2 \times \Delta t}$ (여기서 Δt 는 분산)

가. 경사형 굴절율 분산이 1.5 [nS/Km]이고, 8Km 일 때 광통신 시스템의 대역폭은?(2점)

나. 광통신 시스템에서 1Km 일 때 광 대역폭과 전기 대역폭을 구하시오(4점)
 (1) 광 대역폭
 (2) 전기 대역폭

해설 가. 광통신 시스템의 대역폭

$BW = \dfrac{1}{2 \times 1.5ns \times 8}$

$= \dfrac{1}{2 \times 12 * 10^{-9}} = \dfrac{1}{24} \times 10^9 = 41.67 MHz$

나. (1) 광 대역폭 : 최대치의 0.5 되는 대역폭

$BW = \dfrac{1}{2 \times 1.5ns \times 1} ≒ 333.33 [MHz]$

(2) 전기 대역폭: 최대치의 0.707 되는 대역폭

$BW(광대역폭) \times \dfrac{1}{\sqrt{2}} ≒ 235.66 [MHz]$

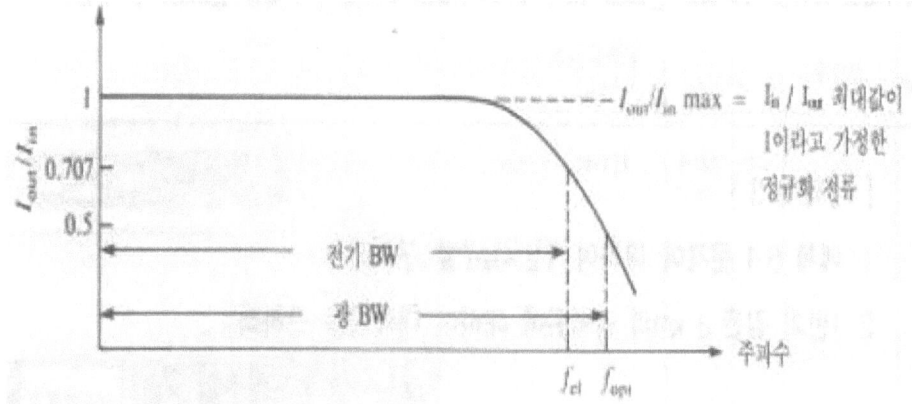

19 주어진 용어에 대하여 설명하시오.
(1) 프로토콜 분석기 (2) 라우팅 프로토콜 (3) 송신측 MAC 주소

해설 (1) 프로토콜 분석기
프로토콜 분석기(Protocol Analyzer)는 한 마디로 DTE(Data Terminal Equipment)와 DCE(Data Circuit Terminating Equipment)사이에서 송수신되는 시리얼 데이터가 정해진 대로 올바르게 전송되고 있는가를 조사하는 측정기라고 할 수 있다.
그 방법으로서 송신 데이터(DTE에서 DCE측으로 보내는 데이터)와 수신데이터(DCE 측에서 DTE로 보내는 데이터)의 시리얼 데이터를 패러럴 데이터로 변환하여 캐릭터 제너레이터를 통해 화면에 표시한다.
즉, 눈으로 볼 수 없는, 송수신되고 있는 전기 신호를 문자로서 화면에 표시 하므로써 올바르게 송수신이 이루어지고 있는지 여부를 판정하는 것이다

(2) 라우팅 프로토콜
① 링크스테이트 라우팅 프로토콜을 통한 라우팅 (예: OSPF, IS-IS)
② 경로벡터나 거리벡터 프로토콜을 통한 라우팅 (예: IGRP, EIGRP)
③ 외부 게이트웨이 라우팅. 경계 경로 프로토콜(BGP)은 자율 시스템 사이에서 트래픽을 교환할 목적으로 인터넷에 쓰이는 라우팅 프로토콜이다.

(3) 송신측 MAC 주소
송신측 MAC주소는 2계층 데이터링크에서 사용하는 주소로써, 3계층의 IP 주소를 RARP 프로토콜로 변환하면 2계층 MAC주소를 알 수 있음.

20 데이터 통신회선에서 측정주파수 800hz, 송신전력 0[dBm], 전송로 손실이 30[dB]이며, 수신잡음이 10[dBrnc]일 때 신호대 잡음비는? (단 0[dBrnc]는 −90[dBm]이다.

해설

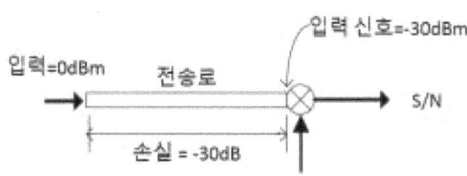

(1) 신호대 잡음비 = $10\log\left(\dfrac{입력전력}{잡음전력}\right)$[dB]

① 신호 전력 구하기
  송신전력 $0[dBm] = 1[mW]$
  전송로손실 30[dB]이므로,
  $-30[dB] = 10\log\left(\dfrac{출력전력}{입력전력}\right) = 10\log\left(\dfrac{0.001mW}{1mW}\right)$ 이므로,
  전송로 이후에 출력전력(또는 신호전력)은 $0.001mW = 10^{-3}[mW]$

② 잡음전력 구하기
  잡음전력이 10[dBrnc] (조건 0[dBrnc] = −90[dBm] 이므로)
  $10[dBrnc] = -90dBm + 10dB$
  $\qquad\qquad = -80 dBm$

따라서, 신호대 잡음비(SNR[dB]) = $10\log\left(\dfrac{10^{-3}[mW]}{10^{-8}[mW]}\right)$[dB] = 50[dB]

또는 SNR = 신호 [dBm] − 잡음[dBm]
  $= -30dBm - (-80dBm)$
  $= +50dB$

17 정보통신기사 2015년 2회

01 진폭이 2V, 주파수 1000π, 위상이 π/4일 때 이를 수식으로 표현하시오. (5점)

해설

$$f(t) = 2\sin\left(2000\pi t + \frac{\pi}{4}\right)$$

02 블루투스에 대하여 설명하시오.

해설
① Bluetooth는 10~100m 정도의 작은 영역에서 연결을 제공하는 무선 인터페이스 규격으로 2.4GHz의 ISM(Industrial Scientific Medical)대역의 주파수를 사용
② ISM 대역의 사용으로 무선 전화 등과의 예상치 못하는 간섭이 발생할 수 있으므로, 블루투스에서는 간섭 방지를 위해 주파수 호핑(frequency hopping)을 이용
③ 최대 데이터 전송속도는 1Mbps이고, 최대 전송거리는 10m의 무선데이터 통신 실현을 목표로 하고 있다.
④ 피코넷과 스캐터넷이라는 2종류의 무선접속 형태가 있음.
⑤ 변조방식은 GFSK(Gaussian Frequency Shift Keying)방식을 사용하며 Point to Point, Point to Multipoint 연결 가능

03 광섬유의 장점, 단점에 대해서 쓰시오.

해설
1) 장점:
① 광대역성 : $10^{14} \sim 10^{15}$[Hz]의 대역폭을 사용하기 때문에 광대역 전송 가능
② 저손실 : 전송매체 중 가장 손실이 적어 장거리 전송이 가능
③ 무유도성 : 광 신호는 전기적인 유도 및 간섭의 영향이 없음
④ 세경,경량 : 직경이 작고 무게가 가벼움
⑤ 자원 풍부 : 광섬유의 원료가 모래 또는 플라스틱이므로 자원이 풍부함
2) 단점
① 분산 발생 : 모드간, 모드내 분산 발생
② 구부림 등에 의한 손실발생
③ 고도의 접속기술이 필요.

04 10G 전송매체 3가지에 대해서 쓰시오.

해설 10G-Base-T(UTP 케이블), 10G-base-SX(광케이블), 10G-Base-CX(동축 케이블)

05 프로토콜 3요소와 각각에 대해서 설명하시오.

해설
① 구문(Syntax): 데이터의 형식, 부호화(Coding), 신호 크기 등의 규정
② 의미(Semantics): 제어(Control)와 오류 복원을 위한 제어 정보의 규정
③ 타이밍(Timing): 접속되는 두 개체간의 통신 속도나 메시지의 순서를 제어

06 다음과 같은 NE555 회로의 발진 파형을 도시하시오

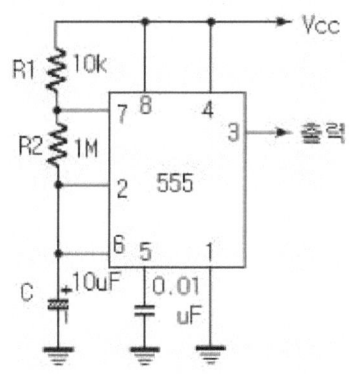

해설 구형파 펄스 신호

발진주기 $T = 0.693 \times C \times (R_1 + 2R_2)$
$= 0.693 \times 10 \times 10^{-6}(10,000 + 2 \times 1,000,000)$
$= 14.07[\text{sec}]$

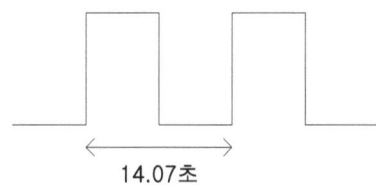

14.07초

[Information Communication]

07 SNMP full name 에 대해서 쓰시오.

해설 SNMP(Simple Network Management Protocol): SNMP는 네트워크 장비들로부터 필요한 정보(MIB)를 가져와 장비상태를 모니터링하거나 관리할 수 있는 프로토콜

08 다음 설명하는 프로토콜을 쓰시오.
가) (   )는 HyperText를 전달하기 위한 TCP/IP 상위 레벨의 프로토콜로 클라이언트가 서버에게 보내는 요청메시지, 반대로 서버가 클라이언트에게 보내는 응답메시지가 있다
나) (   )는 인터넷에서 전자우편을 전송할 때 이용되는 표준 프로토콜이다.
다) (   )는 인터넷 상에서 한 컴퓨터에서 다른 컴퓨터로 파일 전송을 지원하는 통신규약이다 (제어포트(21)와 데이터포트(20)분리)

해설 HTTP, SMTP, FTP

09 네트워크 아키텍쳐의 상위계층, 하위계층을 쓰시오.

해설 상위계층: 응용계층, 표현계층, 세션계층
중간 계층: 전송계층
하위계층: 네트워크 계층, 데이터링크 계층, 물리계층

계층	명칭	내용
1 계층	물리	정보전송을 위한 데이터 회선의 설정/유지/해제의 기능을 수행하기 위해 물리적, 전기적, 기능적, 절차적 특성을 제공하는 계층
2 계층	데이터링크	인접 개방형 시스템 간의 투명한 정보전송 및 전송오류의 제어를 수행하는 계층
3 계층	네트워크	정보교환 및 중계기능, 경로설정, 흐름제어 등을 수행하는 계층
4 계층	트랜스포트	송수신 시스템(end-to-end) 간의 논리적 안정과 균일한 서비스를 제공하는 계층.
5 계층	세션	응용 프로세서간의 대화제어를 위하여 송신권 및 동기점 제어 등을 수행하는 계층.
6 계층	표현	정보의 추상구문에서 전송구분으로의 형식변환과 부호변환, 암호화 및 해독 등을 수행하는 계층
7 계층	응용	응용 프로세서간의 정보교환, 전자 사서함, 파일전송 등의 응용 프로그램을 실행하는 계층

10 다음 지문의 빈칸을 채우시오.

(㉮)란 네트워크 자원(서버, 라우터, 스위치)을 제어 감시하는 기능을 말하며, (㉮)는 TCP/IP 기반에서 망관리를 위한 애플리케이션층의 Protocol을 말하며 관리 대상과 관리 시스템간 Management Information을 주고 받기 위한 규정이다

해설 SNMP (망관리 프로토콜)

11 IPv4, IPv6에 대한 비교표이다. ( )에 해당하는 단어를 쓰시오.

항목	IPv4	IPv6
주소크기	(가) 비트	(가) 비트
사용가능주소	(다) 억개	(라) 개
헤더포맷	복잡	간단 (확장헤더 사용)
이동환경	불가능	Mobile IP 지원
보안성	미흡(IPsec 별도 설치)	IPsec 기본 탑재
QoS	어려움	용이함
라우팅	규모조정 불가능	규모조정 가능
Flow Label	지원하지 못함	지원
주소자동설정	DHCP 서버 필요	가능
웹캐스팅	곤란	용이

해설
가. 32bit
나. 128bit
다. 43억개
라. 무한개

12 착공계 서류 4가지에 대해서 쓰시오.

해설
1. 착수계
2. 현장기술자 지정신고서(현장 대리인, 현장관리조직 등)
3. 현장기술자 경력사항 확인서 및 자격증 사본
4. 안전 관리 계획서
5. 예정공정표
6. 정보통신 공사업 등록증 등

13 감리원의 3가지 역할에 대해서 쓰시오.

해설
(가) 품질관리
(나) 시공관리
(다) 안전관리 또는 환경관리

14 송신하고자 하는 데이터가 3200bit 이고, 동기비트 32bit 인 경우, 코드효율은 얼마인가?

해설 코드효율 = $\dfrac{\text{순수 데이터 비트}}{\text{데이터 비트}} = \dfrac{3200-32}{3200} = \dfrac{3168}{3200} \times 100\% = 99\%$

15 가동률에 대해서 설명하시오.

[해설] 시스템을 사용하는 특정기간 중 실제로 업무를 수행할 수 있는 능력으로 시스템이 동작하는 일정한 시간 간격대 시간 간격중의 시스템의 동작 불가능시간의 비로 표시됨.

$$A(가동률) = \frac{MTBF}{MTBF + MTTR}$$

① MTBF(Mean Time Between Failure): 수리완료로부터 다음 고장까지 무고장으로 작동하는 시간의 평균시스템 동작 가능 시간. 즉, 시스템 고장 발생시간으로 다음 고장이 발생하기까지 평균 시간
② MTTR(Mean Time To Repair): 시스템 동작 불가능 시간시스템의 고장을 수리하는데 걸리는 평균 시간
③ MTTF(Mean Time To Failure): 가동 평균시간

16 가공통신선과 특고압 가공 강전류 전선 및 저압 가공 강전류 전선 간의 이격거리는 얼마인가?

[해설] 1m 이상, 30cm 이상

가공강전류전선의 사용전압 및 종별		이격거리
저압 가공 강전류 전선		30cm 이상
고압	강전류케이블	30cm 이상
	기타 강전류전선	60cm 이상
특고압	강전류 전선	1m 이상

17 아래 오실로스코프 파형을 보고 물음에 답하시오.

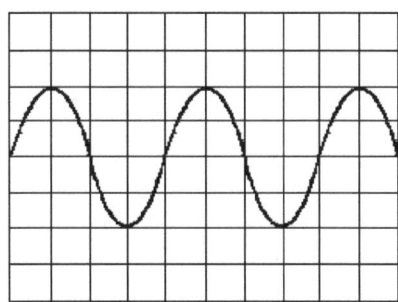

단, Volt/Div = 1[V], Time/Div = 10[us]
가. 첨두치전압
나. 주 기
다. 주파수

해설 가. 첨두치전압 V_{P-P}= 4V
나. 주 기 T =40us
다. 주파수 f= 1/40us = 25KHz

18 급전선에 나타난 정재파비가 1.5인 경우, 반사파 전력은 얼마인가? (단, 입사전력 16W임)

해설 $S=\dfrac{1+\Gamma}{1-\Gamma}=1.5$ 이므로 $\Gamma=0.2$

$\Gamma=0.2=\sqrt{\dfrac{P_r}{P_f}}=\sqrt{\dfrac{P_r}{16}}$

$\therefore P_r = 0.64\,W$

19 PCM 통신에서 음성 최고주파수 4KHz인 경우, 샘플링주파수와 샘플링 주기를 구하시오.

해설 표본화 정리란 원신호 $f(t)$의 주파수 대역이 제한되어 있고, 그 상한주파수가 f_m이면 $2f_m$에 상당하는 주기 T_s ($T_s = \dfrac{1}{2f_m}$: Nyquist rate)보다 짧은 주기로 표본화하면 아날로그 원신호를 완전히 디지털 신호로 치환하여 전송하여도 수신측에서 원신호 $f(t)$를 정확히 재생시킬 수 있다.

샘플링 주파수 $f_s = 2 \times 4[kHz] = 8[kHz]$

샘플링 주기 $T_s = \dfrac{1}{8[kHz]} = 125[\mu sec]$

20 각각에 해당하는 현장 실무에서의 노이즈 감소 대책을 적으시오. (6점)
가. 노이즈 주파수 차이로 노이즈 제거 혹은 감소
나. 노이즈 전송모드 차이로 노이즈 제거 혹은 감소
다. 노이즈 전위 차이로 노이즈 제거 혹은 감소

해설 가. 콘덴서, Noise Filer
나. Common mode choke coil, Photo coupler
다. 바리스터(varister), 방전소자

21 접지저항 기술기준에 의한 특3종 접지의 저항과 도선의 굵기에 대해서 쓰시오.

해설

접지 저항 기술기준	1종접지	10옴 이하 (피뢰기 / 고압 기기 등), 2.6mm 이상.
	2종접지	150옴 이하 (협의 결정), 4mm 이상
	3종접지	100옴 이하 (300v 이상 저압용 기기 등), 1.6mm 이상
	특3종 접지	10옴 이하 (과부하 차단기 등), 1.6mm 이상

18 정보통신기사 2015년 4회

01 IEEE802.11n에서 사용하는 다중화방식은? (4점)

해설) OFDM

02 200MHz주파수를 사용하고 1/4안테나로 사용 시 안테나 높이는? (4점)

해설)
$$\lambda = \frac{C}{f} = \frac{3 \times 10^8 m/s}{200 \times 10^6 Hz} = \frac{300}{200} = 1.5m$$
$$\text{안테나 길이} = \frac{\lambda}{4} = \frac{1.5m}{4} = 0.375m$$

03 이동통신에서 사용자 위치를 저장하는 서버와 방문자 위치를 저장하는 서버의 약어 및 full name을 쓰시오 (6점)

해설) HLR : Home Location Register, VLR : Visitor Location Register

04 설계 3단계에 대해서 쓰시오? (3점)

해설)
① 계획 설계 ; 사업성을 판단하는 단계
② 기본 설계 ; 인허가를 받는 단계
③ 실시 설계 ; 설계도서에 상세히 표기하여 시공 도면화하는 단계

05
4800baud, 16위상 모뎀의 전송속도[bps]는 얼마인가? (5점)

해설 $r = B \times \log_2 M = 4800 \times \log_2 16 = 4800 \times 4 = 19,200 [bps]$

06
노드 100개일 때, 망형 회선수는? (4점)

해설 망형 회수 개수 $= \dfrac{n(n-1)}{2} = \dfrac{100*99}{2} = 4,950$ 개

07
IPv 4에 대하여 5가지 이상 설명하시오? (10점)

해설
① IPv4 주소는 네트워크 부분과 호스트 부분으로 구성됨
② Class에 따라 A~E Class까지 5단계로 구분됨
③ 32bit 주소는 10진수 표현으로 4개 필드로 구성됨
　예) 192.168.0.1 (11000000.10101000.00000000.00000001)
④ Broadcast, Unicast, Multicast 주소 사용
⑤ 보안에 취약한 구조임
⑥ QoS서비스에 취약함 (IP Header의 TOS Flag 이용)

08
정보통신 설비 준공 시 시공자가 발주자에게 제출해야할 서류 4가지를 아래 예에서 쓰시오 (4)

해설 착공계, 준공계, 준공도면, 설계도면, 일반시방서, 특별시방서

착공계 준공계 준공도면 설계도면

09 프로토콜의 기능 중 순서결정의 의미를 설명하시오. (5점)

해설 ① 순서결정(순서지정)의 정의
: 프로토콜 데이터 단위가 전송될 때 보내지는 순서를 명시하는 기능
② 순서결정(순서지정)의 의미
: 순서지정(Sequencing)하는 이유는 순서에 맞게 전달, 흐름제어, 오류제어를 하기 위함임

10 전송계층의 class 0에서 class 4까지 설명하시오(10)

해설 가. Class 0
: 가장 간단한 Class로 다중화 기능, 장해통지로부터 회복 기능이 없음
나. Class 1
: 다중화 기능은 갖지 않지만 장해 통지로부터 회복기능이 있음.
: 장해에 의한 Reset 또는 네트워크 연결의 절단이 생겨도 자동적으로 재설정하여 통신을 유지
다. Class 2
: Class 0에 다중화 기능을 부가한 등급
라. Class 3
: Class 1의 기능에 다중화 기능을 추가한 등급
마. Class 4
: 데이터 분실, 분실된 비트 오류, 장해 등을 검출하여 회복할 수 있고 다중화 기능도 있는 등급

11 3극 전위 강하법이 사용하기 힘들 때 대체해서 사용할 수 있는 접지법에 대해서 쓰시오. (5점)

해설 2극 측정법

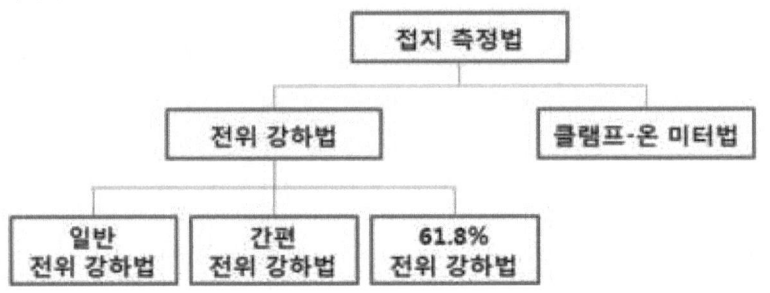

1) 2극 측정법(간편화된 전위강하법): 간편화된 측정법은 저항분포곡선에서 수평부분으로 추정되는 중간 부분에서만 분석하는 방법임.
2) 3점 전위강하법(61.8%법): 대지비 저항이 균일한 장소에서 적용함, 61.8%법은 전위강하법을 이용하여 접지저항을 측정할 때, 전류보조극의 거리를 접지체로부터 C로 하고 전압보조극의 거리를 C의 61.8%로 하여 측정된 접지 저항값을 결정

* 참고 클램프-온 미터법
(1) 측정기의 원리
① 전력시스템이나 통신케이블의 경우처럼 다중 접지된 시스템의 경우에 사용됨.
② 이 때 특수한 변류기를 사용하여 회로에 전압E를 공급해 주면 전류I가 흐르게 된다.
③ 다시 변류기를 사용하여 흐르는 전류를 측정할 때 전류와 전압과의 관계는 다음과 같이 나타난다. 일반적으로 따라서, E/I=Rx라는 식이 성립된다.

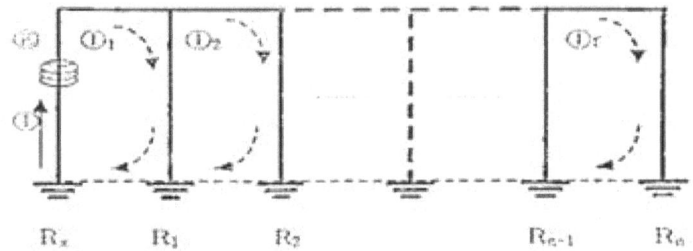

(2) 클램프-온-미터 측정법의 특징
① 다중접지된 통신설로에서만 적용.
② 접지체와 접지대상을 분리하지 않고, 보조접지극을 사용하지 않기 때문에 빠른 측정이 가능.
③ 접지선을 연결해야 측정이 가능하므로 자동적인 유지보수가 이루어진다.
④ 도로에서 사용할 경우 각 케이블의 본딩상태를 대략점검 할 수 있음.

12 다음 프로토콜에 대하여 설명하시오. (5점)

해설

tracert	인터넷을 통해 거친 경로를 표시하고 그 구간의 정보를 기록. 인터넷 프로토콜 네트워크를 통해 패킷의 전송 지연을 측정하기 위한 컴퓨터 네트워크 진단 유틸리티
nslookup	인터넷 서버관리자나 또는 사용자가 호스트 이름을 입력하면, 그에 상응하는 인터넷 주소를 찾아주는 프로그램. 이 프로그램은 또한 지정한 IP 주소로 호스트 이름을 찾아내는 정반대의 찾기도 수행한다.
netstat	라우팅테이블 확인, 프로토콜 서비스된 통계, 열려져있는 포트 및 서비스 중인 프로세스의 상태정보와 네트워크 연결상태를 알아보기 위한 명령어

13 ATM 헤더와 페이로드의 크기를 쓰시오 (4점)

해설 ATM은 53[Byte] 고정길이 를 갖는 Cell 구조
53Byte Cell 은 2개의 필드로 구성

헤 더	5[Byte]
페이로드	48[Byte]

14 표준 신호 발생기 조건 3가지를 쓰시오 (6점)

해설
① 넓은 범위에 걸쳐서 발진 주파수가 가변일 것
② 발진 주파수의 정확도 와 안정도가 양호할 것
③ 출력 레벨이 가변이 가능하고 정확할 것
④ 변조도가 정확히 조정되고 변조 왜곡이 적을 것
⑤ 차폐가 완전하고 출력 단자 이외에서 전자파가 누설되지 않을 것

15 디지털계측기가 아날로그 계측기에 비해 우수한 점 5가지를 쓰시오 (5점)

해설
가. 측정의 용이성 : 아날로그 계측기에 비해 측정이 쉽고 신속히 이루어진다.
나. 낮은 측정오차 : 측정값을 읽을 때, 개인적인 오차가 발생하지 않는다.
다. 넓은 동작범위 : 잡음에 대하여 덜 민감하므로, 측정 정도를 높일 수 있다.
라. 데이터 후처리 : 측정에서 얻어진 디지털 정보를 직접 계산기에 넣어서 데이터를 처리할 수 있다. (데이터 처리의 일관성과 간편성).

16 오류율이 10^{-8}일 때, 10Mbps로 1시간 전송 시 최대 오류 비트수를 구하시오(4점)

해설

$$총전송\,bit수 = 10 \times 10^6 \times 10 \times 60 = 3.6 \times 10^{10}\,[bit]$$

$$총에러\,bit수 = 에러율 \times 총전송\,bit$$

$$= 10^{-8} \times 3.6 \times 10^{10}\,bit = 3,600\,[bit]$$

17 아래 OSI-7 계층 설명에 해당하는 계층이름을 쓰시오 (3점)

(가)	• 데이터 전송에서 경로설정 기능
(나)	• 프레임 제어기능
(다)	• 데이터 압축, 암호화 기능

해설

(가) 데이터링크 계층, (나) 네트워크 계층, (다) 표현계층

18 원가를 구성하는 총원가와 공사원가의 구성항목에 대해서 쓰시오. (4점)

해설 총원가: 노무비 + 재료비 + 경비 + 일반관리비 + 이윤
공사원가: 노무비 + 재료비 + 경비

19 다음 라우터 인터페이스 설정 내용을 나타낸다. 라우터 프로토콜의 이름을 쓰시오. (4점)

```
RTA#
interface Ethernet0
ip address 192.213.11.1 255.255.255.0

interface Ethernet1
ip address 192.213.12.2 255.255.255.0

interface Ethernet2
ip address 128.213.1.1 255.255.255.0

router ospf 100
network 192.213.0.0 0.0.255.255 area 0.0.0.0
network 128.213.1.1 0.0.0.0 area 23
```

해설 OSPF(Open Shortest Path First)

19 정보통신기사 2016년 1회

01 8위상, 2진폭을 가진 모뎀의 변조속도가 4800 Baud일 때 전송속도[bps]를 계산하시오.

해설 8위상 2진폭일 때, 심볼 수 M=16의 값을 가진다.
이 때의 비트 수 $n=\log_2 M =4$bit를 4800[baud]의 변조속도로 전송하므로
$r = n \times B = 4 \times 4800 = 19,200$[bps]

02 지상파 DMB는 6MHz 대역에 (　)MHz Block (　)개가 전송된다.

해설 지상파 DMB는 6MHz 대역에 (1.5)MHz Block (3)개가 전송된다.

03 다음에 표현된 디지털 변조방식은?
　　1 : $A sin(2\pi ft)$
　　0 : $A sin(2\pi ft + \theta)$
　　A = 진폭, f = 주파수, θ = 위상

해설 BPSK 변조방식

04 광케이블에 관한 다음 질문에 답하시오

(가) 굴절률이 n_1과 n_2 서로 다른 두 매질이 맞닿아 있을 때 매질을 통과하는 빛의 경로는 매질마다 광속이 다르므로 휘게 되는데, 그 휜 정도를 나타내는 법칙은?

해설 스넬의 법칙 $n_1 \sin\phi_i = n_2 \sin\phi_t$

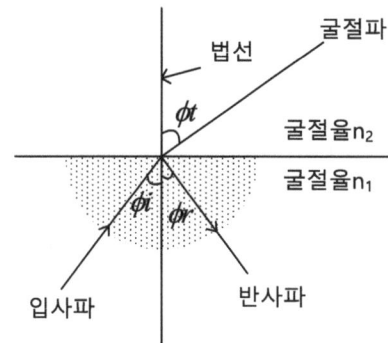

(나) 광통신 시스템의 수신측에서 사용하는 대표적인 발광소자 2가지를 쓰시오.

해설 ① LD
② LED

(다) 광통신 시스템의 수신측에서 사용하는 대표적인 수광소자 2가지를 쓰시오.

해설 ① PD(Photo Diode)
② APD(Avalanche Photo Diode)

(라) 단일모드 광섬유에서 재료분산과 구조분산이 서로 상쇄되어 분산이 0이 되는 파장의 값은?

해설 1310nm

05 정보통신시스템에서 DTE-DCE간의 국제 표준규격의 특성조건 4가지를 쓰시오.

해설 ① 물리적조건
: DTE/DCE에서 취급하는 커넥터 및 DCE와 DTE 간을 연결하는 통신 회선에 접속되는 커넥터에 대하여 그 형태와 규격, 신호 핀 배열 등에 대한 규정
② 전기적조건
: DTE/DCE 상호 접속 회로의 임피던스와 신호 레벨 등에 대한 규정
③ 기능적조건
: DTE/DCE 상호 접속 회로의 기능과 명칭, 시간 조건 등에 대한 규정
④ 절차적조건
: 데이터 전송을 위한 DTE/DCE 상호 접속 회로의 동작 순서 등을 규정

06 패킷교환망의 주요 기능 3가지를 쓰시오.

해설 패킷교환기능, 패킷조립 분해기능, 패킷 다중화 기능

07 FDDI에 대한 다음설명에 답하시오.
(가) FDDI는 OSI 몇 계층에 해당하는가?

해설 데이터링크 계층

(나) 2차링의 주요목적은?

해설 Primary(1차링) 장애 시 failover 하기 위한 기능

08 다음 물음에 답하시오.

(가) NGN의 3가지 계층을 적으시오.

해설 Transport(전달계층) Layer, Control(제어계층) Layer, Application(응용계층)

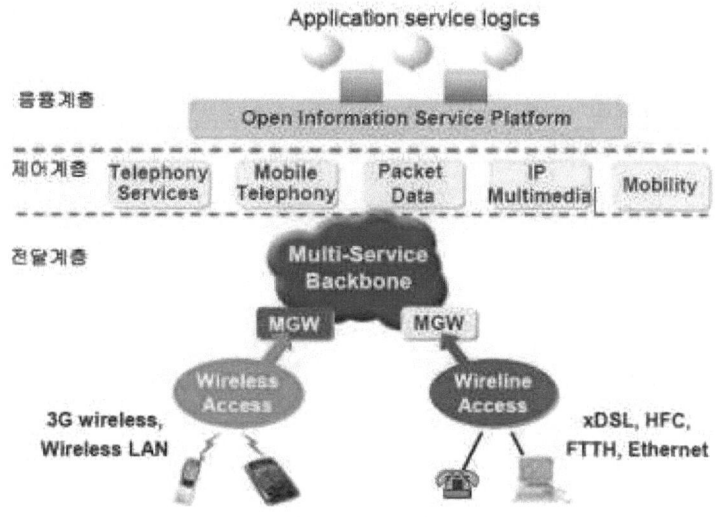

NGN의 구조와 계층

(나) NGN의 구성요소 2가지를 적으시오.

해설 ① Media Gateway : 가입자나 타 망과의 연결
② Soft switch : 가입자와 적절한 대역폭 및 서비스에 대한 협상

[Information Communication]

TIP & MEMO

09 다음은 네트워크 관리 구성모델에서 Manager의 프로토콜 구조이다. A, B, C, D, E, F에 해당되는 요소를 보기에서 찾아 완성하시오.

< 보기 >
IP, UDP, PHYSICAL, MAC, SNMP

계 층	문 제	답
응용계층	A	
전달계층	B	
네트워크계층	C	
데이터링크계층	D	
물리계층	E	

해설

계 층	문 제	답
응용계층	A	SNMP
전달계층	B	UDP
네트워크계층	C	IP
데이터링크계층	D	MAC
물리계층	E	PHYSICAL

10 다음은 PCM/TDM의 북미 방식과 유럽 방식을 비교한 것이다. (가),(나),(다),(라)에 알맞은 답을 쓰시오

비교 \ 구분	북미 방식	유럽 방식
한 채널의 입신 기법	μ법칙	A법칙
표본화 주파수	8,000[Hz]	8,000[Hz]
프레임 당 비트 수	(가)	(나)
타임슬롯의 길이	5.2[μsec]	3.9[μsec]
전송 속도	1.544[Mbps]	2.048[Mbps]
멀티프레임 수/주기	(다)	(라)

해설

비교 \ 구분	북미 방식	유럽 방식
한 채널의 입신 기법	μ법칙	A법칙
표본화 주파수	8,000[Hz]	8,000[Hz]
프레임 당 비트 수	(가) 193[bits]	(나) 256[bits]
타임슬롯의 길이	5.2[μsec]	3.9[μsec]
전송 속도	1.544[Mbps]	2.048[Mbps]
멀티프레임 수/주기	(다) 12개/1.5[msec]	(라) 16개/2.0[msec]

11 NMS 의 5대 기능을 쓰시오.

해설 ① 구성관리 : 네트워크 및 구성요소의 상태를 설정
② 성능관리 : 시스템 성능의 모니터링
③ 장애관리 : 네트워크 장애시 통보 및 이력관리
④ 보안관리 : 네트워크 접속권한 등
⑤ 계정관리 : 서비스 사용관리 및 통계관리 (과금관리)

12 감리원의 3가지 역할에 대해서 쓰시오.

해설 ① 품질관리
② 시공관리
③ 안전관리 또는 환경관리

13 BSC전송제어절차에서 사용하는 문자의 의미를 쓰시오.
(가) SOH :
(나) ETX :
(다) EOT :
(라) DLE :
(마) ACK :

해설 (가) SOH : 헤딩의 시작
(나) ETX : 텍스트 종료
(다) EOT : 전송종료 및 데이터링크 초기화
(라) DLE : 문자 의미를 바꾸거나 추가적인 제어를 제공
(마) ACK : 긍정응답

14 평균 고장간격이 99시간, 평균 수리시간이 1시간인 장치 2대가 직렬로 연결되어 있는 시스템이 있다. 이 직렬 시스템의 가동률을 구하시오.

해설 가동률 = $\dfrac{\text{MTBF}}{\text{MTBF}+\text{MTTR}} = \dfrac{\text{평균고장시간}}{\text{평균고장시간}+\text{평균수리시간}}$

2대의 장치 가동률은 각각 $\dfrac{99}{99+1} = 0.99$

따라서, 직렬 시스템에서의 총 가동률은

$\therefore \alpha = \alpha_1 \times \alpha_2 = 0.99 \times 0.99 = 0.98$

15 다음과 같은 조건에서 전송거리를 계산하시오.
광섬유 손실 : $L_0 = 0.6[\text{dB/km}]$, 광원출력 : $P_s = -6.5[\text{dBm}]$, 수신감도 : $P_r = -40[\text{dBm}]$, 광커넥터 손실 : $L_c = 4[dB]$, 환경 마진 $M_S = 6[dB]$, 접속손실 : $L_S = 8[dB]$

해설 중계 거리 $l = \dfrac{P_s - P_r - (L_c + L_s + M_s)}{L_0}$

$= \dfrac{-6.5 - (-40) - (4+8+6)}{0.6}$

$= 25.83[\text{km}]$

16 OSI 7 계층에서 다음 사항에 관한 프로토콜은 어떤 계층에 속하는지 쓰시오.
(가) TCP/UDP :
(나) RS 232-C :
(다) HDLC :
(라) IP :

해설 (가) TCP, UDP - 전송계층
(나) RS-232C - 물리계층
(다) HDLC - 데이터링크계층
(라) IP - 네트워크계층

17 개방 임피던스 25Ω, 단락 임피던스 100Ω 일 때 동축케이블의 특성임피던스를 계산하시오.

해설 $Z_0 = \sqrt{Z_o \times Z_S} = \sqrt{25 \times 100} = 50[\Omega]$

18 접지전극의 시공방법으로는 일반 접지봉 접지, 메시(망상)접지, 동판접지, 화학 저감재 접지 등이 있다. 다음의 설명은 위 시공방식 중 어떤 시공방법을 설명한 것인지 쓰시오.

> (1) 시공지역 전체를 1[m]깊이의 설계된 면적으로 구덩이를 판다.
> (2) 나동선을 정해진 간격으로 그물형태로 포설한다.
> (3) 그물모양의 각 연결점을 압착 슬리브 접합 혹은 발열 용접으로 접속한다.
> (4) 외부 접지도선을 연결하여 인출한다.
> (5) 시공지의 전체를 메우고 마무리한다.

해설 메시(망상)접지

19. HDLC 전송제어 절차의 프레임 구조를 도시하고, 주요 특징을 쓰시오.

해설

가. 프레임 구조

Flag 플래그 01111110	Address 주소 8비트	Control 제어 8비트	Information (packet) 정보 임의 길이	FCS (frame check sequence) 16비트	Flag 플래그 01111110

나. 주요 특징

① HDLC(High-Level Data Link Control)는 포인트-투-포인트와 멀티포인트 링크 상에 반이중이나 전이중 통신을 지원하기 위하여 설계된 비트 중심의 데이터링크 프로토콜임.
② IBM사에서 개발한 SDLC를 근간으로 제정된 ISO의 프로토콜
③ 비트 지향형 프로토콜
④ 에러제어 방식으로 Go Back N ARQ방식을 사용함.
⑤ 데이터 링크 상에서 반이중 방식, 전이중 방식, 단일방식의 운용모드가 모두 가능
⑥ 데이터링크 형식은 Point-To-Point, Multipoint, Loop 방식 모두 가능

20. 대칭키 방식과 비대칭키 방식에 대하여 비교 설명하시오.

해설

구분	개인키(대칭키,비밀키)	공개키암호(비대칭형)
암호키	암호키(비밀키)= 복호화키(비밀키)	암호키(공개키) ≠ 복호화키(비밀키)
키전송	필요	불필요
인증/ 전자서명응용	곤란	용이함
특징	속도빠름, 키관리어려움 (n(n-1)/2)	속도늦음, 키관리 간단
대표적 암호키	DES, 3DES, SEED	RSA, ECC

20 정보통신기사 2016년 2회

01 PCM 과정에서 사용되는 적응형 양자화기에 대해 설명하고, 적응형 양자화기를 사용하는 대표적인 PCM 방식 2가지를 쓰시오.

【해설】 가. 적응형 양자화
: 입력신호 레벨에 따라 양자화계단의 최대, 최소값이 적응적으로 변화하는 방식
나. 적응형 양자화기 사용하는 방식 : ADM, ADPCM

02 PDH와 SDH 특징을 비교한 도표이다. 빈칸에 적합한 내용을 쓰시오

구분	PDH	SDH
주기	(가)	(나)
다중화	(다)	(라)
구조	복잡	단순
동기화	Bit stuffing	Byte stuffing(Pointer)
오버헤드	매 단계마다 새로운 O/H추가	체계적
통신망 구성	(마)	(바)
서비스	음성에 적합	모든 신호 수용 가능

【해설】 PDH와 SDH 비교표

구분	PDH	SDH
주기	$125\mu s$	$125\mu s$
다중화	단계별 다중화	일단계 다중화
구조	복잡	단순
동기화	Bit stuffing	Byte stuffing(Pointer)
오버헤드	매 단계마다 새로운 O/H추가	체계적
통신망 구성	point to point	point to multi point
서비스	음성에 적합	모든 신호 수용 가능

03 No.7 공통선 신호 방식에서 단국 교환기(SSP:Service Switching Point)에서 지능망 서비스를 제공하는 서버(SCP:Service Control Point)까지 신호 메시지를 전달하는 장치는?

해설 STP(Signal Transfer Point)
① SSP와 SCP 사이에서 신호메세지를 라우팅
② STP만으로 Mesh 토폴로지 망 형태를 구성

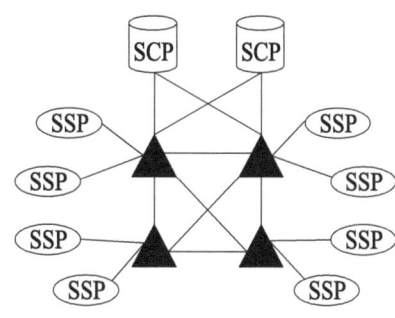

네트워크 구조

04 공중(패킷) 데이터교환망(PSDN)에서 이용 가능한 패킷교환방식 2가지를 쓰시오.

해설

구 분	데이터그램 방식	가상회선 방식	
개념	사전경로 미구성	사전경로 구성	
경로	Packet마다 다름	동일 경로	
용도	비신뢰성 정보전송	신뢰성있는 정보전송	
활용	UDP/IP	X.25, FR, ATM	
		SVC (Switched)	PVC (Permanent)

[Information Communication]

05 N-ISDN에 대한 다음 질문에 답하시오

구분	용도	속도	기본 프레임 구성	B 채널	D 채널
베이직 접근 (BRI)	(가)	(다)	(마)	64kbps	16kbps
프라이머리 접근 (PRI)	(나)	1.544Mbps	23B + D	64kbps	64kbps
		(라)	(바) (우리나라에서 사용)		

해설

구분	용도	용량	기본 프레임 구성	B 채널	D 채널
베이직 접근 (BRI)	(가) 기본 정보용 채널	(다) 144kbps	(마) 2B + D	64kbps	16kbps
프라이머리 접근 (PRI)	(나) 1차군 다중 정보용 채널	1.544Mbps	23B + D	64kbps	64kbps
		(라) 2.048Mbps	(바) 30B + D (우리나라에서 사용)		

06 VSWR 그래프에서 P2 포인트 정재파비 1.5일 때 반사 계수를 구하시오.

해설 $\Gamma = \dfrac{S-1}{S+1} = \dfrac{1.5-1}{1.5+1} = 0.2$

07 주파수 1000Hz를 가진 신호가 90도 위상차를 가지고 진행할 때 90도 위상차는 시간으로 환산하면 몇 초인가?

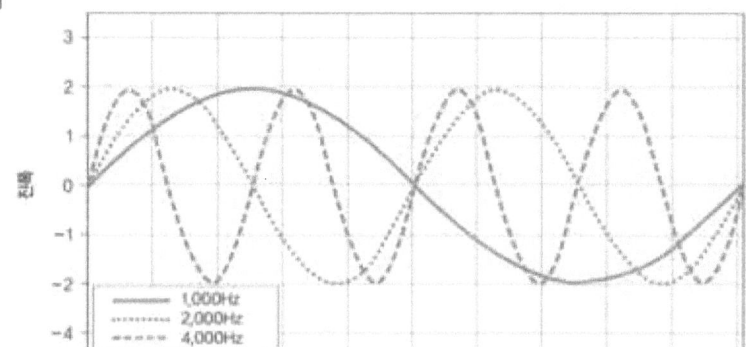

그림에서 1000Hz 신호의 주기가 1ms이므로 90도 위상차를 시간으로 환산하면 0.25 ms가 된다.

08 전기설비에서 낙뢰 및 과도한 전압을 제한하고, 과전류 보호를 위한 장치의 명칭은?

SPD(Surge Protective Device, 서지보호장치)

09 통신관련시설 접지저항은 (   )Ω 이하를 기준으로 한다.

통신관련시설 접지저항은 (10)Ω 이하를 기준으로 한다.

10 LAN 프레임 교환 방식중 Switched LAN방식과 Shared LAN방식의 특징을 각각 3가지 쓰시오.

해설 가. Shared LAN (공유LAN) 방식
① 공유매체 기반의 LAN을 구성
② 모든 단말로 프레임이 전송됨
③ 관련 네트워크, 토폴리지 구현이 용이함

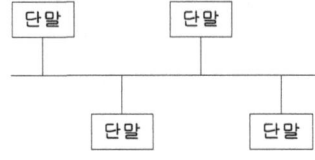

예> 버스형 네트워크 구성도

나. Switched LAN방식
① 스위치 기반의 LAN을 구성
② 지정된 목적지로만 프레임을 전송
③ 각 단말에 대해 전용(Dedicated)방식을 지원

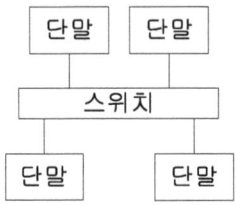

예> 네트워크구성도

11 공사 따위에서 일정한 순서를 적은 문서. 제품 또는 공사에 필요한 재료의 종류와 품질, 사용처, 시공 방법, 제품의 납기, 준공 기일 등 설계 도면에 나타내기 어려운 사항을 명확하게 기록한 문서는?

해설 공사 시방서(공사 설명서로 용어순화)

12 정보통신 공사 설계 시 공사 총 원가를 구성하는 항목을 5가지만 쓰시오.

해설 원가계산방식. (표준품셈에 근거)
① 재료비
② 노무비
③ 경비
④ 일반관리비
⑤ 이윤

13 CSMA/CD와 비교하여 Token Passing 방식의 장점 3가지 단점 2가지를 쓰시오.

해설 (가) Token Passing 방식의 장점
① 결정성 논리를 가지며, 음성통신 등의 실시간성이 강한 업무에 적합. 또한 공장 자동화에 적합
② 충돌이 발생하지 않으므로 고부하시에도 지연 시간을 일정값으로 유지할 수 있다.
③ 지연 시간은 회선의 길이에 별 영향을 받지 않는다.

(나) Token Passing 방식의 단점
① 노드 장애가 시스템 전체에 영향을 주며, 장해 검출과 회복 처리가 복잡
② 하드웨어 복잡하고 값이 비쌈

<참고>

	CSMA/CD	토큰 패싱
용 도	비결정성 논리를 가지며, 경제적인 시스템을 구성할 수 있으므로 사무 자동화 등에 적합	결정성 논리를 가지며, 음성통신 등의 실시간성이 강한 업무에 적합. 또한 공장 자동화에 적합
성 능	- 저 부하시에는 성능이 양호하지만, 회선 사용율이 높으면, 충돌 확률이 증가하므로 지연 시간이 증대 - 회선의 길이가 길면 충돌 확률이 증가하므로 지연시간이 급격히 증가	- 충돌이 발생하지 않으므로 과부하시에도 지연 시간을 일정값으로 유지할 수 있다. - 지연 시간은 회선의 길이에 별 영향을 받지 않는다.
알고리즘	간단	복잡
신 뢰 성	노드 장애가 시스템 전체에 영향을 주지 않으며, 장해처리가 간단	노드 장애가 시스템 전체에 영향을 주며, 장해 검출과 회복 처리가 복잡
경 제 성	하드웨어 간단하고 값이 저렴	하드웨어 복잡하고 값이 비쌈
기 타	분기 방식이므로 노드의 증설과 이동이 간단(버스형)	각 노드에서 중계되므로 노드의 증설과 이동이 곤란하다(링형).

14 TCP/IP 프로토콜에서 전자 메일을 교환하는 프로토콜은?

해설 SMTP(Simple Mail Transfer Protocol)

15 128 QAM변조방식을 가진 모뎀의 변조속도가 4800 Baud일 때 전송속도[bps]를 계산하시오.

해설 QAM변조방식은 1symbol 당 7bit를 전송하는 변조방식이므로 4800[baud]의 변조속도일 때 전송속도는 다음과 같다.
$r = n \times B = \log_2 M \times B = \log_2 128 \times B = 7 \times 4800 \text{bit} = 33,600 [\text{bps}]$

16 최대 변조 주파수가 15kHz, 부호화 비트가 8 bit일 때, 전송속도[bps]를 계산하시오.

해설 $r = f_s \times n = (2 \times f_m) \times n$
$= 2 \times 15k \times 8 = 240 [kbps]$

17 오류율이 10^{-8}일 때, 10Mbps로 1시간 전송 시 최대 오류 비트수를 구하시오.

해설 총 전송 bit수 $= 10 \times 10^6 \times 3600 = 3.6 \times 10^{10} [bit]$

총 에러 bit수 $=$ 에러율 $\times$ 총 전송 bit
$= 10^{-8} \times 3.6 \times 10^{10} bit = 360 [bit]$

18 하드웨어적이 아닌 문제를 점검하는 것으로 네트워크상에 흐르는 데이터프레임을 캡쳐하고 디코딩하여 분석하며 LAN의 병목현상, 응용프로그램 실행오류, 프로토콜 설정오류, 네트워크 카드의 충돌오류 등 분석하는 장비는?

해설 프로토콜분석기 (Protocol Analyzer)

[참고] 프로토콜 분석기의 주요 기능
① 패킷의 캡쳐 및 저장 기능
   저장장치 용량한계까지 데이터 패킷을 캡쳐하고 이를 저장
② 프로토콜의 해석 (Decode)
   주요 프로토콜을 심층분해/해독/번역/분석/해석하여 다양한 형태로 보여 줌
③ 네트워크의 실시간 모니터링(감시) 및 분석 (Monitor &Analysis)
   네트워크상의 제반 문제점 진단 및 특화된 분석 시행
   네트워크 트래픽의 모니터링과 통계 자료 및 이를 리포트화하는 기능

19 TCP/IP 와 OSI 7계층 구조 비교하여 빈칸에 알맞은 것을 적으시오

OSI-7 Layer	TCP/IP
응용계층	(라)
(가)	
세션계층	
(나)	(마)
(다)	(바)
데이터링크 계층	NIC 계층
물리계층	

해설 (가) 프리젠테이션계층
(나) 전달계층
(다) 네트워크계층
(라) 응용계층
(마) 전달(TCP/UDP)계층
(바) 네트워크(IP)계층

* 참고

계층		특징
1계층	물리계층 (physical layer)	• 비트 전송을 위한 물리적 전송 매체의 기능을 정의
2계층	데이터링크 계층 (datalink layer)	• 데이터 전송에서의 전송 오류 검출과 회복 기능 • 프레임의 전송 확인 • 정보의 프레임화 프레임의 순서 제어 • 데이터 링크 접속의 설정 해제 기능
3계층	네트워크 계층 (network layer)	• 복수 개의 통신망을 경유하여 통신하는 경우 중계 시스템에 대한 경로 선택 기능 및 중계기능을 제공 • ITU-T의 X.25, 패킷 제어 순서를 권고
4계층	전송 계층 (transport layer)	• 송,수신 시스템 간의 논리적 안정과 균일한 서비스 제공 • 데이터 전송에 대한 오류 검출, 오류 복구, 흐름제어를 행하는 계층
5계층	세션 계층 (session layer)	• 세션 접속 설정, 데이터 전송, 세션 접속 해제 등의 기능 • 반이중과 전이중 통신 모드의 설정을 결정 • 전송 데이터의 중간에 동기점을 삽입하여 오류가 발생하면, 쌍방의 합의에 의하여 동기점부터 다시 재전송
6계층	표현계층 (presentation layer)	• 데이터 압축, 암호화로 파일들을 네트워크 표준으로 변형
7계층	응용계층 (application layer)	• 시스템 작동을 지원하는 최상위 레벨 기능 • 정보 처리를 수행하는 응용 프로그램과 인터페이스와 통신을 수행

20 정보보안의 목적인 기밀성, 무결성, 가용성에 대하여 설명하시오.

해설

구분	설명	핵심요소
기밀성 (Confidentiality)	내외부의 불법적 정보 유출의 방지 해당 정보에 대한 권한이 부여된 자들만이 접근가능토록 보장	암호화, 접근통제
무결성 (Integrity)	정보의 위변조 및 파괴를 예방하고 방지 원천 데이타나 정보가 정확하고 안전하게 유지토록 보장	메세지 축약
가용성 (Availability)	해킹으로 인한 시스템 동작 불능 예방 인가된 사용자가 원하는 정보나 시스템에 적시에 접근 보장	보안관제 이중화

21 정보통신기사 2016년 4회

01 네트워크에 연결되어 있지 않은 AP가 인터넷으로 연결되어 있는 다른 AP와 같이 네트워크를 구축하여 전체 네트워크를 무선기기 없이 확장할 수 있는 시스템은 무엇인가?

해설 무선 분배 시스템 (WDS, Wireless Distribution System)
무선공유기 2대를 연결하여 무선 연결 범위를 확장할 수 있으며, 한쪽 공유기에 인터넷이 연결되면 WDS로 연결된 양쪽 공유기에서 인터넷이 가능하다.

02 QPSK 신호의 진폭이 A_v, 주파수가 f_c, 시간이 t 라고 할 때, 데이터가 00, 01, 10, 11 순서대로 입력되었을 때의 신호를 작성하시오.

해설
00 : $A_v \sin(2\pi f_c t + 225°)$
01 : $A_v \sin(2\pi f_c t + 135°)$
10 : $A_v \sin(2\pi f_c t + 315°)$
11 : $A_v \sin(2\pi f_c t + 45°)$

QPSK : 위상 변화를 $\frac{\pi}{2}(90°)$씩 변화를 주어 4개 종류의 디지털 심볼로 전송

4개 심볼의 위상은 45°, 135°, 225°, 315°로 각 위상에 한 쌍의 비트 (11, 01, 00, 10)을 대응시킨다.

03 전송속도 C가 $9600bps$인 전송로에서 양자화 레벨 L이 8이라 할 때의 대역폭을 구하시오. (식 : $C = 2Wlog_2L$)

해설 $C = 2Wlog_2L$ 식을 활용하여 대역폭을 구하면
$$W = \frac{C}{2\log_2 L} = \frac{9600}{2\log_2 8} = \frac{9600}{6} = 1600[Hz]$$

04 SONET의 STS에 나타나는 오버헤더의 종류 3가지는?

해설 POH(Path Overhead) : 경로 오버헤드
SOH(Section Overhead) : 구간 오버헤드
LOH(Line Overhead) : 회선 오버헤드

05 디지털 통신의 통신품질을 나타내는 오류율에 대하여 3가지 작성하고, 그 중에서 디지털 회선에서 가장 중요하게 쓰이는 것을 작성하시오.

해설 (1) 3가지 오류율
① BER(Bit Error Rate) : 전송된 총 비트수에 대한 오류 비트수의 비율
② FER(Frame Error Rate) : 동기식 CDMA 시스템에서 수신 성능을 가늠하는 척도로 사용되는 비율
③ BLER(Block Error Rate) : 비동기식 CDMA 시스템에서 수신 성능을 가늠하는 척도로 사용되는 비율
(2) BER(Bit Error Rate)

06 ATM Protocol Referece 모델은 계층(Layer)와 평면(Plane)의 구조로 되어있다.
(1) ATM의 평면 3가지를 작성하시오.

해설 관리 평면 (Management-Plane)
제어 평면 (Control-Plane)
사용자 평면 (User-Plane)

(2) ATM의 적응계층인 AAL의 서비스 종류의 4가지를 작성하시오.

해설 CBR(Constant Bit Rate) : 일정 속도를 보장해주는 서비스
UBR(Unspecified Bit Rate) : Best Effort 서비스와 유사
VBR(Variable Bit Rate) : 가변 비트율 서비스 지원
ABR(Available Bit Rate) : Bursty한 특성으로 가변 비트율 서비스와 혼잡제어 서비스

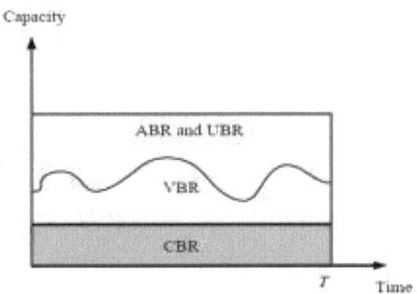

07 OSI-7 계층과 관련된 다음 물음에 답하시오.
(1) 정보 처리를 수행하는 응용 프로그램과 인터페이스와의 통신을 수행하는 최상위 레벨은?

해설 응용계층

(2) 비트 전송을 위한 전송매체와 관련된 레벨은?

해설 물리계층

(3) 접속 설정, 데이터 전송, 접속 해제 등의 기능에 관련된 레벨은?

해설 세션계층

08 통신공동구를 유지·관리하는데 필요한 부대설비 5가지는?

해설 조명, 배수, 소방, 환기 및 접지시설 등

09 DTE-DCE 인터페이스의 X 시리즈와 관련된 다음 물음에 답하시오.
(1) 공중망 내에서 패킷의 분해·조립과 관련된 절차, 규정, 변수 기능과 관련된 규격은?

해설 X.3

(2) 디지털 통신에서 동일국 내의 PDN(Paket Data Network)에 연결하기 위한 규격은?

해설 X.28

(3) 패킷형 DTE와 PAD 사이의 압축 및 제어정보와 데이터 교환에 관련된 규격은?

해설 X.29

10 아래와 같이 수신된 우수패리티 해밍코드를 분석하여 보기에 대한 답을 적으시오.

1	2	3	4	5	6	7	8	9
0	0	1	0	1	0	0	0	0

(1) 패리티비트는 몇 개인가?

해설 해밍부호방식 : 단일 비트 에러를 검출하여 정정까지 할 수 있는 (n,k) 형식의 선형 부호 방식이다.
$2^m \geq k+m+1$ ($k=$ 정보 비트, $m=$ 해밍비트)
$2^m \geq 9$, $m = 4$
따라서 패리티 비트는 4개이다 (1행, 2행, 4행, 8행)

(2) 에러비트는 몇 번째 행인가?

해설 1의 값을 가지는 행의 이진수를 ex-or을 하면 오류행을 검출 할 수 있다.
1과 5의 행이 1의 이진수를 갖기 때문에 각 행의 값을 ex-or 하면 6의 값을 가지게 된다. ($011_{(2)} \otimes 101_{(2)} = 110_{(2)} = 6$) 따라서 답은 6번째 행이 오류임을 알 수 있다.
<정상적으로 수신된 해밍코드>

1	2	3	4	5	6	7	8	9
0	0	1	0	1	1	0	0	0

(3) 정상적으로 송신되었을 때의 정보비트 값을 10진수로 쓰시오.

해설 <정상적으로 수신된 해밍코드>

1	2	3	4	5	6	7	8	9
0	0	1	0	1	1	0	0	0

$001011000_{(2)} = 88$

<정보비트의 10진수>

		3		5	6	7		9
		1		1	1	0		0

$11100_{(2)} = 28$

11 아래의 공사예정공정표의 빈칸에 올바른 용어를 순서대로 적으시오.

( )	수량	( )	
케이블 공정	1	식	
접지 공정	1	식	

해설 공종(공사종류), 단위

12 광통신에서 사용하는 FWHM에 대하여 설명하시오.

해설 FWHM : Full Width Half Maximum (반치전폭)
주파수 응답 스펙트럼 상에서 첨두값(Peak)의 1/2이 되는 위치에서의 스펙트럼 대역폭을 말한다.

13 STM과 ATM의 비교표를 작성하시오.

구분	STM	ATM
슬롯할당		
입출력 전송속도 비교		
채널할당		

해설

구분	STM	ATM
교환 방식	디지털 시분할 교환	ATM 셀 교환
다중화 방식	디지털 시분할 다중화 (TDM) (전송단위 : 프레임)	통계적 다중화 또는 비동기식 시분할 다중화 (전송단위 : 셀)
입출력 전송속도	입력=출력	입력≥출력
교환기 형태	디지털 시분할 교환기 (회선 교환기)	ATM 교환기
전송 시스템	PDH, SDH 전송장비	ATM 전송 장비

14 기간통신사업자에게 전기 통신 회선 설비를 임차하여 기간 통신 역무 이외의 전기통신 역무를 제공하기 위해 방송통신위원회 위원장에게 신고하고 사업을 영위하는 자는?

해설 부가통신사업자

15 TCP와 UDP의 비교표를 작성하시오.

해설

구분	TCP	UDP
연결성	연결지향	비연결형
수신 순서	송신 순서와 동일	송신 순서와 다름
오류제어, 흐름제어 기능	제공	제공 안함
비트정보의 전송형태	바이트 스트림	블록

16 아래의 가용성을 나타내는 파라미터에 대한 설명을 서술하시오.
(1) MTTF

해설 MTTF (Mean Time To Failure) : 평균 고장 시간으로 첫 사용부터 고장시간 까지를 의미

(2) MTTR

해설 MTTR (Mean Time To Repair) : 평균적으로 걸리는 수리 시간

(3) MTBF

해설 MTBF (Mean Time Between Failure) : 평균 고장 시간 간격

(4) MTFF

해설 MTFF (Mean Time to First Failure) : 사용한 후 처음으로 고장이 나는 시간의 간격, 안정도를 의미

17 광케이블 10m에 흡수전력손실이 3%가 일어났다고 하였을 때 손실 dB/km를 계산하시오.

해설 10 m의 광섬유에 대하여 입력 전력의 3%가 흡수되므로 P_{out}은 다음과 같다.
$P_{out} = (1-0.03) \times P_i = 0.97 \times P_i$
손실은 $\left(\dfrac{P_{out}}{P_i}\right) dB = 10 \times \log\left[\dfrac{(0.97 \times P_i)}{P_i}\right] = -0.132$ dB이다.
그러므로 dB/km = $(-0.132) \times 100 = -13.2$ dB/km
즉, km 당 13.2 dB의 손실이 발생한다.

18 전송속도가 4800bps일 때 4위상 PSK를 사용할 경우의 대역폭을 구하시오.

해설 $R = n \times B$ (R : 전송속도, n : 전송비트수, B : 대역폭)
4위상 PSK의 경우 n=2
따라서 $B = \dfrac{R}{n} = \dfrac{4800}{2} = 2400 [Hz]$

19 정확한 접지저항을 측정하기 위해 접지극과 전류보조극 사이의 몇 % 거리에 수평상 위치에 전압 보조극을 위치하여 접지저항을 측정하여야 하는가?

해설 61.8%

22 정보통신기사 2017년 1회

01 정보통신공사업법령에서 규정한 기술계 정보통신기술자의 등급 4가지를 쓰시오.

[해설] 특급 기술자, 고급 기술자, 중급 기술자, 초급 기술자

02 방송통신설비의 기술기준에 관한 규정에 따른 방송통신설비의 접지저항 측정은 일반적으로 3점 전위 강하법으로 측정하여야 하나 기술기준 적합조사시 측정용 보조전극의 설치가 어려운 지역에서 3점 전위 강하법 대신 적용 가능한 측정법은 무엇인가?

[해설] 2극 측정법

03 다음의 설명에 해당하는 접지전극의 시공방법은 무엇인가?

| 1. 현재 접지분야에서 가장 많이 시공되고 있는 방법
| 2. 시공면적이 넓고 대지저항률이 낮은 지역에서 우수한 성능 발휘
| 3. 재료비가 비교적 저렴한 편
| 4. 추가 시공이 용이하며 타 접지 시스템과의 연계성이 매우 좋음
| 5. 부식에 의한 접지전극 손상이 빠르게 진행되어 수명이 짧음
| 6. 접지봉의 구조가 단순하며 시공이 간단함

[해설] 일반봉접지

* 참고 동판접지
① 넓은 면적에 걸쳐 매설시공하며 대지 저항률이 높은 지역(산, 바위)에서도 접지효과가 매우 크다.
② 시공이 어렵고 유지보수가 어렵다.

04 다음은 시공사 공사계획서의 안전관리 조직도이다. 공사현장에 상주하며 공사에 따른 위험 및 장해발생 예방업무를 수행하는 (①) 안에 들어갈 안전관리 책임자를 쓰세요.

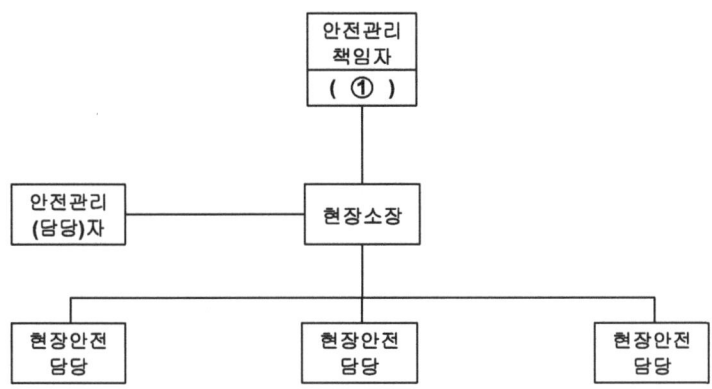

해설 현장대리인

05 디지털 신호를 선로 상에 전송할 때 선로 특성에 적합하도록 부호화를 하여야 한다. 여기서 선로 부호가 갖춰야 할 조건을 5가지만 열거하시오.

해설 가. timing 정보가 충분히 포함되어야 한다(Self clocking)
나. 전송 대역폭이 좁아야 한다.(Band compression)
다. 누화, ISI, 왜곡, timing jitter 등과 같은 각종 방해에 강한 특성을 가져야 한다.
라. 전송 도중에 발생하는 에러의 검출이 가능해야 한다.(Error detection)
마. DC 성분이 포함되지 않도록 제거해야 한다

06 4위상 변조기데이터의 baud rate가 2,400[Baud/sec]이고, 사용할 경우 bit rate는 얼마인가?

해설 $r[bps] = B \log_2 M = 2400 \times \log_2 4 = 4,800[bps]$

07 PCM 기록장치에서 최고주파수 10[kHz]까지 녹음을 하기 위해서는 1초에 몇 비트의 정보량을 기록해야 하는가? (단, 1샘플을 8비트로 기록한다고 한다)

해설 최고 음성주파수 10[kHz]에 대해서, 표본화 주파수는 10[kHz]×2 = 20[kHz]
양자화 비트 수는 8 비트 이므로 초당 전송되는 정보량은 다음과 같다
$r[bps] = f_s \times n = 20[kHz] \times 8 = 160[kbps]$

08 대역폭이 200[kHz], 신호대 잡음비가 31일 때 통신용량은?

해설 샤논의 채널용량 공식, $C = W\log_2(1 + \dfrac{S}{N})$에서

$C = 200 \times 10^3 \times \log_2(1 + 31)$
$ = 200 \times 10^3 \times 5$
$ = 1,000[kbps]$

09 광섬유 전송특성 중 분산의 종류 3가지를 서술하시오.

해설 ① 재료분산: 광도파로를 구성하는 재료의 굴절률이 파장에 따라 변화함으로써 생기는 분산
② 도파로 분산(구조분산): 광섬유의 구조변화로 인하여 광이 광섬유 축과 이루는 각이 파장에 따라 변화하게 되면 실제 전송경로의 길이에도 변화가 생기게 되고, 따라서 도착시간이 변화하게 됨으로써 광 pulse가 퍼지는 현상
③ 모드(간)분산: Mode 사이의 전파 속도차 때문에 생기는 분산으로 이를 줄이기 위해 GIF(Graded Index Fiber) 사용

10 다음 그림은 전송로의 장애 현상을 측정한 것이다. 전송로의 손실은 몇 [dB]인가?

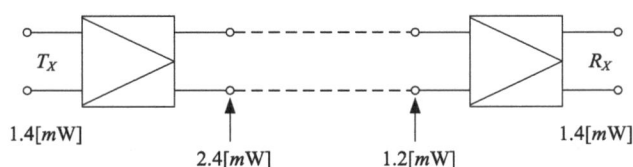

해설 전송로 케이블 입력단에서 2.4mW, 전송로 케이블 끝단에서 1.2mW 가 측정되었다.
따라서 전송로손실[dB] $= 10\log_{10}\dfrac{1.2[\mathrm{mW}]}{2.4[\mathrm{mW}]} = 10\log_{10}0.5 = -3.01[\mathrm{dB}]$
또는 1/2 줄었으므로 −3dB 임을 알 수 있다.

11 다음 OSI 7 계층에 관한 물음에 답하시오.
가. OSI 7 계층 중 두 개의 응용 프로세서간의 대화를 능률적으로 하기 위해 동기를 취하거나, 전송 모드를 선택하고 프로그램 간 연결 개시, 관리 및 종결과 송신권의 제어 등을 수행하는 것은 어느 계층에서 이루어지는가?
나. 데이터링크 계층에서 두 송수신 국간의 효율적인 데이터 교환을 위해 수신국의 최고 처리속도를 초과하지 않도록 송신 속도를 제어하는 기능을 무엇이라고 하는가?

해설 가. 세션 계층(Seesion Layer, 또는 5계층)
나. 흐름 제어(flow control)

12 OSI 참조 모델 중 물리 계층은 4가지 중요한 특성을 지니고 있다. 그 특성은 무엇인가?

해설 가. 기계적 특성
: DTE/DCE 사이의 물리적인 접속을 위한 커넥터의 형상, 핀의 수, 핀의 위치 등을 규정
나. 전기적 특성
: DTE/DCE 상호 접속 회로의 전기적 특성(신호의 크기 범위 및 극성 등)을 규정
다. 기능적 특성
: DTE/DCE 상호 접속 회로의 데이터기능, 제어 기능, 타이밍 기능, 접지 기능 등을 규정
라. 절차적 특성
: 데이터 전송을 위한 DTE/DCE 상호 접속 회로의 동작 순서를 규정

13 다음은 HDLC(high level data link control) 프레임의 구조이다.

| flag | address | control | information | FCS | flag |

여기서 flag는 프레임의 시작과 끝을 지시하는 용도로 사용되며 "01111110"의 값을 갖는다. 이 경우 information field 내에 "01111110"의 정보가 발생되면 프레임의 경계 식별에 문제가 발생하는데 이를 해결하는 방법은 무엇인가?

해설 zero 삽입/삭제법(bit stuffing 기법) : 송신 프레임 내의 정보부에 1이 연속해서 5개가 나타나면 그 다음에 무조건 0을 하나 삽입해서 보내고 수신측에서는 5개의 1 다음에 있는 0을 제거하는 기법, 이를 Bit stuffing 이라 한다.

14 다음은 데이터 통신 중 에러검사에 관한 사항이다. 입력 신호가 "110011"일 때 CRC 방식에 의한 4비트의 검사 시퀀스(Check Sequence)를 구하시오 (단, 생성다항식 $G(x) = X^4 + X^3 + 1$)

해설 CRC 포함한 데이터 전송방법 및 수신시 CRC 처리과정

문제의 조건	$G(x) = X^4 + X^3 + 1$ 입력신호 110011 → 송신 다항식 $T = X^5 + X^4 + X + 1$
과정 1	생성다항식 G(x)의 최고차수 X^4과 송신다항식을 곱한다. $W = X^4 \cdot T = X^4 \cdot (X^5 + X^4 + X + 1)$ $= X^9 + X^8 + X^5 + X^4$ → 2진수로 표현: 11 0011 0000
과정 2	CRC를 구하기 위해 과정1 결과를 생성다항식 G(x)로 나눈다. → $\dfrac{X^4 \cdot T}{G} = \dfrac{X^9 + X^8 + X^5 + X^4}{X^4 + X^3 + 1} = \dfrac{1100110000}{11001}$ → 생성다항식 5자리수로 나누면 10000이되며, 마지막까지 연산을 위해 EX-OR 연산수행하면 100001이 됨 → 몫 =10 0001, 나머지 $R(x) = 1001$를 CRC이라 함.
과정 3	전송 부호는 과정1의 결과에 CRC(1001)을 더하여 전송한다. 즉, 송신데이터는 $F(x) = W(x) + R(x) = 11\,0011\,0000 + 1001 = 11\,0011\,100$ 또는 간단하게, 비트를 연속으로 붙이는 T(110011) + CRC(1001) 하는 것과 동일하다.
과정 4	수신측에서는 위 F(x)를 G로 나누어 나머지를 구하며, 이때 0 이 나오면 오류가 없는 것임.

가. 생성다항식 $G(x) = X^4 + X^3 + 1$
 입력신호 110011 → 다항식 $T = X^5 + X^4 + X + 1$로 표현.
나. 이것을 생성 다항식 G(x)의 최고차수 X^4 과 곱해서 변화시키면
 $W = X^4 \times T = X^4(X^5 + X^4 + X + 1) = X^9 + X^8 + X^5 + X^4$가 된다.
다. 이를 2진수로 나타내면 1100110000이 된다. 이 2진수를 생성 다항식 $G(x)$로 나누면 몫이 100001이 되고 나머지 $R(x) = 1001$이 된다.
라. 따라서 전송 부호
 $F(x) = W(x) + R(x) = 1100110000 + 1001 = 1100111001$

15 B-ISDN/ATM 물리계층에서 물리매체로 부터의 디지털 비트들과 ATM 셀들간의 변환을 담당하는 부 계층으로서 오류검사 및 셀간의 식별을 위한 셀경계 식별 기능을 수행하는 부계층은 무엇인가?

해설 Transmission Convergence(전송수렴 부계층)

계층	부계층	역할
	응용	타망과의 인터페이스, ATM응용 서비스
AAL	CS(Convergence Sublayer)	셀지연 변동 보정, 프레임 오류제어/흐름제어, 송신 클럭주파수 수신측 회복, 상위계층 데이타 SAR로 전달
	SAR(Segmentation & Reassembly)	데이터 유닛 셀단위 분해/조립
	ATM	셀 헤더 생성/추출, VPI/VCI 번역, 셀다중화/역다중화, GFC기능
물리 계층	TC(Transmission Convergence)	전송 프레임의 생성/복구, 셀 헤더의 에러 정정(HEC), 셀 흐름의 속도 정합
	Physical medium Dependent	비트동기, 물리매체, 광/전기신호 레벨 정의

16 IEEE 802.3, 4, 5, 6, 7, 11 가 무엇인지 적으시오.

해설 802.1: OSI 참조 모델과의 관계, 통신망 관리 등에 관한 규약
802.2: 논리링크 제어계층에 관한 규약
802.3: CSMA/CD 방식의 매체 액세스 제어계층에 관한 규약
802.4: 토큰버스 방식
802.5: 토큰링 방식
802.6: 도시형 통신망(MAN)에 관한 규약 (DQDB)
802.7: 동축 케이블을 이용한 광대역 LAN
802.11: 무선 LAN방식

17 IP 주소 23.56.7.91의 클래스와 네트워크 주소를 적으시오.

해설 Class : A
네트워크 주소: 23.0.0.0
* 참고
Class A: 0 ~ 127
Class B: 128 ~ 191
Class C: 192 ~ 223
Class D: 224 ~ 239
Class E: 240 ~ 255

18 위성 통신에서의 회선 할당 방식의 종류를 들고 설명하시오.

해설 가. 사전 할당(고정 할당, PAMA:Pre-Assignment Multiple Access)
: 고정된 주파수 또는 시간을 한 쌍의 지구국에 항상 할당해 주는 접속 방식으로 시스템 구성이 간단하지만, 망 확장성 등의 융통성은 없음
나. 요구 할당 방식(DAMA:Demand-Assignment Multiple Access)
: 전송데이타가 있을때에만 채널을 할당하는 방식으로, 한정된 지구국이 위성 트랜스폰더를 효율적으로 이용가능해 중앙제어방식과 분산제어방식 가능함
다. 임의 할당 방식(RAMA:Random-Assignment Multiple Access)
: 전송정보가 발생한 즉시 채널을 할당하는 방식으로, Data의 형태가 burst한 특성 갖는 많은 지구국을 수용하고자 하는 데이터망에서 주로 사용함

TIP & MEMO

19. 정보 통신 시스템의 설계 시 기본요소(RAS) 3가지를 들고 간략히 설명하시오.

해설

가. 신뢰성(Relability)
통신네트워크 상에서 각 구성요소들이 정해진 조건대로 동작이 잘되는지를 말하는 요소 수식적인 내용은 다음과 같다. 이때의 $\lambda(t)$: 고장률, $R(t)$:신뢰도를 나타낸다.

$$\lambda(t) = -\frac{\frac{dR(t)}{dt}}{R(t)}$$

나. 가용성(Availability)
어떤 일정한 시험에서 기능을 완수하고 있는 비율을 말하며 그 확률은 가동률이 된다. 아래의 준식에서 MTTR은 고장 발생 후 정상 기능을 할 때까지 걸린 시간, MTBF는 시스템 고장에서 다음 고장까지의 평균시간이다.

$$\text{가동률} = \frac{\text{MTBF}}{\text{MTBF} + \text{MTTR}}$$

다. 보전성(Serviceability)
시스템 사용 도중 장애가 발생 하였을 시 회복을 위한 수리의 간편도, 정기적인 점검, 대책의 간편성을 말함.

20. 고속 무선 네트워크 규격으로 2.4GHz나 5GHz대역의 기존 Wi-Fi를 지원하면서 60GHz대역에서 최대 7Gbps을 지원하는 802.11ad 무선 표준화 규격은?

해설

가. WiGig(Wireless Gigabit)

23 정보통신기사 2017년 2회

01 50[Ω] 시스템과 75[Ω] 시스템을 접속 했을 때 아래질문에 답하시오. (7점)
가. 반사계수
나. 정재파비
다. 반사전력은 입사전력의 몇%인가?

[해설] 가. 반사계수
$$\Gamma = \frac{V_r}{V_f} = \sqrt{\frac{P_r}{P_f}} = \frac{Z_1 - Z_2}{Z_1 + Z_2} = \frac{75 - 50}{75 + 50} = 0.2$$

나. 정재파비
$$VSWR = \frac{1 + \Gamma}{1 - \Gamma} = \frac{1 + 0.2}{1 - 0.2} = 1.5$$

다. 반사전력은 입사전력의 몇 % 인가?
$$0.2 = \sqrt{\frac{P_r}{P_f}}$$

$P_r = 0.04 \times P_f$ 이므로 반사전력은 입사전력의 4%이다.

02 FM신호 $v(t) = 10\cos(2 \times 10^7 \pi t + 20\sin 1000\pi t)$ 의 전송에 필요한 주파수 대역폭을 구하시오. (5점)

[해설] 가. 신호파의 주파수 : $f_s = \frac{1000\pi}{2\pi} = 500[\text{Hz}]$

나. 최대 주파수 편이(Δf) : $\Delta f = m_f \times f_s = 20 \times 500[\text{Hz}] = 10,000[\text{Hz}]$

FM대역폭 $B = 2(\Delta f + f_s) = 2(10^4 + 500) = 21[\text{kHz}]$

03 T1 반송시스템을 통하여 음성신호를 PCM으로 전송할 때 다음에 대하여 설명 하시오. (12점)

> 표본화 양자화 부호화 다중화

해설 ① 표본화
아날로그 입력신호를 일정주기의 펄스 진폭신호로 만들기 위해 입력신호의 최고 주파수(fm)의 2배 이상($fs \geq 2fm$)주파수로 샘플링하여 PAM신호를 얻는 과정
② 양자화
표본화된 PAM진폭을 가장 가까운 이산적인 양자화 레벨(2^n)에 근사화시키는 과정
③ 부호화
양자화된 레벨값을 1과 0의 펄스 부호열로 변환하는 과정
④ 다중화
하나의 광대역 채널을 이용해 다수의 협대역 채널을 결합시키는 과정을 다중화 과정이라 함. 다중화 방식의 종류로는 FDM, TDM, CDM, OFDM방식 등이 잇음

04 디지털 재생 중계기의 기본기능 3가지를 쓰시오.

해설 등화증폭(Reshaping), 리타이밍(Retiming), 식별재생(Regenerating)

05 IPv4, IPv6에 대한 비교표이다. ( )에 해당하는 단어를 쓰시오.

항목	IPv4	IPv6
표시방법	(씩 부분)으로 ( )로 표시	(씩 부분)으로 ( )로 표시
Plug & Play		
모바일 IP		
보안성		
QoS		

해설

항목	IPv4	IPv6
표시방법	(8비트씩 4부분)으로 (10진수)로 표시	(16비트씩 8부분)으로 (16진수)로 표시
Plug & Play	(없음)	(Auto configuration 지원)
모바일 IP	(비효율적)	(효율적)
보안성	(낮음, IPsec 별도 사용)	(높음, IPsec 기본내장)
QoS	(어려움)	(용이함)

06 이동통신에서 쓰이는 안테나의 전기적 특성 3개 쓰고 설명하시오.

해설 안테나의 전기적 특성
① VSWR : 안테나에 입사된 전력과 안테나에서 반사된 전력으로 인한 반사파로 인해 전압 정재파가 발생함. 전압의 최대치와 최소치의 비를 전압 정재파비라 함.
② 특성 임피던스 : 안테나 자체가 갖고 있는 고유 임피던스. 이동통신용 안테나는 보통 50Ω인 경우가 대부분이며, 약간의 리액턴스 성분을 가지고 있음.
③ 안테나의 Q : 안테나의 공진 대역폭을 결정하는 파라미터. Q가 클수록 대역폭은 좁음.
④ 안테나 이득 : 기준 안테나와 임의 안테나에 동일 전력을 공급했을 때 최대 복사방향 전계의 비를 표시
⑤ 공진주파수 : 안테나에서 최대전력이 방사 될 수 있는 주파수

07 이동통신에서 사용자 위치를 저장하는 서버와 방문자 위치를 저장하는 서버의 약어 및 full name을 쓰시오 (6)

해설 HLR – Home Location Register, VLR – Visitor Location Register

08 감쇠, 왜곡, 잡음을 간단히 설명하여라.

[해설]
가. 감쇠: 전송매체(유선 또는 무선)의 통과거리에 따라 전송신호가 약해지는 현상
나. 지연왜곡: 전송매체를 통과하면서 신호를 구성하는 주파수 성분의 위상차 (지연시간차)로 발생하는 왜곡
다. 잡음: 신호 처리나 전송 중 발생하는 원치 않는 신호. 원래의 신호를 손상하거나 왜곡시키는 작용을 한다. 열 잡음(Thermal Noise)등의 내부잡음과 인공잡음 (Man made Noise) 등의 외부잡음으로 구분한다.

09 정보통신공사업법에서 규정하는 감리원의 주요업무범위(감리요령)에 대해서 5가지 서술하시오? (5점)

[해설] 정보통신공사업법 제12조 (감리원의 업무범위)
① 공사계획 및 공정표의 검토
② 공사업자가 작성한 시공상세도면의 검토·확인
③ 설계도서와 시공도면 내용이 현장조건에 적합한지 여부 / 시공가능성 사전검토
④ 공사가 설계도서 및 관련규정에 적합하게 행하여지고 있는지에 대한 확인
⑤ 공사 진척부분에 대한 조사 및 검사
⑥ 사용자재의 규격 및 적합성에 관한 검토·확인
⑦ 재해예방대책 및 안전관리의 확인
⑧ 설계변경에 대한 사항의 검토·확인
⑨ 하도급에 대한 타당성 검토
⑩ 준공도서의 검토 및 준공확인

10

Home Network기술 중에서 전력선 통신기술의 단점 3가지는 무엇인가 (3점)

해설 가. PLC (Power Line Communication): 전력을 공급하는 전력선을 이용해서 음성과 데이터를 수십~수백 KHz 이상의 고주파 신호에 실어 전송하는 기술이다.
나. PLC 문제점
① 일반 전력선을 사용하므로 감쇄가 큼.
② 냉장고, TV, 세탁기 등과 공용으로 사용하므로 외부에 의한 잡음이 큼.
③ 전동기나 모터 등에 의한 전력변동(부하변동)으로 신호 왜곡의 영향을 받음.
④ PLC 표준화가 정립되어 있지 않음.

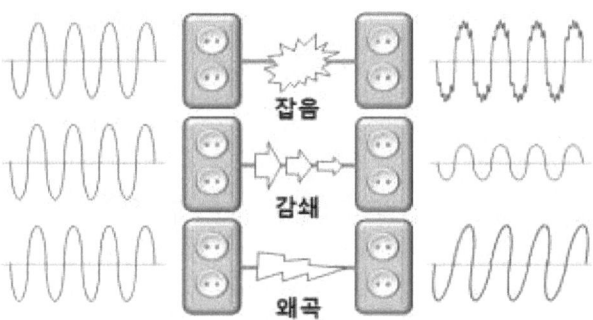

전력선 채널 특성

11

다음 약어의 용어를 쓰시오. (6항목, 각 1점)
1) ADSL
2) TCP/IP
3) DSU
4) MPEG
5) IETF
6) TTA

해설
1) Asymmetric Digital Subscriber Line
2) Transmission Control Protocol / Internet Protocol
3) Digital Service Unit
4) Moving Picture Experts Group
5) Internet Engineering Task Force
6) Telecommunications Technology Association

12 ATM Protocol Referece 모델은 계층(Layer)와 평면(Plane)의 구조로 되어있다.
(1) ATM의 평면 3가지를 작성하시오.

해설 관리 평면 (Management-Plane)
제어 평면 (Control-Plane)
사용자 평면 (User-Plane)

(2) ATM의 적응계층인 AAL의 서비스 종류의 4가지를 작성하시오.

해설 AAL (ATM Adaption Layer)은 4개의 Adaption Layer가 정의되어 있음
가. AAL1
① CBR(Constant Bit Rate) 제공 : 일정속도 보장
② 연결 지향형 서비스 제공
③ 비압축 영상 또는 음성

나. AAL2
① VBR(Variable Bit Rate) 제공: 가변비트 서비스 지원
② 연결 지향형 서비스 제공
③ 압축된 영상 또는 음성

다. AAL3/4
① Connection oriented service와 Connectionless service를 제공
② AAL5에 의해 대체

라. AAL5
데이터 서비스 제공

* 참조
① CBR(Constant Bit Rate) : 일정 속도를 보장해주는 서비스
② UBR(Unspecified Bit Rate) : Best Effort 서비스와 유사
③ VBR(Variable Bit Rate) : 가변 비트율 서비스 지원
④ ABR(Available Bit Rate) : Bursty한 특성으로 가변 비트율 서비스와 혼잡제어 서비스

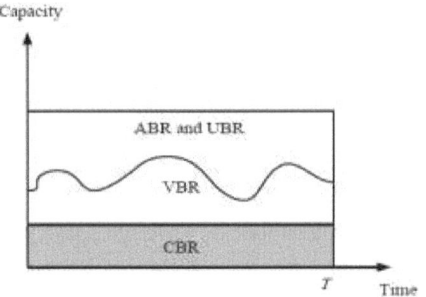

13 다중화장비와 집중화 장비의 차이점을 쓰시오.(12점)

해설 가. 다중화장비(Multiplexer)
① 다수의 저속채널을 하나의 고속채널로 묶어서 전송하는 장비
② 다중화장비 종류에는 주파수분할다중화, 시분할다중화, 파장분할다중화방식이 있음
③ 입력측과 출력측의 전체 대역폭이 같음

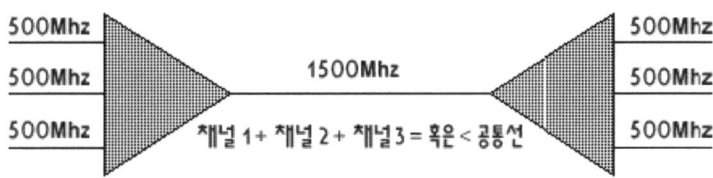

나. 집중화장비(Concentrator)
① 다수의 저속채널을 소수의 회선으로 묶어서 전송하는 장비
② 동적으로 채널을 할당함
③ 입력측과 출력측의 전체대역폭이 다름

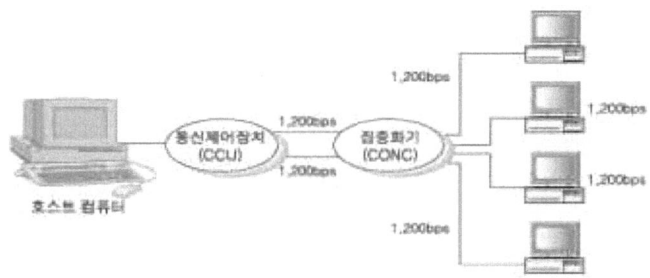

③ 다중화장비와 집중화장비의 비교

비 교	다중화기	집중화기
특 징	하나의 고속채널 사용	소수의 고속채널 사용
입출력속도	입력채널속도의 전체합 = 출력	입력채널속도의 전체합 ≥ 출력
입출력대역	동일	다름
종 류	FDM(WDM), TDM, CDM	선로공유기, 모뎀공유기
기억장치	없음	있음
버 퍼	없음	있음
지연시간	발생 거의 없음	지연발생
채널할당	정적으로 할당	동적으로 할당
적 용	규칙적인 데이터 전송	불규칙적인 데이터 전송

14 할당된 주파수 대역을 중복하여 사용함으로써 통신 위성의 이용 효율을 높이는 방법? (3점)

[해설] 주파수 재사용(frequency reuse)

15 신호변조 과정에서 발생하는 반송파 누설의 원인 3가지를 쓰시오.

[해설] 반송파 누설원인
① 반송파 발진기와 희망주파수가 근접한 경우, 반송파 발진주파수가 누설됨
② 종단 증폭기의 과다 증폭으로 인한 비선형으로 반송파 주파수가 누설됨
③ 전자기적인 결합에 의해 반송파 누설

16 전자서명법에 정의된 다음 문장의 괄호 안에 들어갈 알맞은 용어를 쓰시오. (3점)

> " 가입자"라 함은 (　　) 기관으로부터 전자서명 생성정보를 인정받는 자를 말한다.

[해설] 공인인증

17 광섬유의 코어와 클래드의 굴절율이 각각 $n_1 = 1.44$, $n_2 = 1.40$ 일 때, 임계각, 비굴절율 차, 개구수, 수광각을 계산하시오. (6점)

[해설]
① 임계각 = $\sin^{-1}\dfrac{n_2}{n_1} = \sin^{-1}\dfrac{1.4}{1.44} = \sin^{-1}(0.97) = 76.46°$

② 비굴절율차 = $\dfrac{n_1 - n_2}{n_1} = \dfrac{1.44 - 1.4}{1.44} = 0.027$

③ 개구수 $NA = \sqrt{n_1^2 - n_2^2} = \sqrt{1.44^2 - 1.4^2} = 0.377$

④ 수광각 = $2 \times \sin^{-1}[개구수] = 39.39°$

18 다음 괄호안에 알맞은 말을 넣어 완성하시오.(3점)

> "IP주소(address)체계에서 C클래스는 네트워크 주소를 첫 번째 바이트의 첫 번째, 두 번째, 세 번째 비트가
> 각각 (가), (나), (다) 인 주소이며 네트워크 주소 범위는 192.0.0. ~ 223.255.255. 이고 호스트주소는 10 ~ 255 이다.
> [또는 ( ), ( ), ( )]

[해설] C class 시작 비트: 1, 1, 0

* 참고
A class : "0xxx xxxx" 으로 시작 → 0 ~ 171
B class : "10xx xxxx" 으로 시작 → 172 ~ 191
C class : "110x xxxx" 으로 시작 → 192 ~ 223
D class : "1110 xxxx" 으로 시작 → 223 ~ 239
E class : "1111 xxxx" 으로 시작 → 240 ~ 255

19 다음 약어의 용어를 쓰시오(4점)
(1) FWHM 원어
(2) IoT 원어

[해설] (1) FWHM : Full width at half maximum

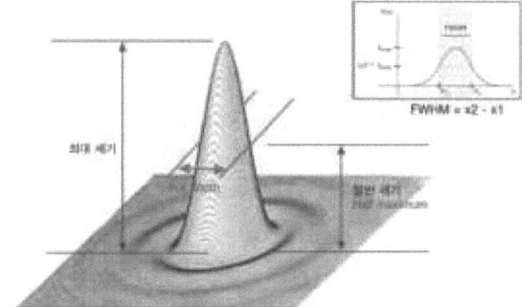

(2) IoT : Internet of Thing (사물 인터넷)

20 3극 전위 강하법이 사용하기 힘들 때 대체해서 사용할 수 있는 접지법에 대해서 쓰시오. (5)

해설 2극 전위 강하법

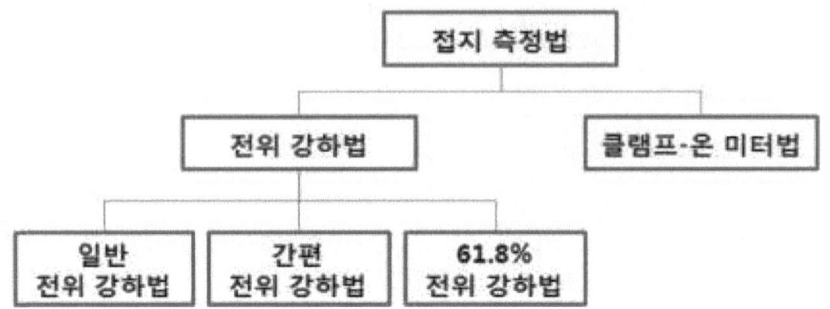

1) 2극 전위 강하법(간편화된 전위강하법): 간편화된 측정법은 저항분포곡선에서 수평부분으로 추정되는 중간 부분에서만 분석하는 방법임
2) 3극 전위 강하법(61.8% 법): 대지비 저항이 균일한 장소에서 적용함, 61.8%법은 전위강하법을 이용하여 접지저항을 측정할 때, 전류보조극의 거리를 접지체로부터 C로 하고 전압보조극의 거리를 C의 61.8%로 하여 측정된 접지 저항값을 결정

＊참고 클램프-온 미터법
(1) 측정기의 원리
- 전력시스템이나 통신케이블의 경우처럼 다중 접지된 시스템의 경우에 사용됨.
- 이 때 특수한 변류기를 사용하여 회로에 전압E를 공급해 주면 전류I가 흐르게 된다.
- 다시 변류기를 사용하여 흐르는 전류를 측정할 때 전류와 전압과의 관계는 다음과 같이 나타난다. 일반적으로 따라서, E/I=Rx라는 식이 성립된다.

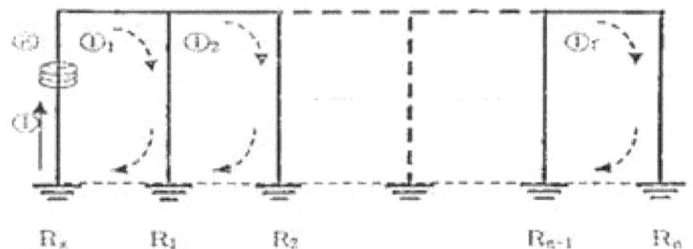

(2) 클램프-온-미터 측정법의 특징
- 다중접지된 통신설로에서만 적용.
- 접지체와 접지대상을 분리하지 않고, 보조접지극을 사용하지 않기 때문에 빠른   측정이 가능.
- 접지선을 연결해야 측정이 가능하므로 자동적인 유지보수가 이루어진다.
- 도로에서 사용할 경우 각 케이블의 본딩상태를 대략점검 할 수 있음.

24 정보통신기사 2017년 4회

01 각 단어의 정의를 적으시오.
가. 프로토콜 나. 논리채널
다. 데이터링크 라. 반송파
마. 전용회선

해설 가. 컴퓨터간에 정보를 주고받을 때의 통신방법에 대한 규칙과 약속
나. 데이터 송신 장치와 데이터 수신 장치와의 사이에 확립되는 논리상의 통신로
다. 인접한 두 통신기기 간에 개설되는 통로
라. 통신에서 정보의 전달을 위해 사용하는 높은 주파수를 가진 파형
마. 통신선로를 임대받아 전용으로 사용하고, 인터넷서비스업체와 직접 연결한 통신회선

02 반송파의 진폭과 위상을 이용한 변조 방식을 무엇이라 하는가? (4점)

해설 QAM방식

03 무선LAN 802.11에서 프레임의 종류 3가지를 적으시오. (3점)

해설 무선 LAN 802.11 MAC 프레임 형태를 크게 3가지로 구분된다.

① 관리프레임	무선 단말과 AP 사이의 초기통신을 확립하기 위해 사용
② 제어프레임	실제 데이터 프레임의 전달을 위한 제어용
③ 데이터프레임	실제정보가 들어있는 프레임

* IEEE802.11 MAC계층 프레임 기본포맷

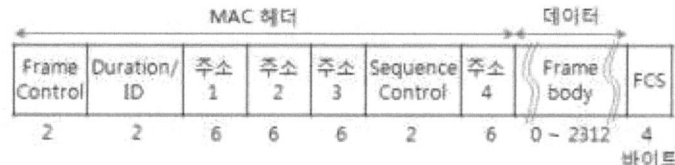

Frame Control유형
00 관리프레임 01 제어프레임
10 데이터프레임 11 예약

04 IEEE 802.11에서 정의한 무선 LAN의 기본요소 블록인 기본서비스 세트(BASIC SERVICE SET)의 구성에 대하여 설명하시오.(5점)

[해설]

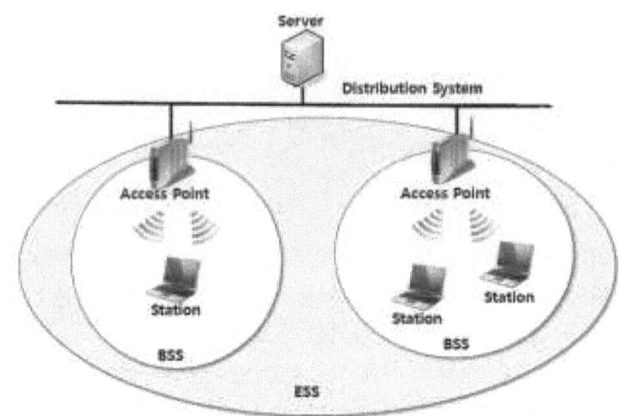

구분	역할
AP (Access Point)	무선단말기, 무선공유기 역할을 함
BSS (Basic Service Set)	하나의 AP를 포함한 네트워크를 BSS라 함 1개의 AP와 여러개의 단말기(Station)로 구성
ESS (Extended Service Set)	여러개의 AP를 이용하여 하나의 네트워크를 구성하는 네트워크를 ESS라 함

2장 정보통신기사 기출문제(2010년~2025년)

05 고속의 송신신호를 다수의 직교하는 협대역 부반송파로 다중화시키는 변조방식을 말하며, 무선랜 802.11a/g 전송방식으로 채택된 것은 (4점)

해설 OFDM: 상호직교성을 갖는 다수의 협대역 직교 부반송파를 병렬로 사용하여 정보를 전송하는 방식이다. 스펙트럼 효율을 높고 이동통신에서 문제가 되는 주파수 선택적 페이딩에 강인한 특성을 가지고 있다.

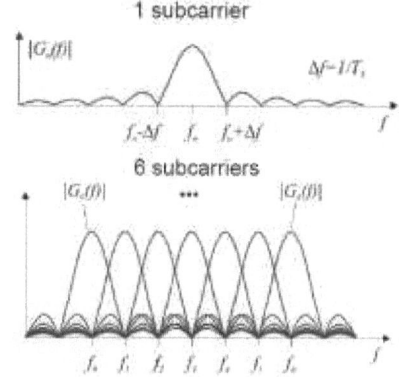

06 다중화와 집중화 장비에 대해서 설명하고 그 차이점을 적으시오. (12점)

해설 가. 다중화장비(Multiplexer)
① 다수의 저속채널을 하나의 고속채널로 묶어서 전송하는 장비
② 다중화장비 종류에는 주파수분할다중화, 시분할다중화, 파장분할다중화방식이 있음
③ 입력측과 출력측의 전체 대역폭이 같음

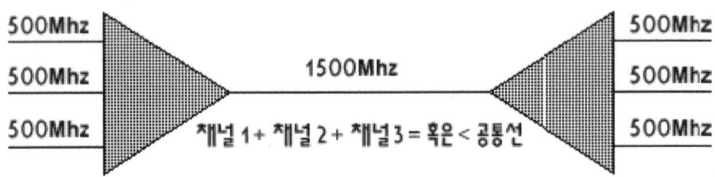

나. 집중화장비(Concentrator)
① 다수의 저속채널을 소수의 회선으로 묶어서 전송하는 장비
② 동적으로 채널을 할당함
③ 입력측과 출력측의 전체대역폭이 다름

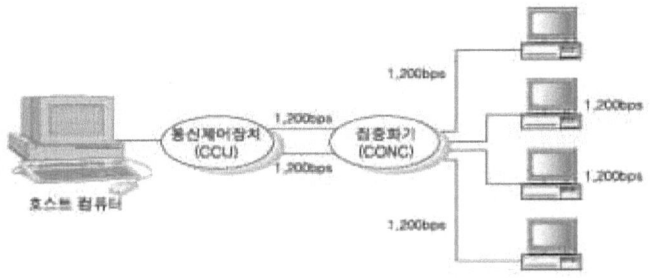

③ 다중화장비와 집중화장비의 비교

비 교	다중화기	집중화기
특 징	하나의 고속채널 사용	소수의 고속채널 사용
대역폭	입력채널의 전체 합 = 출력	입력채널의 전체 합 ≥ 출력
종 류	FDM, TDM	집중화기
기억장치	없음	있음
버 퍼	없음	있음
지연시간	거의 없음	지연발생
가 격	저가	고가

07 ATM셀 구조, TC의 영문을 각각 서술하시오. (5점)

해설 전송수렴 부계층(TC Sublayer, Transmission Convergence Sublayer)
ATM 셀은 헤더부(5바이트)와 정보부(48바이트)로 구성된다.

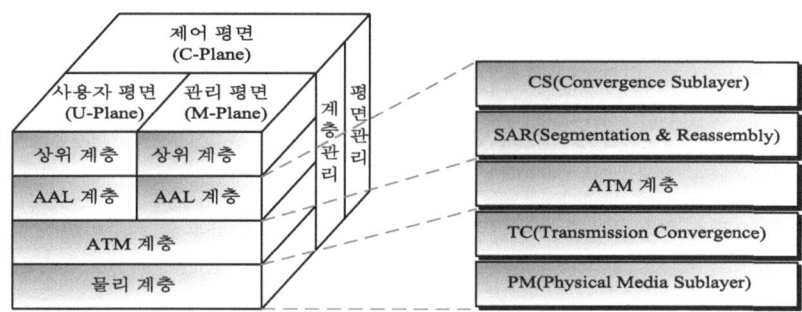

08 4800baud, 16위상 변조방식을 사용 시 전송속도[bps]는 얼마인가? (5점)

해설 $r = B \times \log_2 M = 4800 \times \log_2 16 = 4800 \times 4 = 19,200 [bps]$

09 네트워크 망 토폴로지 5가지를 적으시오 (5점)

해설
① 링형(Ring)
② 성형(Star)
③ 버스형(Bus)
④ 망형(Mash)
⑤ 트리형(Tree)

10 ( )는 비연결형 데이터그램 전달서비스를 제공하는 프로토콜로서 메시지를 세그먼트로 나누지 않고 블록형태로 전송하며 재전송이나 흐름제어를 위한 피드백을 제공하지 않는다. ( )안에 알맞은 용어를 쓰시오. (4점)

해설 UDP

11 대규모 전송회선 및 통신망을 지칭하는 것은 ?

해설 백본망: 중요 공유자원들을 연결하기 위한 중추적인 기간 네트워크를 말함

12 OSI 7 계층에서 다음 사항에 관한 프로토콜은 어떤 계층에 속하는지 쓰시오.
(가) TCP/UDP :
(나) RS 232-C :
(다) HDLC :
(라) IP :

해설 (가) TCP,UDP - 전송계층
(나) RS-232C - 물리계층
(다) HDLC - 데이터링크계층
(라) IP - 네트워크계층

13 설계 3단계를 쓰시오 ?(3점)

해설 계획설계, 기본설계, 실시설계

14 통신망의 신뢰도를 위해 고려될 수 있는 파라미터 3가지를 쓰시오.

해설 ① 신뢰성(Reliability): 시스템이 주어진 여건 아래에서 업무를 이상없이 처리할 수 있는 능력을 말함. 업무 수행에 이상이 있는 경우를 고장이라고 하며, 단위 시간에 고장이 발생하는 횟수를 고장율이라고 함.
② 가용성(Availability)
시스템을 사용하는 특정기간 중 실제로 업무를 수행할 수 있는 능력으로 시스템이 동작하는 일정한 시간 간격대 시간 간격중의 시스템의 동작 불가능시간의 비로 표시됨.

$$A(가용률) = \frac{MTBF}{MTBF + MTTR}$$

③ 보전성(Serviceability)
시스템 사용 도중 장애가 발생 하였을 시 회복을 위한 수리의 간편도, 정기적인 점검, 대책의 간편성을 말함.

15 콘덴서 관련 아래그림을 보고 용량, 전압, 허용오차를 작성하시오. (6점)

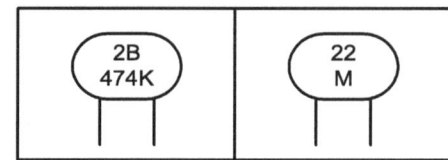

해설 콘덴서의 기본용량은 [pF] 단위임.
세자리 숫자중 첫째자리 둘째자리가 값이고 세번째 자리 숫자가 승수를 의미
허용오차는 P(1%),G(2%),J(5%),K(10%),M(20%),N(30%) 등으로 함.
내압은 숫자와 알파벳 조합으로 나타냄.

[V]	A	B	C	D	E	F	G	H	I	J
0	1	1.25	1.6	2.0	2.5	3.15	4.0	5.0	6.3	8.0
1	10	12.5	16	20	25	31.5	40	50	63	80
2	100	125	160	200	250	315	400	500	630	800
3	1000	1250	1600	2000	2500	3150	4000	5000	6300	8000

가. 2B 474K
① 용량 = 47×10^4 pF=470,000 [pF] = 470 [nF] = 0.47 [uF]
② 정격전압 : 2B=125[V]
③ 허용오차 : K=±10[%] (참고: J=±5%, M=±20%)

나. 22 M
① 용량 = 22[pF]
② 전압 : 50[V] (표시가 없는 경우 50V)
③ 허용오차 : M=20[%]

16 아래에서 설명하는 접지전극시공방법을 쓰시오. (5점)
   ① 접지 시공방법 중 가장 많이 사용하는 방식
   ② 사용기간이 짧음
   ③ 시공면적이 넓고, 대지저항률이 낮은 지역에서 성능이 우수함
   ④ 추가시공이 용이하고 재료비가 저렴함

해설 접지봉을 이용한 접지시공

17 일반적인 통신관련 시설의 접지저항 허용 기준은 얼마인가? (6점)

해설 10[Ω]이하
통신관련시설은 1종 접지를 하며, 1종접지의 기준은 10[Ω]이하임.

18 무선통신 송신기의 전력효율(Power Efficiency)이란?
전력효율은 전력증폭기(Power Amplifier)에 입력된 직류전력이 RF 송신출력으로 얼마나 사용되었느냐를 나타내는 성능지표이다.

해설 전력효율 $= \dfrac{RF 신호출력}{직류입력} \times 100[\%]$

25 정보통신기사 2018년 1회

01 다음 회로를 보고 발진기 이름과 컨덴서 C_1 용량값을 계산하시오.(4점)

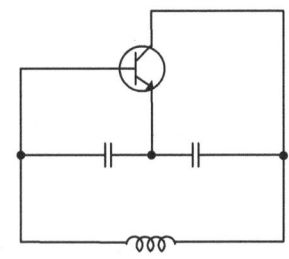

(단, f=35[kHz], L=35[mH], $C_1 = C_2$)

[해설] 계산식

주파수 $f = \dfrac{1}{2\pi\sqrt{LC}}$ 에서 $C = \dfrac{1}{(2\pi f)^2 L} = \dfrac{1}{(2\pi \times 35 \times 10^3)^2 \times 35 \times 10^{-3}}$
$= 0.725[\mu F]$

$C = \dfrac{C_1 C_2}{C_1 + C_2}$, 문제에서 $C_1 = C_2$이므로

$C_1 = C_2 = 0.725 \times 2 = 1.45[\mu F]$

답 : 콜피츠 발진기, 1.45[uF]

02 데이터 단말장치 (DTE)기능 4가지를 서술 하시오.(8점)

[해설]
① 데이터를 코드로 변환하여 송신하는 기능
② 수신 코드를 문자 부호로 복호하여 디스플레이 표시하는 기능
③ 상대와의 통신 절차를 정한 전송 제어 절차 기능
④ 잡음 신호에 의한 착오를 검출하고, 회복하기 위한 착오 제어 기능

03 전송 데이터 200,000비트 중 10비트 오류가 발생한 경우 BER을 구하시오.(4점)

해설) $BER = \dfrac{수신에러비트수}{전송데이터비트수} = \dfrac{10}{200000} = 5 \times 10^{-5}$

04 정보 통신망의 동작 기능을 3가지 적으시오.

해설) 전기 통신 설비를 이용하거나 전기 통신 설비와 컴퓨터 또는 컴퓨터의 이용 기술을 활용하여 정보를 수집·가공·저장·검색·송신 또는 수신하는 정보 통신 체제를 갖추고 있어야 한다.
가. 변환 설비 : 정보를 인간이 알 수 있는 내용으로 변화시켜 주는 기능
나. 전송 설비 : 전기적인 수단을 이용하여 정보전달의 기능(유선 전송로와 무선 전송로)
다. 교환 설비 : 단말기기의 경로선택, 접속 제어, 각종서비스의 실행, 통신망의 관리 및 제어기능

05 다중화장비와 집중화 장비의 차이점(12점)

해설

비 교	다중화기	집중화기
특 징	하나의 고속채널 사용	소수의 고속채널 사용
입출력속도	입력채널속도의 전체합 = 출력	입력채널속도의 전체합 ≥ 출력
입출력대역	동일	다름
종 류	FDM(WDM), TDM, CDM	선로공유기, 모뎀공유기
기억장치	없음	있음
버 퍼	없음	있음
지연시간	발생 거의 없음	지연발생
채널할당	정적으로 할당	동적으로 할당
적 용	규칙적인 데이터 전송	불규칙적인 데이터 전송

* 참고

다중화(MUX:multiplexing)
① 하나의 회선 또는 전송로(유선의 경우 1조의 케이블, 무선의 경우 1조의 송수신기)를 분할하여 개별적으로 독립된 신호를 동시에 송수신할 수 있는 다수의 통신로(채널)를 구성하는 기술
② 대표적인 다중화 방식으로는 하나의 회선을 다수의 주파수 대역으로 분할하여 다중화하는 주파수 분할 다중 방식(FDM)과 하나의 회선을 다수의 아주 짧은 시간 간격(time interval)으로 분할하여 다중화하는 시분할 다중 방식(TDM) 등이 있다.

다중화기와 집중화기 비교
① 다중화기와 집중화기는 모두 데이터 전송의 효율화를 목적으로 한다.
② 다중화기에서는 각 저속 단말기의 속도 합과 고속 채널의 속도 합이 같고, 집중화기에서는 각 저속 단말기의 속도의 합이 고속 채널의 속도합보다 크거나 같다.
③ 다중화기는 입력 출력의 대역폭이 같으나, 집중화기는 다르다.
④ 다중화기는 규칙적인 데이터 전송에 적합하고, 집중화기는 불규칙적인 데이터 전송에 적합

○ 다중화기(Multiplexer:MUX)
1) 다중화기의 개요
① 다중화 기술을 이용 하나의 전송로를 분할하여 독립된 다수의 신호를 송수신할 수 있는 장치
② 통신망 이용 효율을 향상시키는 반면 회선의 건설, 유지, 보수, 이용 비용을 절감시킴
2) 다중화기의 특징
① 통신 비용은 낮아지는 반면, 전송효율은 높아짐
② 구조가 단순하면서 규칙적인 전송에 사용
③ 입, 출력 각각의 채널 대역폭이 동일
④ 입력 회선의 수= 출력회선의 수
⑤ 여러 채널이 하나의 선로를 동시에 공유하며, 버퍼가 불필요

3) 다중화기의 종류
주파수 분할 다중화기(Frequency Division Multiplexer)
① 주파수를 여러개로 분할하여 여러 단말 장치가 동시에 주파수 사용
② 전송 신호의 대역폭보다 전송 매체의 유효 대역폭이 큰 경우에 사용
③ 다중화기에 변, 복조 기능이 내장되어있어 모뎀을 설치할 필요가 없음
④ 주파수 대역사이에 채널 간섭을 막기 위해 보호대역이 필요
⑤ 저속의 비동기식 전송, 멀티 포인트 방식, 아날로그 신호 전송에 적합

시분할 다중화기(Time Division Multiplexer)
① 전송선로를 Time Slot의 작은 시간 단위로 분할하여 할당하여 전송하는 방식
② 각 단말은 주어진 시간 동안 전송선로의 대역을 사용하여 데이터를 전송
③ 전송 매체의 데이터 전송률이 전송 신호의 데이터 전송률보다 클 때 사용
④ 각 채널의 상호 간섭을 막기 위해 각각의 채널 사이에 보호 시간이 필요

코드 분할 다중화기(Code Division Multiplexer) -> FDM + TDM
① 하나의 채널로만 사용하는 아날로그 방식의 문제점 해결을 위해 개발
② 각 채널에 부여된 고유한 디지털 코드를 이용하여 다중화하는 방식
③ 해당 코드를 가지고 있는 단말기만 인식이 가능하여 보안성이 우수함
④ 확산 대역 방식(Spread - spectrum), FDM와 TDM 혼합 방식
⑤ 전송 용량의 증가와 전송 품질이 뛰어남

○ 집중화기
1) 집중화기의 개요
① 저속 장치들이 속도가 빠른 하나의 통신회선을 공유하여 사용할 수 있도록 해주는 기기
② 하나 또는 소수의 통신 회선에 여러 대의 단말기를 접속하여 사용할 수 있도록 하는 장치

2) 집중화기의 특징
① m개의 입력회선을 n개의 출력회선으로 집중화하는 장치
② 채널이 사용 중이면 다른 채널은 기다려야 하며 버퍼가 필요함
③ 전송할 데이터가 있는 단말에만 회선을 할당하여 동적으로 회선을 이용
④ 회선의 이용률이 낮고, 불규칙적인 전송에 적합
⑤ 전송할 데이터의 유무를 판단해야 하므로 제어 조작이 비교적 복잡
⑥ 여러 대의 단말기 속도의 합이 통신 회선의 속도보다 크거나 같음

3) 집중화기의 종류
Front-End Procesor
① 기능이 한정된 소형의 컴퓨터
② 통신 제어 장치를 구성하는 장치로서, 주변 장치의 제어나 통신 제어를 처리
③ 계산, 데이터의 변환, 오류 제어 등이 기능을 수행

선로 공유기(Line Sharing Unit)
① 메인 컴퓨터와 단말 장치간의 전송 거리가 먼 경우 사용
② 동일 장소에 통신량이 적은 단말 장치가 밀집되어 있는 경우 사용

변복조기 공유기(Modem Sharing Unit)
① 하나의 변복조기를 다수의 단말 장치가 공유할 수 있는 장치
② 변복조기와 선로의 수를 줄일 수 있어 경제적으로 효율적임
③ 멀리 떨어진 곳에 다수의 단말장치가 필요한 경우 사용

06 비 연결형이며, 신뢰성 확보가 어렵고, 전송속도는 빠른 전송방식은 무엇인가?

해설 UDP

07 데이터 전송을 위해 단말에 수신할 준비가 되었는지 질의하고 전송하는 방식이 폴링이다. 폴링의 2가지 방식을 쓰시오.(4점)

해설 1) 폴링(Polling): 주컴퓨터가 전송할 데이터가 있는지 단말기에 질의하고 데이터를 수신하는 방법.
2) 셀렉션(Selection): 주검퓨터가 단말기에게 데이터를 수신 할 수 있는지를 질의 하고 수신 할 준비가 되어 있는 상태의 긍정응답신호(ACK)를 받으면 데이터를 송신하는 방법.

08 16위상 변조기 데이터의 Buad rate가 4800[baud]일 때, bit rate는?(5점)

해설 $r[bps] = B\log_2 M = 4800 \times \log_2 16 = 19,200[bps]$

09 ATM 교환기의 평면 3가지 종류와 AAL 4종류를 쓰시오(7점)

해설 가. 평면(Plane)

사용자평면(U Plane), 관리평면(M Plane), 제어평면(C Plane)

나. AAL(ATM Adaption Layer)
① AAL1
- CBR(Constant Bit Rate) 제공 : 일정속도 보장
- 연결 지향형 서비스 제공
- 비압축 영상 또는 음성

② AAL2
  - VBR(Variable Bit Rate) 제공: 가변비트 서비스 지원
  - 연결 지향형 서비스 제공
  - 압축된 영상 또는 음성
③ AAL3/4
  - Connection oriented service와 Connectionless service를 제공
  - AAL5에 의해 대체
④ AAL5
  - 데이터 서비스 제공

10 다음 문자의 괄호 안에 적절한 내용을 적으시오

인터넷 보안요소에는 보안상의 위협 및 공격으로부터 시스템을 보호하기 위해 ISO7498-2에서 인증(Authentication), 접근제어(Access Control), 비밀보장(Data Confidentiality, (   ) 및 부인봉쇄(Non-Repudiation)의 기능을 제시하고 있다.

[해설] 데이터 무결성 (Integrity) - 위변조를 할 수 없도록 무결성 유지

11 다음 보기 중에서 해당되는 ISO의 OSI 해당 계층을 적으시오.(3점)
SMTP, POP3login, logout

[해설] SMTP, POP3 : 응용계층
login, logout : 세션 계층

12 정보통신 공사현장에 공사현장 대리인을 증명하기 위한 서류 2가지를 쓰시오. (10점)

[해설] ① 현장대리인 경력 수첩
② 현장대리인 발주자 승인서

13 정보통신내역서 중 경비를 구성하는 5가지 품목을 쓰시오.(10점)

해설 ① 전력비
② 수도광열비
③ 운반비
④ 특허권 사용료
⑤ 기술료,

14 정보통신공사 설계도서 5가지를 쓰시오.(5점)

해설 ① 계획서
② 시방서
③ 내역서
④ 기술계산서
⑤ 설계도면

15 오실로 스코프 용도(기능) 4가지를 쓰시오(4점)

해설 ① 전압측정
② 주파수 측정
③ 변조도 측정
④ 위상차 측정

16 개방임피던스 $100[\Omega]$, 단락임피던스 $25[\Omega]$인 경우 특성임피던스는?(5점)

해설 $Z_0 = \sqrt{Z_{1f}Z_{1s}} = \sqrt{100 \times 25} = 50[\Omega]$

17 접지는 기능을 위한 접지와 안전을 위한 접지로 구분 되어진다. 다음 보기 중 기능을 위한 접지를 2가지 고르시오.(8점)
<보기> 외함 접지, 안테나 접지, 피뢰침 접지, 변압기 2차측 단자 접지, 전원 트랜스 중성점 접지

해설 안테나 접지, 전원 트랜스 중성점 접지

18 보조극의 사용이 곤란한 경우 3극전위강하법을 대체할 수 있는 접지측정법은 무엇인가?(5점)

해설 2극 전위 강하법

19 직류 전압이 1[kV], 직류전류가 500[mA]이고 증폭기 효율이 50[%]일 때 출력은 얼마인가? (5점)

해설 출력 $P = 1[kV] \times 500[mA] \times 0.5 = 250[W]$

26 정보통신기사 2018년 2회

01 위성통신시스템에서 위성 통신방식에 따른 분류 3가지를 적으시오. (3점)

[해설] 임의 위성(Random Satellite)
위상 위성(Phased Satellite)
정지 위성(Stationary Satellite)

02 공중망의 패킷형 터미널을 위한 DTE와 DCE 사이의 접속규격은?

[해설] X.25
X.25 : 패킷형 단말을 위한 DTE/DCE 인터페이스 규격
X.20 : 비동기 전송을 위한 DTE/DCE 인터페이스 규격
X.21 : 동기 전송을 위한 DTE/DCE 인터페이스 규격

03 IP V4 주소형태 3가지를 제시하고 간단히 설명하시오.

[해설] ① Unicast Address : 1 대 1, 단일노드 에게 데이터를 전송
② Multicast Address : 1 대 특정 다수, 송신지에서 특정수신자에게 전달
③ Broadcast Address : 전체에게 전송

04 다음 TCP/IP관련 물음에 답하시오.
가. IP는 몇계층 프로토콜인가?
나. IP 프로토콜의 특징 3가지를 적으시오
다. TCP 프로토콜의 특징 3가지

해설
가. 3계층
나.
① 비연결 지향형
② 데이터 전송의 비신뢰성
③ 정보 교환 및 중계 기능
다.
① 연결 지향형
② 데이터 전송의 신뢰성(정확한 데이터 전달 기능)
③ UDP에 비하여 속도 늦음(제어 과정이 필요하여 헤더가 길어지기 때문)

05 정보통신시설공사 설계도서 종류 5가지를 적으시오

해설
① 계획서
② 시방서
③ 내역서
④ 기술계산서
⑤ 설계도면

06 다음에 설명하는 접지 방법은 무엇인지 적으시오.
(1) 가장 많이 쓰이는 방법
(2) 사용기간 짧음
(3) 시공면적이 넓고 대지 저항률이 낮아야 접지 성능우수
(4) 재료비가 저렴함

해설 일반봉 접지

07. 접지설비 중 기술 기준에 따른 시설 공법이다. 다음 ( )안에 들어갈 알맞은 것을 보기에서 찾아 쓰시오.

〈보기〉
1.6[mm], 2.6[mm], 4[mm], 6[mm], 10[Ω], 100[Ω],

[해설] 1종 접지 공사의 접지저항은 (10[Ω]) 이하이며 접지선의 굵기는 몇 (2.6[mm]) 이상 이어야 한다.
3종 접지 공사의 접지저항은 몇 (100[Ω]) 이하이며 접지선의 굵기는 (1.6[mm]) 이상 이어야 한다.

08. 전류 차단기능하는 하는 기기는?

[해설] 과전류 차단기

09. 통신공동구를 설치 할 때 통신 케이블의 유지·관리에 필요한 부대설비 5가지를 쓰시오.

[해설] 배수설비, 조명설비, 환기설비, 소방설비, 접지시설

10. 감리원의 역할에 대해서 적으시오.

[해설] 공사에 대하여 발주자의 위탁을 받은 용역업자가 설계도서 및 관련 규정의 내용대로 시공되는지 여부의 감독, 품질관리·시공관리 및 안전관리에 대한 지도등에관한 발주자의 권한 대행

11 dBv, dBmv, dBm 를 각 각 설명하시오.

해설 ① dBv = 20 log (비교 대상 전압 / 1V)
dBv는 1V를 기준으로 하여 데시벨로 나타낸 것임
② dBmv = 20 log (비교 대상 전압 / 1mV)
dBmv는 1mV를 기준으로 하여 데시벨로 나타낸 것임
③ dBm = 10 log (비교 대상 전력 / 1mW)
dBm은 1mW를 기준으로 하여 데시벨로 나타낸 것임

12 입력신호가 10mW일 때 전송로에서 10dB 감쇠가 발생했다. 이때 전송로의 전력을 구하시오.

해설 1[mW]

$10 = 10\log\dfrac{P}{10[mw]}$ 에서 $P = 1[mW]$

13 공동 주택 등에 낙뢰 또는 강전류 전선과의 접촉 등으로 이상 전류 또는 이상전압이 유입될 우려가 있을 때 방송통신설비에 과전류 또는 과전압을 방전시키거나 이를 제한 또는 차단하는 (   )가 설치되어야 한다.

해설 보호기

15 50[Ω] 시스템과 75[Ω] 시스템을 접속 했을 때 아래질문에 답하시오. (7점)
   가. 반사계수
   나. 정재파비
   다. 반사전력은 입사전력의 몇%인가?

해설

가. 반사계수
$$\Gamma = \frac{V_r}{V_f} = \sqrt{\frac{P_r}{P_f}} = \frac{Z_1 - Z_2}{Z_1 + Z_2} = \frac{75 - 50}{75 + 50} = 0.2$$

나. 정재파비
$$VSWR = \frac{1+\Gamma}{1-\Gamma} = \frac{1+0.2}{1-0.2} = 1.5$$

다. 반사전력은 입사전력의 몇 % 인가?
$$0.2 = \sqrt{\frac{P_r}{P_f}}$$

$P_r = 0.04 \times P_f$ 이므로 반사전력은 입사전력의 4%이다.

16 Shannon 정리를 설명하고, S/N이 1000 일 때 대역폭을 구하시오.(8711)
   (단, 채널용량=$29.9 \times 10^6 bit/s$)

해설 가. Shannon의 정리
부가적 잡음(채널에 백색 잡음이 존재한다고 가정)이 존재하는 대역 제한된
채널에서 통신 용량 $C[bps]$
$C = W\log_2(1+S/N)$ [bps]
여기서, W: 채널의 대역폭, S/N: 송신 신호의 신호대 잡음비

나. 대역폭 계산
$C = W\log_2(1+S/N)$

$= 3.32 W \log_{10}(1+S/N)$

$\therefore W = \dfrac{C}{3.32 W \log_{10}(1+S/N)}$

$= \dfrac{29.9 \times 10^6}{3.32 \log_{10}(1+1000)} = 3 [MHz]$

17 아래와 같이 수신된 우수패리티 해밍코드를 분석하여 보기에 대한 답을 적으시오.

1	2	3	4	5	6	7	8	9
0	0	1	0	1	0	0	0	0

(1) 패리티비트는 몇 개인가?

해설 해밍부호방식 : 단일 비트 에러를 검출하여 정정까지 할 수 있는 (n,k) 형식의 선형 부호 방식이다.
$2^m \geq k+m+1$ ($k=$ 정보 비트, $m=$ 해밍 비트)
$2^m \geq 9$, $m=4$
따라서 패리티 비트는 4개이다 (1행, 2행, 4행, 8행)

(2) 에러비트는 몇 번째 행인가?

해설 1의 값을 가지는 행의 이진수를 ex-or을 하면 오류행을 검출 할 수 있다.
1과 5의 행이 1의 이진수를 갖기 때문에 각 행의 값을 ex-or 하면 6의 값을 가지게 된다. ($011_{(2)} \otimes 101_{(2)} = 110_{(2)} = 6$) 따라서 답은 6번째 행이 오류임을 알 수 있다.

<정상적으로 수신된 해밍코드>

1	2	3	4	5	6	7	8	9
0	0	1	0	1	1	0	0	0

(3) 정상적으로 송신되었을 때의 값을 10진수로 쓰시오.

해설
<정상적으로 수신된 해밍코드>

1	2	3	4	5	6	7	8	9
0	0	1	0	1	1	0	0	0

$001011000_{(2)} = 88$

<정보비트의 10진수>

		3		5	6	7		9
		1		1	1	0		0

$11100_{(2)} = 28$

18 ATM Protocol Referece 모델은 계층(Layer)와 평면(Plane)의 구조로 되어 있다.
(1) ATM의 평면 3가지를 작성하시오.

해설 관리 평면(Management-Plane)
제어 평면(Control-Plane)
사용자 평면(User-Plane)

(2) ATM의 적응계층인 AAL의 서비스 종류의 4가지를 작성하시오.

해설 CBR(Constant Bit Rate) : 일정 속도를 보장해주는 서비스
UBR(Unspecified Bit Rate) : Best Effort 서비스와 유사
VBR(Variable Bit Rate) : 가변 비트율 서비스 지원
ABR(Available Bit Rate) : Bursty한 특성으로 가변 비트율 서비스와 혼잡제어 서비스

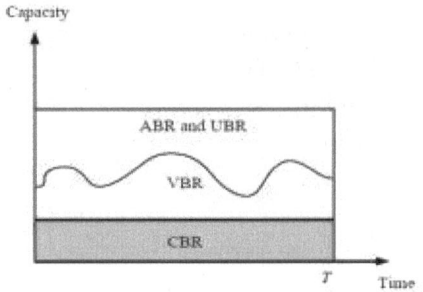

19 PCM 기록장치에서 최고 주파수 15[kHz]까지 녹음하기 위해서는 1초에 최소 몇 비트의 정보량을 기록해야 하는가? (단, 샘플당 8[bit] 부호화로 한다.)

해설 ① 표본화 주파수
$f_s = 10[\text{kHz}] \times 2 = 20[\text{kHz}]$
② 부호화 비트수 8비트
③ 정보량
$r[bps] = f_s \times n = 20[\text{kHz}] \times 8 = 160[\text{kbps}]$

27 정보통신기사 2018년 4회

01 주어진 그림을 보고 종합잡음지수를 식으로 표현하시오. (4점)

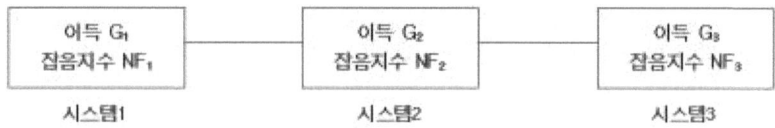

[해설] $NF = NF_1 + \dfrac{NF_2 - 1}{G_1} + \dfrac{NF_3 - 1}{G_1 * G_2}$

02 페이딩 원인, Long term fading, Short term fading, Rician fading에 관해 설명하시오. (8점)

[해설] (1) 페이딩 원인
시간에 따라 수신신호의 세기가 변동하는 현상
(2) Long term fading
수신기의 이동에 의해 신호 경로를 부분적으로 차단하는 장애물들로 인하여 긴 구간동안 수신신호 세기의 느리게 변화하는 페이딩
(3) Short term fading
수신기가 이동하는 경우 도착시간이 다른 반사파들이 벡터적으로 합성되어 짧은 구간동안 수신신호세기의 빠르게 변화하는 페이딩
(4) Rician fadong
직접파와 반사파가 동시에 존재할 경우 발생하는 페이딩 위성통신이나 macro cell에서 주로 발생한다.

03 각 패킷을 전송 전 사전 경로 구성없이 독립적, 무작위로 전달하는 방식은? (3점)

[해설] 데이터그램 방식

04 폴링과 셀렉션의 정의를 쓰시오. (4점)

해설 가. 폴링(Polling): 주컴퓨터가 전송할 데이터가 있는지 단말기에 질의하고 데이터를 수신하는 방법
① Roll-call Polling (중앙형)
② Hub-go-ahead Polling(분산형)
나. 셀렉션(Selection): 주컴퓨터가 단말기에게 데이터를 수신 할 수 있는지를 질의 하고 수신 할 준비가 되어 있는 상태의 긍정응답신호(ACK)를 받으면 데이터를 송신하는 방법.

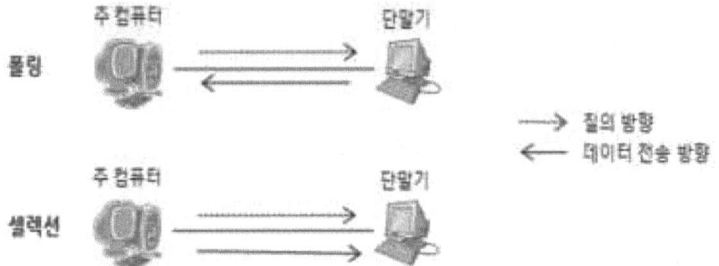

① Select-Hold
단말기의 수신 가능한 응답을 받고 데이터 전송 방식
② Fast-select
단말기의 수신 가능한 응답을 받지 않고 전송할 데이터와 응답 요청을 동시에 전송

05 OSI계층 중 알맞은 답을 적으시오. (6점)

| (   ) | 데이터압축, 암호화 |

해설 표현계층

06 (   )는 비연결형 데이터그램 전달서비스를 제공하는 프로토콜로서 메시지를 세그먼트로 나누지 않고 블록형태로 전송하며 재전송이나 흐름제어를 위한 피드백을 제공하지 않는다. (   )안에 알맞은 용어를 쓰시오. (4점)

해설 UDP

07 컴퓨터간의 전자우편을 전송하기 위한 프로토콜은? (4점)

해설 SMTP

08 착수단계에서 검사해야하는 설계도서 3가지를 쓰시오. (8점)

해설 ① 기술계산서
② 계획서
③ 시방서
④ 설계도면
⑤ 공사비 명세서

09 IPv4 주소의 특징을 5가지 쓰시오. (10점)

해설 ① 32비트 주소길이를 갖는다.
② A~E class로 구분되며 각 주소는 네트워크 ID와 호스트 ID로 구분된다
③ 주소의 종류에는 uni cast, multi cast, broad cast방식이 있다.
④ best effort 방식이므로 QoS 서비스에 취약하다
⑤ 헤더구조가 복잡하다
⑥ 보안에 취약해 IPsec를 별도로 설치해야 한다.

10 ( )란 네트워크 자원(서버,라우터,스위치)을 제어 감시하는 기능을 말하며, ( )는 TCP/IP 기반에서 망관리를 위한 애플리케이션층의 Protocol을 말한다. 관리 대상과 관리 시스템 간 Management Information을 주고 받기위한 규정이다. ( )안에 알맞은 용어를 쓰시오. (5점)

해설 SNMP

11 TCP/IP계층을 하위부터 순서대로 쓰시오. (4점)

해설

응용 계층
전송 계층
인터넷 계층
NIC 계층

12 VSWR=2.0175인 경우 반사계수를 구하시오. (6점)

해설
$$\Gamma = \frac{VSWR-1}{VSWR+1} = \frac{2.0175-1}{2.0175+1}$$
$$= \frac{1.0175}{3.0175} = 0.3371$$
$$\fallingdotseq 0.34$$

13 하드웨어적이 아닌 문제를 점검하는 것으로 네트워크상에 흐르는 데이터프레임을 캡처하 분석하며 LAN의 병목현상, 응용프로그램 실행오류, 프로토콜 설정오류, 네트워크 카드의 충돌오류 등을 검출하는 장비는? (4점)

해설 프로토콜 분석기

14 통신제어장치의 기능을 5가지 쓰시오. (8점)

해설 동기제어, 전송제어, 에러제어, 회선제어, 흐름제어

15 설계도면의 사용되는 용어를 설명하시오. (6점)

| MDF, UPS, TM |

해설 MDF – 주배전반
UPS – 무정전 전원장치
TM – 일시기억장치

16 감리원의 주요 업무를 5가지만 쓰시오. (5점)

해설 감리원. 기술자 등급 = 초급, 중급, 고급, 특급
① 재해예방대책 및 안전관리 감독
② 공사계획 및 공정표 확인 및 감독
③ 하도급에 대한 타당성 검토
④ 준공도서의 검토 및 준공확인
⑤ 설계변경에 대한 사항의 검토,확인
⑥ 사용하는 자재의 규격 및 적합성 확인

17 주파수 1KHz, 위상이 90° 차이나는 경우, 몇 초의 시간차이인가? (3점)

해설 $T = \dfrac{1}{F} = \dfrac{1}{1 \times 10^3} = 1[ms]$

위상 90°차이는 $\dfrac{1}{4}$ 주기에 해당하므로 시간차이는 다음과 같이 계산할 수 있다.

$\therefore T = \dfrac{1}{4} \times 1[ms] = 0.25[ms]$

18 국선 접속 설비를 제외한 구내 상호간 및 구내 외관의 통신을 위하여 구내에 설치하는 케이블, 선로, 이상전압전류에 대한 보호장치 및 전주와 이를 수용하는 관로, 통신터널, 배관, 배선반, 단자 등과 그 부대설비"로 정의되는 용어를 쓰시오. (2점)

해설 구내 통신선로설비

19 다음 (   )를 채우시오. (6점)

> 보기: 10Ω 20Ω 1.3mm 1.6mm

접지선은 접지 저항값이 (   )이하인 경우에는 2.6mm이상, 접지저항값이 100Ω 이하인 경우에는 (   )이상의 PVC피복 통신 또는 그이상의 절연효과가 있는 전선을 사용한다.
특3종 접지의 저항 (   )이하 이며 도선의 굵기는 (1.6mm)이상의 전선을 사용해야 한다.

해설 접지선은 접지 저항값이 (10Ω)이하인 경우에는 2.6mm이상, 접지저항값이 100Ω이 하인 경우에는 (1.6mm)이상의 PVC피복 통신 또는 그이상의 절연효과가 있는 전선을 사용한다.
특3종 접지의 저항 (10Ω)이하 이며 도선의 굵기는 (1.6mm)이상의 전선을 사용해야 한다.

28 정보통신기사 2019년 1회

01 데이터통신에서 사용하는 전송속도 4가지를 적으시오. (8점)

해설 정보 통신에서 전송속도의 표시 방법
가. 데이터 신호 속도
 : 1초 동안 전송할 수 있는 비트수로 표시되며, 단위는 [bps]가 사용된다.
나. 데이터 변조 속도
 : 1초 동안 신호(심볼)변화 횟수로 표시되며, 단위는 [baud]가 사용된다.
다. 데이터 전송 속도
 : 1초 동안 보낼 수 있는 데이터량으로 표시되며, 단위는 [character/minute]등이 사용된다.
라. 베어러 속도
 : 데이터 신호 이외의 동기신호, 상태신호 등을 포함한 데이터 전송속도

*베어러 속도 = 데이터 신호 속도 $\times \frac{8}{6}$

02 광섬유 케이블에서 발생하는 자체손실 3가지는 무엇인가? (3점)

해설 가. 재료손실
  ① 흡수 손실(Absorption Loss)
  ② 산란 손실(Scattering Loss)
 나. 구조 불완전에 의한 손실
  ① 마이크로 밴딩 손실
  ② 불규칙 굽힘 손실
 다. 접속손실
  ① 결합손실
  ② 스플라이싱 손실

[Information Communication]

03 아래 표는 가입자망 구축 관리 xDSL(Digital Subscriber Line) 전송기술이다. (가)~(다)빈칸을 채우시오.

xDSL 종류	데이터 전송속도 하향속도 ; 상향속도	특징 및 응용분야
ADSL (가)	하향속도 1.544~6.1[Mbps] 상향속도 16~640[kbps]	고속인터넷, 원격 랜 접속, VOD
RADSL (나)	하향속도 640[kbps]~2.2[Mbps]; 상향속도 272[kbps]~1.088[Mbps]	고속인터넷, 랜 투 랜접속, VOD
SDSL (대칭형)	-1.544 Mbps duplex (미국 및 캐나다) 2.048 Mbps (유럽) -하나의 이중회선에서의 downstream과 upstream상,하향 속도가 같다.	고속인터넷, 원격 랜 접속, LAN/WAN
HDSL (대칭형)	T1 / E1 상,하향 속도가 같다.	T1,E1,LAN/WAN
VDSL (다)	하향속도 12.9~52.8[Mbps] 상향속도 1.5~2.3[Mbps]	Fiber to the Neighborhood

해설 (가) 비대칭형
(나) 비대칭형
(다) 비대칭형

04
ONU(Optical Network Unit)가 주택지 인근에 설치되고, ONU에서 가입자까지 이중 나선이나 동축케이블을 사용하는 광가입자 명칭을 적으시오. (3점)

해설 HFC (Hybrid Fiber-Coax network)
광섬유와 동축케이블을 함께 사용하는 선로망
종합 유선 방송(CATV)국에서 '가입자 광망 종단 장치(ONU)'까지는 광선로를 이용하고 ONU에서 가입자 단말까지는 동축 케이블을 이용하는 구성방식

05
입력 신호가 100[mW]이고, 출력신호가 1[mW] 일 때 입력에서 출력까지 전송로에서의 [dB] 변화 값을 구하시오.

해설
$$dB = 10\log\frac{출력신호전력}{입력신호전력}$$
$$= 10\log\frac{1mW}{100mW}$$
$$= 10\log10^{-2}$$
$$= -20[dB]$$

06
STM(synchronous transfer mode)과 ATM(asynchronous transfer mode)에 대해서 설명하고 차이점을 간단히 기술하시오. (3점)
가. STM 나. ATM 다. STM과 ATM의 차이점

해설 가. STM : 동기식디지털계위(SDH)에서 구간계층(다중화기 구간, 재생기 구간) 간의 정보를 전송하는 기본 단위의 신호계위
프레임 단위로 전송되며 전송 프레임이 채널에 고정적으로 할당됨

나. ATM : 비동기식 전송방식으로 셀 단위로 전송되며 통계적 다중화 또는 비동기식 시분할 다중화 방식의 전달방식. 전송되는 셀이 고정적이지 않고 정보 트래픽에 따라 가변적으로 할당되어 다양한 트래픽을 수용 가능함

다. STM과 ATM의 차이점 : 전송단위(프레임/셀)에서의 차이가 있으며, STM방식은 입출력 전송속도가 같으나 ATM방식은 입출력 전송속도가 다름(입력 ≥ 출력)

07 해밍 코드의 데이터 비트와 패리티 비트 관계식을 적으시오. (5점)
(단, m : 데이터 비트수, p : 패리티 비트 수)

해설 해밍코드는 1비트 에러정정 코드임.
$2^P \geq m + p + 1$
여기서 p : 패리티 비트수, m : 정보비트수

08 ATM 셀 구조를 나타내고 필드의 길이를 쓰시오. (4점)

해설 53byte로 5byte의 Header 와 48Byte의 Payload로 구성

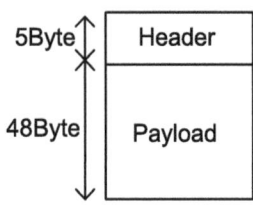

09 OSI 계층에서 중계 시스템을 갖춘 3가지 계층을 적으시오. (3점)

해설 물리계층 (Physical Layer)
데이터링크 계층 (DataLink Layer)
네트워크 계층 (Network Layer)

10 IPv6 주소 자동설정 구현방법 2가지와 IPv4에서 IPv6로 변환하는 방법 3가지를 적으시오. (5점)

가. IPv6 주소 자동설정 구현방법

나. IPv4에서 IPv6로 변환하는 방법

해설 가. IPv6 주소 자동설정 구현방법
① 동적 주소 자동 설정 (DHCP)
② 상태 보존형 주소 자동 설정

나. IPv4에서 IPv6로 변환하는 방법
① 듀얼 스택 기술
② 터널링 기술
③ 헤더 변환 기술

11 하나의 장비에 여러 보안 솔루션 기능을 통합적으로 제공하고 다양하고 복잡한 보안 위협에 대응할 수 있어, 관리 편의성과 비용 절감이 가능한 보안 시스템은 무엇인가? (4점)

해설 UTM (Unified Threat Management : 통합 위협 관리)
① 다양한 보안 솔루션을 하나로 묶어 비용을 절감
② 관리의 복잡성을 최소화
③ 복합적인 위협 요소를 효율적으로 방어

12 IP 주소 165.243.10.54, 서브넷 마스크 255.255.255.0 이다. 다음 물음에 답하시오.(6점)
가. Subnet Masking 몇 비트인가?

나. Network Address를 적으시오.

다. 사용 가능한 Host 개수는?

[해설] 가. 24bit
나. 165.243.0.0 (IP주소가 B클래스이므로)
다. 서브넷 마스크 255.255.255.0이므로 네트워크주소와 브로드캐스트 호스트를 제외하면
$2^8 - 2$개 = 254개

13 근거리 통신망(LAN)을 구축하고자 할 때, 검토해야 할 기술적인 사항 4가지를 적으시오. (8점)

[해설] 가. 망 형태(topology)
나. 전송매체 엑세스 방식
다. 전송매체
라. 변조방식(베이스 밴드, 브로드 밴드)

14 가입자 인증제도에 대한 다음 물음에 답하시오.
가. 초고속 정보통신 건물의 인증 등급 3가지를 적으시오.

나. 홈 네트워크 건물의 인증 등급 3가지를 적으시오.

[해설] 가. 특등급, 1등급, 2등급
나. AAA, AA, A

15 가동률이 0.92인 정보 통신 시스템에서 MTBF(Mean Time Between Failure)이 20시간인 경우 수리 시간을 포함하는 MTTR(Mean Time To Repair)을 구하시오. (2점)

해설 가동률 = $\dfrac{\text{MTBF}}{\text{MTBF}+\text{MTTR}}$

16 MTBF(mean time between failure)는 평균 동작 시간이고, MTTR(mean time to repair)은 평균 수리 시간, 즉 평균 불동작 시간이다.

주어진 문제의 조건을 위 식에 대입하면, $0.92 = \dfrac{20}{20+\text{MTTR}}$ 으로부터, 평균 불동작 시간(MTTR)은 2시간 EIA-568A/B 을 이용하여 크로스케이블을 제작하려고 한다. 해당 색을 <보기>에서 골라 빈칸을 채우시오. (8점)

〈보기〉
청색, 흰 청색, 녹색, 흰 녹색, 등색(주황색), 흰 등색, 갈색, 흰갈색

EIA-568A

1	2	3	4	5	6	7	8
a	b	c	청	흰청	d	흰갈	갈

EIA-568B

1	2	3	4	5	6	7	8
e	f	g	청	흰청	h	흰갈	갈

해설 a. 흰 녹색, b. 녹색, c. 흰 등색, d. 주황색
e. 흰 등색, f. 등색, g. 흰 녹색, h. 녹색
EIA-568은 미국내 구내 케이블/케이블링/커넥터에 대한 표준임. RJ-45규격

EIA-568A

RX+	RX-	TX+	N/A	N/A	TX-	N/A	N/A
줄무늬 녹색	녹색	줄무늬 주황색	청색	줄무늬 청색	주황색	줄무늬 갈색	갈색
3	6	1	4	5	2	7	8

EIA-568B

1	2	3	4	5	6	7	8
줄무늬 주황색	주황색	줄무늬 녹색	청색	줄무늬 청색	녹색	줄무늬 갈색	갈색
TX+	TX-	RX+	N/A	N/A	RX-	N/A	N/A

17 방송통신설비의 기술기준에 관한 규정에 따라 선로설비의 회선 상호 간 회선과 대지 간 및 회선의 심선 상호간의 절연저항은 직류 (가) [V] 절연저항계로 측정하여 (나)[$M\Omega$] 이상이어야 한다. (4점)

해설 (가) 500[V]
(나) 10[$M\Omega$]

18 전자파 양립성 (EMC : Electro Magnetic Compatibility) 기반의 방송통신기자재 등의 전자파 적합성 평가를 위한 시험방법에서 전자기파 장해실험(EMI : Electro Magnetic Interference) 관련 시험 항목을 적으시오. (6점)

해설 가. CE(Conducted Emission)시험
: 전도장해 시험은 배선(전원선)에서 나오는 Noise를 측정
나. RE(Radiated Emission)시험
: 방사장해 시험은 EUT(Equpment Under Test)를 통해 외부 공기중으로 유출되는 Noise를 측정

19 광섬유의 코어와 클래드의 굴절율이 각각 $n_1 = 1.45, n_2 = 1.4$일 때 최대 수광각을 구하시오. (5점)

해설 최대 수광각
$$\theta = \sin^{-1} NA$$
$$= \sin^{-1} \sqrt{n_1^2 - n_2^2}$$
$$= \sin^{-1} \sqrt{1.45^2 - 1.4^2}$$
$$= \sin^{-1}(0.3775)$$
$$= 22.18° \text{ (소수점 셋째자리 반올림)}$$

20 접지저항 설계 시, 대지 저항률에 영향을 미치는 요인 3가지를 적으시오. (6점)

해설
가. 토양의 종류
나. 수분의 함유량
다. 전해질 성분
라. 온도
마. 광물 함유량
바. 계절(기후)

29 정보통신기사 2019년 2회

01 빈칸에 공통으로 알맞은 용어를 쓰시오. (3점)

> UTP는 동축케이블과 비교 시 (   )가 없으므로 전기적 잡신호와 전자기 장애에 약한 특성을 가진다. 미국이나 캐나다는 이 문제를 크게 고려하지 않지만, 유럽의 경우 전자기 장애의 유해성 논란으로 적절한 차폐가 필요하다고 한다. 또한, 외부의 보호(   )가 없어서 햇빛 및 습기에 약하여 실외 사용이 불가능하다.

해설 쉴드(shield)

02 케이블 TV 또는 IPTV에서 서비스 수신 자격을 갖춘 가입자에게만 서비스를 제공하기 위한 목적으로 주기적으로 키(key)를 생성하여 가입자에게 전달하는 기능을 수행하는 것은 무엇인가? (3점)

해설 CAS (Conditional Access System)

[참고]
① 수신제한기능과 지역제한기능을 수행.
② 수신제한기능은 가입자 관리시스템과 함께 유료서비스를 위한 방송시스템의 핵심적인 역할을 수행하는 시스템
③ 불특정다수의 수신자에게 프로그램을 전송하는 일반방송과 달리 가입자에게 개별주소 및 그룹주소를 부여해 가입자가 원하는 서비스를 정확하고 편리하게 제공받을 수 있도록 한다.

03 DMB, RFID, BcN을 약어 및 개념 중심으로 서술하라. (6점)
　가. DMB
　나. RFID
　다. BcN

해설 가. DMB(Digital Multimedia Broadcasting) : 영상, 음성 데이터 등의 디지털 멀티미디어를 휴대용 기기에서 수신할 수 있는 서비스
　나. RFID(Radio Frequency Identification) : 반도체 칩이 내장된 태그(Tag), 라벨(Label), 카드(Card) 등의 저장된 데이터를 무선주파수를 이용하여 비접촉으로 읽어내는 인식시스템
　다. BcN(Broadband convergence Network) : 기존 통신과 방송, 인터넷 등 각종 서비스를 통합한 차세대 통합 네트워크

04 1956년 창설된 CCITT의 새 명칭으로 전화전송과 전화교환, 잡음 등에 대한 표준을 권고하는 통신프로토콜 제정 기관은? (3점)

해설 ITU-T(International Telecommunications Union Telecommunication)

05 TCP/IP 관련 프로토콜의 설명이다. 원어로 쓰시오. (6점)
　가. 하이퍼 전달 프로토콜
　나. 전자우편 전송 프로토콜
　다. 파일 전송 프로토콜

해설 가. HTTP(Hyper Text Transfer Protocol)
　나. SMTP(Simple Mail Transfer Protocol)
　다. FTP(File Transfer Protocol)

06 VAN의 정의와 광의의 VAN 계층구조 4가지를 서술하라. (10점)

가. VAN의 정의

나. 광의의 VAN 계층 구조 4가지

[해설] 가. VAN(Value Added Network)의 정의
회선을 직접 보유하거나 통신 사업자의 회선을 임차 또는 이용해, 단순한 전송기능 이상의 부가가치를 부여(정보의 축적, 가공, 처리)한 통신망으로, 카드 단말 서비스 등이 있다.
나. 광의의 VAN 계층 구조 4가지
① 정보처리 계층
② 통신처리 계층
③ 네트워크 계층
④ 전송 계층

07 빈칸에 알맞은 용어를 쓰시오. (3점)

> (   )는 미국규격협회에서 1987년 표준화된 LAN이고, 100Mbps의 전송속도를 제공하며, 두 개의 링으로 구성된다. 두 개의 카운터 회전링을 사용하여 이중링 구조이며, 외부링은 1차링, 내부링은 2차링으로 불린다. 또한 두 개의 링이 모두 작동되며, 노드는 미리 정해진 규칙에 따라 두 개 중 한 개로 전송한다. 전송 매체는 광케이블을 사용하므로 링 구조로 되어있으며 2km 떨어진 단말기 사이에서 작동할 수 있다.

[해설] FDDI(Fiber Distributed Data Interface)

08 노드가 100개일 때, 망형 회선 수는? (5점)
가. 계산과정

나. 정답

해설 가. 계산과정

$$\text{망형 회수 개수} = \frac{n(n-1)}{2} = \frac{100*99}{2}$$

나. 정답 : 4,950개

09 인터넷 표준 프로토콜이라 할 수 있으며 다른 기종 컴퓨터간의 데이터 전송을 위해 규약을 체계적으로 관리 및 정리한 것은? (3점)

해설 TCP/IP(Transmission Control Protocol/Internet Protocol)

10 빈칸에 알맞은 용어를 쓰시오.

( )는 비연결형 데이터그램 전달서비스를 제공하는 프로토콜로서 메시지를 세그먼트로 나누지 않고 블록의 형태로 전송하여 재전송이나 흐름제어를 제어하기 위한 피드백을 제공하지 않는다.

해설 UDP (User Datagram Protocol)

11 IPv6에서 지원하는 3가지의 주소형태를 적고 이를 각각 설명하시오. (9점)

해설 가. 유니캐스트(Unicast) : 1 대 1 단일 노드에 데이터(정보)를 전송 (HTTP)
나. 멀티캐스트(Multicast) : 1대 특정 다수 노드에 데이터(정보)를 전송 (IPTV)
다. 애니캐스트(Anycast) : 다 대 다 노드에 같은 Data를 전송하여 같은 서비스를 하는 여러 개의 서버가 동일한 주소를 가질 수 있음. 이때 클라이언트가 해당 주소로 근접하면 가장 가까운 곳에 있는 서버가 서비스 제공

12 생존하는 개인에 관한 정보로서 성명, 주민등록번호 등에 의해 당해 개인을 식별할 수 있는 것은 무엇인가? (2점)

해설 개인 정보(Personal Data)

13 정보통신공사시 착수단계에서 검토해야하는 설계도서 종류 3가지를 쓰시오. (6점)

해설 가. 시방서
나. 설계도면
다. 공사 내역서
라. 기술 계산서
마. 공사 계획서

14 감리원의 업무범위 5가지를 쓰시오. (10점)

해설 가. 재해예방대책 및 안전관리 감독
나. 공사계획 및 공정표 확인 및 감독
다. 하도급에 대한 타당성 검토
라. 준공도서의 검토 및 준공확인
마. 설계변경에 대한 사항의 검토, 확인
바. 사용하는 자재의 규격 및 적합성 확인

15 하드웨어적이 아닌 문제를 점검하는 것으로 네트워크상에서 흐르는 데이터프레임을 캡쳐(Capture)하고 디코딩하여 분석하며 LAN의 병목현상, 응용프로그램 오류, 프로토콜 설정오류, 네트워크 카드의 충돌 등을 분석하는 장비는? (3점)

해설 프로토콜 분석기

16 아래 표에서 가,나,다,라,마에 해당하는 전송제어문자의 기능을 설명하시오.

기호	명칭	내용
SOH	(가)	(가)의 기능
STX	start of text	본문(텍스트)의 시작 및 헤딩의 종료를 표시
ETX	(나)	(나)의 기능
ETB	end of transmission block	전송 블록의 종료를 표시
EOT	(다)	(다)의 기능
ENQ	enquiry	상대국에 데이터 링크의 설정 및 응답을 요구
DLE	(라)	(라)의 기능
SYN	synchronous idle	문자 동기의 유지
ACK	(마)	(마)의 기능
NAK	negative acknowledge	수신된 정보 메시지에 대한 부정 응답

해설 (가) SOH(Start Of Heading) - 정보 메시지 헤딩의 시작을 표시
(나) ETX(End Of TeXt) - Text 종료를 표시
(다) EOT(End Of Transmission) - 전송의 종료 및 데이터 링크의 초기화(해제)
(라) DLE(Data Link Escape) - 다른 전송 제어 문자와 조합하여 의미를 다양화
(마) ACK(ACKnowledge) - 수신된 정보 메시지에 대한 긍정응답

17 A전화국에서 B방면으로 포설된 0.4mm 1800p 케이블 고장이 발생했고 길이는 1250m이다. A전화국 실험실에서 L_3시험기로 바레이법에 의해 측정할 때 고장위치는? (5점)

바레이 3법 저항 325[Ω]
바레이 2법 저항 245[Ω]
바레이 1법 저항 142[Ω]

가. 계산 과정:

나. 정답:

해설

가. 계산 과정: $l_x = \dfrac{R_3 - R_2}{R_3 - R_1} l = \dfrac{325 - 245}{325 - 142} \times 1250$

(l_x 고장위치, l 케이블길이)

나. 정답: 546.45[m]

18 아래 질문에 답하시오. (6점)

가. 잡음이 없는 20KHz의 대역폭을 사용하여 280Kbps의 속도로 데이터를 전송할 경우 필요한 신호 준위계수 M을 계산하시오.

해설 잡음이 없는 채널의 채널용량은 나이퀴스트 채널용량 계산식을 이용함.

$C = 2B \log_2 M$ (M 신호 준위 계수, B 대역폭)

280Kbps = 2 × 20 × 10³ × log2M에서 M을 구하면

∴ 신호 준위 계수 M=128

* 신호가 M개의 준위를 가지면 각 준위는 $\log_2 M$ 개의 비트를 보낸다.
* 잡음채널과 무잡음 채널에서의 채널용량

무잡음채널의 채널용량	잡음채널의 채널용량
$C = 2B \log_2 M$	$C = B \log_2 (1 + \dfrac{S}{N})$

나. 2MHz의 대역폭을 갖는 채널이 있다. 이 채널의 신호대 잡음비 SNR=63이라고 할 때 채널용량 C를 계산하시오.

해설 잡음이 있는 채널의 용량은 샤논의 채널용량 계산식을 사용함.

$C = B\log_2(1+\frac{S}{N})$ (B 대역폭, $\frac{S}{N}$ 신호대 잡음비)

$C = 2MHz\log_2(1+63) = 2MHz \times 6 = 12[Mbps]$

19 안테나 대한 사용 전 검사에서 요구되는 정재파비가 1.5이고, 방향성 결합기를 이용하여 진행파 전력측정을 하였더니 16W이다. 반사파 전력은 몇 W인가?

해설

정재파비 $(VSWR) = \frac{V_{max}}{V_{min}} = \frac{V_f+V_r}{V_f-V_r} = \frac{1+\frac{V_r}{V_f}}{1-\frac{V_r}{V_f}} = \frac{1+m}{1-m}$

(V_f : 입사전압, V_r : 반사전압, $m = \frac{V_r}{V_f}$: 반사계수)

반사계수 $m = \frac{V_r}{V_f} = \sqrt{\frac{P_r}{P_f}} = \frac{S-1}{S+1}$ (P_f:입사전력, P_r:반사전력)

$\therefore m = \frac{1.5-1}{1.5+1} = \frac{0.5}{2.5} = 0.2$

$0.2 = \sqrt{\frac{반사전력}{16[W]}}$

$\therefore$ 반사전력 $P_r = 0.04 \times 16 = 0.64[W]$

20 국선 접속 설비를 제외한 구내 상호 간 및 구내 외관의 통신을 위하여 구내에 설치하는 케이블, 선로, 이상전압 및 이상전류에 대한 보호 장치 및 전주와 이를 수용하는 관로, 통신 터널, 배관, 배선반, 단자 등과 그 부대설비로 정의되는 용어를 쓰시오. (3점)

해설 구내 통신선로설비

30 정보통신기사 2019년 4회

01 3개의 symbol A, B, C 중 하나를 보내는 정보원이 있다. 각 문자의 확률이 각각 $\frac{1}{2}, \frac{1}{4}, \frac{1}{4}$인 경우 한 symbol에 대한 평균정보량을 구하라.

[해설] $H(X) = \frac{1}{2}log_2(2) + \frac{1}{4}log_2(4) + \frac{1}{4}log_2(4)$

$= 1.5\ [bits/symbol]$

02 다음 회로를 보고 발진기 이름과 콘덴서 C_1 용량값을 계산하시오.(4점)

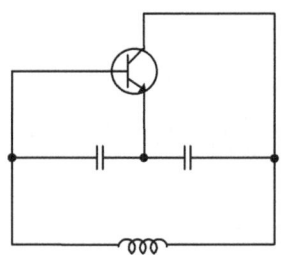

(단, f=35[kHz], L=35[mH], $C_1 = C_2$)

[해설] 콜피츠 발진기, 1.45[uF]

주파수 $f = \frac{1}{2\pi\sqrt{LC}}$ 에서 $C = \frac{1}{(2\pi f)^2 L} = \frac{1}{(2\pi \times 35 \times 10^3)^2 \times 35 \times 10^{-3}}$
$= 0.725[\mu F]$

$C = \frac{C_1 C_2}{C_1 + C_2}$, 문제에서 $C_1 = C_2$이므로

$C_1 = C_2 = 0.725 \times 2 = 1.45[\mu F]$

03 변조의 필요성을 3가지만 쓰시오.

해설 ① 복사용이(송수신 안테나 설계 가능)
무선통신 시 변조과정을 거치지 않고 낮은 주파수의 기저대역 신호를 직접 보낼 경우 송·수신 측의 안테나 길이는 수 km에 달해 설계가 곤란하게 된다.
② 주파수 할당을 위해(상호 간섭 배제)
다른 통신시스템에서 사용하는 주파수대역과는 다른 주파수대역을 할당해 통신시스템 간 간섭 방지를 위하여 변조가 필요하다.
③ 다중화
변조를 통해 하나의 전송로에 복수의 신호 전송 회선 구성 가능

04 광통신 시스템의 수신측에서 사용하는 대표적인 수광소자 2가지를 쓰시오.
(4점)

해설 ① PD(Photo Diode)
② APD(Avalanche Photo Diode)
참고: 발광소자 - LD, LED

05 광섬유의 장점을 3가지 쓰시오.

해설 ① 광대역성 : $10^{14} \sim 10^{15}$[Hz]의 대역폭을 사용하기 때문에 광대역 전송 가능
② 저손실 : 전송매체 중 가장 손실이 적어 장거리 전송이 가능
③ 무유도성 : 광 신호는 전기적인 유도 및 간섭의 영향이 없음

06 광섬유 케이블에서 발생하는 자체손실 3가지는 무엇인가? (3점)

해설 ① 흡수 손실(Absorption Loss):적외선 흡수손실, 자외선 흡수손실, 불순물 흡수손실
② 산란 손실(Scattering Loss) : 레일리 산란손실
③ 구조 불완전 손실 : 마이크로 밴딩 손실, 불규칙 굽힘 손실

07 샤논의 채널용량식을 쓰시오 (3점)

해설 샤논의 채널용량식

$$C = W\log_2\left(1 + \frac{S}{N}\right)$$

(C : 채널용량, W : 대역폭, S : 신호전력, N : 잡음 전력)

08 다음 괄호 안에 알맞은 말을 넣어 완성하시오 (4점)

" (가) 프로토콜은 IP주소를 물리주소(MAC)로 변환하는 프로토콜이고, 이의 반대 기능을 수행하는 것이 (나) 프로토콜이다.

해설 (가) ARP: IP 주소를 MAC 주소로 변환.
(나) RARP: MAC 주소를 IP주소로 변환

09 다음은 네트워크 관리 구성모델에서 Manager의 프로토콜 구조이다. A, B, C, D, E, F에 해당되는 요소를 보기에서 찾아 완성하시오. (6점)

< 보기 >
IP, UDP, PHYSICAL, MAC, SNMP응용프로토콜

계 층	문 제
응용계층	A
전달계층	B
네트워크계층	C
데이타링크계층	D
물리계층	E

해설

계 층	문 제	답
응용계층	A	SNMP 응용프로토콜
전달계층	B	UDP
네트워크계층	C	IP
데이타링크계층	D	MAC
물리계층	E	PHYSICAL

10 TCP/IP 프로토콜에서 비 연결형 프로토콜로서 산발적으로 발생하는 정보의 전송에 적합하고, 메시지를 블록의 형태로 전송하는 트랜스포트 계층에 해당하는 프로토콜을 적으시오? (3점)

[해설] UDP(User Datagram Protocol)
UDP는 패킷을 개별적으로 전송하는 방식으로 헤더 수가 적고, 에러제어, 흐름제어를 하지 않아서 속도는 빠르나, 신뢰성이 없는 4계층 프로토콜임.

11 CRC에서 사용되는 오류검출코드의 생성다항식을 적으시오. (6점)

[해설]
가. CRC-12 : $X^{12}+X^{11}+X^3+X^2+X+1$
나. CRC-16 : $X^{16}+X^{15}+X^2+1$
다. CRC-ITU : $X^{16}+X^{12}+X^5+1$ (HDLC에서 사용)

12 정보통신 설비 준공 시 시공자가 발주자에게 제출해야할 서류 4가지를 아래 예에서 쓰시오 (4)

| 착공계, 준공계, 준공도면, 설계도면, 일반시방서, 특별시방서 |

[해설] 착공계 준공계 준공도면 설계도면

13 정보통신내역서 중 경비를 구성하는 5가지 품목을 쓰시오.(10점)

[해설] 전력비, 수도광열비, 운반비, 특허권사용료, 기술료,
[참고]
여비는 전력비, 수도광열비, 운반비, 특허권사용료, 기술료, 연구개발비, 품질관리비, 지급임차료, 보험료, 복리후생비, 보관비, 외주가공비, 산업안전보건관리비, 소모품비, 여비·교통비·통신비, 세금과 공과, 폐기물처리비, 도서인쇄비, 지급수수료, 보상비, 안전관리비, 기타 법정경비 등으로 이루어진다

14 정보통신 기본설계서에 포함되는 5가지를 적으시오. (5점)

해설 기본설계서에 포함되는 문서

공사의 목적/개요/효과	공사의 개략적 내용
설계기준/개략적인 공사비	설계기준 문서와 개략적 공사비
자재/주요공정표/시공방법/공사기간	설계기준에 의한 개략적 자재 및 공정표
타 분야와의 중요 관련사항 명시	타 분야(전기, 소방, 건축)와의 호환성 고려
관계 관공서등 과의 협의 사항	토지보상, 건물임대 등에 대한 협의사항

15 전화의 음성을 표본화 주파수 8[kHz]로 8[bit] 부호화하였다. 펄스의 전송속도는 얼마인가?

해설 $r[bps] = \dfrac{n}{T_s} = f_s \times n = 8[\text{kHz}] \times 8[\text{bit}] = 64[\text{kbps}]$

16 전송길이가 1000Km인 전송로에 신호전파속도가 $2 \times 10^6 [m/\sec]$ 라면 전파지연시간은 얼마인가? (5점)

해설 속도 $= \dfrac{거리[m]}{시간[\sec]}$ 이므로

시간$[\sec] = \dfrac{거리[m]}{속도[m/\sec]} = \dfrac{1000 \times 10^3}{2 \times 10^6} = 0.5[\sec]$

① 속도$[m/\sec] = \dfrac{거리[m]}{시간[\sec]}$ 의 공식을 이용함.

② 실제적인 전파속도 또는 광속도는 $3 \times 10^8 [m/\sec]$

17 통신공동구를 설치 할 때 통신 케이블의 유지관리에 필요한 부대설비 5가지를 쓰시오

해설 배수설비, 조명설비, 환기설비, 소방설비, 접지시설

18 3점 전위강하법 측정회로를 그리시오

해설

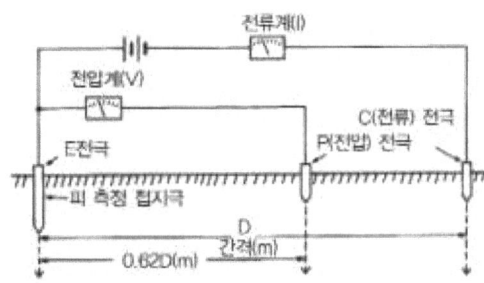

접지저항의 값의 측정순서
① E단자 와 C단자 사이에 전류 I를 측정
② E단자 와 P단자 사이의 전압 E를 측정
③ 옴의 법칙 $R=E/I[\Omega]$에 의해 저항계산

19 통신관련시설 접지저항은 ( )옴 이하를 기준으로 한다. (3점)

해설 10 Ω

20 다음에 설명하는 접지 방법은 무엇인지 적으시오.
① 가장 많이 쓰이는 방법
② 사용기간 짧음
③ 시공면적이 넓고 대지 저항률이 낮아야 접지 성능우수
④ 재료비가 저렴함

해설 일반봉 접지

31 정보통신기사 2020년 1회

01 아래 질문에 답하시오. (6점)

가. 잡음이 전혀 없는 이상적인 환경에서 채널용량은?

나. 잡음이 없는 20KHz의 대역폭을 사용하여 280Kbps의 속도로 데이터를 전송할 경우 필요한 신호 준위계수 M을 계산하시오.

[해설] 가. 잡음이 없는 채널의 채널용량은 나이퀴스트 채널용량

$C = 2B\log_2 M$ (M 지수 개수, B 대역폭)

나. $280\,kbps = 2 \times 20 \times 10^3 \times \log_2 M$ 에서 M을 구하면

∴ 신호 준위 계수 M=128 임 ($\log_2 128 = 7$)

02 해밍거리 $d_{\min} = 5$일 때 아래 질문에 답하시오. (6점)

가. 최대오류검출비트

나. 최대오류정정비트

[해설] 가. 오류검출개수 $= d_{\min} - 1 = 5 - 1 = 4\,[bit]$

나. 오류정정 개수 $= \dfrac{d_{\min} - 1}{2} = \dfrac{5-1}{2} = 2\,[bit]$

03 변조방식 4상 PSK에서 변조속도 100[Msymbols/sec]일 때, 전송속도[bps]를 구하라. (4점)

[해설] $r\,[\text{bps}] = n \times B$, $n = \log_2 M$ 이므로

$r = \log_2 M \times 100 \times 10^6$
$ = \log_2 4 \times 100 \times 10^6$
$ = 200[\text{Mbps}]$

04 신호변조 과정에서 발생하는 반송파 누설의 원인 3가지를 쓰시오. (3점)

[해설] 반송파 누설원인
① 반송파 발진기와 희망주파수가 근접한 경우, 반송파 발진주파수가 누설됨
② 종단 증폭기의 과다 증폭으로 인한 비선형으로 반송파 주파수가 누설됨
③ 전자기적인 결합에 의해 반송파 누설

05 정보통신설비를 설계할 때 공사설계도서에 적용되는 원가의 종류 3가지를 쓰시오. (6점)

[해설]

[정답]
재료비 : (직접재료비 + 간접재료비 + 기타재료)
노무비 : (직접노무비 + 간접노무비)
경비 : (직접경비 + 간접경비)

* 참고 정보통신공사 총원가

총원가			
	순공사원가	재료비	직접재료비 + 간접재료비 + 기타재료
		노무비	직접노무비 + 간접노무비
		경비	직접경비 + 간접경비
	일반관리비		순공가원가 X 일반관리비율
	이 윤		[노무비 + 경비 + 일반관리비] X 이윤율

06 위성통신에서 사용되는 회선할당방식 3가지를 기술하시오. (6점)

[해설]
① 사전 할당 방식(PAMA : Pre-Assignment Multiple Access)
② 요구 할당 방식(DAMA : Demand-Assignment Multiple access)
③ 임의 할당 방식(RAMA : Random-Assignment Multiple access)

07. 패킷교환방식에 대한 설명이다. 빈칸에 정답을 적으시오. (4점)

" 각 패킷을 전송 전 논리적인 사전 경로를 구성하여 순서적으로 전달하는 방식은 (가)방식으로 신뢰성 있는 통신이 가능하다.
" 각 패킷을 전송 전 사전경로 구성없이 독립적, 무 순차적으로 전달하는 (나) 방식은 사전 경로 구축 시간이 불필요하고 Deadlock 시 융통성이 있어 신속한 대처가 가능하다."

해설 (가) 가상회선
(나) 데이터그램

08. 통신제어장치의 기능을 4가지 쓰시오. (4점)

해설 동기제어, 전송제어, 에러제어, 회선제어, 흐름제어

09. LAN 프레임 교환 방식중 Switched LAN방식과 Shared LAN방식의 특징을 각각 3가지 쓰시오. (7점)

해설 가. Shared LAN (공유LAN) 방식
① 공유매체 기반의 LAN을 구성　　② 모든 단말로 프레임이 전송됨
③ 관련 네트워크, 토폴리지 구현이 용이함

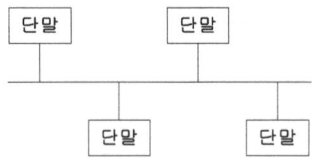

버스형 네트워크 구성도

나. Switched LAN방식
① 스위치 기반의 LAN을 구성　　② 지정된 목적지로만 프레임을 전송
③ 각 단말에 대해 전용(Dedicated)방식을 지원

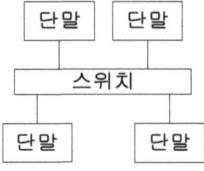

네트워크구성도

10 프로토콜 3요소와 각각에 대해서 설명하시오. (3점)

해설 ① 구문(Syntax): 데이터의 형식, 부호화(Coding), 신호 크기 등의 규정
② 의미(Semantics): 제어(Control)와 오류 복원을 위한 제어 정보의 규정
③ 타이밍(Timing): 접속되는 두 개체간의 통신 속도나 메시지의 순서를 제어

11 빈칸을 알맞게 채워 넣으시오. (6점)

> 네트워크 계층에서 최적의 경로를 설정하는 것을 (가), 라우팅 테이블에 따라 능동적으로 동작하는 장치를 (나)라고 한다.

해설 (가) 라우팅
(나) 라우터

12 IP 주소의 Class를 적으시오. (4점)

> 가. 10111110
> 나. 11001111
> 다. 01010101
> 라. 11101111

해설 B class
C class
A class
D class

13 공사계획서 종류를 아래 항목에서 5가지 고르시오. (5점)

```
(1) 공사개요        (2) 공사비조달계획
(3) 공정관리계획     (4) 안전관리계획
(5) 공사예정공정표   (6) 환경관리계획표
(7) 하자보수관리     (8) 유지보수관리
```

[해설] 공사개요
공정관리계획서
안전관리계획
공사예정공정표
환경관리계획표

14 빈칸에 해당 되는 알맞은 명칭을 적으시오. (4점)

( )란 입찰전에 공사가 진행될 현장에서 현장상황, 도면 및 시방서에 표시하기 어려운 사항 등 입찰참가자가 입찰가격의 결정 및 시공에 필요한 정보를 제공, 설명하는 서면을 말한다.

[해설] 현장설명서

15 오실로스코프의 용도에 대하여 4가지만 기술하시오 (4점)

[해설]
① 주기측정
② 전압측정
③ 주파수측정
④ 위상차 측정

16 광통신 시스템에서 대역폭 식은 다음과 같다. (6점)

$$BW = \frac{1}{2 \times \Delta t} \text{ (여기서 } \Delta t \text{ 는 분산)}$$

가. 경사형 굴절율 분산이 1.5 [ns/km] 이고, 광케이블을 8[km] 설치했을 때 광통신 시스템의 대역폭은 ? (2점)

나. 앞선 광통신 시스템에서 케이블 1[km]당 광 대역폭과 전기 대역폭을 구하시오. (4점)
1) 광 대역폭   2) 전기 대역폭

해설 가. 광통신 시스템의 대역폭

$$BW = \frac{1}{2 \times 1.5ns \times 8}$$
$$= \frac{1}{2 \times 12 \times 10^{-9}} = \frac{1}{24} \times 10^9 = 41.67 MHz$$

나. (1) 광 대역폭 : 최대치의 0.5 되는 대역폭

$$BW = \frac{1}{2 \times 1.5ns \times 1} ≒ 333.33 [MHz]$$

(2) 전기 대역폭: 최대치의 0.707 되는 대역폭

$$BW(\text{광 대역폭}) \times \frac{1}{\sqrt{2}} ≒ 235.66 [MHz]$$

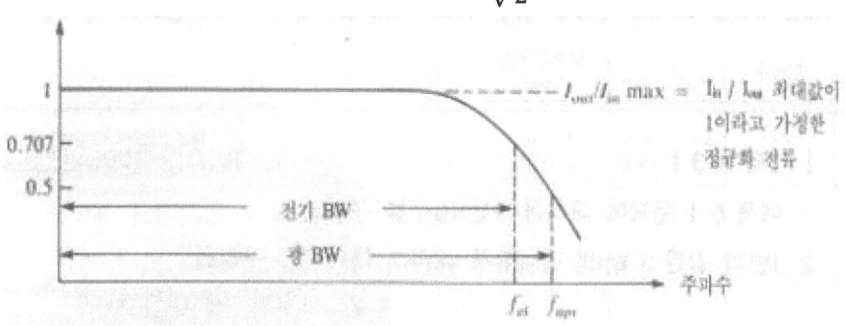

[Information Communication]

17 네트워크 분석기 측정 항목 4가지를 적으시오.

해설 ① S Parameters
② Reflection & Transmission 특성
③ Input/out impedence
④ Timing Delay

18 각각에 해당하는 현장 실무에서의 노이즈 감소 대책을 적으시오. (6점)
가. 노이즈 주파수 차이로 노이즈 제거 혹은 감소
나. 노이즈 전송모드 차이로 노이즈 제거 혹은 감소
다. 노이즈 전위 차이로 노이즈 제거 혹은 감소

해설 가. 콘덴서, Noise Filer
나. common mode choke coil, photo coupler
다. 바리스터(varister), 방전소자

19 접지설비 중 기술 기준에 따른 시설 공법이다. 다음 (   )안에 들어갈 알맞은 것을 보기에서 찾아 쓰시오. (6점)

〈보기〉
1.6[mm], 2.6[mm], 4[mm], 6[mm], 10[Ω], 100[Ω],

1종 접지 공사의 접지저항은 몇 (   )이하이며 접지선의 굵기는
몇 (   )이상 이어야 한다.
3종 접지 공사의 접지저항은 몇 (   )이하이며 접지선의 굵기는
몇 (   )이상 이어야 한다.

해설 ① 1종 접지 공사의 접지저항은 몇 (10[Ω]) 이하이며 접지선의 굵기는 몇 (2.6[mm])이상 이어야 한다.
② 3종 접지 접지 공사의 접지저항은 몇 (100[Ω]) 이하이며 접지선의 굵기는 몇 (1.6[mm])이상 이어야 한다.

20 접지전극의 시공방법으로는 일반 접지봉 접지, 메시(망상)접지, 동판접지, 화학 저감재 접지 등이 있다. 다음의 설명은 위 시공방식 중 어떤 시공방법을 설명한 것인지 쓰시오.(5점)

> (1) 시공지역 전체를 1[m]길이의 설계된 면적으로 구덩이를 판다.
> (2) 나동선을 정해진 간격으로 그물형태로 포설한다.
> (3) 그물모양의 각 연결점을 압착 슬리브 접합 혹은 발열 용접으로 접속한다.
> (4) 외부 접지도선을 연결하여 인출한다.
> (5) 시공지의 전체를 메우고 마무리한다.

해설 메시(망상)접지

31 정보통신기사 2020년 2회

01 24명의 가입자를 위한 $T1$ 반송 시스템을 통하여 음성신호를 PCM으로 전송하고자 할 때 다음 각 항에 대하여 설명하시오. (12점)

가. 표본화
나. 양자화
다. 부호화
라. 다중화

해설

표본화(Sampling)	아날로그 입력신호를 일정주기의 펄스진폭신호로 만들기 위해 입력신호 최고주파수(f_m)의 2배 이상의 주파수로 샘플링하여 PAM 신호를 얻는 과정이다.
양자화(Quantization)	표본화된 PAM 진폭을 가장 가까운 이산적인 양자화레벨(2^n)에 근사시키는 과정이다.
부호화(Coding)	양자화된 레벨값을 1과 0의 펄스열로 변환하는 과정이다.
다중화(Multiplexing)	PCM신호를 시분할 다중화하여 하나의 전송로에 보내는 방법이다.

02 HDLC, SDLC, DSU에서 사용되는 전송방식으로, 2Bit를 4단계의 진폭으로 전송하는 선로부호화방식을 무엇이라 하는가? (3점)

해설 2B1Q : 2진 데이터 4개(00,01,10,11)를 4단계의 PAM 심볼로 변환하여 전송하는 선로부호화 방식

03 다음 용어를 설명하시오. (10점)

(가) 프로토콜 :

(나) 반송파 :

(다) 논리채널 :

(라) 데이터링크 :

(마) 전용회선 :

해설 (가) 프로토콜 : 컴퓨터간에 정보를 주고받을 때의 통신방법에 대한 규칙과 약속
(나) 반송파 : 정보가 포함되어 변조되는 높은 주파수의 파형
(다) 논리채널 : 인접한 두 통신기기 간에 개설되는 통로
(라) 데이터링크 : 데이터 송신 장치와 데이터 수신 장치와의 사이에 확립되는 논리상의 통신로
(마) 전용회선 : 통신선로를 임대받아 전용으로 사용하고, 인터넷서비스업체와 직접 연결한 통신회선

04 AC Level Meter 의 다음 질문에 대하여 답하시오. (6점)

가. 600Ω 회로에서 0dBm 전류를 구하시오.

나. 5W를 dBm으로 변환하시오.(소수점 셋째자리에서 반올림)

해설 가. 0dBm전류

$0dBm$의 정의 : $10\log\dfrac{x}{1mW} = 0dBm$ 이므로, $x = 1mW$

$1mW = P = I^2R$ 에서

$I^2 = \dfrac{P}{R} = \sqrt{\dfrac{1 \times 10^{-3}}{600}} = 1.29[mA]$

나. 5W 변환

$dBm = 10\log\dfrac{5W}{1mW} = 36.99[dBm]$

05 다중경로에 의한 페이딩으로 반사파가 주로 높은 건물이나 다른 간섭요인(장애물) 등으로 인해 전계 강도가 빠르게 변화가 일어나는 페이딩을 쓰시오. (3점)

해설 Short Term Fading
: 수신기가 이동하는 경우 도착시간이 다른 반사파들이 벡터적으로 합성되어 짧은 구간동안 수신신호세기의 빠르게 변화하는 페이딩

06 무선LAN 802.11에서 프레임의 종류 3가지를 쓰시오. (3점)

해설 무선 LAN 802.11 MAC 프레임 형태를 크게 3가지로 구분된다.

① 관리프레임	무선 단말과 AP 사이의 초기통신을 확립하기 위해 사용
② 제어프레임	실제 데이터 프레임의 전달을 위한 제어용
③ 데이터프레임	실제정보가 들어있는 프레임

07 인터넷에서 크기가 10[Mbyte]인 MP3 파일을 다운로드 받을 경우 사용 중인 인터넷 회선의 다운로드 속도가 2[Mbps]이면 파일을 모두 다운로드 받는데 걸리는 시간[sec]을 계산식과 함께 쓰시오. (4점)

해설 10[Mbyte]는 80[Mbit] 이므로
파일을 모두 다운로드 받는데 걸리는 시간 t[sec]는
$$\therefore t = \frac{80[\text{Mbit}]}{2[\frac{\text{Mbit}}{\text{sec}}]} = 40[\text{sec}]$$

08 전송 길이가 $1,000[km]$인 전송로에 신호 전파속도를 $[m/s]$라고 한다면 전파지연 시간을 쓰시오. (4점)

해설 속도 $v = \dfrac{거리[m]}{시간[sec]}$ 이므로

시간 $t = \dfrac{거리[m]}{속도[m/sec]} = \dfrac{1000 \times 10^3}{2 \times 10^6} = 0.5[\text{sec}]$

09 PCM 반송 시스템에서 북미방식과 유럽방식을 비교한 것이다. 빈칸(A-F)을 채우시오. (4점)

구분	북미방식(T1)	유럽방식(E1)
전송속도	1.544[Mbps]	(A)
프레임 당 비트수	(B)	(C)
압신특성	(D)	A-Law
프레임당 채널 수/통화로 수	24/24	(E)

해설

구분	북미방식(T1)	유럽방식(E1)
전송속도	$1.544[Mbps]$	($2.048[Mbps]$)
프레임 당 비트수	($193[bit]$)	($256[bit]$)
압신특성	(μ-Law)	A-Law
프레임당 채널 수/통화로 수	24/24	(30/32)

10 정보통신 네트워크가 대형화 및 복잡화 되면서 네트워크관리의 중요성이 증가하고 있다. 아래 빈칸을 채우시오. (3점)

> 통신망을 구성하는 기능요소 또는 개별장비를 (①)한다.
> 여러 개의 장비로부터 정보를 수집, 제어, 관리 등을 통해 네트워크 시스템을 운용 및 지원하는 시스템을 (②)이라 한다.
> 네트워크 운영지원 및 시스템 총괄 감시/관리 시스템을 (③)라 한다.

해설 ① Network Element
② EMS(Element Management System)
③ NMS(Network Management System)

11 전송 제어장치의 구성요소 3가지를 쓰시오. (4점)

해설 회선접속부, 회선제어부, 입출력제어부

12 정보통신공사업법에서 규정하는 감리원의 주요업무범위 5가지를 서술하시오. (4점)

해설 정보통신공사업법 제12조 (감리원의 업무범위)
① 공사계획 및 공정표의 검토
② 공사업자가 작성한 시공상세도면의 검토·확인
③ 설계도서와 시공도면 내용이 현장조건에 적합한지 여부 / 시공가능성 사전검토
④ 공사가 설계도서 및 관련규정에 적합하게 행하여지고 있는지에 대한 확인
⑤ 공사 진척부분에 대한 조사 및 검사
⑥ 사용자재의 규격 및 적합성에 관한 검토·확인
⑦ 재해예방대책 및 안전관리의 확인
⑧ 설계변경에 대한 사항의 검토·확인
⑨ 하도급에 대한 타당성 검토
⑩ 준공도서의 검토 및 준공확인

13 일반적으로 네트워크를 지나다니는 패킷들을 캡처하여 이를 세밀하게 분석하는 소프트웨어 또는 소프트웨어와 하드웨어의 조합을 말한다. 이를 무엇이라 하는지 쓰시오. (2점)

[해설] 프로토콜 애널라이저(분석기)

14 TCP/IP 4계층을 하위계층부터 쓰시오. (6점)

[해설]

응용 계층	상위
전송 계층	↑
인터넷 계층	↓
NIC 계층	하위

15 지능형 교통체계(ITS)를 구축하기 위해 사용되는 무선통신기술 2가지를 쓰시오. (5점)

[해설]
가. DSRC(Dedicated Short Range Communication)
  : 자동 요금징수와 같이 주로 차량과 도로측 간의 근거리 통신에 사용되는 통신
나. WAVE(Wireless Access in Vehicle Environment)
  : 고속으로 주행하는 차량 환경에서 통신서비스를 제공하기 위하여 특화된 차세대 ITS 통신기술

16. 다음 설명에 적합한 측정법을 보기에서 찾아 쓰시오. (5점)

[보기] 투과측정법, 컷백법, 삽입법, 후방산란법, 주파수영역법

가. 다중모드 광섬유의 대역폭 특성 측정법의 하나로 RF 신호로 변조된 광펄스를 광섬유 속에 전파시키고 그 진폭변화에서 대역을 측정하는 방법

나. 광섬유 내를 전파하는 광의 일부가 프레스넬 반사 및 레일리산란에 의해 입사 단으로 되돌아오는 현상(후방산란광)을 이용하여 광섬유 손실 특성을 측정하는 방법

해설 가. 주파수영역법   나. 후방산란법

17. 다음 교환망 방식에 대한 정의 및 특징을 쓰시오.

가. 회선교환방식

나. 패킷교환방식

해설 가. 회선교환방식 : 먼저 요청된 신호가 하나의 회선을 선택하고, 일대일 통신을 하는 방식. 속도는 빠르나 가입자 수용에 한계가 있고 회선 이용 효율이 낮다.

나. 패킷교환방식 : 패킷 단위로 일정하게 나누어 전송하는 방식
① 가상회선 방식 : 각 패킷을 전송 전 논리적인 사전 경로를 구성하여 순서에 따라 전송하는 방식
② 데이터그램 방식 : 각 패킷을 전송 전 사전 경로 없이 독립적, 무작위로 전송하는 방식

18. 방송통신 설비의 기술기준에 관한 규정 중 특고압의 정의에서 괄호 안에 들어갈 알맞은 값을 쓰시오. (3점)

특고압이란 ( )볼트를 초과하는 전압을 말한다.

해설 7,000[V]

19 정보통신시스템의 설계 시 고려되는 가동률(%)을 나타내는 식을 쓰고 MTBF, MTTR 원어 및 설명하시오. (6점)

[해설] 가. 가동률(%)
시스템을 사용하는 특정기간 중 실제로 업무를 수행할 수 있는 능력으로 시스템이 동작하는 일정한 시간 간격대 시간 간격중의 시스템의 동작 불가능시간의 비로 표시됨.

가동률 $A = \dfrac{MTBF}{MTBF+MTTR} \times 100[\%]$

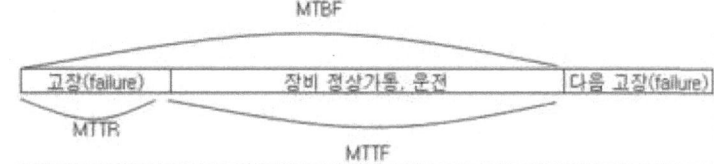

나. MTBF (Mean Time to Between Failure)
: 평균고장간격 (고장부터 다음 고장까지 동작시간의 평균치)
다. MTTR (Mean Time to Repair)
: 수리시간의 평균치

20 낙뢰 또는 강전류 전선과의 접촉 등으로 이상 전류 또는 이상 전압이 유입될 우려가 있는 방송통신설비에 설치하는 것으로 과전류 또는 과전압을 방전시키거나 이를 제한 또는 차단하는 장치를 쓰시오. (5점)

[해설] 보호기

31 정보통신기사 2020년 4회

01 75[Ω]의 동축 케이블과 200[Ω]의 동축 케이블을 연결하면 연결지점에 도달된 신호는 어떤 현상이 발생되는가?

해설 임피던스의 매칭이 맞지 않으면 감쇠가 심해지고 반사파가 발생해서 정재파가 발생한다. TV 신호인 경우 고스트 현상이 발생한다.

[참고] 반사계수와 반사 손실은 다음과 같이 계산할 수 있다.

$$\Gamma = \left|\frac{V_r}{V_f}\right| = \frac{Z_L - Z_o}{Z_L + Z_o} = \frac{200 - 75}{200 + 75} = 0.455$$

$\Gamma[dB] = 10\log|0.455|^2 = -6.84dB$

즉, 2개의 케이블 연결지점에 반사손실이 −6.84dB가 발생된다.

02 $U = 111101$, $V = 101011$ 일때 해밍거리 $D(U, V)$ 구하시오. (4점)

해설 해밍거리 : 3

$U = 1\ 1\ 1\ 1\ 0\ 1$ O : 같음
$V = 1\ 0\ 1\ 0\ 1\ 1$
───────────── X : 다름
$d_{\min} = O X O X X O$

해밍거리 : 길이의 두 2진수를 비교할 때, 비트 값이 같지 않은 개수

03 OSI 7계층 중에서 중계 시스템과 관련된 계층 3가지를 쓰시오. (6점)

해설 물리 계층, 데이터링크 계층, 네트워크 계층

04 보기에서 어떤 종류의 디지털 변조 방식을 설명한 것인지 알맞은 용어를 서술하시오. (3점)

$$1 : A\sin(2\pi f_c t)$$
$$0 : A\sin(2\pi f_c t + \pi)$$
A : 진폭(Amplitude), F_c : 주파수(Frequency), π : 위상(Phase)

해설 BPSK(Binary Phase Shift Keying)
: 디지털 신호(0,1)에 따라 위상이 180°$(0, \pi)$ 다른 두 정현파로, 위상편이변조하는 방식

05 FDDI 어떤 계층에서 동작하는지와 2차 링의 주요 목적을 서술하시오. (4점)
1) FDDI는 어떤 계층에서 동작하는가
2) FDDI 2차 링의 주요 목적

해설 1) Data Link 계층
2) 1차링 장애 때 Failover(장애 극복)를 하기 위함

06 반송파의 진폭과 위상을 이용하여 데이터를 전송하는 변조 방식을 쓰시오. (3점)

해설 QAM (Quadrature Amplitude Modulation)

[Information Communication]

07 DSU, ADSL, MPEG, TCP/IP, IETF, TTA 풀네임을 쓰시오. (6점)

해설
DSU : Digital Service Unit
ADSL : Asymmetric Digital Subscriber Line
MPEG : Moving Picture Experts Group
TCP/IP : Transmission Control Protocol/Internet Protocol
IETF : Internet Engineering Task Force
TTA : Telecommunications Technology Association

08 유니캐스트, 멀티캐스트, 브로드캐스트 서술하시오. (6점)

1) 유니캐스트 :
2) 멀티캐스트 :
3) 브로드캐스트 :

해설

유니캐스트	단일 인터페이스에 대한 주소. 유니캐스트 주소로 전송되는 패킷은 해당 주소로 식별되는 인터페이스로 전달
멀티캐스트	일반적으로 서로 다른 노드에 속한 인터페이스 집합 주소 멀티캐스트 주소로 전송되는 패킷은 해당주소로 식별되는 모든 인터페이스로 전달
애니캐스트	인터페이스 집합에 대한 주소 애니캐스트 주소로 전송되는 패킷은 해당 주소로 식별되는 인터페이스 중 가장 가까운 하나로 전달

09 dBv, dBmv, dBm 를 각 각 설명하시오.

[해설] ① dBv = 20 log (비교 대상 전압 / 1V)
  dBv는 1V를 기준으로 하여 데시벨로 나타낸 것임
② dBmv = 20 log (비교 대상 전압 / 1mV)
  dBmv는 1mV를 기준으로 하여 데시벨로 나타낸 것임
③ dBm = 10 log (비교 대상 전력 / 1mW)
  dBm은 1mW를 기준으로 하여 데시벨로 나타낸 것임

10 오실로스코프 기능에 관해서 서술하시오. (8점)
1) Volt/Div 버튼 용도 :
2) Time/Div 버튼 용도 :
3) 기능 4가지 :

[해설] 1) Volt/DIV 버튼 용도 : 오실로 스코프의 수직축은 8칸으로 구분되어 있는데 칸(Div)당 전압 scale을 조정하는데 사용
2) Time/DIV 버튼 용도 : 오실로 스코프의 수평축(시간축)의 칸(Div)당 시간 scale을 조정하는데 사용
3) 기능 4가지 :
① 전압측정
② 주기측정
③ 주파수 측정
④ 위상 측정

11 4−PSK변조 방식을 적용하는 시스템의 전송속도가 4800[bps]라면 변조속도[baud]는 얼마인지 구하시오. (5점)

해설 신호속도 r [bps] = $\log_2 M \times B$ [baud] (M : 진수 개수, B : 변조속도)
변조속도
$$\therefore B[baud] = \frac{신호속도}{\log_2 M} = \frac{4800}{\log_2 4} = 2400[baud]$$

12 비트오류율(BER)이 10^{-8}이고, 10[Mbps]로 1시간 동안 전송할 때 최대 오류 비트 수가 얼마인지 구하시오. (4점)

해설 총 전송 bit수 = $10 \times 10^6 \times 3600 = 3.6 \times 10^{10}$ [bit]

총 에러 bit수 = 에러율 × 총 전송 bit

$= 10^{-8} \times 3.6 \times 10^{10} \, bit = 360[bit]$

13 다음 답을 서술하시오.

> 통상, 기업 단위 네트워크상의 전 장비들에 대한 중앙 감시 등을 목적으로, Monitoring, Planning 및 분석이 가능하고, 관련 데이터를 보관하며, 필요 즉시 활용하는 망 감시 및 망 성능 관리용 시스템을 말한다.

해설 망관리 시스템(NMS, Network Management System)

14 인터네트워킹(Inter Networking)에 사용되는 장비4가지를 간단히 설명하시오.

해설

리피터	OSI계층모델의 물리계층에서 동작하며 신호의 증폭역할을 함
허브	단순히 네트워크를 공유해서 다수의 PC를 연결하는 장치
브릿지	2계층장비로써 서로 다른 LAN을 연결시켜주는 장비.
스위치	OSI 2계층 장비로서 서로 다른 LAN을 연결시켜 주고, 지정된 MAC 주소를 바탕으로 출력 포트를 선택해 중계함.
라우터	3계층 장비로 IP경로제어를 통해 네트워크들을 연결시켜줌
게이트웨이	다른 프로토콜을 가진 네트워크를 연결시켜주는 장비임

15 통신 속도를 나타내는 방법 중에 변조속도가 있다. 1비트를 변조하여 전송하는데 2[ms]가 소요되었을 경우 변조속도를 [Baud] 구하시오. (5점)

해설 변조속도는 1비트 전송시간의 역수이므로
$$\therefore B = \frac{1}{T} = \frac{1}{2[\text{ms}]} = 500[\text{baud}]$$

16 감리란 공사에 대하여 발주자의 위탁을 받은 용역업자가 (   ) 및 (   )의 내용대로 시공되는지를 (   )하고, (   ), (   ) 및 안전관리에 대한 지도 등에 대한 발주자의 권한을 대행하는 것을 의미한다. (5점)

해설 감리란 공사에 대하여 발주자의 위탁을 받은 용역업자가 (설계도서) 및 (관련규정)의 내용대로 시공되는지를 (감독)하고, (품질관리), (시공관리) 및 안전관리에 대한 지도 등에 대한 발주자의 권한을 대행하는 것을 의미한다.

17 입력신호가 10mW 일 때 전송로에서 10dB 감쇠가 발생 했다. 이때 전력을 구하시오.

해설

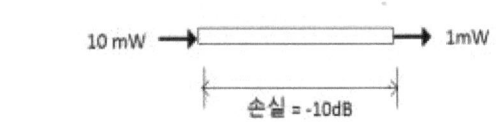

$$-10dB = 10\log\frac{x\,[W]}{10\,[mW]}$$

$$x\,[W] = 1\,[mW]$$

18 LAN에서 자주 쓰이는 전송부호방식으로 음과 양으로만 표현하며, 0 값은 사용하지 않는다. 1 표현시 $\frac{T}{2}$는 음의 부호 $\frac{T}{2}$는 양의 부호, 0 표현시 그와 반대로 $\frac{T}{2}$는 양의 부호 $\frac{T}{2}$는 음의 부호를 표현하는 방식은?

해설 MANCHESTER 방식

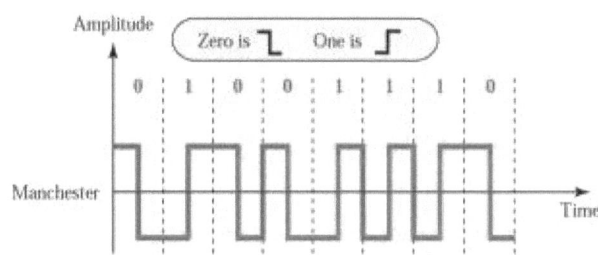

정의 : 1은 -전압에서 시작해서 비트중간에서 +전압으로 표현하고 0은 +전압에서 시작해서 비트중간에서 -전압으로 표현
특징 :
- 대역폭이 증가됨
- timing 정보 획득이 용이
- 직류 성분 억압

19. 공사원가 산정방식과 표준시장 단가제도를 설명하시오.

해설 가. 공사 원가 산정방식

총원가	순공사원가	재료비	직접재료비 + 간접재료비 + 기타재료
		노무비	직접노무비 + 간접노무비
		경비	직접경비 + 간접경비
	일반관리비		순공가원가 X 일반관리비율
	이 윤		[노무비 + 경비 + 일반관리비] X 이윤율

나. 표준시장 단가제도
표준시장 단가제도는 이미 수행한 공사의 계약단가와 입찰단가, 시장단가 등을 토대로 가격을 산정하는 방식이다. 계약단가만을 활용해 공사비를 산정했던 실적공사비 제도를 개선한 형태다.

20. 다음 오류검출코드 다항식을 적으시오. (6점)

해설 가. CRC-12 : $X^{12}+X^{11}+X^3+X^2+X+1$
나. CRC-16 : $X^{16}+X^{15}+X^2+1$ ($ANSI$표준)
다. CRC-ITU : $X^{16}+X^{12}+X^5+1$ ($HDLC$사용)

32 정보통신기사 2021년 1회

01 통신신호의 전송품질을 저하시키는 잡음 3가지를 쓰시오. (6점)
① 열잡음
② 인공잡음/우주잡음
③ impulse 잡음

해설 ① 열잡음
② 인공잡음/우주잡음
③ impulse 잡음

02 광섬유 케이블에 관한 다음의 질문에 답하시오. (8점)
가. 광 전송과 관련된 법칙은 무엇인가?
나. 발광소자의 종류 2가지를 쓰시오.
다. 수광소자의 종류 2가지를 쓰시오.
라. 광섬유 케이블의 심선에 있어서 재료분산과 구조분산이 서로 상쇄되어 분산이 0이 되는 레이저 파장을 쓰시오.

해설 가. 스넬의 법칙
나. LD, LED
다. PD, APD
라. 1310mm

03 무선 LAN IEEE 802.11에서 사용되는 DSSS와 FHSS를 영문 원어(Full name)를 쓰시오. (4점)

해설 DSSS : Direct Sequence Spread Spectrum(직접확산변조)
FHSS : Frequency Hopping Spread Spectrum(주파수도약변조)

04 광섬유의 기본성질을 표시하는 광학적 파라미터 4가지를 적으시오. (5점)

[해설] ① 수광각 : 빛이 전반사되는 입사광의 각도 범위
② 개구수 : 빛의 수광 가능 능력
③ 비굴절율 차 : 코어(core)와 클래드(clad)간의 굴절률 차이.
④ 규격화 주파수 : 광섬유 내에서 전파될 수 있는 전파모드의 수

05 100mW 크기의 신호가 전송 매체를 통과 후 1mW 크기의 신호로 측정되었을 때 감쇠 이득을 구하시오. (5점)

[해설] $$dB = 10\log\frac{출력\ W}{입력\ W} = 10\log\frac{1mW}{100mW} = -20dB$$

06 ISDN에 관한 내용을 기입하시오. (4점)

> B 채널은 (　　)kbps 속도의 채널이며 사용자 정보 전송에 사용된다.
> D 채널은 (　　) 또는 64kbps 속도의 채널이며 기본적으로 (　　) 전송에 사용된다.
> H 채널은 384, 1536 또는 (　　)kbps 속도의 채널이며 사용자 정보 전송에 사용된다.

[해설] B 채널은 (**64**)kbps 속도의 채널이며 사용자 정보 전송에 사용된다.
D 채널은 (**16**) 또는 64kbps 속도의 채널이며 기본적으로 (**신호**) 전송에 사용된다.
H 채널은 384, 1536 또는 (**1920**)kbps 속도의 채널이며 사용자 정보 전송에 사용된다.

07 표는 짝수 패리티를 가진 해밍코드를 수신한 것이다. 물음에 답하시오. (6점)

Bit No.	1	2	3	4	5	6	7	8	9
해밍코드	0	0	1	0	1	0	0	0	0

가. 패리티 비트는 몇 개인가?
나. 에러 비트는 몇 번째인가?
다. 에러가 정정된 정보비트 10진수 값을 계산하시오.

해설 가. 4개

$2^m \geq k+m+1$ ($k=$ 정보 비트, $m=$ 해밍 비트)
$2^m \geq 9$, $m=4$
따라서 패리티 비트는 4개이다 (1행, 2행, 4행, 8행)

나. 6번째
1의 값을 가지는 행의 이진수를 ex-or을 하면 오류행을 검출할 수 있다.
3과 5의 행이 1의 이진수를 갖기 때문에 각 행의 값을 ex-or 하면 6의 값을 가진다.
($011_{(2)} \otimes 101_{(2)} = 110_{(2)} = 6$) 따라서 답은 6번째 행이 오류임을 알 수 있다.

<정상적으로 수신된 해밍코드>

1	2	3	4	5	6	7	8	9
0	0	1	0	1	1	0	0	0

다. 7

<정상적으로 수신된 해밍코드>

1	2	3	4	5	6	7	8	9
0	0	1	0	1	1	0	0	0

$001011000_{(2)} = 88$

<정보비트의 10진수>

		3		5	6	7		9
		1		1	1	0		0

$00111_{(2)} = 7$

08 거리벡터 알고리즘을 사용하는 가장 단순한 라우팅 프로토콜이며, 최대 홉(Hop)수 제한으로 대규모 네트워크에 적용이 어려워 소규모 또는 교육용 등 비교적 간단한 네트워크에 주로 사용되는 라우팅 프로토콜의 명칭과 그 원어를 쓰시오. (4점)

해설 RIP, Routing Information Protocol

09 프로토콜의 기능 중 순서결정의 의미를 설명하시오. (4점)

해설 ① 순서결정의 정의
프로토콜 데이터 단위가 전송될 때 보내지는 순서를 명시하는 기능
② 순서결정의 의미
순서지정(Sequencing)하는 이유는 순서에 맞게 전달, 흐름제어, 오류제어를 하기 위함임

10 통신 네트워크 접속에 토폴로지 종류 4개를 쓰시오. (4점)

해설 ① 링형(Ring)
② 성형(Star)
③ 버스형(Bus)
④ 망형(Mash)
⑤ 트리형(Tree)

11 다음은 대칭키 암호방식과 공개키 암호방식을 비교한 것이다. 빈칸에 알맞은 내용을 채우시오. (6점)

항목	개인키(대칭키, 비밀키)	공개키(비대칭키)
키의 상호관계		
암호화 키	비밀	공개
복호화 키	비밀	비밀
비밀키 전송여부		
키 개수		
인증의 안정성		
암호화 속도		
전자서명 난이도		

해설

항목	개인키(대칭키, 비밀키)	공개키(비대칭키)
키의 상호관계	동일한 키로 수행	두 개의 상이한 키로 수행
암호화 키	비밀	공개
복호화 키	비밀	비밀
비밀키 전송여부	필요	불필요
키 개수	$\frac{n(n-1)}{2}$	$2n$
인증의 안정성	낮다	높다
암호화 속도	구조가 간단하여 비교적 빠르다	구조가 복잡하여 비교적 느리다
전자서명 난이도	복잡	간단

12 OSI 7계층에서 표현계층의 기능 4가지를 작성하시오. (4점)

해설 데이터 압축, 데이터 암호화, 데이터 복호화, 데이터 부호화

13 정보통신공사 계약체결 후 시공사에서 발주자에 공사 착공계를 작성, 제출하고자 한다. 다음 중 착공계 작성 시 기본적으로 첨부되는 서류를 4가지 작성하시오. (4점)

〈보기〉
하자보수담보증권, 정보통신공사업등록증 사본, 시험성적서,
현장대리인 선임계, 안정관리자(담당자) 선임계, 공사예정공정표,
책임감리원 자격수첩 사본, 준공검사원

해설 공사예정공정표, 현장대리인 선임계, 책임감리원 자격수첩 사본, 안전관리자 선임계

14 급전선 인입에서 무선통신 및 이동전화 역무—옥외안테나—옥내안테나 인입의 경우 구내통신 설비 기술기준의 설치 조건 2가지를 작성하시오. (6점)

해설 ① 옥외안테나에서 옥내안테나까지의 관로는 배관 또는 닥트로 설치한다. 다만, 옥외 안테나에서 중계 장치가 설치되는 장소까지는 3공 이상의 배관을 설치하여야 한다.
② 배관의 내경은 급전선 외경(다조인 경우에는 그 전체의 외경)의 2배 이상이 되어야 한다.
③ 배관 및 닥트의 요건은 제 6조 제 4항 제 1호 및 제 5항의 규정을 준용한다.

15 디지털 부호화 전송 부호 형식 RZ방식과 NRZ방식을 설명하시오. (6점)

해설 ① NRZ (Non-Return to Zero)방식
인코딩이나 디코딩을 요구치 않으므로 회로구성이 간단해 저속 통신에 널리 사용된다. 잡음에 대한 강인성은 우수하나 동기화 문제가 있다.
② RZ (Return to Zero)방식
동기화 문제를 해결하지만 상대적으로 많은 대역폭 요구되며 잡음에 대한 강인성은 NRZ방식보다 떨어진다.
③ NRZ와 RZ방식 비교

	NRZ방식	RZ방식
1. 잡음의 인성	강하다	약하다
2. 동기화	어렵다	용이하다
3. 전송 대역폭	좁다	넓다
4. 회로 구성	간단	복잡
5. 전력 소모	많다	적다

16 문자 전송할 때 아스키코드가 1000001 7bit고 패리티 비트가 1bit다. 전송 시 시작비트 1bit, 스탑비트 1bit 사용하고 4800bps 전송속도로 비동기 전송할 때 코드효율, 전송효율, 유효속도를 구하시오. (6점)

해설
$$코드효율 = \frac{정보비트}{총정보비트} = \frac{7}{8} = 0.875$$
$$전송효율 = \frac{총정보비트}{전체 전송비트} = \frac{8}{10} = 0.8$$
$$시스템\ 효율 = 코드효율 \times 전송효율 = 0.875 \times 0.8 = 0.7$$

17 프로토콜 분석기 주요기능을 3가지 작성하시오. (6점)

해설 ① 패킷의 캡쳐 및 저장 기능 (Capture &Store)
- 저장장치 용량한계까지 데이터 패킷을 캡쳐하고 이를 저장
② 프로토콜의 해석(Decode)
- 각종 주요 프로토콜을 심층 분해/해독/번역/분석/해석하여 다양한 형태로 보여줌
③ 네트워크의 실시간 모니터링(감시) 및 분석(Monitor &Analysis)
- 네트워크상의 제반 문제점 진단 및 특화된 분석 시행
- 네트워크 트래픽의 모니터링과 통계 자료 및 이를 리포트화하는 기능 등

18 전기통신망 및 서비스계획 유지보수 및 관리를 위한 망에서 중앙관리 5대 기능 4가지를 작성하시오. (4점)

해설 ① 구성관리 : 네트워크 및 구성요소의 상태를 설정
② 성능관리 : 시스템 성능의 모니터링
③ 장애관리 : 네트워크 장애시 통보 및 이력관리
④ 보안관리 : 네트워크 접속권한 등
⑤ 계정관리 : 서비스 사용관리 및 통계관리 (과금관리)

19 그림과 같은 코올라쉬 브리지에서 $l_1 = 30[cm]$, $l_2 = 20[cm]$, $R = 100[ohm]$일 때 검류계의 바늘이 0을 지시하였다. X단자에 접지 저항 등을 접속한 피측정 저항 R_X는 얼마인가? (4점)

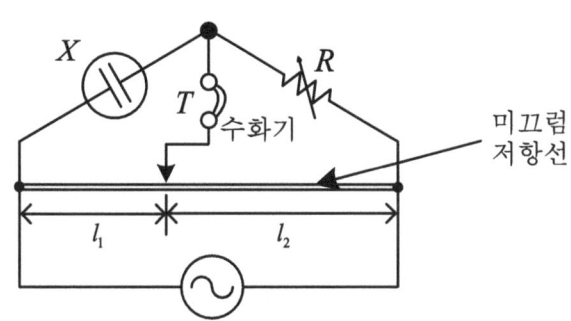

해설 $X = \dfrac{l_1}{l_2} R = \dfrac{30}{20} \times 100 = 150[ohm]$

150Ω

20 다음이 설명하는 접지 방법은 무엇인가? (4점)

가. 단단한 강목에 동피막을 입히고 나동선을 슬리브하게 접속하는 방법
나. 그물 모양 구조로 접지 나동선을 일정한 간격으로 포설 후 전지전극으로 이용하는 방법

〈보기〉
일반봉접지, 동판접지, 메쉬(그물망)접지

해설 가. 일반봉접지
나. 메쉬(그물망)접지

33. 정보통신기사 2021년 2회

01. usb의 원어를 쓰고, 장단점을 한 개씩 작성하시오. (4점)
가. 원어
나. 장점
다. 단점

[해설]
가. 원어 : Universal Serial Bus
나. 장점 : 사용의 용이성
  - 단일 인터페이스로 다양한 Device 사용 가능
  - 연결 시 자동 설정
  - 쉬운 연결,
다. 단점 : 근거리만 지원
  - 최대 5m, 허브 사용 확장 시 최대 30m
  - RS232나 IEEE1394의 경우 훨씬 긴 케이블 사용 가능

02. 채널용량의 정의를 서술하고 S/N이 20dB이고 대역폭이 1000Hz일 때의 채널용량을 구하시오. (6점)
가. 정의
나. 계산

[해설]
가. 정의 : 주어진 채널을 통해 신뢰성 있게 전달할 수 있는 최대 정보량
나. 계산 :

$$C = B \times \log_2\left(1 + \frac{S}{N}\right) \text{ [bps]}$$

여기서 S/N 이 20dB 이므로, $20[\text{dB}] = 10\log_{10}100$,
따라서 $C = 1000 \times \log_2(1 + 100) = 6.65 [\text{Kbps}]$

03 PSK 방식에서 8개의 위상을 사용하면 하나의 변조 신호에 몇 비트 정보를 전달할 수 있는가? (4점)

[해설] 8PSK : $n = \log_2 M = \log_2 8 = 3$, symbol 당 3bit 전송

04 통화 중인 이동국이 현재 셀에서 벗어나 동일 사업자의 다른 셀로 진입해도 통화를 계속할 수 있게 하는 일련의 처리 과정을 무엇이라고 하는가? (4점)

[해설] 핸드오프(Hand-off) 또는 핸드오버(Hand-over)

05 IEEE 802.11a와 IEEE802.11g에서 사용된 변조기술을 서술하시오. (4점)
OFDM(Orthogonal Frequency Division Multiplexing)

[해설] – 고속의 신호를 다수의 직교(Orthogonal)하는 협대역 부반송파(Sub-carrier)로 다중화시켜 전송하는 방식을 말한다.

06
다음은 회선 교환에서 메시지가 전송되기 전에 경과되는 시간에 대한 설명이다. 물음에 답하시오. (8점)

가. 신호가 한 노드에서 다음 노드로 전송 시 걸리는 시간으로 2×10^8의 지연을 무엇이라고 하는가?

나. DTE가 데이터 한 블록을 보내는데 소요되는 시간은?

다. 10Kbps로 10000bit 블록 전송시 소요시간을 구하시오.

라. 한 노드가 데이터 교환 시 필요한 처리를 수행하는데 소요되는 시간은?

해설
가. 전파지연
나. 전송시간
다. $\dfrac{10000 bit}{10 \times 10^3 bps} = 1[\text{sec}]$
라. 노드지연

07
부가가치망(VAN) 중 네트워크층과 통신처리층에 대해 기능을 설명하시오. (6점)

가. 네트워크층

나. 통신처리층

해설
가. 가입 사용자를 연결하여 사용자 간의 정보를 전송
나. 축적 교환 및 전송으로 서로 다른 기종 또는 시간대에 통신이 가능하도록 제공

08 다음은 MPLS 네트워크 구성도이다. A, B에 올바른 것을 아래 보기에서 골라 적으시오. (4점)

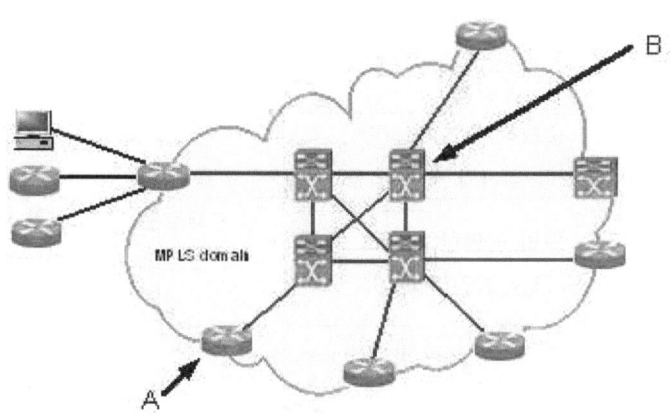

Packet Binding
Label Binding
IP Binding
Packet Swapping
Label Swapping
IP Routing

해설 A. LER(Label Edge Router) – Label Binding 기능
B. LSR(Label Switch Router) – Label Swapping 기능

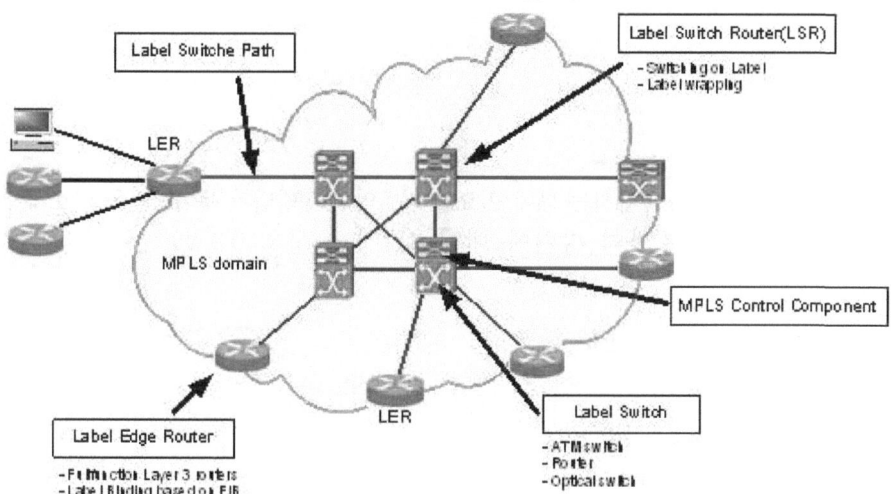

TIP & MEMO

09 토폴로지의 종류 5가지를 서술하시오. (5점)

해설

형태	장점	단점
① 버스형	- 물리적 구조가 간단 - 노드의 추가와 삭제가 용이	- 기밀성 유지가 어려움 - 통신회선의 길이가 제한됨
② 링형	- 각 노드의 공평한 서비스 용이 - 고장 발견이 용이	- 새로운 노드 추가 어려움 - 각 노드마다 중계기능이 있어야 함
③ 성형	- 노드의 추가 설치 용이 - 특정 노드의 고장이 전체 통신망에 영향을 미치지 않음	- 중앙 노드가 고장나면 전체 기능이 마비됨 - 중앙 노드에 많은 부하가 걸림
④ 계층형	- 통신 회선수가 절약되고 통신선로가 가장 짧음 - 분산처리가 가능	- 다른 구역 노드에 접속하기 위해 상위 노드를 거쳐야 함 - 상위 노드에 장애가 발생하면 하위 노드의 네트워크가 마비됨
⑤ 메쉬형	- 통신 회선의 장애 시 우회가 가능해 신뢰성이 높음 - 여러 개의 경로 중 가장 빠른 경로를 이용하기 때문에 효율성과 가용성이 우수	- 모든 노드가 점대점 방식으로 직접 연결되므로 많은 통신회선이 소요 (회선수 $= \dfrac{n(n-1)}{2}$)

10 통신망의 각 단말을 구현하는 데에 필요한 번호의 구성방법과 부여방법을 번호계획 이라고 한다. 번호부여 방식에 대해 2가지 쓰시오. (4점)

해설 ① 국가코드
② 가입자번호

11 네트워크를 관리하기 위하여 단순화한 프로토콜의 약어 및 풀네임을 서술하시오. (5점)

해설 SNMP(Simple Network Management Protocol), 단순 네트워크 관리 프로토콜

12 XSS(Cross Site Scripting) 공격을 방어하기 위한 입력 검증방법 2가지를 설명하시오. (6점)

해설 ① 소스코드 내에서 입력 및 출력 값에 대한 유효성을 검사한 이후에 유효하지 않은 값은 무효화
② 스크립트 내에서 사용자가 입력할 수 있는 값을 제한
③ 스크립트 태그 대신에 문자 참조 태그를 사용

13 공사의 착공부터 완성까지의 관련 일정, 작업량, 공사명, 계약 금액 등 시공계획을 미리 정하여 나타낸 관리 도표 서식은 무엇인가? (4점)

해설 공사예정공정표

14 네트워크 back-up에 대한 정의 및 구축 전 고려해야 할 사항 3가지를 서술하시오. (6점)

해설 정의 : 네트워크 환경에서 데이터 백업을 수행하는 것
고려사항
① 원활한 백업 수행이 가능하도록 백업 서버의 용량 및 네트워크 회선 용량을 충분히 확보
② 재난 상황 발생을 대비하는 방안 검토
③ 데이터 소실을 예방하기 위하여 백업 시스템의 다중화

15. 다음 빈칸을 채우시오. (3점)

가입자 신호의 전송손실은 600 ohm이며, 순 저항 종단에서 (   )Hz 주파수 측정 시 (   )dB 이내, 단극대 단극 최대 전송손실은 (   )이내여야 한다.

[해설] 가입자 신호의 전송손실은 600 ohm이며, 순 저항 종단에서 (1200)Hz 주파수 측정 시 (7)dB 이내, 단극대 단극 최대 전송손실은 (15)이내여야 한다.

16. 비트 에러율(BER)이 5×10^{-5}인 전송 회선에 2400[bps] 전송 속도로 10분동안 데이터를 전송하는 경우 최대 블록 에러율을 구하시오. (단, 한 블록의 크기는 511bit로 구성) (8점)

[해설] 블록 에러율= (에러 발생 블록수 / 총 전송 블록수)
① 총 전송 비트수 =전송속도×시간 = 2400[bps] x 600[s] = 1,440,000[bit]
② 총 에러 비트수=에러율×총비트수 = $5 \times 10^{-5} \times 1,440,000$[bit] = 72개
③ 총 블록수 = 1440000/511 = 2,818 블록
③ 최대 블록에러율 = 72 / 2818 = 2.56×10^{-2}, 블럭당 1개 error bit 씩 분산된 경우
④ 최소 블록에러율 = 1 / 2818 = 3.54×10^{-4}, 하나의 블록에 72개 error bit가 모두 있는 경우.

17. 아래 값을 보고 라우터가 사용하는 데이터링크 프로토콜의 이름을 쓰시오. (4점)

```
Serial0/0/0 is administratively down, line protocol is down (disabled)
                    Hardware is HD64570
         MTU 1500 bytes, BW 1544 Kbit, DLY 20000 usec.
            reliability 255/255, txload 1/255, rxload 1/255
        Encapsulation HDLC, loopback not set, Keepalive set (10 sec)
            Last input never, output never, output hang never
```

[해설] HDLC

18 인터넷 품질 측정요소 4가지를 서술하시오. (4점)

해설 ① 전송속도(Transfer Speed)
② 지연(Delay)
③ 패킷손실(Packet Loss)
④ 대역폭(Bandwidth)
⑤ 연결능력(Connectivity)
⑥ 신뢰성(Reliability)
⑦ 가용성(Availability)

19 다음은 접지저항에 대한 법규내용이다. 틀린 문항을 찾아 내용을 수정하시오. (3점)
가. 선로설비중 선조케이블에 대하여 일정 간격으로 시설하는 접지(단, 차폐케이블은 제외)

> 나. 국선 수용 회선이 100회선 초과인 주배선반
> 다. 보호기를 설치하지 않는 구내통신단자함
> 라. 구내통신선로설비에 있어서 전송 또는 제어신호용 케이블의 쉴드 접지
> 마. 철탑 이외 전주 등에 시설하는 이동통신용 중계기
> 바. 암반 지역 또는 산악지역에서의 암빈 지역을 포함하는 경우 등 특수 지형에의 시설이 불가피한 경우로서 기준 저항값 10Ω을 얻기 곤란한 경우

해설 답 : 나. 국선 수용 회선이 100회선 **이하**인 주배선반

20 3점 전위 강하법 측정방법 4단계를 서술하시오. (8점)

해설 ① 전류전극을 설치한다.
② 접지전극과 전류전극 사이에 시험전류를 인가한 후 전류계의 전류값을 기록한다.
③ 전위전극을 접지전극으로부터 전류전극 방향으로 일정한 간격만큼 이동하며 측정했을 때, 전압계로 측정된 전압 또는 접지지항측정기로 측정된 지항값의 상승곡선이 거리에 대해 평탄한 지점을 확인하고 측정한다.
④ ③의 절차에서 확인한 평탄한 지점 또는 E와 C의 61.8% 지점의 전압값과 시험전류로부터 접지저항을 계산하거나 접지저항측정기로부터 저항 값을 읽는다.

34 정보통신기사 2021년 4회

01 광섬유 케이블에서 발생하는 자체손실 3가지를 쓰시오. (3점)

해설 ① 흡수 손실(Absorption Loss)
  - 적외선 흡수손실, 자외선 흡수손실, 불순물 흡수 손실
② 산란 손실(Scattering Loss)
  - 레일리 산란손실
③ 구조 불완전 손실
  - 마이크로밴딩손실, 불규칙 굽힘 손실

02 광통신 시스템의 대표적인 수광소자 2가지를 쓰시오. (4점)

해설 ① PD(Photo Diode)
② APD(Avalanche Photo Diode)

03 단일 전송로를 사용하는 전이중 통신방식(Full Duplex)의 종류 3가지를 쓰시오. (6점)

해설 ① 시분할 이중통신 (TDD, Time Division Duplex):
정보를 시간축으로 압축하여 송수신 방향을 변경한다. 시간 배분을 바꾸는 것으로 송수신 데이터 양의 비율이 동적으로 변경될 수 있다. TCM-ISDN, PHS, TD-CDMA 등에 쓰인다.
② 주파수 분할 이중통신 (FDD, Frequency Division Duplex):
주파수 대역을 분할한다. 송수신 분리에 대역 필터 회로가 필요하다. 휴대 전화, 통신 위성에 쓰인다.
③ 에코 캔슬러 (Echo Canceler):
발신자의 발신한 전기 신호를 수신자의 수신 신호에서 가져와서 전기 신호를 검출한다. 전송로의 특성 변화에 대응이 필요하다. 트위스티드 페어 케이블, 전신, 전화 회선에 쓰인다.

04 다음과 같은 조건에서 광 중계기를 설치하려고 한다.
광파 손실: $L_0 = 0.42[\text{dB/km}]$, 광원 출력: $P_s = -3.5[\text{dBm}]$, 수신감도: $P_r = -34[\text{dBm}]$, 광커넥터 손실: $L_c = 4$, 환경마진: $M_s = 3$ (9점)
가. 중계기 설치 거리를 계산하시오. (단, 소수 넷째 자리에서 반올림하여 나타내시오.)
나. 광재생중계기를 70km 간격으로 설치하려고 할 때 광재생중계기가 사용 가능한지 여부를 판단하고 그 이유를 쓰시오.
 ㅇ 사용가능 여부: 불가능
 ㅇ 이유:

해설 가. $\dfrac{(P_s - P_r) - (L_c + M_s)}{L_0} = \dfrac{(-3.5 + 34) - (4 + 3)}{0.42} = 55.952[km]$
나.
 ㅇ 사용가능 여부 : 불가능
 ㅇ 이유 : 중계 거리인 55.952[km]보다 큰 간격으로 설치하려고 하므로 불가능하다.

05 모뎀에서 8PSK 변조 방식으로 전송을 하려고 한다. (4점)
가. 신호당 전송하는 비트 수는 몇 비트인가?
나. 전송속도가 2,400[Baud]일 때 bps는 얼마인가?

해설 가. $n = \log_2 M = \log_2 8 = 3$
나. $R = n \times B = \log_2 M \times B = \log_2 8 \times 2,400 = 7,200[\text{bps}]$

06 전전자 교환기 타임스위치에서 time slot상의 순서와 출력의 순서를 바꾸기 위해 사용하는 방식 3가지를 쓰시오. (3점)

해설 ① SWRR(Sequential Write Random Read)
② RWSR(Random Write Sequential Read)
③ RWRR(Random Write Random Read)

07 이더넷(Ethernet) 프레임에서 타입(Type)과 CRC의 용도와 바이트 수를 각각 쓰시오. (4점)

해설 (1) 타입(Type)
ㅇ 용도: 상위계층 프로토콜의 종류
ㅇ 바이트 수: 2바이트
(2) CRC
ㅇ 용도: 데이터전송 도중 오류를 검출하기 위해 사용
ㅇ 바이트 수: 4바이트

08 통신 프로토콜의 기능을 6가지 적으시오. (6점)

해설 주소 지정, 흐름 제어, 오류 제어, 단편화/재조립, 다중화, 동기화

09 IP 주소 = 165.243.10.54, Subnet Mask = 255.255.255.0 (6점)
가. Subnet Masking은 몇 비트인가?
나. Network Address는?
다. 사용 가능한 Host의 개수는?

해설 가. 24비트
나. 165.243.10.0
다. 254개

10 IPv6 주소에 대하여 다음 질문에 답하시오. (5점)

　　가. IPv6의 주소 자동 설정 구현 방법 2가지를 쓰시오.

　　나. IPv4에서 IPv6로 변환하는 방법 3가지를 쓰시오.

해설 가. 동적 주소 자동설정 방식, 상태보존형 주소 자동설정 방식
　　　나. 2중 스택, 터널링, 헤더 변환 기술

11 시스템을 악의적으로 공격해 해당 시스템의 리소스를 부족하게 하여 원래 의도된 용도로 사용하지 못하게 하는 공격으로서 상대방의 컴퓨터에 불법으로 침투해 시스템을 마비시키는 공격 방식은 무엇인가? (4점)

해설 D-DOS

12 다음은 일반적인 컴퓨터 구조이다. (4점)

입력 장치		제어 장치	기억 장치	출력 장치

　　가. 위의 빈칸에 들어갈 장치는 무엇인가?

　　나. 기억장치에 8비트의 정보가 저장되어 있다. 그 정보가 양의 정수를 나타내는 데이터라면 표현할 수 있는 수의 범위를 10진수로 표현하시오.

해설 가. 연산장치
　　　나. 0~127

13 감리원은 안전계획 내용에 따라 안전조치, 점검 등을 이행했는지의 여부를 확인하기 위해 안전점검을 해야 하는데 안전점검의 종류 3가지를 쓰시오. (6점)

해설 소방시설 안전관리
배수시설 안전관리
접지시설 안전관리

14 가공통신선의 지지물과 기타 강전류전선간의 이격거리에서 가공강전류전선의 사용전압이 고압일 경우 이격거리는 얼마인가? (4점)

해설 60[cm]
가공강전류전선의 사용전압이 저압 또는 고압일 경우의 이격거리는 다음 표와 같다.

가공강전류전선의 사용전압 및 종별		이격거리
저압		30cm 이상
고압	강전류케이블	30cm 이상
	기타 강전류전선	60cm 이상

15 디지털 계측기가 아날로그 계측기에 비해 우수한 점을 4가지 적으시오. (4점)

해설 ① 측정의 용이성 : 아날로그 계측기에 비해 측정이 쉽고 신속히 이루어진다.
② 낮은 측정오차 : 측정값을 읽을 때, 개인적인 오차가 발생하지 않는다.
③ 넓은 동작범위 : 잡음에 대하여 덜 민감하므로, 측정 정도를 높일 수 있다.
④ 데이터 후처리 : 측정에서 얻어진 디지털 정보를 직접 계산기에 넣어서 데이터를 처리할 수 있다 (데이터 처리의 일관성과 간편성).

16 오실로스코프의 아이패턴으로 검출 가능한 파라미터 3가지를 적으시오. (6점)

해설 ① 잡음의 여유도
② 시스템 감도
③ ISI 간섭을 일으키지 않고 표본화할 수 있는 주기

17 다음 전송레벨에 대한 질문에 답하시오. (6점)

가. 신호전력이 $100[mW]$, 잡음전력이 $1[uW]$로 측정되었을 때, 신호대 잡음비를 데시벨로 표현하시오.

나. 잡음이 없는 이상적 채널의 경우 신호대 잡음비를 데시벨로 표현하시오.

해설 가. $SNR = 10\log\dfrac{신호전력}{잡음전력} = 10\log\dfrac{100 \times 10^{-3}}{10^{-6}} = 50[dB]$

나. 잡음이 없는 이상적인 채널의 경우,

$SNR = 10\log\dfrac{신호전력}{잡음전력} = 10\log\dfrac{100 \times 10^{-3}}{0} = INF[dB]$로, 무한대로 수렴함

18 콘덴서와 관련한 아래 그림을 보고 용량, 전압, 허용오차를 작성하시오. (6점)

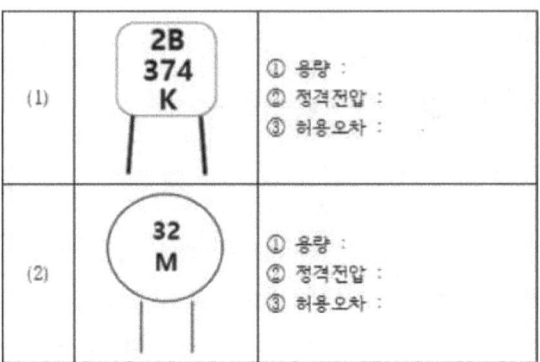

해설 (1)
① 용량 = 37 x 10⁴ pF = 370,000 [pF]
     = 370 [nF] = 0.37 [uF]
② 정격전압 : 2B=125[V]
③ 허용오차 : K=10[%]
(2)
① 용량 = 32[pF]
② 전압 : 50[V] (표시가 없는 경우 50V)
③ 허용오차 : M=20[%]

19 전송 채널의 에러 발생 요인 중 신호 감쇠, 지연 왜곡, 잡음에 대하여 설명하시오. (6점)

해설 (1) 감쇠 : 전송매체(유선 또는 무선)의 통과거리에 따라 전송신호가 약해지는 현상
(2) 왜곡 : 전송매체를 통과하면서 신호를 구성하는 주파수 성분이나 위상차(지연시간)가 변하여 발생하는 찌그러짐
(3) 잡음 : 신호 처리나 전송 도중 발생하는 원치 않는 신호 성분.
열잡음(Thermal Noise) 등의 내부잡음과 인공잡음(Man-made Noise)등의 외부잡음으로 분류할 수 있다.

20 ICMP에 관한 다음 질문에 답하시오. (4점)

가. TCP/IP 환경에서 상대 호스트의 작동 여부 및 응답시간을 측정하는 ICMP 유틸리티 프로그램은?

나. ICMP 에코 패킷을 대상 컴퓨터로 보내 대상 컴퓨터까지의 경로를 확인하는 유틸리티 프로그램은?

해설 가. ping
나. tracert

35 정보통신기사 2022년 1회

1. 200MHz주파수를 사용하고 $\frac{1}{4}\lambda$ 안테나로 사용시 안테나 높이는?

해설
$$\lambda = \frac{C}{f} = \frac{3 \times 10^8 m/s}{200 \times 10^6 Hz} = \frac{300}{200} = 1.5m$$
안테나 길이 $= \frac{\lambda}{4} = \frac{1.5m}{4} = 0.375m$

2. 변조속도 4,800[baud], 256QAM 모뎀 데이터 신호속도를 구하라.

해설 $R = n \times B = \log_2 M \times B = \log_2 256 \times 4,800 = 38,400[bps]$

3. STM(synchronous transfer mode)과 ATM(asynchronous transfer mode)에 대해서 설명하고 차이점을 간단히 기술하시오. (3점)
   가. STM
   나. ATM
   다. STM과 ATM의 차이점

해설 가. STM
동기식디지털계위(SDH)에서 프레임 단위로 전송되며 전송 프레임이 채널에 고정적으로 할당됨
나. ATM : 비동기식 전송방식으로 셀 단위로 전송되며 전송되는 셀이 고정적이지 않고 정보 트래픽에 따라 가변적으로 할당되어 다양한 트래픽을 수용 가능함
다. STM과 ATM의 차이점 : 전송단위(프레임/셀)에서의 차이가 있으며, STM방식은 입출력 전송속도가 같으나 ATM방식은 입출력 전송속도가 다름 (입력≥출력)

4. PCM 반송 시스템에서 북미방식과 유럽방식을 비교한 것이다. 빈칸 (A~F)을 채우시오. (4점)

구분	북미방식(T1)	유럽방식(E1)
전송속도	1.544[Mbps]	(A)
프레임 당 비트수	(B)	(C)
압신특성	(D)	A-Law
프레임당 채널 수/통화로 수	24/24	(E)

해설

구분	북미방식(T1)	유럽방식(E1)
전송속도	$1.544[Mbps]$	$(2.048[Mbps])$
프레임 당 비트수	$(193[bit])$	$(256[bit])$
압신특성	$(\mu\text{-Law})$	A-Law
프레임당 채널 수/통화로 수	24/24	(30/32)

5. DCE의 설치위치와 기능 및 장비를 설명하시오.
   (가) 설치위치
   (나) 기능
   (다) 장비:

해설 (가) 설치위치 : 회선종단
(나) 기능 : 신호변환
(다) 장비 : 모뎀, DSU

6. LAN에서 자주 쓰이는 전송부호방식으로 음과 양으로만 표현하며, 0 값은 사용하지 않는다. 1 표현시 $\frac{T}{2}$는 음의 부호 $\frac{T}{2}$는 양의 부호, 0 표현시 그와 반대로 $\frac{T}{2}$는 양의 부호 $\frac{T}{2}$는 음의 부호를 표현하는 방식은?

해설 MANCHESTER 방식

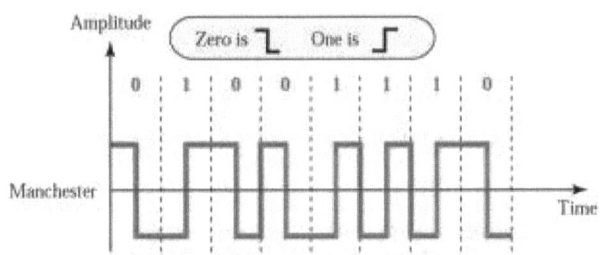

정의 : 1은 −전압에서 시작해서 비트중간에서 +전압으로 표현하고 0은 +전압에서 시작해서 비트 중간에서 −전압으로 표현
특징 :
• 대역폭이 증가됨
• timing 정보 획득이 용이
• 직류 성분 억압

7. (A)는 상대방의 IP 주소는 알고 자신의 MAC주소를 모를 때 사용하는 프로토콜이고, (B)는 자신의 MAC주소는 알고 IP주소를 모를 때 사용하는 프로토콜이다.

해설 (A) : ARP
(B) : RARP
참고)
① IP Address에 대한 Layer−2 MAC Address를 알아내는데 IP Address를 MAC Address로 변환해주는 Protocol임
② 한번 찾은 Address는 ARP Cache에 저장
(IP Address = MAC Address)

8. 북미(T1 계열) 방식의 Multiframe 구성과 유럽(E1 계열) 방식의 Multiframe 구성을 각각 설명하시오.
  (1) 북미(T1 계열) 방식
  (2) 유럽(E1 계열) 방식

해설 (1) 1 frame은 24ch, 193[bit], Multiframe은 12개로 구성
     (2) 1 frame은 32ch, 256[bit], Multiframe은 16개로 구성

9. 정보통신 네트워크가 대형화 및 복잡화되면서 네트워크관리의 중요성이 증가 하고 있다. 아래 빈칸을 채우시오. 통신망을 구성하는 기능요소 또는 개별 장비를 (①)한다. 여러 개의 장비로부터 정보를 수집, 제어, 관리 등을 통해 네트워크 운영을 지원하는 시스템을(②)이라 한다. 네트워크 운영지원 및 시스템 총괄 감시/관리 시스템을 (③)라 한다.

해설 ① Network Element
     ② 망관리 시스템
     ③ NMS (Network Management System)

10. 공사계획서 종류를 아래 항목에서 5가지 고르시오. (5점)

(1) 공사개요	(2) 공사비조달계획	
(3) 공정관리계획	(4) 안전관리계획	
(5) 공사예정공정표	(6) 환경관리계획표	
(7) 하자보수관리	(8) 유지보수관리	

해설 공사개요
    공정관리계획서
    안전관리계획
    공사예정공정표
    환경관리계획표

[Information Communication]

TIP & MEMO

11. 정보통신공사업법에서 공사의 범위 4가지를 적으시오.

[해설] ① 전기통신관계법령 및 전파관계법령에 따른 통신설비공사
② 방송관계법령에 따른 방송설비공사
③ 정보통신관계법령에 따른 정보통신설비를 이용하여 정보를 제어·저장 및 처리하는 정보설비공사
④ 수전설비를 제외한 정보통신전용 전기시설설비공사 등 그 밖의 설비공사
⑤ 공사의 부대공사
⑥ 공사의 유지·보수공사

12. 리눅스에서 웹서버를 운영하려면 설치해야 하는 3개의 패키지를 쓰시오.

[해설] 리눅스에서 웹서버를 운영하려면 APM(Apache, PHP, MySQL) 3개의 패키지가 설치되어야 한다.
참고)
A 설치명령어 yum -y install httpd
P 설치명령어 yum -y install php
M 설치명령어 yum -y install MySQL

13. 가동률이 0.92인 정보 통신 시스템에서 MTBF(Mean Time Between Failure)이 20시간인 경우 수리 시간을 포함하는 MTTR(Mean Time To Repair)을 구하시오. (2점)

[해설] 가동률 $= \dfrac{MTBF}{MTBF + MTTR}$

MTBF(mean time between failure)는 평균 동작 시간이고, MTTR(mean time to repair)은 평균 수리 시간, 즉 평균 불동작 시간이다.

주어진 문제의 조건을 위 식에 대입하면, $0.92 = \dfrac{20}{20 + MTTR}$ 으로부터 평균 불동작 시간(MTTR)은 2시간

14. 첨두전력 200[kW], 평균전력 120[W]인 측정장비에서 펄스 반복 주파수가 1[kHz]일 때 펄스폭을 구하시오. (3점)

해설 1 kHz의 주기는 1ms이고, 이때 펄스의 폭(width)은

$$\text{펄스폭} = \frac{\text{펄스반복주기} \times \text{평균전력}}{\text{첨두전력}} = \frac{1[\text{ms}] \times 120[\text{W}]}{200[\text{kW}]} = 0.6[\mu\text{sec}]$$

따라서 디지털 구형파는 0.6us + 999.4us = 1ms 로 구성됨을 알 수 있다.

15. 디지털 통신의 통신품질을 나타내는 오류율에 대하여 3가지 작성하고, 그 중에서 디지털 회선에서 가장 중요하게 쓰이는 것을 작성하시오.

(1) 통신품질을 나타내는 오류율

해설
- BER(Bit Error Rate) : 전송된 총 비트수에 대한 오류 비트수의 비율
- FER(Frame Error Rate) : 동기식 CDMA 시스템에서 수신 성능을 가늠하는 척도로 사용되는 비율
- BLER(Block Error Rate) : 비동기식 CDMA 시스템에서 수신 성능을 가늠하는 척도로 사용되는 비율

(2) 디지털 회선에서 가장 중요하게 쓰이는 것

해설
- BER(Bit Error Rate)

16. 광섬유의 절단방법 순서를 아래 보기에서 순서대로 적으시오. (4점)

> (가) 광섬유의 절단
> (나) 광섬유 절단기의 청소
> (다) 광섬유 피복제거
> (라) 광섬유를 알콜로 청소

해설 (나) 광섬유 절단기의 청소 → (다) 광섬유 피복제거 →
(라) 광섬유를 알콜로 청소 → (가) 광섬유의 절단

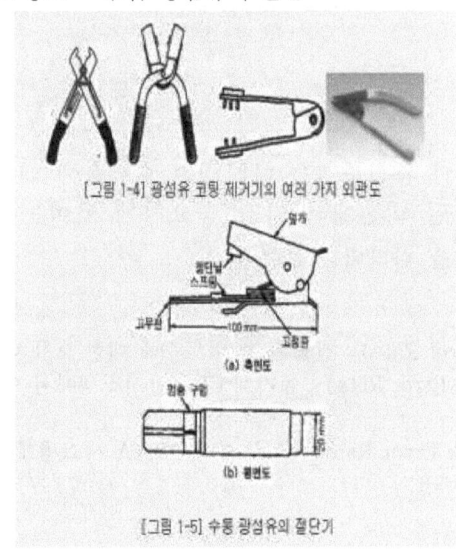

[그림 1-4] 광섬유 코팅 제거기의 여러 가지 외관도

[그림 1-5] 수동 광섬유의 절단기

17. 하나의 장비에 여러 보안 솔루션 기능을 통합적으로 제공하고 다양하고 복잡한 보안 위협에 대응할 수 있어, 관리 편의성과 비용 절감이 가능한 보안 시스템은 무엇인가? (4점)

해설 UTM (Unified Threat Management : 통합 위협 관리)
참고) UTM 특징
① 다양한 보안 솔루션을 하나로 묶어 비용을 절감
② 관리의 복잡성을 최소화
③ 복합적인 위협 요소를 효율적으로 방어

18. 다음 공사 원가계산서 내역서 관한 설명으로 괄호에 알맞은 용어를 쓰시오.

( )은/는 직접 제조 작업에 종사하지는 않으나, 작업 현장에서 보조 작업에 종사하는 노무자, 종업원과 현장감독자 등의 기본급과 제 수당, 상여금, 퇴직급여 충당금의 합계액으로 한다.

[해설] 간접노무비

19. 인터네트워킹(Inter Networking)에 사용되는 장비 4가지를 간단히 설명하시오? (8점)

[해설] 인터네트워킹은 LAN과 LAN에서 구성되는 네트워크임.

리피터	OSI계층모델의 물리계층에서 동작하며 신호 증폭 역할을 함
허브	단순히 네트워크를 공유해서 다수의 PC를 연결하는 장치
브릿지	2계층장비로써 서로 다른 LAN을 연결시켜주는 장비.
스위치	OSI 2계층 장비로서 서로 다른 LAN을 연결시켜 주고, 지정된 MAC 주소를 바탕으로 출력 포트를 선택해 중계함.
라우터	3계층 장비로 IP경로제어를 통해 네트워크들을 연결시켜줌
게이트웨이	다른 프로토콜을 가진 네트워크를 연결시켜주는 장비임

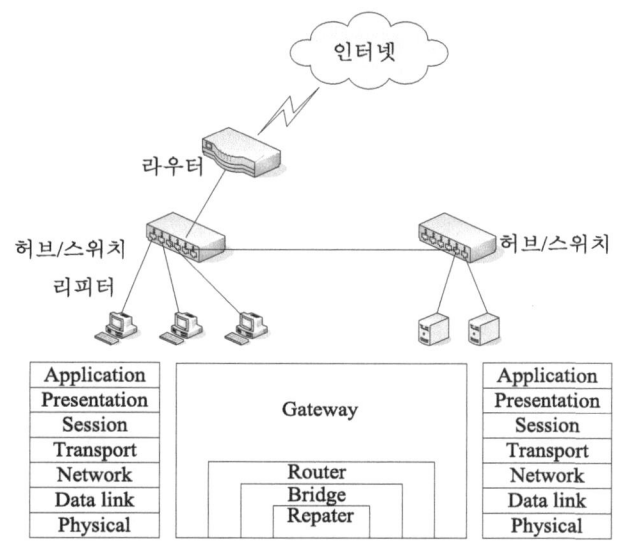

20. 공사원가라 함은 공사시공과정에서 발생한 (   ), (   ), (   )의 합계액을 말한다. 괄호 안에 들어갈 말을 쓰시오.

해설 노무비, 경비, 재료비

참고)

총원가	순공사원가	재료비	직접재료비 + 간접재료비 + 기타재료
		노무비	직접노무비 + 간접노무비
		경비	직접경비 + 간접경비
	일반관리비		순공가원가 × 일반관리비율
	이윤		[노무비 + 경비 + 일반관리비] × 이윤율

36 정보통신기사 2022년 2회

1. "공사계획서 작성하기"에 대해 다음 물음에 답하시오.
(1) 설계, 공사 시 도면으로 나타낼 수 없는 사항(시공 방법, 상세 규격, 사양, 수치 등) 및 설계, 공사 업무의 수행에 관련된 제반 규정, 요구 사항 등을 명시한 문서이다
(2) 공사에 쓰이는 재료, 설비, 시공체계, 시공기준 및 시공기술에 대한 기술설명서와 이에 적용되는 행정명세서로서 설계도면에 대한 설명이나 설계도면에 기재하기 어려운 기술적인 사항을 표시해 놓은 도서를 말한다.

해설
(1) 기술계산서
(2) 공사설계설명서(시방서)

2. ITU-T 권고안 중 다음에 제시된 공중데이터 통신망의 프로토콜을 간단히 설명하시오
(1) X.3   (2) X.20
(3) X.21   (4) X.25
(5) X.28   (6) X.75

해설

(1) X.3	공중 데이터 네트워크에서의 패킷 분해·조립 장치
(2) X.20	공중망의 비동기식 전송을 위한 DTE와 DCE 사이의 접속 규격
(3) X.21	공중망의 동기식 전송을 위한 DTE와 DCE 사이의 접속 규격
(4) X.25	공중망의 패킷형 터미널을 위한 DTE와 DCE 사이의 접속 규격
(5) X.28	동일국 내에서 PDN(Packet Data Network)에 연결하기 위한 규격
(6) X.75	패킷교환망 상호간 (X.25와 X.25) 접속을 위한 프로토콜

3. 보기는 무엇에 관한 설명인 지 쓰시오

> HDSL, SDSL, ISDN 등의 송수신 속도가 대칭을 이루는 전송 장비에 사용되는 선로 부호화 방식이다.
> 4개의 전압준위를 사용하며 각 펄스는 2bit를 표현한다. 2 bit를 4단계의 진폭으로 구현하여 전송한다고 볼 수 있다.

해설 2B1Q(2 Binary 1 Quaternary)

4.
PCM은 아날로그 신호를 디지털 신호로 변환시키는 방식이다. PCM의 첫 번째 과정으로서 연속적인 신호를 PAM(Pulse Amplitude Modulation) 신호로 변환하는 과정을 무엇이라 하는가?

해설 표본화

5.
다음은 IEEE 802.11 표준에 관한 문제이다. 각 질문에 답하시오.
(1) IEEE 802.11 표준 중 2.4GHz 대역에서 54Mbps의 전송속도를 제공하고, 변조방식으로 DSSS와 OFMD 방식을 사용하는 것은 무엇인가?
(2) IEEE 802.11 표준 중 2.4GHz와 5GHz의 주파수 대역에서 40MHz의 채널 대역을 사용함으로써 최대 600Mbps까지의 속도를 지원하는 것은 무엇인가?

해설 (1) IEEE 802.11g
(2) IEEE 802.11n

6. 다음 문제의 원어를 적으시오.
가. EMI
나. LTE
다. DNS

해설 가. EMI : Electro Magnetic Interference
나. LTE : Long Term Evolution
다. DNS : Domain Name System

7. CSMA/CD와 비교하여 Token Passing 방식의 장점 3가지 단점 2가지를 쓰시오.

해설 (가) Token Passing 방식의 장점
① 결정성 논리를 가지며, 음성통신 등의 실시간성이 강한 업무에 적합. 또한 공장 자동화에 적합
② 충돌이 발생하지 않으므로 과부하시에도 지연 시간을 일정값으로 유지할 수 있다.
③ 지연 시간은 회선의 길이에 별 영향을 받지 않는다.
(나) Token Passing 방식의 단점
① 노드 장애가 시스템 전체에 영향을 주며, 장해 검출과 회복 처리가 복잡
② 하드웨어 복잡하고 값이 비쌈

8. TCP와 UDP의 비교표를 작성하시오.

구분	TCP	UDP
연결성	(가)	비연결형
수신 순서	송신 순서와 동일	(나)
오류제어	(다)	제공 안함
전송확인	가능	(라)

해설 (가) 연결지향
(나) 송신 순서와 다름
(다) 제공
(라) 불가능

[Information Communication]

9. IP 계층의 보안을 위해 무결성(Integrity), 인증(Authentication), 기밀성(Confidentiality)을 지원하며 VPN 구현에 널리 사용되고 있는 프로토콜은?.

해설) IPsec(Internet Protocol Security)

10. 침입방지시스템(IPS)은 적용 영역에 따라 2가지로 분류할 수 있다. 2가지를 적으시오.

해설) ① 호스트기반 침입방지시스템
② 네트워크기반 침입방지시스템

11. 정보통신공사업법 공사범위 규정 중 전기통신관계법령 및 전파관계법령에 따른 「통신설비공사」에 해당되는 공사 종류를 다음의 보기에서 4가지만 적으시오.

구내통신설비공사, 위성통신설비공사, 정보매체설비공사, 수전설비공사, 이동통신설비공사, 방송국설비공사, 교환설비공사

해설) – 구내통신설비공사
– 위성통신설비공사
– 이동통신설비공사
– 교환설비공사
참고)

정보설비공사	항공·항만통신설비, 선박의 통신·항해·어로설비, 철도통신설비공사 등
통신설비공사	교환설비, 구내통신설비, 이동통신설비, 위성통신설비 등
방송설비공사	방송국설비, 방송전송·선로설비 공사 등
정보통신전용 전기설비공사	정보통신시스템에 사용되는 전기설비공사

12. 건물 내 LAN(Local Area Network) 설치공사 예정가격 산출을 위해 원가계산 방식을 적용한 결과 순공사원가 3,500만으로 산출되었다. 재료비가 1,200만원, 경비가 300만원이었을 경우 노무비를 계산하시오. (단, 재료비 및 노무비의 경우 각각 직접비와 간접비를 포함함)

총원가	순공사원가	재료비	직접재료비 + 간접재료비 + 기타재료
		노무비	직접노무비 + 간접노무비
		경비	직접경비 + 간접경비
	일반관리비		순공가원가 × 일반관리비율
	이 윤		[노무비 + 경비 + 일반관리비] × 이윤율

해설 계산과정
순공사원가 = 노무비+경비+재료비
노무비 = 순공사원가−경비−재료비
   = 3,500만원−300만원−1,200만원=2000만원
정답 : 2000만원

13. 다음 구내정보통신설비에 관한 내용설명에 적합한 용어를 적으시오.

> 구내통신선로설비는 국선접속설비를 제외한 구내 상호간 및 구내·
> 외간의 통신을 위하여 구내에 설치하는 케이블 선조, 이상 전압 전류
> 에 대한 보호장치 및 전주와 이를 수용하는 관로, 통신터널, 배관,
> 배선반, 단자 등과 그 부대설비를 말한다.
>
> (가)는 구내에 두 개 이상의 구내에 두 개 이상의 건물(동)이있는 경우 주배
> 선반에서 각 건물(동)의 동단자함 또는 동단자함에서 동단자함까지의 건물 간
> 구간을 연결하는 배선체계를 말한다.
> (나)는 동일 건물 내의 주배선반이나 동단자함에서 층단자함까지 또는 층단
> 자함에서 층단자함까지의 구간을 연결하는 배선체계를말한다.
> (다)는 층단자함에서 통신 인출구까지의 건물 내 수평 구간을연결하는 배선
> 체계를 말한다.

해설 구내간선계
건물간선계
수평배선계
참고) 배선계 구분
- 구내간선 배선계 : MDF ~ IDF
- 건물간선 배선계 : IDF ~ 층 단자함
- 수평 배선계 1 : 층 단자함 ~ 세대 단자함
- 수평 배선계 2 : 세대 단자함 ~ 인출구

14. 다음 그림은 전송로의 장애 현상을 측정한 것이다. 전송로의 손실은 몇 [dB]인가?

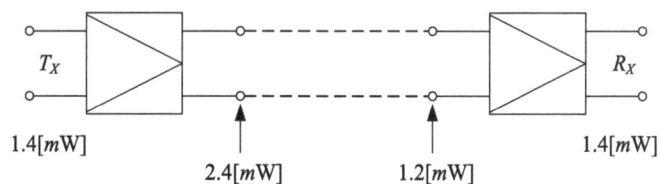

해설 전송로 케이블 입력단에서 2.4mW, 전송로 케이블 끝단에서 1.2mW 가 측정되었다. 따라서

$$전송로 손실[dB] = 10\log_{10}\frac{1.2[\text{mW}]}{2.4[\text{mW}]} = 10\log_{10}0.5 = -3.01[\text{dB}]$$

또는 1/2 줄었으므로 -3dB 임을 알 수 있다.

15. 다음에 제시된 내용에 대해서 설명하시오
  (1) OTDR 원어
  (2) OTDR 기능
  (3) 광섬유 케이블 접속지점에 대한 결과 측정 방법 2가지

해설 (1) OTDR: Optical Time Domain Reflectometer
(2) 용도
① 광섬유의 성능을 비파괴적으로 측정할 수 있는 장비임
② 광섬유내의 후방산란 특성을 이용하여 측정하는 방식
(3) 측정방법

삽입법	측정 양단에 커넥터를 접속하여 측정
컷백법	1m ~ 2m 길이의 광섬유를 절단하여 측정된 값을 기준으로 측정
후방 산란법	광섬유의 후방산란신호를 측정하여 고장점 측정 및 손실을 측정함

16. 정보통신 네트워크가 대형화 및 복잡화 되어 가므로 네트워크 관리의 중요성이 증가하고 있다. 네트워크에 연결되어 있는 수많은 구성요소로부터 각종 정보를 수집, 제어, 관리 등을 통해 네트워크 운영을 지원하는 시스템을 망관리 시스템이라 한다. 이러한 망 관리 시스템이 수행하는 주요기능 5가지에 대해서 설명하시오.

해설 NMS(Network Management System)의 5대 기능
① 구성관리 : 네트워크 및 구성요소의 상태를 설정
② 성능관리 : 시스템 성능의 모니터링
③ 장애관리 : 네트워크 장애 시 통보 및 이력관리
④ 보안관리 : 네트워크 접속권한 관리
⑤ 계정관리 : 서비스 사용관리 및 통계관리(과금관리)

17. 아래 질문에 답하시오. (6점)
가. 잡음이 전혀 없는 이상적인 환경에서 채널용량은?
나. 잡음이 없는 20KHz의 대역폭을 사용하여 280Kbps의 속도로 데이터를 전송할 경우 필요한 신호 준위계수 M을 계산하시오.

해설 가. 잡음이 없는 채널의 채널용량은 나이퀴스트 채널용량
$C = 2B\log_2 M$ (M 신호 준위 계수, B 대역폭)

나. $280\,kbps = 2 \times 20 \times 10^3 \times \log_2 M$ 에서 M을 구하면
∴ 신호 준위 계수 M=128 임 ($\log_2 128 = 7$)

무잡음채널의 채널용량	잡음채널의 채널용량
$C = 2B\log_2 M$	$C = B\log_2(1+\dfrac{S}{N})$

18. 프로토콜분석기(송단 측 비트패턴발생기와 수단 측 디지털신호분석기)에서 BERT(Bit Error Rate Test)기능 시험을 하려고 한다. BERT의 TEST MODE 3가지 종류인 CONTINUE, R-BIT, RUN TIME의 의미를 적으시오.

해설 (1) CONTINUE : 계속 측정한다.
(2) R-BIT : 지정된 유효 수신 비트 수 까지 측정한다.
(3) RUN TIME : 지정된 측정 시간까지 측정한다.

19. 다음 설명에 해당하는 접지저항 측정방법을 적으시오.

> - 간단하고 취급이 용이하여 측정 소요시간도 전위차계 방식보다 짧음
> - 접지체와 접지대상을 분리시키지 않고 보조 접지극 미사용
> - 다중 접지된 통신선로 및 시스템의 측정에 사용되는 방식

해설 클램프 온 미터법

20. 운영체재의 핵심으로 하드웨어를 운영 관리하여 프로세스, 파일, 메모리, 통신, 주변장치 등을 관리하는 서비스를 제공하는 것은?.

해설 커널(kernel)

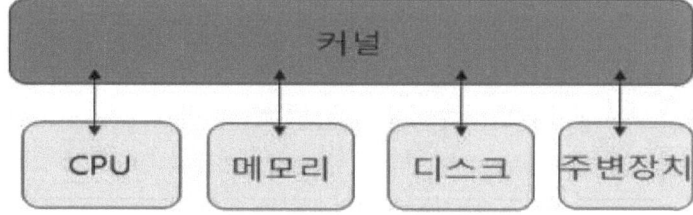

37 정보통신기사 2022년 4회

1. 영어 알파벳 26개의 문자들을 표현하기 위해 2진 코드를 사용하는 경우 필요한 비트 수가 얼마인 지 계산하고, 10진 코드 시스템과 효율성을 비교하시오.

[해설]
① $2^5 = 32$이므로 26개의 문자들을 표현하기 위해서는 5비트가 필요
② 2진 코드는 문자를 표현하기 위해 상당히 많은 자리수가 필요하기 때문에 10진 코드 시스템과 비교 시 **효율성이 떨어진다.**

2. 다음 용어를 설명하시오. (10점)
   (가) 프로토콜 :
   (나) 반송파 :
   (다) 논리채널 :
   (라) 데이터링크 :
   (마) 전용회선 :

[해설]
(가) 프로토콜 : 컴퓨터간에 정보를 주고받을 때의 통신방법에 대한 규칙과 약속
(나) 반송파 : 정보 전송을 위한 높은 주파수의 정현파
(다) 논리채널 : 하나의 물리적인 선로를 통해 다수의 상대방과 통신할 수 있는 논리적인 통신로
(라) 데이터링크 : 2개 노드사이에 정보전송을 위한 통신로
(마) 전용회선 : 통신선로를 임대받아 전용으로 사용하는 통신회선(임대회선)

3. FDM, TDM을 간단하게 서술하시오.

해설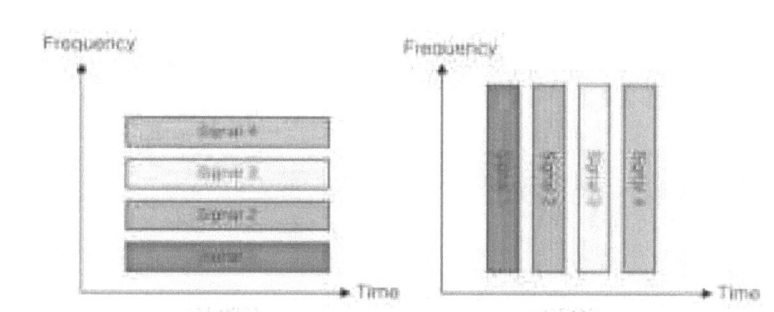

가. 주파수 분할 다중화방식(FDM)
전송로의 주파수 대역을 몇 개의 작은 대역폭으로 분할하여 다수의 통화로를 구성하는 방식
나. 시분할 다중화방식(TDM)
전송로의 점유 시간을 여러 개의 서로 다른 신호가 분할 사용하여 한 개의 전송로에서 다수의 통화로를 구성하는 방식

4. 통신망의 구조가 망형인 경우 노드가 120개 일 때, 필요한 전체 회선의 수를 구하시오. (4점)

해설 가. 계산식 : $\dfrac{n(n-1)}{2} = \dfrac{120(120-1)}{2} = 7140$

나. 답 : 7140 회선

5. RIP는 (A)를 이용하는 가장 대표적인 라우팅프로토콜로 (A)라는 것은 (B)수를 모아놓은 정보를 근거로 (C)테이블을 작성하는 것이다. (6점)

해설 A : 거리벡터
B : Hop
C : 동적라우팅

6. VPN에 대해 다음 물음에 답하시오.
(1) VPN은 무엇의 약어인지 쓰시오.
(2) IPsec 기반의 VPN은 OSI 7계층 중 어느 계층의 프로토콜인지 쓰시오.
(3) 정보보호 3요소(기밀성, 무결성, 가용성)에서 IPsec VPN이 제공하는 요소를 모두 쓰시오.

해설 (1) Virtual Private Network
(2) 네트워크 계층
(3) 기밀성, 무결성

7. 오류 제어방식에서 자동반복요청(ARQ)방식과 전진오류수정(FEC)방식에 대하여 간단히 설명하시오.
(1) 자동반복요청방식
(2) 전진오류수정방식

해설 ① 자동반복요청방식 (BEC : Backward error correction)
 - 수신측에서 에러확인 후 에러발생 시 재전송을 요청하는 방식
② 전진 오류수정 방식(FEC : forward error correction)
 - 수신측에서 에러확인 후 에러발생 시 자체적으로 에러를 정정하는 방식

8. 네트워크 보안 기술에 사용되는 침입탐지시스템(IDS)에서 H-IDS와 N-IDS에 대하여 설명하시오.
(1) H-IDS(Host-based IDS)
(2) N-IDS(Network-based IDS)

해설 (1) H-IDS(Host-based IDS) : 호스트 기반 침입 탐지 시스템은 호스트 시스템으로부터 수집된 감사자료(시스템 이벤트)를 침입탐지에 사용하는 시스템으로 서버에 직접 설치하므로 네트워크 환경과 무관하다.
(2) N-IDS(Network-based IDS) : 네트워크 침입 탐지 시스템은 네트워크를 통해 전송되는 정보(패킷헤더, 데이터 및 트래픽 양, 응용프로그램 로그)를 분석하여 판단하는 시스템으로 네트워크 인터페이스에 설치된다.

9.

표준품셈에 의한 원가계산방식에서 아래표에 기술된 비목 및 산출금액을 이용하여 다음 물음을 답하시오. (단, 적용요율은 계산 편의상 임의비율로 표시)

비 목		산출 금액	적용 요율
재료비	직접 재료비	20,000,000원	
	간접 재료비	1,000,000원	직접재료비의 5%
노무비	직접 노무비	40,000,000원	
	간접 노무비	3,200,000원	직접노무비의 8%
경비		10,000,000원	제경비 합계금액
일반관리비		( )원	일반관리비율 6% 적용
이윤		5,765,200원	

(1) 순공사원가 (4점)
(2) 일반관리비 (4점)
(3) 총공사원가 (4점)

해설 (1) 순공사원가
순공사원가 = 직접재료비 + 간접재료비 + 직접노무비 + 간접노무비 + 경비
= 20,000,000 + 1,000,000 + 40,000,000 + 3,200,000 + 10,000,000
= 74,200,000원
(2) 일반관리비
일반관리비 = 순공사원가 X 6%
= 74,200,000원 X 0.06
= 4,452,000원
(3) 총공사원가
총공사원가 = 순공사원가 + 일반관리비 + 이윤
= 74,200,000원 + 4,452,000원 + 5,765,200원
= 84,417,200원

10. "설계서 작성하기"에 대해 다음 물음에 답하시오.

(1) 예비타당성 조사, 타당성 조사 및 기본 계획을 감안하여 시설물의 규모, 배치, 형태, 개략 공사방범 및 기간, 개략 공사비 등에 관한 조사, 분석, 비교·검토를 한 다음 최적 안을 선정하고 이를 설계도서로 표현하여 제시하는 설계업무를 무엇이라 하는가? (3점)

(2) 상기 (1)의 결과를 토대로 시설물의 규모, 배치, 형태, 공사방법과 기간, 공사비, 유지관리 등에 관하여 세부조사 및 분석, 비교·검토를 한 다음 최적 안을 선정하여 시공 및 유지관리에 필요한 설계도서, 도면, 시방서, 내역서, 구조 및 수리계산서 등을 작성하는 이것을 무엇이라 하는가? (3점)

해설 (1) 기본설계
(2) 실시설계

11. 공동구 내 통신시설 설치 기준 3가지를 기술하시오.

해설 가. 통신케이블은 케이블 받침대, 케이블 걸이를 사용하여 견고하게 설치할 것
나. 케이블 받침대 및 케이블 걸이는 통신케이블의 설치 및 유지보수작업 시 작업원이 지지철물에 부딪히지 않고 소형 기자재를 들고 다니는 데 불편하지 않으며, 공동구 천정에 설치된 조명등, 분전반 등에서 적당히 떨어진 위치에 설치할 것
다. 케이블 받침대의 설치 시 케이블 접속에 지장이 없어야 하며, 공동구 천정에서 최상단 케이블 걸이 사이 및 공동구 바닥에서 최하단 수평지지대 사이에 250mm이상의 공간을 확보할 것
라. 통로의 폭은 유지보수 작업에 지장이 없도록 여유 있게 확보할 것

12. 용역업자는 공사완료 후 발주자에게 7일안에 감리결과를 알려야 한다. 이 때 포함되어야 하는 3가지 사항을 적으시오

해설 ① 착공일 및 완공일
② 공사업자의 성명
③ 시공상태의 평가결과

참고)
① 착공일 및 완공일
② 공사업자의 성명
③ 시공 상태의 평가결과
④ 정보통신기술자 배치의 적정성 평가결과
⑤ 사용 자재의 규격 및 적합성 평가결과

13. 어떤 광섬유를 측정하였던 바 다음과 같은 그림이 나타났다.
    가. 측정 장비 명칭
    나. A점에서 발생하는 손실 명칭

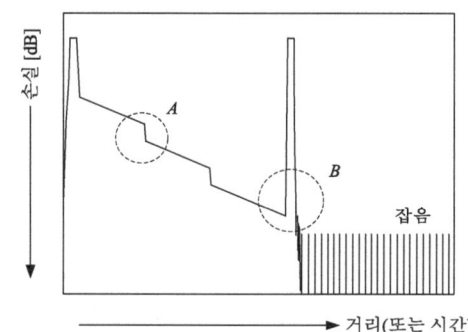

해설 가. OTDR(Optical Time Domain Reflectometer)
     광섬유의 성능을 후방산란 특성을 이용하여 비파괴적으로 측정할 수 있는 장비
   나. A점 손실 명칭 : 접속손실 (커넥터(3[dB] 또는 융착접속(0.5[dB])
   참고) OTDR의 특징 및 측정원리
   강한 입사광을 투과하여 산란되어 오는 신호를 검출하면 고장점 위치, 손실 등을 측정 가능함
   ① 가로 축 : 거리 측정
   ② 세로 축 : 손실 측정

14. 전자파 양립성 (EMC : Electro Magnetic Compatibility) 기반의 방송통신 기자재 등의 전자파 적합성 평가를 위한 시험방법에서 전자기파 장해실험 (EMI : Electro Magnetic Interference) 관련 시험 항목을 적으시오.

해설 가. CE(Conducted Emission)시험
     배선(전원선)에서 나오는 Noise를 측정
   나. RE(Radiated Emission)시험
     외부 공기중으로 방사되는 Noise를 측정

15. 네트워크의 운용 및 유지보수 시에 주로 사용되는 프로토콜 분석기(Protocol Analyzer)는 네트워크를 통과하는 데이터 프레임 또는 패킷들을 캡쳐한 후 이를 세밀하게 분석하는 장비이다. 프로토콜 분석기의 주요 기능 3가지를 쓰시오.

해설 1) 패킷의 캡쳐 및 저장 기능 (Capture &Store)
- 저장장치 용량한계까지 데이터 패킷을 캡쳐하고 이를 저장
2) 프로토콜의 해석(Decode)
- 각종 주요 프로토콜을 심층 분해/해독/번역/분석/해석하여 다양한 형태로 보여줌
3) 네트워크의 실시간 모니터링(감시) 및 분석(Monitor &Analysis)
- 네트워크상의 제반 문제점 진단 및 특화된 분석 시행
- 네트워크 트래픽의 모니터링과 통계 자료 및 이를 리포트화하는 기능 등

16. 접지저항 설계 시, 대지 저항률에 영향을 미치는 요인 3가지를 적으시오. (6점)

해설 가. 토양의 종류 나. 수분의 함유량
다. 전해질 성분 라. 온도
마. 광물 함유량 바. 계절(기후)

17. 방송통신설비의 기술기준에 관한 규정에 따라 선로설비의 회선 상호 간 회선과 대지 간 및 회선의 심선 상호간의 절연저항은 직류 (가) [V] 절연저항계로 측정하여 (나)[$M\Omega$] 이상이어야 한다. (4점)

해설 (가) 500[V]
(나) 10[$M\Omega$]

18. 웹 애플리케이션 서버(Web Application Server, 약자 WAS)는 인터넷 상에서 HTTP를 통해 사용자 컴퓨터나 장치에 애플리케이션을 수행해 주는 미들웨어(소프트웨어 엔진)이다. 서버를 구성하는 요소기술을 3가지만 쓰시오

해설 가. JSP 나. Servlet 다. Java Beans

웹 애플리케이션 서버(Web Application Server, 약자 WAS)는 인터넷 상에서 HTTP를 통해 사용자 컴퓨터나 장치에 애플리케이션을 수행해 주는 미들웨어(소프트웨어 엔진)이다.

웹 애플리케이션 서버 (WAS)

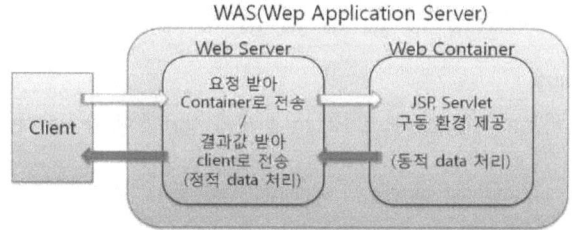

일반적으로 웹 모듈은 자바 서블릿 또는 JSP(Java Server Page)로 구성하고, 비즈니스 모듈은 EJB(Enterprise Java Beans)로 구성한다. Java Beans은 어떠한 플래폼에서도 수행가능한 이식성이 우수한 객체지향형 프로그래밍 인터페이스이다.

19. 부하분산이란 여러 대의 서버에 통신을 분배하여 처리 부하를 분산하는 기술로서 시스템 전체의 처리능력을 향상시키거나 장애 내구성을 향상시킬 수 있는 등 여러 가지 장점이 있다.
그 중 어플라이언스 서버타입 부하분산기술은 (   )라는 서버 부하분산 전용의 어플라이언서 서버(장치)를 이용하여 부하 분산을 구현하는 부하분산기술이다.

해설 Load Balancer
서버 부하분산기술 종류
① DNS 라운드로빈 : DNS이용 분하분산
② 서버타입 : 소프트웨어 이용 부하분산
Window : NLB(Network Load Balancer)
Linux : LVS(Linux Virtual Server)
③ 어플라이언스 서버타입 : 서버부하분산 전용 어플라이언스 서버이용 부하분산
BIG-IP 시리즈, NetScaler 시리즈, Ace 4700 등이 있다.

[Information Communication]

20. 211.100.10.0/24 네트워크를 각 서브넷당 55개의 Host를 할당할 수 있도록 서브넷팅 한다고 한다.

가) 서브넷 마스크를 구하시오.
나) 서브넷의 개수를 구하시오.

해설 가) 서브넷 마스크
Host ID를 나타내는 비트가 6개라면 $2^6 - 2 = 62$이므로 55개의 호스트를 할당할 수 있다.
32개의 비트 중 호스트 비트 6개를 뺀 26개가 서브넷 마스크의 bit개수이므로 11111111.11111111.11111111.11000000 가 서브넷 마스크가 된다.
즉 255.255.255.192이다.
답 : 255.255.255.192

나) 서브넷의 개수
서브넷 마스크 비트가 2비트이므로 $2^2 = 4$ 개의 서브넷이 가능하다.
답 : 4개

38 정보통신기사 2023년 1회

1. 가상회선 방식에서의 데이터 전송과정 3단계를 작성하시오.(6점)

해설 ① 데이터링크 확립
② 정보 전송
③ 데이터링크 해제

2. 데이터링크 계층에서의 경쟁, 비경쟁 프로토콜을 각각 2개씩 작성하시오.(8점)

해설 가. 경쟁 MAC 방식 2가지 : ALOHA, CSMA (CSMA/CD, CSMA/CA)
나. 비경쟁 MAC 방식 2가지 : Token BUS, Token Ring

3. 정보통신 네트워크가 대형화 및 복잡화되면서 네트워크관리의 중요성이 증가 하고 있다. 아래 빈칸을 채우시오.(6점)

> 통신망을 구성하는 기능요소 또는 개별 장비를 (①)한다.
> 여러 개의 장비로부터 정보를 수집, 제어, 관리 등을 통해 네트워크 운영을 지원하는 시스템을 (②)이라 한다. 네트워크 운영지원 및 시스템 총괄 감시/관리 시스템을 (③)라 한다.

해설 ① Network Element
② 망관리 시스템
③ NMS (Network Management System)

4. TCP/IP 프로토콜의 4계층을 하위 계층부터 순서대로 작성하시오. (4점)

해설 NIC 계층, IP계층, 전송계층, 응용계층

5. 초고속정보통신건물 공사를 3가지만 작성하시오.

해설 ① 통신 설비공사 : 통신선로, 교환, 전송, 구내통신, 이동통신, 위성통신,
　　　　　　　　　　고정무선통신 설비공사 등
　　② 방송 설비공사 : 방송국 설비공사, 방송전송선로 설비공사
　　③ 정보 설비공사 : 정보제어/보안, 정보망, 정보매체, 항공/항만통신,
　　　　　　　　　　선박의 통신/항행/어로, 철도통신/신호 설비공사 등

6. 감리원은 공사 시작 시 (가)를 제출받아 검토, 발주자에게 (나) 이내 보고한다. 감리원은 최종감리보고서를 감리기간 종료 후 (다)이내에 발주자에게 제출하여야 한다. (6점)

해설 가. 착공신고서
　　나. 7일
　　다. 14일

7. 접지설비·구내통신설비·선로설비 및 통신공동구등에 대한 기술기준」 제5조 통신관련시설 접지저항은 (　　) 옴 이하를 기준으로 한다. (4점)

해설 $10[\Omega]$

8. 직접재료비와 간접재료비의 의미를 각각 설명하시오.(6점)

해설 가. 직접재료비는 계약목적물의 실체를 형성하는 물품의 가치를 말한다.
나. 간접재료비는 계약목적물의 실체를 형성하지는 않으나 제조에 보조적으로 소비되는 물품의 가치를 말한다.

9. 신호 대 잡음비가 30[dB]일 때 대역폭이 3400[Hz]라고 한다면 채널의 전송용량은?(4점)

해설 샤논의 채널용량으로부터
$$C = W\log_2\left(1 + \frac{S}{N}\right) = 3400 \times \log_2(1 + 10^3)$$
$$= 3400 \times \log_2(1001) = 33.888\,Kbps$$
(C: 채널용량, W: 대역폭, S: 신호전력, N: 잡음 전력)

10. PCM 과정에서 사용되는 적응형 양자화기에 대해 설명하고, 적응형 양자화기를 사용하는 대표적인 PCM 방식 2가지를 쓰시오.(6점)

해설 ① 적응형 양자화
입력신호 레벨에 따라 양자화계단의 최대, 최소값이 적응적으로 변화하는 방식
② 적응형 양자화기 사용하는 방식
ADM, ADPCM

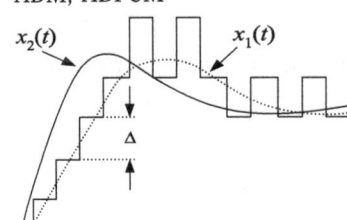

(a) DM 방식

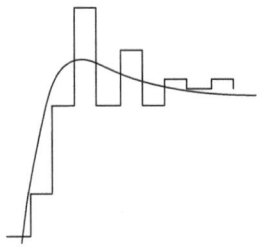

(b) ADM 방식

11. 오실로스코프의 Eye pattern으로 관찰 가능한 파라미터 3가지 작성하시오.(6점)

해설 잡음의 여유도, Jitter(타이밍 편차), 최적 표본 시간

12. 프로토콜의 기능 5가지를 작성하시오.(5점)

해설
① 단편화와 재조립
　데이터를 효율적으로 전송하기 위해서 일정한 크기의 작은 데이터블록으로 나누는 것을 단편화라 하고 수신측에서 적합한 데이터로 재조립함
② 캡슐화
　상위계층의 정보를 하위계층으로 헤더+트레일러를 추가해 내리는 과정
③ 연결제어 / 흐름제어 / 에러제어
　송신과 수신 과정에서 문제 발생 시 이를 처리하는 과정
④ 동기화
　두 개의 통신 개체가 동시에 같은 상태를 유지하도록 하는 것
⑤ 다중화
　하나의 통신회선을 다수의 개체들이 동시에 접속할 수 있도록 하는 것

13. 다음 보기에서 SNMP 관련 5개 항목을 보고, 각 항목과 적합한 과정을 순서에 맞게 적으시오.(5점)

InformRequest, Trap, SetRequest, GetResponse, GetRequest, GetNextRequest, GetBulkRequest

가. 정보 요청	나. 정보 응답	다. 정보 셋팅	라. 자발적 정보 제공
① GetRequest ② GetNextRequest ③ GetBulkRequest	GetResponse	SetRequest	① Trap ② InformRequest

해설

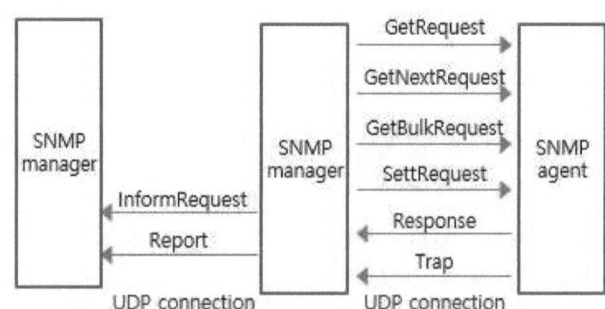

1. 정보 요청
① GetRequest
관리시스템이 Agent에게 정보를 요청할시 - 관리정보의 모니터링
② GetNextRequest
여러 개의 관리객체를 순서적으로 연속하여 참조할 시 - 관리정보를 연속해서 검색
③ GetBulkRequest
대형 변수 테이블을 한꺼번에 요청할 시 - 관리정보를 대량으로 검색
2. 정보 응답- GetResponse
Agent가 GetRequest에 대해 응답할 시- 관리시스템 명령에 대한 응답
3. 정보 셋팅 - SetRequest
관리시스템이 객체의 값을 변경할 시 - 관리정보를 바꾸는데 사용
4. 자발적 정보 제공
① Trap
Agent가 관리노드에게 트랩(이벤트/사건 등) 보고할 시 - 예외 동작, 예상치 못한 장애 등의 사태 발생을 알림
② InformRequest
지역 MIB를 묘사하는 여러 관리 노드 상호 간의 메세지 - 관리시스템(NMS) 간의 통신

14. 아래 그림은 TCP/IP 네트워크에서 프로토콜 분석기로 패킷을 해석한 결과이다. 네트워크가 사용하고 있는 라우팅 프로토콜, 송신측 MAC 주소, 수신측 MAC 주소를 각각 쓰시오.(6점)

no	time	source	Destination	Protocol	info
1	0.000000	201.100.1.2	CDP/VTP	CDP	Cisco Discovery
2	0.478990	201.100.1.2	255.255.255.25	RIPv1	Response
3	4.476592	201.100.1.2	201.100.1.2	LOOP	loopback
4	14.476998	201.100.1.2	201.100.1.2	LOOP	loopback
5	24.477252	201.100.1.2	201.100.1.2	LOOP	loopback
6	26.210869	201.100.1.2	255.255.255.25	RIPv1	Response
7	34.476592	201.100.1.2	201.100.1.2	LOOP	loopback
8	44.477926	201.100.1.2	201.100.1.2	LOOP	loopback
9	52.943718	201.100.1.2	255.255.255.25	RIPv1	Response

+ Frame 2 (70 bytes on wire, 70 bytes captured)
+ Ethernet II, Src : 00:00:0c:f9:00:21, Dst: ff:ff:ff:ff:ff:ff
+ Internet Protocol, Src Addr: 201.100.1.2 (201.100.1.2), Dst Addr :
+ User Datageam Protocol, Src Port : router (520), Dst Port: router(
- Routing information Protocol
    Command : Respond (2)
    Version : RIPv1 (1)
    - IP Address: 201.100.2.0, Metric : 1
      Address Family : IP(2)
      IP Adress: 201.100.2.0 (201.100.2.0)
      Metric : 1

0000	ff ff ff ff ff 00 00 0c f9 00 21 08 00 45 00	...
0010	00 34 00 00 00 00 02 11 ee 53 c9 64 01 02 ff	...
0020	ff ff 02 08 02 08 00 20 63 cf 02 01 00 00 00	...
0030	00 00 c9 64 02 00 00 00 00 00 00 00 00 00	...
0040	00 01 75 22 7c b6	...

[해설] ① 라우팅 프로토콜 : RIP
② 송신측 MAC 주소: 00:00:0c:f9:00:21
③ 수신측 MAC 주소: ff:ff:ff:ff:ff:ff

15. 다음 네트워크 토폴로지에 대한 질문에 답하시오.(8점)

[해설] (1) 노드가 6개일 때, 메쉬형으로 토폴로지를 구축할 경우 필요한 링크 수, 각 노드의 필요 포트 수

$$링크수 = \frac{n(n-1)}{2} = \frac{6(6-1)}{2} = 15$$

포트수 = 5개
(2) 위의 토폴로지를 링형으로 구축했을 때 필요한 링크 수는?
링크수 = 6개
(3) (2)의 과정에서 토폴로지를 바꾸지 않고 장애에 대비한 안정성을 구사하는 방법은?
토폴리지를 이중링으로 구축한다

16. 50[Ω] 시스템과 75[Ω] 시스템을 접속했을 때 아래 질문에 답하시오.(6점)

[해설] 가. 반사계수

$$\Gamma = \frac{V_r}{V_f} = \sqrt{\frac{P_r}{P_f}} = \frac{Z_1 - Z_2}{Z_1 + Z_2} = \frac{75 - 50}{75 + 50} = 0.2$$

나. 정재파비
$$VSWR = \frac{1+\Gamma}{1-\Gamma} = \frac{1+0.2}{1-0.2} = 1.5$$

다. 반사전력은 입사전력의 몇%인가?

$$0.2 = \sqrt{\frac{P_r}{P_f}}$$

$P_r = 0.04 \times P_f$ 이므로 반사전력은 입사전력의 4%이다.

17. 3개의 symbol A, B, C 중 하나를 보내는 정보원이 있다. 각 문자의 확률이 각각 $\frac{1}{2}, \frac{1}{4}, \frac{1}{8}, \frac{1}{16}, \frac{1}{16}$ 인 경우 한 symbol에 대한 평균정보량을 구하라.(8점)

해설
$$H(X) = \frac{1}{2}log_2(2) + \frac{1}{4}log_2(4) + \frac{1}{8}log_2(8) + \frac{1}{16}log_2(16) + \frac{1}{16}log_2(16)$$
$$= 1.875 \ [bits/symbol]$$

39   정보통신기사 2023년 2회

1. 광섬유 케이블을 사용하는 통신방식 중 전송모드에 따른 분류 2가지를 적으세요. (4점)

해설 ① 단일모드(Single Mode Fiber) 광섬유
② 다중모드(Multi Mode Fiber) 광섬유

2. 베이스밴드(Baseband) 방식, 브로드밴드(Broadband) 방식 설명하시오 (6점)

해설 ① 기저대역 전송(baseband transmission) :
정보나 데이터를 변조하지 않고 그대로 보내거나 전송로에 알맞은 전송부호로 변환시켜 전송하는 방식
② 광대역 전송(broadband transmission) :
정보나 데이터를 반송파의 진폭, 주파수, 위상을 변조시켜 전송하는 방식

3. 정보통신시스템에서 DTE-DCE간의 국제표준규격인 인터페이스(접속) 규격의 특성조건 4가지를 쓰시오. (6점)

해설 ① 기계적 특성   ② 전기적 특성
③ 기능적 특성   ④ 절차적 특성

4. 재생중계기의 기능 3가지(3R) (6점)

[해설] ① Reshaping
② Regenerating (or Regeneration)
③ Retiming

5. 한 전송 신호가 16QAM일 때, 1000[bps]의 속도로 전송될 때, 신호변환속도[baud]를 구하시오. (8점)

[해설]

$$[bps] = n \times B[baud], B = \frac{[bps]}{n} = \frac{1,000[bps]}{4} = 250[baud]$$

단, n(한번에 보낼수 있는 bit수), M(신호준위개수) = 4, B(변조속도)[baud]

6. 잡음이 있는 통신채널에서 신호 대 잡음비(S/N)가 20[dB] 이고 대역폭이 3,100[Hz]일 때, 채널의 통신용량은?(소수점이하는 버림) (6점)

[해설]

$20[dB] = 10\log_{10}(S/N), \therefore S/N = 100,$
$C = B\log_2(1 + S/N)[bps] = 3100 \times \log_2(1 + 100) ≒ 20640[bps]$

Information Communication

7. 네트워크의 운용 및 유지보수 시에 주로 사용되는 프로토콜 분석기(Protocol Analyzer)는 네트워크를 통과하는 데이터 프레임 또는 패킷들을 캡쳐한 후 이를 세밀하게 분석하는 장비로 하드웨어 성 분석기(독립장비)와 소프트웨어 성 분석기(PC 탑재 등)로 분류된다. 이러한 프로토콜 분석기의 주요 기능 중 측정항목 3가지를 작성하시오.(6점)

해설 ① BER
② Loss
③ Jitter

프로토콜 분석기(Protocol Analyzer)
① 패킷의 캡쳐(Capture) 및 저장(Store) 기능
 저장장치 용량한계까지 데이터 패킷을 캡쳐하고 이를 저장
② 프로토콜의 해석(Decode)/변환(Transform)
 각종 주요 프로토콜을 심층 분해/해독/번역/분석/해석하여 다양한 형태로 보여줌
③ 네트워크의 실시간 모니터링(감시) 및 분석(Analyze)

8. LAN에서 연결되어있는 단말 통해 프레임을 보내고자 하는데, 수신하는 단말의 물리주소(MAC)는 알지만 논리주소(IP 주소)를 모를 때 사용되는 프로토콜은 무엇인가?(4점)

해설 RARP
① ARP(Address Resolution Protocol)은 32비트 IP주소를 48비트의 물리 주소로 변환하는 프로토콜이다.
② RARP(Reverse Address Resolution Protocol)는 ARP와는 반대로 MAC 주소로부터 IP 주소로 변환하는 프로토콜이다.

9. 정보통신시스템에서 에러 제어에 사용되는 자동반복요청(ARQ)의 종류 3가지를 쓰세요. (6점)

해설 ① Stop & Wait ARQ
② Go back N ARQ
③ Selective ARQ

10. 회선제어절차 2,3,4 단계는? (6점)

해설 ② 데이터링크의 확립(설정)
③ 정보전송(데이터전송)
④ 데이터링크의 해제

11. 아이패턴에서 눈을 뜬 상하의 폭? (4점)

해설 잡음의 여유도(Noise Margin)
① 눈을 뜬 상하의 폭 : 잡음의 여유도(Noise Margin)
② 눈을 뜬 좌우의 폭 : 심벌간 간섭(ISI) 없이 신호를 표본화 함
③ 눈의 감기는 율 : 시스템 감도(Sensitivity)
④ 눈이 완전 감김 : 심벌간 간섭(ISI)이 아주 심함

12. 이동통신 기지국에서 통신용량을 높이기 위한 기술로 안테나 수에 비례 용량을 높이는 기술은? (4점)

해설 MIMO-Spatial Multiplexing

13. 다음과 같은 정보통신망 구축단계의 흐름이다. 해당 빈칸을 채우시오. (4점)

기본설계 - 현장조사 - (　　　) - 물리망 구축 - 논리망 구축

해설 실시설계
① 계획설계 : 계획설계란 기획설계에서 결정된 개념들을 도면화 하는 단계로 설계자의 의도와 개념을 정립하고 발주자의 의견을 충분히 반영하여 기능, 배치, 용량, 사양, 구조를 계획하는 일련의 기술 활동으로 기본설계 전 단계의 일련의 초기설계 과정의 일을 말한다.
② 기본설계 : "기본설계"라 함은 예비타당성조사, 타당성조사 및 기본 계획을 감안하여 시설물의 규모, 배치, 형태, 개략공사방법 및 기간, 개략 공사비 등에 관한 조사, 분석, 비교·검토를 한 다음 최적 안을 선정하고 이를 설계도서로 표현하여 제시하는 설계업무이다.
③ 실시설계 : 기본 설계 단계에서 결정된 설계 기준에 따라 기본 설계를 구체화하여, 실제 시공에 필요한 내용을 설계도서 형식으로 충분히 표현하여 제시하는 설계 업무를 말한다.

14. 정보보호를 위한 일련의 조치와 활동이 인증기준에 적합함을 인터넷진흥원 또는 인증기관이 증명하는 제도는? (6점)

해설 ① ISMS(Information Security Management System : 정보보호 관리체계 인증)
② ISMS-P(Personal information &Information Security Management System : 정보보호 및 개인정보 보호관리체계 인증)

15. 정보통신공사업에서 정의된 설계(設計)란 (6점)

해설 공사에 관한 계획서, 설계도면, 설계 설명서, 공사비 명세서, 기술 계산서 및 이와 관련된 서류(설계도서)를 작성하는 행위를 말한다.

16. 한 전송 신호가 QPSK 변조방식을 사용하는 시스템의 변조속도가 2400[Baud]일 때, 데이터신호 속도를 구하시오. (3점)

해설) $[bps] = \log_2 M \times B[baud] = \log_2 4 \times 2400[baud] = 4800[bps]$

17. 1[W]는 몇 [dBm]인가?

해설) $[dB_m] = 10\log\dfrac{1W}{1mW} = 10\log\dfrac{1W}{1\times 10^{-3}W} = 10\log(1\times 10^3) = 30[dBm]$

40 정보통신기사 2023년 4회

1. 네트워크 방화벽 기능 중 2가지만 쓰시오

해설
1) 접근통제(Access Control): 외부에서 내부 네트워크로 접근하는 트래픽을 패킷 필터링을 통해 통제함.
2) 인증(Authentication): 사용자, 메시지, 클라이언트의 신원을 확인하여 네트워크 보안을 강화함.
3) 감사 및 로깅(Auditing & Logging): 정책 설정, 관리자 접근, 네트워크 트래픽 허용 또는 차단 등의 접속 정보를 기록함
4) NAT(Network Address Translation): 내부 네트워크의 IP 주소를 외부에서 접근할 수 있는 공개 IP 주소로 변환하여 내부 네트워크를 보호함.

2. 다음은 LAN(Local area network) 프로토콜의 구조를 나타낸 것이다.
1) (   )에 들어갈 계층명과
2) 해당 계층의 기능을 설명하시오.

LLC(Logical Link Control)
(1)
Physical Layer

해설
1) 매체접근제어(MAC ; Media Access Control)
2) 매체접근제어(MAC)는 네트워크에서 여러 장치가 공유 매체(공통 전송 경로)를 효율적으로 사용할 수 있도록 데이터 전송을 관리하는 프로토콜임. MAC은 OSI 7계층 모델의 데이터링크 계층(2계층)에서 동작하며, 네트워크 충돌을 방지하고 데이터 전송의 질서를 유지하는 데 중요한 역할을 함.

3. 다음 프로토콜은 OSI 7계층 중 어디에 해당되는가?

구분	해당 계층
TCP/UDP	(1)
RS-232C	(2)
HDLC	(3)
IP	(4)

해설
(1) 전송 계층(Layer 4)
(2) 물리 계층(Layer 1)
(3) 데이터링크 계층(Layer 2)
(4) 네트워크 계층(Layer 3)

4. Ping 메시지 관련하여 다음 괄호 안에 알맞은 말을 쓰시오.

> Time Exceeded 메시지는 IP 데이터그램이 최종 목적지에 전달되기 이전에 데이터그램의 (   )필드 값이 0에 도달하였을 때 사용된다.

해설 TTL(Time To Live)
IP 헤더에 포함된 8비트 필드로, 데이터그램이 네트워크를 통해 전송될 때 허용되는 최대 홉(hop) 수를 나타냄.
각 라우터를 통과할 때마다 TTL 값이 1씩 감소하며, TTL 값이 0에 도달하면 데이터그램은 폐기됨.

5. CMD(Command Prompt)창에서 다음 명령어의 기능에 대해 쓰시오.

1) netstat
2) ping
3) route print

해설

명령어	주요기능
netstat	네트워크에 대한 연결상태, 라우팅 테이블, 인터페이스 상태 등을 보여주는 명령어
ping	IP 네트워크 연결 상태 및 응답 시간 테스트 명령어
route print	라우팅 테이블을 확인하는 명령어

6. 하나의 장비에 여러 보안솔루션의 기능을 통합적으로 제공하므로 다양하고 복잡한 보안 위협에 대응할 수 있고, 관리 편의성과 비용 절감이 가능한 보안시스템은 무엇인지 쓰시오. (4점)

해설 UTM(Unified Threat Management)

7. 네트워크 토폴로지가 망형이고 노드가 100개일 때 다음 물음에 답하시오.
1) 필요 회선 수를 구하는 공식을 쓰시오
2) 필요 회선 수를 구하시오
3) 망형(메쉬형) 네트워크의 장단점을 쓰시오

해설
1) $\dfrac{n(n-1)}{2}$
2) $\dfrac{100(100-1)}{2} = 4,950$개
3)

장점	단점
높은 신뢰성과 안정성	복잡한 구성
네트워크 확장성 우수	높은 구축비용
장애복구 용이	관리 어려움
보안강화	

8. 다음 괄호 안에 들어갈 알맞은 용어를 쓰시오. (5점)

> 자신에게 연결되어 있는 소규모 회선 또는 네트워크들로부터 데이터를 모아 고속의 대용량으로 전송할 수 있는 대규모 전송회선 및 통신망을 지칭하여 (   )이라고 한다. 즉, 소규모의 LJXN 등 데이터망으로부터 생성되는 트래픽을 운반하기 위해 WAN에서 주요 교환노드를 직접 연결하는 고속의 전용 회선을 의미한다.

해설 backbone 망
Backbone 망의 역할
① 인터넷 연결의 중추
② 지역 네트워크 연결
③ 데이터 센터 및 클라우드 지원

[Information Communication]

9. 장거리 광섬유 케이블 등에 사용되는 10기가비트 이더넷(IEEE 표준 802.3ae 기준)은 세 가지 형식으로 분류된다.
  1) 단파장인 850[nm] 다중모드(multi mode) 광섬유를 사용하며 최대거리가 300[m]인 10기가비트 이더넷의 형식
  2) 장파장인 1310[nm] 단일모드(single mode) 광섬유를 사용하며 최대거리가 10[km]인 10기가비트 이더넷의 형식
  3) 1550[nm] 단일모드(single mode) 광섬유를 사용하며 최대거리가 40[km]인 10기가비트 이더넷의 형식

해설 1) SR 2) LR 3) ER

파장	광섬유 유형	최대거리	명칭
850nm	다중모드	300m	10GBASE-SR ("SR"은 Short Range의 약자)
1310nm	단일모드	10km	10GBASE-LR ("LR"은 Long Range의 약자)
1550nm	단일모드	40km	10GBASE-ER ("ER"은 Extended Range의 약자)

10. 홈 네트워크를 구성할 수 있는 네트워킹 기술(규격)의 종류를 4가지 적으시오. (4점)

해설 Zigbee, Bluetooth, Wi-Fi, IEEE 1394
  1) 유선 통신 기술 : HomePNA, IEEE 1394, USB, PLC 등
  2) 무선 통신 기술: HomeRF, Bluetooth, Wi-Fi, Zigbee, UWB 등

11. 반송파의 진폭과 위상을 이용하여 신호를 전송하는 변조방식을 쓰시오.

해설 QAM(Quadrature Amplitude Modulation)

12. 다음 OTDR에 관한 질문에 답하시오.
1) OTDR의 원어를 쓰시오.
2) OTDR 측정으로 확인할 수 있는 것을 4가지 쓰시오.

해설 1) OTDR 원어 : Optical Time Domain Reflectometer
2) OTDR 측정기능 4가지
① 광섬유의 손실(loss) 측정
광섬유에서 발생하는 삽입 손실(Insertion Loss) 및 전체 선로 손실(Total Loss)을 확인
② 광섬유의 단선 또는 파손 위치
OTDR은 빛이 반사되는 지점을 기반으로 거리와 위치를 계산
③ 접속 지점(Splice) 및 커넥터의 손실
광섬유 접속(Splicing) 또는 커넥터 연결부에서 발생하는 손실을 측정
④ 반사 손실(Reflectance)
반사 손실(Return Loss)을 측정하여 커넥터나 단면에서 빛이 반사되는 정도를 확인

13. 다음 문장의 괄호 안에 들어갈 저항값[Ω]은 얼마인지 쓰시오

| 방송통신설비의 기술기준에서 통신관련시설의 접지저항은 ( ) 이하를 기준으로 한다 |

해설 10[Ω]

14. TTA에서 인가한 정보통신기관에서 표준화한 업무용 건축물의 구내통신선로 채널 기준에 따라 다음 괄호 안에 알맞은 것을 쓰시오.

> 데이터통신 시스템의 이용자와 시스템 설계자가 전체 채널의 성능을 인증하기 위한 목적으로 수평 케이블과 장비코드, 통신인출구/커넥터, 선택적 변환접속점, 층장비실 내의 2개의 교차접속 등은 (1)가 넘지 않아야 한다. 또한, 장비코드, 패치코드 및 점퍼선의 전체 길이는 (2)를 초과해서는 안된다

해설 (1) 90m (수평 케이블 및 관련 연결 지점의 최대 길이)
(2) 10m (장비코드, 패치코드 및 점퍼선의 전체 길이)
따라서 전체 채널 길이는 100m를 넘지 않아야 한다.

15. 정보통신공사업법에서 규정하는 감리원의 주요 업무범위 5가지에 대해 쓰시오.

해설
1) 설계도서 및 관련 자료 검토
  공사 착공 전, 설계도서(설계도, 시방서 등)와 관련 자료를 검토하여 설계가 적정한지 확인
2) 공사 진행 상황 관리 및 감독
  공사가 설계 도면 및 기술 기준에 따라 정확히 수행되는지 감독
3) 자재 및 장비의 적합성 검토
  공사에 사용되는 자재와 장비가 설계 기준과 규격에 적합한지 확인
4) 공사 품질 검사 및 시험
  공사의 주요 단계별로 품질 검사를 수행하고, 필요한 경우 시험(테스트)을 통해 성능을 확인
5) 공사 안전 관리 및 사고 예방
  공사 현장의 안전 관리를 감독하여 사고를 예방

16. 정보통신공사업법 제36조 규정에 의해 정보통신시설물의 시공품질을 확보하기 위하여 구내통신선로, 방송공동수신설비, 이동통신구내선로 공사에 대하여 착공 전 설계도 및 공사 완료 후의 시공상태가 동법 제6조의 규정에 따른@ 기술기준에 적합하게 되었는지 여부를 검사하는 것을 무엇이라고 하는가? (4점)

해설 사용 전 검사

17. 정보통신공사업법에 의거 일정공사 금액에 따라 감리원이 배치되어야 한다. 다음 공사금액일 때 배치되어야 할 감리원의 등급을 쓰시오.

1) 5억이상 30억원미만공사
2) 70억이상 100억 미만공사

해설
1) 중급감리원
2) 특급감리원

<참고>
감리원의 배치기준
① 총공사금액 100억원 이상 공사: 특급감리원(기술사 자격을 가진 자로 한정한다)
② 총공사금액 70억원 이상 100억원 미만인 공사: 특급감리원
③ 총공사금액 30억원 이상 70억원 미만인 공사: 고급감리원 이상의 감리원
④ 총공사금액 5억원 이상 30억원 미만인 공사: 중급감리원 이상의 감리원
⑤ 총공사금액 5억원 미만의 공사: 초급감리원 이상의 감리원

41 정보통신기사 2024년 1회

1. 인터넷에서 사용자가 도메인 이름을 통해 웹사이트에 접속할 수 있도록 도메인 이름을 ip 주소로 변환해주는 서버는 무엇인가? (3점)

해설 DNS 서버

2. 다음 IP주소와 서브넷 마스크를 사용하여 서브네트워크 주소를 구하시오. (4점)

| IP주소 45.123.21.8 |
| 서브넷 마스크 255.192.0.0 |

해설 ① 서브넷 마스크 분석:
서브넷 마스크 255.192.0.0은 CIDR 표기법으로 /10에 해당함.
45.123.21.8의 앞 10비트를 서브넷 네트워크 주소로 사용함.
② IP 주소 45.123.21.8을 2진수로 변환
00101101.01111011.00010101.00001000
③ 서브넷 마스크 255.192.0.0을 2진수로 변환
11111111.11000000.00000000.00000000
④ 두 값을 AND 연산하면, 네트워크 주소임
00101101.01000000.00000000.00000000
즉, 45.64.0.0가 서브네트워크 주소임.

3. 다음 그림에서 Request, Response, Trap 명령어의 전송 방향을 고르시오. (6점)

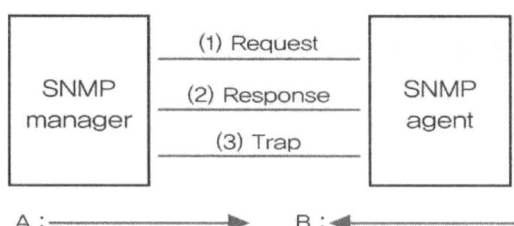

해설 (1) A (2) B (3) B
<참고>
SNMP 동작 절차
Get request; Manager에서 Agent로 특정 정보 요청
Set request; Manager가 Agent에게 특정값 설정
Get response; Agent가 Manager에게 응답
Trap; UDP 162번 포트를 통해 event 발생내용을 전송

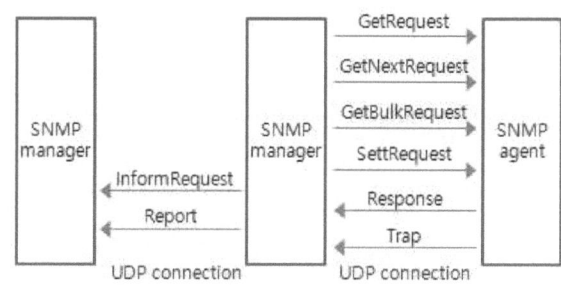

1) 여러 관리 노드(manager) 상호 간
① InformRequest: 하나의 SNMP 매니저가 다른 매니저에게 중요한 정보를 전달하며, 응답을 요구
② Report: SNMPv3에서 특정 문제(예: 보안 문제나 통신 오류)를 보고
2) 매니저(manager)와 에이전트(agent) 간
GetRequest, GetNextRequest, GetBulkRequest: 매니저가 에이전트로부터 정보를 요청.
① GetRequest
관리시스템이 Agent에게 정보를 요청할시 - 관리정보의 모니터링
② GetNextRequest
여러 개의 관리객체를 순서적으로 연속하여 참조할 시 - 관리정보를 연속해서 검색
③ GetBulkRequest
대형 변수 테이블을 한꺼번에 요청할 시 - 관리정보를 대량으로 검색
④ GetResponse(Response)
매니저가 보낸 GetRequest, GetNextRequest, 또는 SetRequest에 대한 결과값을 반환.(에이전트가 매니저의 요청에 응답)
⑤ Trap: 에이전트가 매니저에게 비동기적으로 상태 변화를 알림.
⑥ SetRequest: 매니저가 에이전트의 설정 값을 변경.

4. 통신소, 헤드엔드 등 센터와 사용자를 연결하기 위해 네트워크 구축 시 최초로 네트워크 회선을 테스트하여 성능을 확인하는 과정을 무엇이라 하는가? (4점)

해설 개통 시험

5. (   )는 IETF에서 표준화한 비교적 단순한 형태의 메시지 교환형 네트워크 관리 프로토콜로, 라우터나 허브 등 네트워크 기기의 정보를 망관리 시스템에 보내거나 IP 네트워크상의 장치로부터 정보를 수집 및 관리 한다. UDP기반으로 동작하는 이 인터넷 표준 프로토콜의 약어와 원어를 쓰시오. (4점)

해설 SNMP(Simple Network Management Protocol)

6. 전기통신망과 통신 서비스를 체계적으로 관리하기 위한 TMN(Telecommunication Management Net-work)의 주요 기능 5가지 중 4가지를 서술하시오. (8점)

해설 장애관리, 구성관리, 성능관리, 계정관리, 보안관리

7. L2 스위치의 동작 방식 중 다음에 해당하는 용어를 쓰시오. (6점)
   (1) 출발지 주소가 MAC Table에 없을 때 MAC 주소와 포트를 저장하는 기능
   (2) 목적지 주소가 MAC Table에 없을 때 전체 포트에 패킷을 전달하는 기능
   (3) MAC Table의 주소를 일정 시간이 지나면 삭제하는 기능

해설 (1) Learning
(2) Flooding
(3) Aging
<참고>
스위치의 기본 동작
① Flooding : 수신프레임을 수신된 포트 제외하고 모든 점유 및 활성 포트로 보냄
② Filtering : 다른 포트로 프레임이 전달되지 못하도록 막음
③ Forwarding : 목적지 MAC 주소가 스위치 테이블 속에 존재하면 MAC 주소에 해당하는 PORT로 프레임을 전달
④ Learning : 출발지의 MAC 주소와 출발지의 Port에 대한 정보를 스위치 테이블에 저장
⑤ Aging : 스위치에서 MAC address는 일정 시간이 지나면 삭제

8. 네트워크를 관리하기 위한 F/W(방화벽)을 설정하려고 한다. 괄호 안에 알맞은 말을 쓰시오. (6점)

192.16.1.100	192.16.1.150	192.16.1.200
SNMP 서버	F/W(방화벽)	Network Device

Source IP	Destination IP	Port	Allow/Deny
192.16.1.100	192.16.1.200	(1),(2)	Allow

해설 (1) 161 (2) 162
<참고>
① SNMP는 전송 프로토콜로 UDP를 사용한다.
SNMP 서버 IP: 192.16.1.100
네트워크 장비 IP: 192.16.1.200
② 사용 포트번호 : 161번(일반메시지), 162번(트랩 메시지)
Port 161: SNMP 메시지(Request/Response) 전송에 사용되는 기본 포트.
Port 162: SNMP Trap 메시지 전송에 사용되는 포트.

9. 캐리어 이더넷의 특징 4가지를 서술하시오. (4점)

해설 표준화된 서비스, 서비스품질(QoS), 확장성, 신뢰성
캐리어 이더넷은 LAN에서 사용되던 이더넷을 기간망 사업자의 백본망까지 적용한 시스템으로 빠른 데이터 처리에 안전성까지 보강한 스위칭 전송 기술이다.

10. 다음 괄호 안에 알맞은 용어를 쓰시오. (5점)

> (1)란 공사에 관한 계획서, 설계도면, 설계설명서, 공사비명세서, 기술계산서 및 이와 관련된 서류를 작성하는 행위를 말한다.
> (2)란 공사에 대하여 발주자의 위탁을 받은 용역업자가 설계도서 및 관련 규정의 내용대로 시공되는지를 감독하고 품질관리, 시공관리 및 안전관리에 대한 지도 등에 관한 발주자의 권한을 대행하는 것을 말한다.

해설 (1) 설계 (2) 감리

11. 통신망의 신뢰도를 위해 고려될 수 있는 사항 3가지를 쓰시오. (6점)

해설
1) 중복성 (Redundancy)
   네트워크 장비(라우터, 스위치 등), 회선, 전원 공급 장치 등을 이중화하여 단일 장애점이 발생하더라도 서비스 중단 없이 운영될 수 있도록 하는 것임.
2) 다양한 경로 구성 (Diverse Routing/Path Diversity)
   데이터가 전송되는 경로를 여러 개로 구성하여 특정 경로에 장애가 발생하더라도 다른 경로를 통해 데이터를 전송할 수 있도록 하는 것임.
   이는 물리적인 경로뿐만 아니라 논리적인 경로(예: MPLS, VPN 등)를 포함할 수 있음.
3) 장애 감시 및 자동 복구 시스템 (Fault Monitoring and Automatic Recovery)
   네트워크 장비 및 회선의 상태를 실시간으로 감시하고, 장애 발생 시 자동으로 복구하는 시스템을 구축하는 것임.
   네트워크 관리 시스템(NMS)을 사용하여 네트워크 상태를 모니터링하고, SNMP, Syslog 등의 프로토콜을 사용하여 장비로부터 장애 정보를 수집할 수 있음.
   자동 복구 시스템은 장애 발생 시 관리자의 개입 없이 자동으로 백업 시스템으로 전환하거나, 장애 발생 장비를 재부팅하는 등의 조치를 취할 수 있도록 구성할 수 있음.
4) 적절한 대역폭 확보 및 QoS (Quality of Service) 관리
   네트워크 트래픽 증가에 대비하여 충분한 대역폭을 확보하고, 중요한 트래픽에 우선순위를 부여하는 QoS 정책을 적용하는 것임.
   대역폭 부족은 네트워크 성능 저하 및 서비스 지연을 유발할 수 있으며, QoS 관리를 통해 중요한 서비스의 품질을 보장할 수 있음.

12. 통신 품질의 척도로 사용되며 데이터 전송의 정확도를 나타내는 3가지 오류율을 쓰고, 이 중 디지털 통신에서 통신 품질의 평가 척도로 사용하는 것을 쓰시오. (8점)

해설
BER (Bit Error Rate): 비트 오류율
FER (Frame Error Rate): 프레임 오류율
CER (Character Error Rate): 문자 오류율
디지털 방식에서 사용되는 척도: BER (Bit Error Rate)

13. 접지저항 측정 방법 중 괄호 안에 숫자를 채워 접지저항을 측정하는 방법의 명칭을 완성하시오. (8점)
 (1)점 전위 강하법
 (2) %법
 (3)극 측정법

해설 (1) 3 (2) 61.8 (3) 2

14. A전화국에서 B방면으로 포설된 0.4mm 1800p 케이블에 고장이 발생했고 길이는 1250m이다. A전화국 실험실에서 L3 시험기로 바레이법에 의해 측정할 때 고장위치는? (바레이 3법 저항 325 [Ω], 바레이 2법 저항 245 [Ω], 바레이 1법 저항 142 [Ω])

해설 바레이법(Varley loop test)을 통한 고장 위치 계산
바레이법은 케이블 고장 위치를 찾기 위해 사용하는 저항 측정 방법이다.
1) 바레이 1법 저항 $R_1 = 142[\Omega]$
 - 바레이 1법은 고장 위치까지의 거리로, 실제 저항을 측정한다.
2) 바레이 2법 저항 $R_2 = 245[\Omega]$
 - 바레이 2법은 고장 위치까지의 총 저항을 측정한다.
3) 바레이 3법 저항 $R_3 = 325[\Omega]$
 - 바레이 3법은 전체 케이블의 저항을 측정한다.
정답
고장위치의 계산
$$\text{고장위치} = \frac{(R_3 - R_2)}{(R_3 - R_1)} \times l = \frac{(325 - 245)}{(325 - 142)} \times 1,250 = 546.45[m]$$

15. 감리원은 공사업자로부터 전체 실시공정표에 따른 월간, 주간 상세공정표를 사전에 제출받아 검토 및 확인 해야 한다. 괄호 안에 알맞은 일자를 쓰시오. (6점)

> 공사업자는 감리원에게 월간 상세공정표는 작업 착수 (1)일 전에 제출해야 하고, 주간 상세공정표는 작업 착수 (2)일 전에 제출해야 한다.

해설 (1) 7 (2) 2

정보통신공사 감리업무 수행기준 제48조(공사 진도 관리)
월간 상세공정표 : 작업 착수 7일전 제출
주간 상세공정표 : 작업 착수 2일전 제출

16. 다음 공사예정공정표의 빈칸을 채우시오. (6점)

(1)	수량	(2)	-
전선 설치	1	식	-
통신케이블 포설	1	식	-

해설 1) 공사 종류 2) 단위

17. VHF대역의 파장 대역 범위를 계산하시오. (7점)

해설 1~10[m]

VHF의 주파수 범위 : 30~300MHz이므로

① 최대 파장 $\lambda_1 = \dfrac{c}{f_1} = \dfrac{3 \times 10^8}{30 \times 10^6} = 10[m]$

② 최소 파장 $\lambda_2 = \dfrac{c}{f_2} = \dfrac{3 \times 10^8}{300 \times 10^6} = 1[m]$

VHF의 파장 범위 1m ~ 10m

42 정보통신기사 2024년 2회

1. IEEE 802.11 무선 LAN에서 사용되는 프레임 전송 프로토콜을 쓰시오.

해설 CSMA/CA (Carrier Sense Multiple Access with Collision Avoidance)

2. C 클래스 IP 주소 범위를 쓰시오

해설 C 클래스 IP 범위 주소는 192.0.0.0부터 223..255.255.255.

3. OSI 7 Layer 스택에서 동작하는 조직적이고 대규모 망을 관리하는 데 사용되는 프로토콜을 쓰시오.

해설 SNMP (Simple Network Management Protocol)

4. UNIX/LINUX상에서 방화벽(firewalld) 구축 및 설정 시 내부에서 외부(아웃바운딩)로 전송되는 패킷은 허용되고 외부에서 내부(인바운딩)로 전송되는 패킷은 금지되는 지점을 어떤 구역(zone)이라 하는지 쓰시오.

해설 public 존
<참고>
1) public 존
인바운드: 인바운드 연결은 차단 (일부 예외 존재), 아웃바운드 연결은 허용
2) drop 존
모든 인바운드 및 아웃바운드 연결을 차단

5. 정보통신공사 시공을 위한 설계의 3단계를 적으시오

해설 기본계획 → 기본설계 → 실시설계

6. 다음 괄호 안에 알맞은 금액을 적으시오.

1. 총 공사금액 [가]억 이상 공사: 특급감리원(기술사 자격을 가진 자로 한정한다)
2. 총 공사금액 [나]억 이상 [가]억 미만인 공사: 특급감리원
3. 총 공사금액 [다]억 이상 [나]억 미만인 공사: 고급감리원 이상의 감리원
4. 총 공사금액 [라]억 이상 [다]억 미만인 공사: 중급감리원 이상의 감리원
5. 총 공사금액 [라]억 미만의 공사: 초급감리원 이상의 감리원

해설 [가]: 100억 원   [나]: 70억 원
[다]: 30억 원   [라]: 5억 원

7. 네트워크를 지나다니는 패킷들을 캡처하여 세밀하게 분석하는 소프트웨어(PC탑재) 또는 하드웨어 단독 장비를 프로토콜 분석기라 하는데 프로토콜 분석기의 기능 3가지만 적으시오

[해설] 1) 패킷 캡처 (Packet Capture/Sniffing)
2) 프로토콜 분석 (Protocol Analysis/Decoding)
3) 통계 및 시각화 (Statistics and Visualization):

프로토콜 분석기 (Protocol Analyzer), 또는 네트워크 분석기 (Network Analyzer)는 네트워크 트래픽을 캡처하여 분석하는 데 사용되는 소프트웨어 또는 하드웨어 도구로 네트워크 문제 진단, 성능 분석, 보안 감사 등을 수행할 수 있음.

주요 기능
1) 패킷 캡처 (Packet Capture/Sniffing)
네트워크를 통해 전송되는 데이터 패킷을 실시간으로 수집하는 기능.
이더넷, Wi-Fi 등 다양한 네트워크 인터페이스에서 패킷을 캡처할 수 있음.
캡처된 패킷은 파일 형태로 저장하여 나중에 분석할 수 있음.

2) 프로토콜 분석 (Protocol Analysis/Decoding)
캡처된 패킷의 내용을 해석하고 분석하는 기능임.
TCP/IP, HTTP, DNS, SMTP 등 다양한 네트워크 프로토콜을 이해하고, 패킷의 각 필드(헤더, 페이로드 등)를 해석하여 보여줌.
이를 통해 어떤 프로토콜이 사용되었는지, 송수신 IP 주소 및 포트 번호는 무엇인지, 데이터 내용은 무엇인지 등을 확인할 수 있음.
패킷의 오류나 비정상적인 부분을 감지하여 네트워크 문제의 원인을 파악하는 데 도움을 줌.

3) 통계 및 시각화 (Statistics and Visualization)
캡처된 데이터를 기반으로 다양한 통계 정보를 제공하는 기능임.
전송된 패킷 수, 바이트 수, 프로토콜별 트래픽 비율, 네트워크 사용률 등을 그래프나 차트 형태로 시각화하여 보여줌.
이를 통해 네트워크 트래픽의 전반적인 흐름을 파악하고, 병목 지점이나 이상 징후를 쉽게 발견할 수 있음.
예를 들어, 특정 시간대에 트래픽이 급증하는 경우, 그 원인을 분석하기 위해 해당 시간대의 패킷을 자세히 조사할 수 있음.

8. 광섬유 코어의 굴절률을 n_1이라 하고, 클래드의 굴절률을 n_2라 할 때 비굴절률차($\triangle$)의 공식을 쓰시오.

해설 $\triangle = \dfrac{n_1 - n_2}{n_1}$

9. 다음 괄호안에 알맞은 명령어를 쓰시오

> TCP/IP 환경에서 상대쪽 호스트의 작동 여부 및 응답시간을 측정하는 ICMP 프로토콜 명령어를 [가]라 하고, 목적지까지의 라우팅 경로를 추적하기 위해 사용되는 명령어를 [나]라 한다.

해설 [가]: ping
[나]: traceroute (Linux/macOS) 또는 tracert (Windows)

10. 스플리터(splitter)를 사용하여 단일 광섬유로 국사에서 RN(Remote Node)까지 다수의 사용자를 지원하는 PON(Passive Optical Network) 시스템에서 다음의 장비를 활용하여 개념도를 그리고 설명하시오.

> OLT(Optical Line Terminal), 스플리터 (Splitter),
> ONT(Optical Network Terminal), ONU (Optical Network Unit)

[해설]

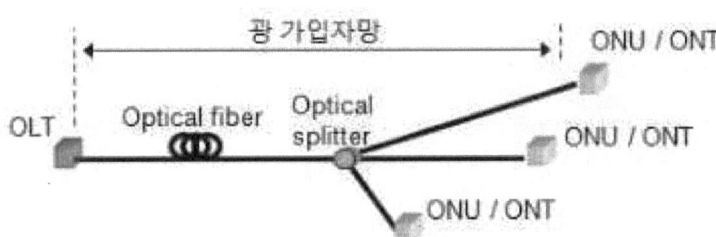

1) OLT(Optical Line Terminal)
   국사(Central Office)에 위치하며, PON 네트워크의 중심 장치입니다. 광 신호를 전기 신호로 변환하고, 여러 ONU/ONT와 통신을 관리함.
2) 스플리터 (Splitter)
   광 신호를 여러 갈래로 분배하는 수동 광학 장치임.
   전원 공급이 필요 없으며, 하나의 광섬유에서 여러 가입자에게 신호를 분배하는 역할을 함.
3) ONT(Optical Network Terminal)/ONU(Optical Network Unit)
   가입자 댁내 또는 건물에 설치되는 장치임.
   OLT에서 전송된 광 신호를 전기 신호로 변환하여 가입자 장비(컴퓨터, TV, 전화 등)에 연결해 줌.
   ONT와 ONU는 거의 같은 의미로 사용되지만, ONT는 가정에, ONU는 건물 외부에 설치되어 있음.

11. 아래에서 괄호 안에 들어갈 접지선의 직경(지름)을 쓰시오.

> 접지저항값이 10 [Ω] 이하인 경우 접지선 직경은 (가) 이상
> 접지저항값이 100 [Ω] 이하인 경우 접지선 직경은 (나) 이상

(가): 2.6 mm
(나): 1.6 mm

해설 접지선은 접지 저항값이 10Ω 이하인 경우에는 2.6mm 이상, 접지 저항값이 100Ω 이하인 경우에는 직경 1.6mm 이상의 피·브이·씨 피복 동선 또는 그 이상의 절연효과가 있는 전선을 사용하고 접지극은 부식이나 토양오염 방지를 고려한 도전성 재료를 사용한다.

12. 통신망의 신뢰도를 위해 고려될 수 있는 사항 4가지만 쓰시오

해설
1) 중복성 (Redundancy)
   네트워크 장비(라우터, 스위치 등), 회선, 전원 공급 장치 등을 이중화하여 단일 장애점이 발생하더라도 서비스 중단 없이 운영될 수 있도록 하는 것임.
2) 다양한 경로 구성 (Diverse Routing/Path Diversity)
   데이터가 전송되는 경로를 여러 개로 구성하여 특정 경로에 장애가 발생하더라도 다른 경로를 통해 데이터를 전송할 수 있도록 하는 것임.
   이는 물리적인 경로뿐만 아니라 논리적인 경로(예: MPLS, VPN 등)를 포함할 수 있음.
3) 장애 감시 및 자동 복구 시스템 (Fault Monitoring and Automatic Recovery) 네트워크 장비 및 회선의 상태를 실시간으로 감시하고, 장애 발생 시 자동으로 복구하는 시스템을 구축하는 것임.
   네트워크 관리 시스템(NMS)을 사용하여 네트워크 상태를 모니터링하고, SNMP, Syslog 등의 프로토콜을 사용하여 장비로부터 장애 정보를 수집할 수 있음.
   자동 복구 시스템은 장애 발생 시 관리자의 개입 없이 자동으로 백업 시스템으로 전환하거나, 장애 발생 장비를 재부팅하는 등의 조치를 취할 수 있도록 구성할 수 있음.
4) 적절한 대역폭 확보 및 QoS (Quality of Service) 관리
   네트워크 트래픽 증가에 대비하여 충분한 대역폭을 확보하고, 중요한 트래픽에 우선순위를 부여하는 QoS 정책을 적용하는 것임. 대역폭 부족은 네트워크 성능 저하 및 서비스 지연을 유발할 수 있으며, QoS 관리를 통해 중요한 서비스의 품질을 보장할 수 있음.

13. 3점 전위강하법으로 접지저항을 측정할 때 다음의 보기를 활용하여 회로도를 그리시오

> 접지전극(E), 보조전극(P,C), 전류계, 전압계, 교류전원

해설

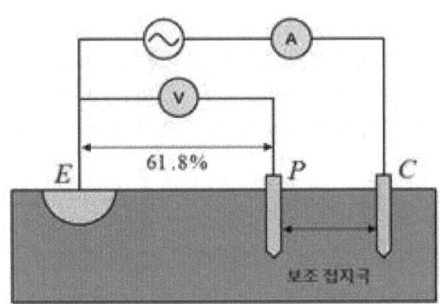

14. 정보통신공사 설계 단계 시 감리원의 주요 업무 범위 3가지를 쓰시오.

해설
1) 설계 적정성 검토
   설계 도서(도면, 시방서, 내역서 등)가 관련 법령, 기준, 규격 및 발주자의 요구 사항에 부합하는지 검토함.
2) 설계 변경 관리
   설계 과정에서 발생하는 변경 사항을 검토하고 승인함.
   설계 변경의 필요성을 판단하고, 변경 내용이 전체 설계에 미치는 영향을 분석함.
   변경으로 인한 추가 비용이나 공정 지연 등을 검토하고, 발주자와 협의하여 최종적으로 변경 여부를 결정함.
3) 기술 검토 및 자문
   설계와 관련된 기술적인 문제에 대해 발주자 및 설계자에게 자문을 제공함.
   새로운 기술 도입의 타당성을 검토하거나, 설계 과정에서 발생하는 기술적인 어려움을 해결하는 데 도움을 줌.

요약:
CM 분야 정보통신공사 설계 단계에서 감리원은 설계의 적정성을 검토하고, 설계 변경을 관리하며, 기술적인 자문을 제공하는 중요한 역할을 수행함. 이러한 업무를 통해 설계의 품질을 확보하고, 시공 단계의 효율성과 안전성을 향상시킬 수 있음.

15. MIB(Management Information Bases)에 대해 쓰시오

해설 MIB는 SNMP 프로토콜에서 관리되는 네트워크 장치들의 정보를 구조적으로 정의한 데이터베이스임.

MIB의 역할
1) 네트워크 장치 관리
SNMP 관리 시스템은 MIB를 통해 네트워크 장치의 상태, 설정, 통계 정보 등을 획득하고 관리할 수 있음.
2) 네트워크 모니터링
MIB에 정의된 객체들의 값을 주기적으로 모니터링하여 네트워크 성능을 분석하고 장애를 감지할 수 있음.
3) 장치 설정 변경
SNMP 관리 시스템은 MIB를 통해 네트워크 장치의 설정을 변경할 수 있음.

16. 오실로스코프를 이용하여 정현파를 측정하였더니 Vp-p가 세로 4칸이고 가로 2칸(div)이 한 주기를 가질 때 Peak 전압과 주파수를 구하시오. (단, 오실로스코프의 Volt/div=1mV, Time/div=1μs이다)

해설
1) Peak 전압 (Vp) 계산
세로 4칸이라고 주어졌고, Time/Div가 1μs/div이므로,
전압(Vp-p)는 다음과 같음.
전압(Vp-p) = 4div ×1mV/div = 4 mV
Peak 전압(Vp)은 Peak-to-Peak 전압(Vp-p)의 절반
Vp = Vp-p / 2 = 4mV / 2 = 2mV
따라서 Peak 전압은 2mV

2) 주파수 계산
한 주기가 가로 2칸이라고 주어졌고, Time/Div가 1μs/div이므로, 한 주기의 시간은 다음과 같음
T = 2div ×1μs/div = 2μs
따라서 주기는 2μs이므로 주파수 (f)는 다음과 같음.

$$f = \frac{1}{T} = \frac{1}{2 \times 10^{-6}} = 500[kHz]$$

따라서 주파수는 500kHz

17. 비트에러율 (BER) 5×10^{-5}인 전송회선에 2,400[bps] 전송속도로 10분 동안 데이터를 전송하는 경우 최대 블록 에러율을 구하시오. (단, 한 블록의 크기는 511비트로 구성)

해설 블록 에러율= (에러 발생 블록수 / 총 전송 블록수)
1) 총 전송 비트수 =전송속도×시간 = 2400[bps] x 600[s] = 1,440,000[bit]
2) 총 에러 비트수=에러율×총비트수 = $5 \times 10^{-5} \times 1,440,000$[bit] = 72개
3) 총 블록수 = 1440000/511 = 2,818 블록
4) 최대 블록에러율 = 72 / 2818 = 2.56×10^{-2}
(블럭당 1개 error bit 씩 분산된 경우)
5) 최소 블록에러율 = 1 / 2818 = 3.54×10^{-4}
(하나의 블록에 72개 error bit가 모두 있는 경우)

43 | 정보통신기사 2024년 4회

1. 아래는 무선 근거리 통신 기술인 IEEE 802.11의 일부 표준 규격을 표로 나타낸 것이다. 아래의 표에서 (가), (나), (다)에 들어갈 내용을 쓰시오. (6점)

규격	전송속도	사용대역
(가)	54 Mbps	5 GHZ
802.11g	(나)	(다)

해설 (가) 802.11a
(나) 54 Mbps
(다) 2.4 GHz

2. 방화벽 내부 네트워크는 보안 영역(Trust zone)이고 방화벽 외부는 인터넷 영역(Untrust zone)일 때 내부 네트워크와 외부 네트워크 사이의 완충 역할을 하며, 외부에서 접속 가능한 웹 서버 등을 배치하는 영역을 무엇이라 하는가? [4점]

해설 DMZ (Demilitarized Zone)
DMZ는 내부 네트워크(Trust zone)와 외부 네트워크(Untrust zone, 일반적으로 인터넷) 사이에 위치한 네트워크 영역임. 외부 네트워크로부터의 직접적인 접근은 차단하면서, 외부 사용자가 접근해야 하는 서비스(예: 웹 서버, 메일 서버, DNS 서버 등)를 제공하기 위해 사용됨.

3. 다음은 정보통신공사업법에 정의된 감리의 용어이다. 괄호 안에 들어갈 내용을 적으시오. [4점]

> 감리란 공사에 대하여 발주자의 위탁을 받은 용역업자가 (1) 및 (2)의 내용대로 시공되는지를 감독하고 품질관리, 시공관리 및 안전관리에 대한 지도 등에 관한 발주자의 권한을 대행하는 것을 말한다.

해설 (1) 설계도서
(2) 그 밖의 관계 서류
감리란 공사에 대하여 발주자의 위탁을 받은 용역업자가 설계도서 및 그 밖의 관계 서류의 내용대로 시공되는지를 감독하고 품질관리, 시공관리 및 안전관리에 대한 지도 등에 관한 발주자의 권한을 대행하는 것을 말한다.

4. 광섬유 케이블의 특성을 측정하는 방법의 원리를 <보기>에서 골라 쓰시오 [6점]

> <보기>
> 투과법, 컷백법, 후방산란법, 주파수영역법

(1) 주로 다중 모드 광섬유의 대역폭 특성 측정에 사용되는 방식으로 RF 신호로 변조된 광 펄스를 입사하여 광섬유를 통과한 신호의 진폭 변화를 통해 대역을 측정하는 방법
(2) 광섬유로 전송되는 광 신호 일부가 레일리히 산란(Rayleigh scattering)과 프레넬 반사(Fresnel reflection)에 의해 되돌아오는 특성을 이용해 광 손실 측정을 가능하게 하는 방법

해설 (1) 주파수영역법
(2) 후방산란법
<참고>
① 투과법 (Insertion Loss Method): 광섬유의 양 끝단에서 광원의 출력을 측정하고, 광섬유를 통과한 후의 출력을 측정하여 손실을 계산하는 방법임. 비교적 간단하지만, 광섬유의 전체 손실만 측정할 수 있고, 손실의 원인이나 위치를 파악할 수는 없음.
② 컷백법 (Cut-Back Method): 투과법의 정확도를 높이기 위해 사용하는 방법임. 광섬유의 길이를 단계적으로 줄여가면서 손실을 측정하여, 광섬유 자체의 손실과 접속 손실을 분리하여 계산할 수 있음.

5. OTDR 측정 장비에서 발생하는 데드존(Dead zone)의 종류 3가지를 쓰시오. [6점]

해설 1) 이벤트 데드존 (Event Dead Zone)
2) 감쇠 데드존 (Attenuation Dead Zone)
3) 포화 데드존 (Saturation Dead Zone)

<참고>
OTDR(Optical Time Domain Reflectometer)은 광섬유 케이블의 특성을 측정하는 장비입니다. 광 펄스를 광섬유에 입사시켜 후방 산란되는 빛을 분석하여 광섬유의 길이, 손실, 접속점, 단선 지점 등을 파악함.
이때, 강한 반사(예: 광 커넥터, 기계적 접속)가 발생하면 OTDR 수신기가 포화되어 일정 시간 동안 정확한 측정을 하지 못하는 구간이 발생하는데, 이 구간을 데드존(Dead zone)이라고 함.
OTDR에서 발생하는 데드존의 주요 종류 3가지는 다음과 같음.
1) 이벤트 데드존 (Event Dead Zone)
매우 짧은 펄스 폭을 사용할 때 발생함.
두 개의 연속된 반사 이벤트가 매우 가까이 있을 경우, 첫 번째 반사로 인해 수신기가 포화되어 두 번째 이벤트를 감지하지 못하는 현상임.
즉, 두 번째 이벤트가 데드존 안에 가려져서 나타나지 않게 됨.
2) 감쇠 데드존 (Attenuation Dead Zone)
상대적으로 긴 펄스 폭을 사용할 때 발생함.
강한 반사 이후, 수신기가 정상적인 측정 상태로 회복되는 데 걸리는 시간 동안 발생하는 구간임. 이 구간에서는 손실 값을 정확하게 측정할 수 없음.
3) 포화 데드존 (Saturation Dead Zone)
매우 강한 반사 이벤트(예: 높은 반사율의 커넥터)가 발생했을 때 수신기가 완전히 포화되어 발생하는 데드존임.
이 경우, 데드존의 길이도 길어지며, 뒤따르는 이벤트의 측정에 큰 영향을 미침.

6. 다음에 해당하는 오류 검출 코드의 생성 다항식을 쓰시오. [4점]
(1) CRC-12
(2) CRC-16

해설 (1) CRC-12(ANSI)의 생성 다항식
$$X^{12}+X^{11}+X^3+X^2+X^1$$
(2) CRC-16의 생성 다항식
$$X^{16}+X^{12}+X^5+1$$

[Information Communication]

TIP & MEMO

7. 아래의 내용이 설명하는 표준 인터페이스에 대한 명칭을 쓰시오 [6점]
   (1) ITU-T가 권고하는 X.25 네트워크의 전송을 위한 물리 계층 인터페이스
   (2) 근거리 통신망(LAN)의 라우팅 및 스위칭 장비들을 광역 통신망(WAN)의 고속 회선과 서로 연결하는 데 주로 사용되는 단거리 통신 인터페이스

해설 (1) X.21
     (2) V.35

8. 다음 괄호안에 알맞은 용어를 쓰시오(4점)

> 네트워크 장비 중에 하나의 네트워크 세그먼트 안에서 크기를 확장하기 위해 사용되는 장비는 (1)이고, 근거리 통신망에서 세그먼트 간의 경로 설정을 위해 사용되는 장비는 (2)이다.

해설 (1) 리피터 (Repeater)
     (2) 라우터 (Router)

9. 데이터 통신 중에 발생하는 오류를 검출하는 방식의 종류 3가지를 나열하시오 [6점]

해설 패리티 검사(Parity Check)

10. 통신케이블의 시공 시 고려해야 하는 포설장력에 대해 서술하시오 [4점]

해설 포설 장력이란 통신 케이블의 시공 과정에서 케이블에 가해지는 인장력, 즉 당기는 힘을 의미함. 케이블을 설치할 때 케이블을 끌어당기거나 잡아당기게 되는데, 이때 케이블에 작용하는 힘임.
과도한 포설장력이 케이블에 가해지면 케이블 내부의 도체(구리선)나 광섬유가 늘어나거나 끊어질 수 있음.

11. 근거리 통신망의 매체 접속 제어(MAC, Media Access Control) 방식 중 토큰 패싱(Token passing) 방식을 CSMA/CD와 비교할 때 장점 3가지와 단점 2가지를 쓰시오 [5점]

해설 토큰 패싱의 장점 3가지
1) 공정한 매체 접근
2) 높은 네트워크 활용률
3) 우선순위 제어 가능

토큰 패싱의 단점 2가지
1) 구현의 복잡성
2) 낮은 부하 시 효율 저하

<참고>
1. 토큰 패싱의 장점 (CSMA/CD와 비교)
1) 공정한(균등한) 매체 접근: 토큰 패싱은 토큰을 가진 장치만 데이터를 전송할 수 있기 때문에, 모든 장치가 공정하게 매체에 접근할 수 있음.
즉, CSMA/CD처럼 충돌이 발생하여 전송이 지연되는 경우가 없음. 따라서, 네트워크 부하가 높은 상황에서도 안정적인 성능을 보장함.
2) 높은 네트워크 활용률 (High Utilization): 네트워크 트래픽이 많을 때, CSMA/CD는 충돌로 인한 오버헤드가 증가하여 네트워크 활용률이 떨어지는 반면, 토큰 패싱은 충돌이 발생하지 않으므로 높은 네트워크 활용률을 유지할 수 있음.
3) 우선순위 제어 가능: 토큰에 우선순위를 부여하여 특정 장치나 트래픽에 더 많은 전송 기회를 제공할 수 있음.
이는 실시간 트래픽이나 중요한 데이터 전송에 유용함.

2. 토큰 패싱의 단점 (CSMA/CD와 비교)
1) 구현의 복잡성: 토큰 관리, 토큰 손실 복구 등 구현이 CSMA/CD에 비해 복잡함.
네트워크에 새로운 장치를 추가하거나 제거할 때에도 토큰 순환 경로를 조정해야 하는 등의 추가적인 작업이 필요함.
2) 낮은 부하 시 효율 저하: 네트워크 트래픽이 매우 적을 때, 토큰이 네트워크를 순환하는 데 시간을 소모하기 때문에 CSMA/CD에 비해 효율이 떨어질 수 있음.
<비교 도표>

구분	토큰 패싱	CSMA/CD
매체 접근방식	토큰 소유자만 전송	매체 감지 후 전송, 충돌 시 재전송
우선순위 제어	가능	어려움
지연시간	예측가능	예측 불가능
구현 복잡성	복잡	간단
네트워크 활용률	높은 부하에 유리	낮은 부하에 유리, 충돌로 인한 효율저하

12. 초고속 정보통신건물 인증을 받기 위해 집중구내통신실이 준수해야 할 심사기준에 대해 서술하시오. [4점]

해설
1) 충분한 공간 확보
통신 장비 설치 및 유지보수에 필요한 충분한 공간이 확보되어야 함.
장비의 증가를 고려하여 확장 가능성도 고려해야 함.
2) 적절한 환경 유지
온도, 습도, 환기 등 통신 장비의 정상적인 작동을 위한 적절한 환경이 유지되어야 함.
항온항습 장치, 환기 시설 등이 필요할 수 있습니다.
3) 보안 유지
외부인의 출입을 통제하고, 화재, 침입 등에 대비한 보안 시스템이 구축되어야 함.
출입 통제 장치, CCTV, 화재 감지 및 진압 설비 등이 필요할 수 있음.
4) 전원 공급 안정성
안정적인 전원 공급을 위한 설비가 갖추어져야 함.
무정전 전원 장치(UPS), 비상 발전기 등이 필요할 수 있음.
5) 접지 시설
통신 장비의 안전한 작동을 위한 적절한 접지 시설이 설치되어야 함.

13. 정보통신공사에 대한 감리를 완료한 때에는 공사가 완료된 날부터 7일 이내로 용역업자는 발주자에게 감리결과를 통보해야 한다. 감리결과 보고 시 포함되어야 하는 항목 3가지를 쓰시오. [6점]

해설
1) 설계도서와의 부합 여부 검토 결과
2) 품질 관리, 시공 관리 및 안전 관리의 적정성 평가
3) 종합적인 감리 의견 및 준공 검토 의견

14. 접지저항을 측정하기 위하여 사용되는 측정법 3가지를 쓰시오. [9점]

해설
1) 3점 전위 강하법 (Fall-of-Potential Method)
2) 클램프 미터법 (Clamp-on Method 또는 후크온 측정법)
3) 2극 측정법 (2극 합성저항 측정법)

<참고>
1) 3점 전위 강하법 (Fall-of-Potential Method)
① 측정 대상 접지 전극(E) 외에 전류 보조 전극(C)과 전위 보조 전극(P)을 추가로 설치하여 측정함.
② C와 E 사이에 교류 전류를 흘리고, P와 E 사이의 전위차를 측정하여 옴의 법칙(R = V/I)을 이용하여 접지저항을 계산함.
③ 정확한 측정을 위해서는 C와 P를 E로부터 충분히 멀리 떨어뜨려야 함.
④ 일반적으로 C는 E로부터 측정하고자 하는 접지 저항값의 10배 이상 떨어진 거리에, P는 E와 C 사이 거리의 62% 지점에 설치하는 것이 권장됨.
장점: 비교적 정확한 측정 가능
단점: 넓은 측정 공간 필요, 보조 전극 설치 필요

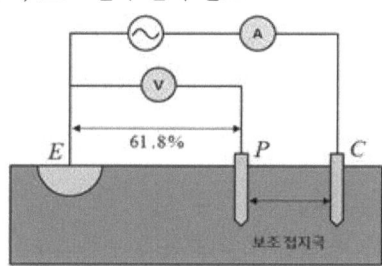

2) 클램프 미터법 (Clamp-on Method 또는 후크온 측정법)
① 접지선을 절단하지 않고 간편하게 접지 저항을 측정할 수 있는 방법임.
② 클램프 형태의 측정 장비를 사용하여 접지선에 전류를 흘리고, 전압 강하를 측정하여 접지 저항을 계산함.
③ 주로 다중 접지 시스템에서 각 접지선의 접지 저항을 측정하거나, 접지 상태를 간이로 확인할 때 사용됨.
장점: 간편하게 측정 가능, 접지선 절단 불필요
단점: 측정 정확도가 3점 전위 강하법에 비해 낮음, 다중 접지 시스템에 적합

3) 2극 측정법 (2극 합성저항 측정법)
① 접지 대상 전극(E)과 다른 접지점(보통 수도관이나 다른 접지 설비)을 이용하여 측정하는 방법임.
② 측정 대상 접지 전극과 다른 접지점 사이의 합성 저항값을 측정하기 때문에, 정확한 접지 저항값을 측정하는 데는 한계가 있음.
③ 간단하게 측정할 수 있지만, 측정 결과에 오차가 클 수 있으므로, 정확한 측정이 필요한 경우에는 사용하지 않는 것이 좋음.
장점: 간단하게 측정 가능
단점: 측정 정확도가 매우 낮음, 합성 저항값 측정

15. 어떤 수신 부호의 최소 해밍거리(d)가 5이다. 다음 각 물음에 답하시오. [8점]
  (1) 검출 가능한 최대 오류 개수
  (2) 정정 가능한 최대 오류 개수

해설 (1) 검출 가능한 최대 오류 개수 = D − 1 = 5 − 1 = 4
검출 가능한 최대 오류 개수는 4개

(2) 정정 가능한 최대 오류 개수 $t = \dfrac{d-1}{2} = \dfrac{5-1}{2} = 2$

정정 가능한 최대 오류 개수는 2개

16. 네트워크를 통해 전송된 정보량이 100,000 [bit]이고, 이 때 10 [bit]의 오류가 발생하였을 경우 오류율(BER)을 구하시오. (단, 소수점을 모두 기재하시오) [6점] 단, 전송된 정보량: 100,000 bit 발생한 오류 비트 수: 10 bit 임

해설 BER (Bit Error Rate) 계산
BER = (발생한 오류 비트 수) / (전송된 총 비트 수)
= 10 bit / 100,000 bit = 0.0001
문제에서 소수점을 모두 기재하라고 하였으므로, 0.0001로 표기함.

17. 어떤 정보통신공사의 표준품셈 기반으로 산출된 직접공사비가 4,000만원이다. 직접 노무비가 1,500만원이고 직접공사 경비는 500만원이다. 이때 재료비를 구하는 식을 쓰고 값을 구하시오.[6점]

해설 1) 재료비 구하는 식
재료비 = 직접공사비 − (직접 노무비 + 직접공사 경비)
2) 재료비 금액 산출
직접공사비 = 4,000만원
직접 노무비 = 1,500만원
직접공사 경비 = 500만원
따라서 재료비는 다음과 같이 구할 수 있음
∴ 재료비 = 4,000만원 − (1,500만원 + 500만원)
= 4,000만원 − 2,000만원
= 2,000만원

<참고>
직접공사비는 공사 수행에 직접적으로 소요되는 비용으로,
크게 다음과 같은 세 가지 항목으로 구성됨.
① 재료비: 공사에 사용되는 재료의 비용
② 직접 노무비: 공사에 직접 투입되는 인력의 인건비
③ 직접공사 경비: 공사 수행에 필요한 기타 직접적인 경비
  (예: 장비 임대료, 운반비, 시험비 등)
④ 직접공사비 = 재료비 + 직접 노무비 + 직접공사 경비